Power BI

パワービーアイ

ではじめる
データ分析の効率化

奥田理恵［著］

インプレス

ご購入・ご利用の前に必ずお読みください

本書は、2024年6月現在の情報をもとに「Power BI Desktop」「Power BI サービス」「Power Automate」の操作方法について解説しています。本書の発行後に「Power BI Desktop」「Power BI サービス」「Power Automate」の機能や操作方法、画面などが変更された場合、本書の掲載内容通りに操作できなくなる可能性があります。本書発行後の情報については、弊社のWeb ページ（https://book.impress.co.jp/）などで可能な限りお知らせいたしますが、すべての情報の即時掲載ならびに、確実な解決をお約束することはできかねます。また本書の運用により生じる、直接的、または間接的な損害について、著者ならびに弊社では一切の責任を負いかねます。あらかじめご理解、ご了承ください。

本書で紹介している内容のご質問につきましては、巻末をご参照のうえ、お問い合わせフォームかメールにてお問合せください。電話やFAX等でのご質問には対応しておりません。また、本書の発行後に発生した利用手順やサービスの変更に関しては、お答えしかねる場合があることをご了承ください。

■用語の使い方

本文中で使用している用語は、基本的に実際の画面に表示される名称に則っています。

■本書の前提

本書では、「Windows 11」に「Power BI Desktop」と「Microsoft 365」の「Excel」がインストールされているパソコンで、インターネットに常時接続されている環境を前提に画面を再現しています。また、「Microsoft 365 Business Standard」のライセンスが付与されたアカウントを使用している状態を前提としています。

はじめに

デジタル化が進む現代では、さまざまな分野で日々膨大なデータが生成され、これらのデータは多種多様な形式でストレージに保存されています。蓄積されたデータを有効に活用することでビジネスの改善や競争力の強化につなげることが可能となります。例えば市場や顧客の動向を分析して新しい製品やサービスを開発する、商品の適正価格や販売チャネルを選定する、生産工程では機器やセンサーからのデータを使って予防メンテナンスや故障対応のスケジュールを決めたり最適な生産量や生産計画を立てる、調達や在庫の過去データからもっと効率よくコストを抑えたり資源をバランスよく配置するなど、データを活用することは、ビジネスや社会にさまざまなメリットをもたらすことができます。

しかし膨大な量のデータから洞察を得るためには、まずそれらデータを最適な形式に変換、統合しなければ可視化や分析を行うことができません。

マイクロソフト社が提供するBI（Business Intelligence）ツール"Power BI"は、蓄積されたデータから洞察を得るための一連のプロセスをエンドツーエンドで構築、実現できます。

Power BIを利用すると、データベースやクラウドなどのデータソースからデータを取り込み、レポートなどわかりやすい形でデータを表示できます。これによりデータの傾向やパターン、問題点などを把握し、データに基づいた正確かつスピーディーな意思決定ができるようになります。

本書では、まず基本として知っておいていただきたい内容を基本編、レポートを作成するツールであるPower BI Desktopをより使いこなすために理解すべき内容を活用編、そしてクラウド版であるPower BIサービスを利用することで行えることを応用編と、基本編・活用編・応用編の3パートにわけて解説しています。解説書として手にとっていただき、Power BIを使いこなすためのきっかけにしていただければ幸いです。

2024年6月　奥田理恵

本書の読み方

本書は、初めての人でも迷わず読み進められ、操作をしながら必要な知識や操作を学べるように構成されています。紙面を追って読むだけでPower BIを使ったデータの分析・可視化のノウハウが身に付きます。

レッスンタイトル

このLESSONでやることや目的を表しています。

練習用ファイル

LESSONで使用する練習用ファイルの名前です。
ダウンロード方法などは6ページをご参照ください。

アドバイス

筆者からのワンポイントアドバイスや豆知識です。

LESSON 06

グラフの基本を確認しよう

データを視覚的に表現するグラフやチャートは「ビジュアル」とよばれます。Power BIではさまざまな種類のビジュアルが用意されています。これらをページ内に配置してレポートを作成して分析に利用しましょう。

練習用ファイル L006_グラフ基本.pbix

01 多彩な棒グラフでデータを可視化できる

棒グラフはデータの可視化を行う際によく利用されるグラフ種類の1つです。商品やそのカテゴリーごとの売上、地域別の人口、年度ごとの実績などで値を比較したいときなど、データの大小を比較する際に適しています。Power BIでは棒グラフも複数用意されています。凡例を積み上げて表示、凡例ごとに表示、割合を表示など可視化の目的に応じて使い分けられます。

棒グラフを配置しながら、ビジュアルを用いてレポートを作成する際の基本を確認しましょう。

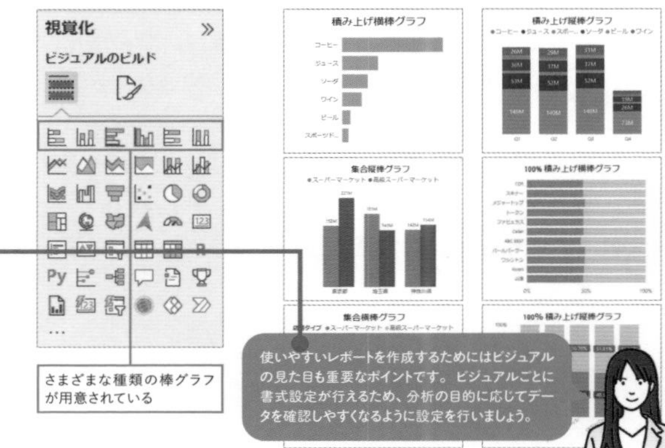

50

※ここに掲載している紙面はイメージです。実際のページとは異なります。

関連解説

操作を進める上で役に立つヒントや補足説明を掲載しています。

さらに上達!

LESSONに関連する一歩進んだテクニックを紹介しています。

筆者の経験を元にした現場で役立つノウハウを解説しています。

02 横棒グラフで分類ごとに売上を比較する

ページ内にグラフなどのビジュアルを挿入する場合、[視覚化] ウィンドウ内でアイコンをクリックします。分類ごとの集計結果やその内訳を表示できる積み上げ横棒グラフを配置してみましょう。設定を行いたいビジュアルをクリックして選択すると［視覚化］ウィンドウの下部に［データ］ウィンドウにある列を指定する画面が表示されます。次の手順では店舗ごとの売上比較を行うため、X軸に[売上] フィールド、Y軸に [店舗] フィールドを指定します。これによりX軸に指定した [売上] フィールドの合計が店舗ごとに表示されます。また、凡例に［商品カテゴリー] フィールドを指定し、商品カテゴリーごとの売上構成比を把握できるように視覚化します。

ここもポイント!

チェックボックスをオンにしても列を表示できる

ここでは [データ] ウィンドウからビジュアルをドラッグ操作で指定しましたが、チェックをオ能です。[売上][店舗][商品カテゴリー]の順でチX軸、Y軸、凡例にフィールドが設定されます。

51

操作手順

実際の画面でどのように操作するか解説しています。
番号順に読み進めてください。

基本編 第2章 レポート作成の基本を理解しよう

手元のパソコンで練習用ファイルを使って手を動かしながら読み進めてください!

練習用ファイルの使い方

本書では、無料の練習用ファイルを用意しています。ダウンロードした練習用ファイルは必ず展開し、システムドライブの直下に保存してお使いください。練習用ファイルは章ごとにフォルダーを分けており、ファイル先頭の「L」に続く数字がLESSON番号を表します。ここではMicrosoft Edgeを使ったダウンロードの方法を紹介します。

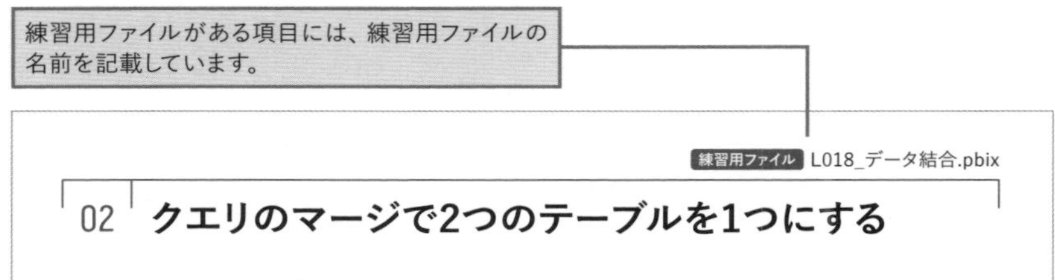

練習用ファイルのダウンロード方法

▼練習用ファイルのダウンロードページ
https://book.impress.co.jp/books/1123101116

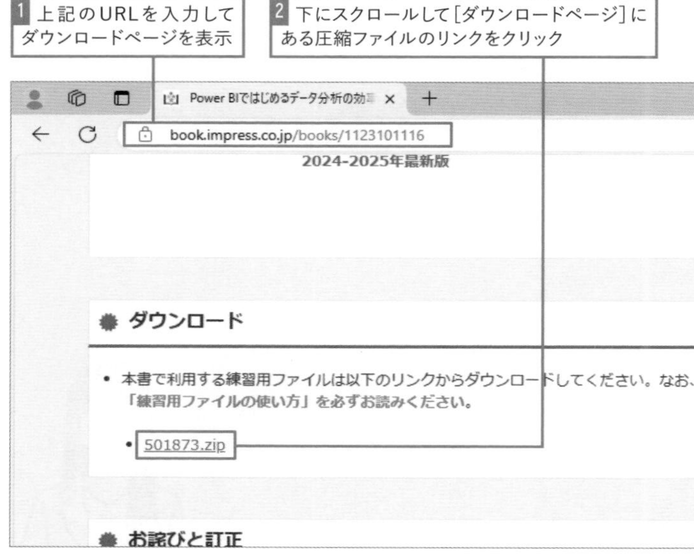

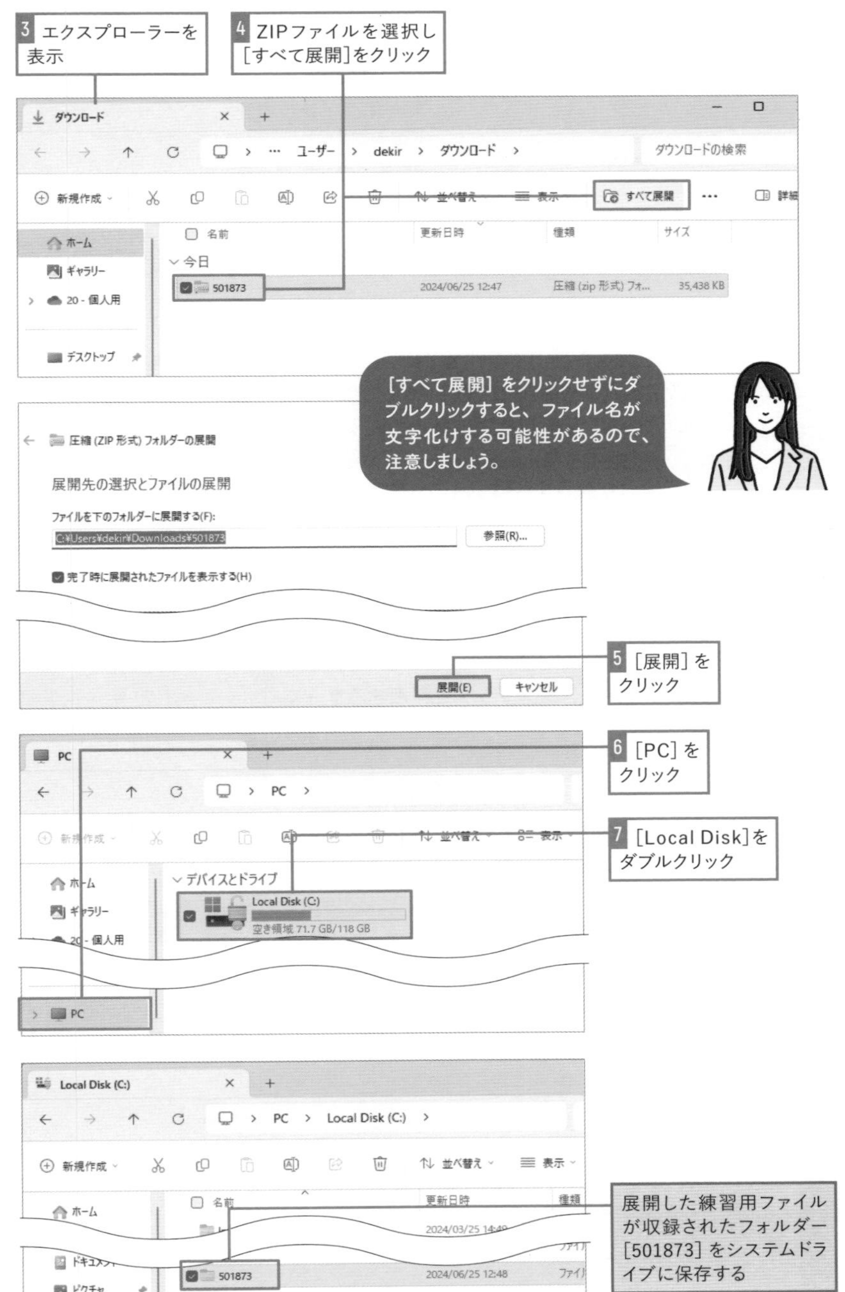
3 エクスプローラーを表示
4 ZIPファイルを選択し［すべて展開］をクリック
ダウンロード
ユーザー
dekir
ダウンロード
ダウンロードの検索
新規作成
並べ替え
表示
すべて展開
ホーム
ギャラリー
20 - 個人用
デスクトップ
名前
更新日時
種類
サイズ
今日
501873
2024/06/25 12:47
圧縮 (zip 形式) フォ...
35,438 KB
［すべて展開］をクリックせずにダブルクリックすると、ファイル名が文字化けする可能性があるので、注意しましょう。
圧縮 (ZIP 形式) フォルダーの展開
展開先の選択とファイルの展開
ファイルを下のフォルダーに展開する(F):
C:¥Users¥dekir¥Downloads¥501873
参照(R)...
完了時に展開されたファイルを表示する(H)
展開(E)
キャンセル
5 ［展開］をクリック
PC
6 ［PC］をクリック
7 ［Local Disk］をダブルクリック
デバイスとドライブ
Local Disk (C:)
空き領域 71.7 GB/118 GB
Local Disk (C:)
2024/03/25 14:49
501873
2024/06/25 12:48
ドキュメント
ピクチャ
展開した練習用ファイルが収録されたフォルダー［501873］をシステムドライブに保存する

CONTENTS

基本編

基本編

第3章

さまざまなデータへの接続方法を知ろう

活用編

第4章

クエリを編集して 分析に使うデータを整える

活用編

活用編

第5章

分析のためにデータモデリングを行う

第6章

DAXを使ってメジャーを作成する

活用編

第7章

DAXや日付テーブルで時系列の分析を行う

応用編

第8章

Power BIサービスへの発行とレポートの公開

第9章

組織内でのレポートの共有やデータの更新

本書の構成

本書は「基本編」「活用編」「応用編」の3部構成となっており、Power BIの基礎から実践的なテクニックまできちんとまんべんなく習得できます。

基本編
第1章～第3章

「基本編」ではPower BIの概要や、レポート作成の基本を解説します。Excelのデータを基に、簡単なレポートを作成しながら操作や機能が学べるようになっており、基本編を読むことで実務で活用するための最低限の知識が身に付きます。

活用編
第4章～第7章

「活用編」は「PowerQueryでのデータ整形」「DAXを使った集計」「時系列での分析」など、目的別に章を分けて構成しています。よく使われる機能を厳選しており、LESSONごとに内容が完結しているため、事典のように知りたい項目がすぐに参照できます。

応用編
第8章～第9章

Power BIサービスへの発行やレポートの公開、また有償プランで使える各種機能を解説しています。「応用編」では、作成したレポートを自動更新するテクニックや、社内で運用していくためのノウハウが身に付きます。

おすすめの学習方法

STEP 1
まずは基礎の徹底理解からスタート！
第1章～第3章でPower BIの基本とレポートの作成手順、また各種データの接続方法を覚えましょう。

STEP 2
活用編では各LESSONごとに、データの加工・分析に役立つテクニックを解説しています。知りたい項目から学習してみましょう。

STEP 3
ビジュアル化やデータ加工の手法が身に付いたら、応用編を学びましょう。Power BIサービスへの発行やWebへの公開など、作成したレポートの共有方法が分かります。

基本編

第 1 章

Power BIの概要とレポート作成の流れをつかもう

Power BIはマイクロソフト社が提供しているBIツールです。ビジネスデータを分析して視覚化できる強力なツールとして注目されています。まずはPower BIをこれからはじめるために必要な内容として、本章でPower BIの概要や利用のための準備方法、レポート作成の流れなどを解説します。

LESSON 01

データ分析とPower BIについて知ろう

近年、ビジネスのさまざまな分野でデジタル化が進み、生成、収集されるデータ量が爆発的に増えています。そのような背景で利用者を増やしているのが、ユーザー自身でデータの分析ができるセルフサービスBIツールです。

01 データ分析の必要性とBIツール

「BI」とはビジネスインテリジェンス（Business Intelligence）の略で、データを収集・分析し、得られる情報や知見などを活用するしくみやプロセス、技術のことを指します。 BIを実現するためのツールを「BIツール」といい、過去や現在の状況を把握し、必要な対応につなげたり、将来を予測したりすることでより戦略的な意思決定が行えます。効果的かつ、より正確な業務判断を行うためにはBIツールの利用は不可欠といえます。

BIツールの目的はデータを視覚化し、結果をユーザーに分かりやすく提示することです。多くの場合、各種システムから取得したデータは数字や文字列の羅列であり、人が見てすぐに傾向などを把握できる内容とはいえません。データから何らかの情報や知見を得るためには、集計した結果を表示したり、グラフを利用して大小や増減の流れを表したり、地図にデータを表示したりといった視覚化が必要です。

BIツールを使えば、データベースやシステム、またCSVやExcel等のファイルなど、分析元のデータソースからデータを読み込み、必要なデータに変換や加工ができます。そしてグラフやチャートなどの視覚的な形式でデータを表示できます。またデータに基づいて質問に答えたり、パターンや傾向を発見したり、予測や最適化を行ったりするなど、高度な分析機能が備わったものもあります。

データが飛躍的に増加する中、またスピード感ある決断が求められる現在、ビジネスの各分野では専門家やIT担当者に頼らずにデータを分析する必要性が高まっています。そこで「セルフサービスBIツール」とよばれる、ユーザー自身がデータを分析し、レポートやダッシュボードを作成できるツールが注目されています。Power BIはセルフサービスBIツールの一つであり、専門スキルを必要とせず、データの可視化や分析が可能です。

02 Power BIの特徴とは？

Power BIはマイクロソフト社が提供するBIツールです。多くの組織で導入されているMicrosoft 365との親和性、また無償から利用を開始できる点などから、世界中で利用者を増やしています。

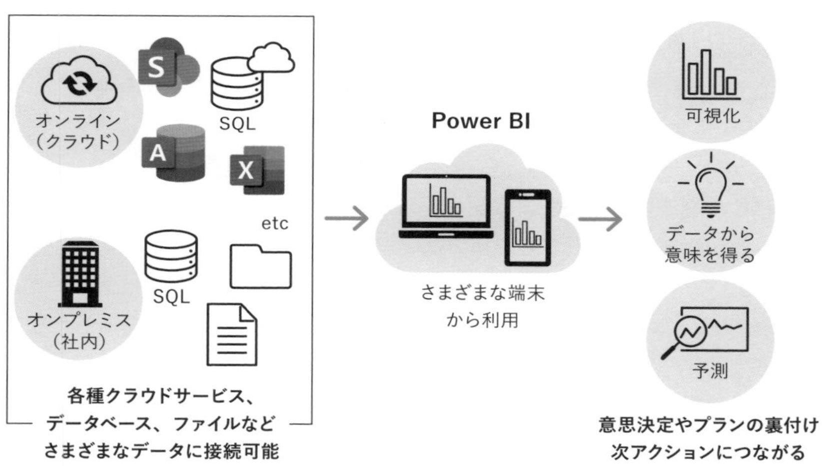

Power BIには次のような特徴があります。

■必要に応じて有償プランを追加できる

Power BIは無償で利用をはじめられる。また有償プランを利用することで、組織内での共有機能などより強力に活用できる機能を追加することも可能

■豊富なデータソースに対応

ExcelやCSVファイル、SQL Server、Oracle Databaseなどの各種データベース、Azure SQLなどクラウド上のデータベース、Google Analytics、Salesforce、SharePointなどの各種クラウドサービス、Webサイトなど、業務で利用しているさまざまなデータソースに接続してデータを分析できる

■データの加工にも対応

取得したデータはPower QueryやDAXを用いて加工や変換、集計処理が行える。分析時に必要なデータ加工もPower BI Desktop上で行える

■ノンコードでのレポート、ダッシュボード作成

Power BIはプログラミングなどITの専門スキルを持たないユーザーが利用できる。グラフやチャートなどを画面上に配置し、集計結果を表示したレポートやダッシュボードを作成でき、作成したレポート内ではフィルターやスライス、ドリルダウンといった動的にデータを操作する分析機能が使える

■モバイル端末などさまざまなデバイスからの利用が可能

Power BIはデスクトップ版だけではなく、クラウドサービスとしても提供されている。モバイル端末専用のアプリを使うことで、パソコンだけではなくスマートフォンなどインターネットに接続されたデバイスからレポートを利用できる

■データの更新スケジュールを設定

データの更新スケジュールを設定して、最新のデータをレポートに反映させることができる

03 Power BIを構成するツールは3つある

Power BIは「Power BI Desktop」「Power BIサービス」「Power BIモバイルアプリ」の3つのツールで構成されており、すべて無償で利用をはじめられます。主に使うのは「Power BI Desktop」と「Power BIサービス」の2つです。Power BI Desktopはレポート作成を行うツールとして利用し、Power BIサービスではレポートの共有や共同管理、データのスケジュール更新機能などが利用できます。またPower BIサービスに発行されたレポートをモバイル端末で利用する際に必要となるのがPower BIモバイルアプリです。

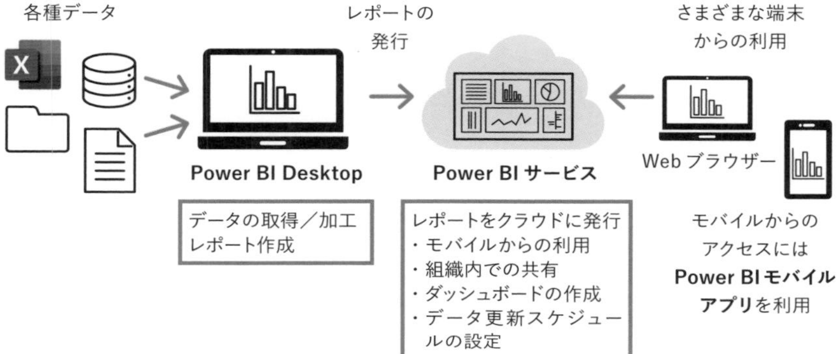

■Power BI Desktop

Power BI Desktopはパソコンにインストールして利用するデスクトップアプリです。各種データに接続して必要なデータを取得し、分析に必要な形に加工でき、視覚化・分析が行えます。レポート作成ツールであり、作成したレポートを利用するツールとしても使えます。作成したレポートは「pbix」という拡張子のファイルとして保存でき、Power BI Desktopで開けます。

◆Power BI Desktop

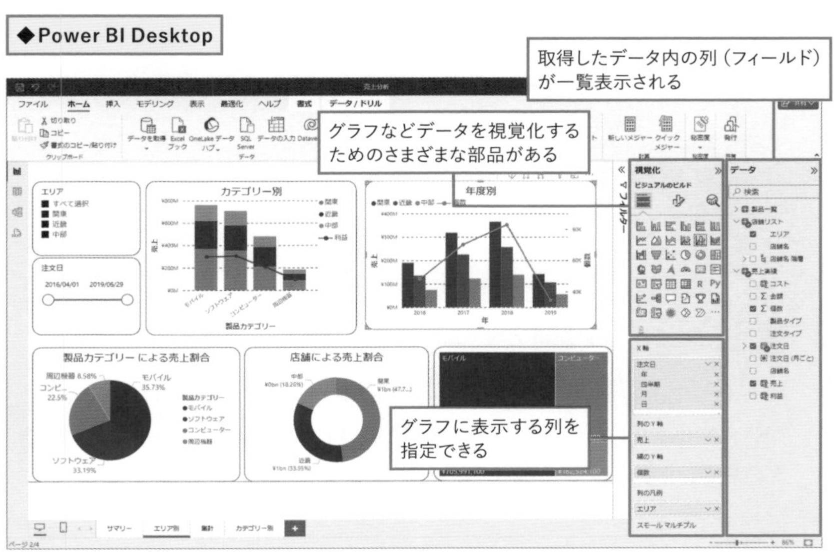

［視覚化］ウィンドウには、レポート内に配置できるよう棒グラフや折れ線グラフ、表や地図など、さまざまな部品がビジュアルとして用意されています。配置したビジュアル（グラフ）に表示する列は［データ］一覧から選択します。この一覧には取得したデータに含まれる列（フィールド）が表示されます。ビジュアルに対してフィルター設定や書式設定を行うことも可能です。

また、Power BI DesktopにはクエリKを編集する機能としてPower Queryが付属しています。このため、分析元とするデータをさまざまなデータソースから取得し、分析に必要な形に加工することも可能です。

◆Power Query

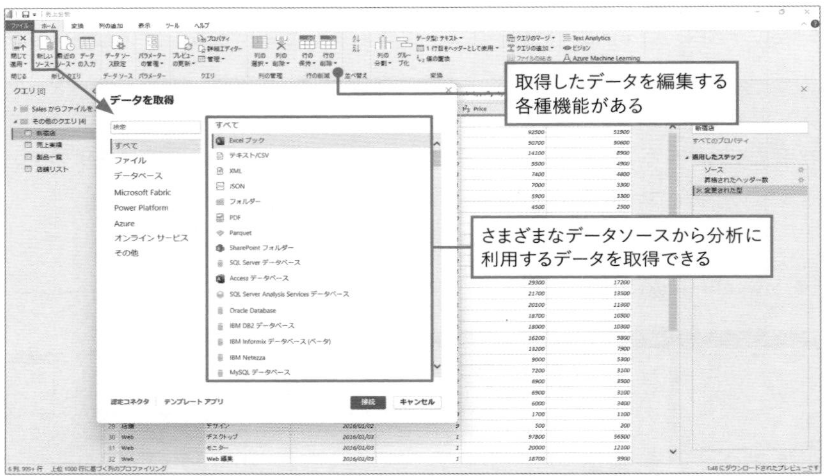

「クエリ」って何？

クエリ（Query）とは、データベースや検索エンジンなどに対して情報を問い合わせるための命令文です。特定の条件に沿ったデータの取得、データの更新、削除、集計、結合などの操作が行えます。

■ **Power BI サービス**

Power BIサービスはクラウドサービスです。Webブラウザーでアクセスし、利用にはアカウントが必要です。Power BIサービスには、Power BI Desktopで作成したレポートを発行し、次のような機能が利用できます。

- **モバイルやWebブラウザーでのレポート利用**
  Power BI Desktopをインストールする必要なく、Webブラウザーでレポートが利用できる。スマートフォンなどモバイル端末でのレポート利用もできる
- **複数のレポートから必要な要素をとりまとめたダッシュボードの作成**
  複数のレポートを切り替えて確認しなくても、自分が確認したい数字をまとめて表示できる
- **スケジュール設定によるデータの自動更新**
  最新のデータをレポートに反映させられる
- **組織内でのレポート共有（有償プランが必要）**
  作成したレポートに権限を付与して組織内に展開できる。ワークスペースを用いて、グループでのレポート管理も可能

◆Power BI サービスの［ホーム］画面

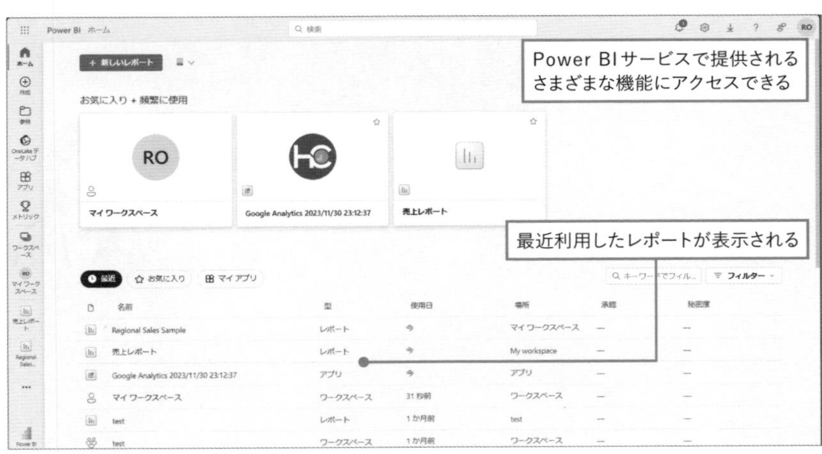

Power BIサービスに発行したレポートはWebブラウザーで表示できます。Power BI Desktopはレポート編集ツールです。レポートの作成だけではなく、作成したレポートを利用者として見ることも可能ですが、レポート内の各ビジュアルの設定やデータ分析のためにインポートしたデータなど、すべての内容が確認できる状態でレポートが開きます。それに対してPower BIサービスはレポートの表示と共有に特化したレポートビューアーとして利用できます。

◆Power BIサービスでのレポート閲覧

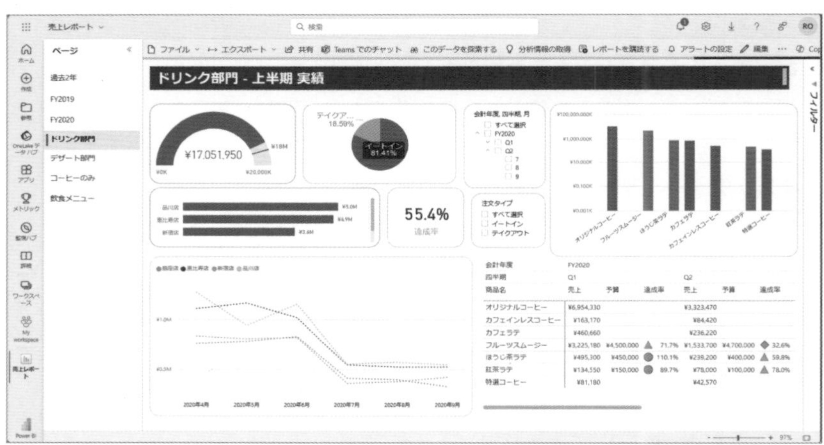

Power BI DesktopはPCにインストールし、ローカルでレポートの作成や利用が行えるアプリケーションです。Power BIサービスはレポートをオンラインで提供するクラウドサービスです。目的やニーズに応じて使い分けましょう。

■Power BI モバイルアプリ

Power BIサービスに発行したレポートはPower BIモバイルアプリを利用することで、モバイル端末からもアクセスできます。移動中や出先などパソコンを立ち上げにくい状況でも、スマートフォン等でレポートを手軽に確認できます。スマートフォン等の画面サイズに最適化された表示が可能です。iOS用はApp Store、Android端末用はGoogle Playストアから無償でインストールできます。

達人のノウハウ

生成AIによりレポート作成がもっと効率的に

近年、生成AIが世界中で注目を集めており、さまざまなビジネスシーンや日常生活で活用されはじめています。本書執筆時点でプレビュー機能ですが、Power BIにもCopilot for Power BIの提供がはじまっています。「人口や地理データに基づいて顧客セグメントの特性を比較するページを作成」など自然言語を利用してレポートの作成が行え、データに関する説明文の自動生成などの機能も用意されており、レポート作成作業を軽減できるしくみとして大きく期待されています。もちろんレポート作成スキルが必要なくなるわけではなく、自動生成された内容がニーズに沿っているかの判断や、よりよくブラッシュアップする作業は必要といえます。活用に向けてレポート作成スキルを習得しておきましょう。

Power BIは定期的にアップデートする

Power BIは定期的に新機能が追加されるなどアップデートが行われます。アップデートによる新機能や変更点について、内容を確認し、新機能の活用につなげたい場合は公式Webサイトを参照ください。また、パソコンにインストールしたPower BI Desktopが最新のバージョンかどうかを確認するときなど、インストールされているバージョンを確認したい場合、[ファイル] メニューから [バージョン情報] を開きます。

ビジネスインテリジェンスの新機能の概要

https://learn.microsoft.com/ja-jp/business-applications-release-notes/october18/intelligence-platform/planned-features

Power BIの新機能

https://learn.microsoft.com/ja-jp/power-bi/fundamentals/desktop-latest-update?tabs=powerbi-desktop

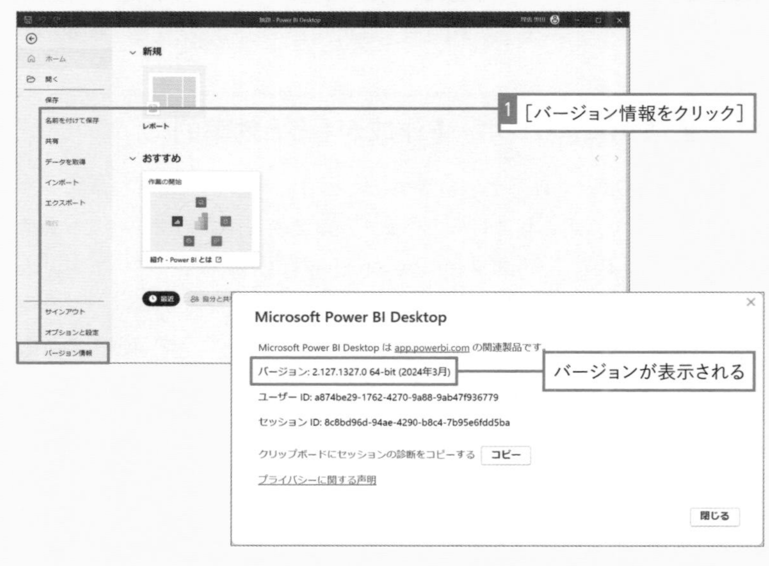

04 大きな差は「共有」機能! 無償版と有償プランの違い

Power BIは無償で利用がはじめられますが、有償プランも用意されています。

■Power BIのライセンス形態

無償版	Power BI Desktop、Power BIモバイルアプリはそれぞれ無償でインストール可能。またPower BIサービスの利用に必要なアカウント作成も無償で行える。Power BIでのレポート作成や利用に関するすべての機能が利用できるが、作成したレポートを組織で共有することはできない
Power BI Pro	ユーザー単位のプラン。Power BI無償版の機能すべてに加えて、Power BIサービスで行える共有機能が追加されている。組織内でアクセス権を付与した形でレポートなどを共有したい場合に利用するプラン。プラン単体の利用も可能だが、Microsoft 365 E5に含まれる
Power BI Premium	ユーザー単位と容量単位の2種類がある。Power BI Proの機能に加えて、より大きな容量や高頻度な更新などの機能が利用できる

Power BI Desktopを利用してレポートを作成する機能は無償版でも有償プランでも基本的には違いがありません。Power BI Proなどの有償プランと無償版の大きな違いは「共有」機能があるかどうかです。無償版では自分で作成したレポートを自分で利用することを前提としており共有機能はありません。作成したレポートを、Power BI Desktopを利用して自身で利用するだけの場合、Power BIサービスに発行する必要はないため、有償プランは不要です。またPower BIサービスへ発行したレポートを他のユーザーに共有しない場合にも同様に有償プランは不要です。例えば、自分の担当する業務の分析を自分だけで行いたい場合には無償版で十分といえます。Power BI Pro等の有償プランは、組織内において他のユーザーにレポートを共有したい場合に必要です。

Power BI Desktopでレポートを作成する機能は有償・無償ともに同じですが、共有機能は有償プランでしか利用できません。自分だけで利用するなら無償版で十分ですが、他のユーザーに共有したい場合は有償プランが必要です。

■無償版と有償プランの違い

	Power BI無償版	Power BI Pro（有償プラン）
利用シーン	個人での利用	組織内での利用
接続できるデータソース	サポートしているすべてのデータソース	サポートしているすべてのデータソース
共有機能	なし	○
Webリンク	○ ※ ただしWebに一般公開される	○
容量	10GB/1ユーザー	10GB/1ユーザー ※ Power BI Premiumの場合100TBに増える
ダッシュボード機能	○	○
ワークスペースによる共有	—	○
アプリによる共有	—	○
データ更新	1日8回（30分間隔で設定可）	1日8回（30分間隔で設定可） ※ Power BI Premiumの場合は1日48回までとなる
SharePointやTeamsへの埋め込み	—	○

インストールするための最小要件

Power BI DesktopはWindowsパソコンにインストールして利用するアプリケーションです。インストールを行うため必要な最小要件は次のとおりです。インストールする前にパソコンのスペックを確認しておきましょう。

システム要件	.NET Framework 4.7.2以降
ブラウザー	Microsoft Edge
CPU	1GHz、64ビットプロセッサ以上
メモリ（RAM）	2GB以上（推奨は4GB以上）
ディスプレイ	1440×900以上（推奨は1600×900）
Windows表示設定	100%が推奨

02 利用のための準備をしよう

Power BIを利用するために必要な準備としてPower BIサービスのアクセス方法およびPower BI Desktopのインストール方法を確認しましょう。Power BI Desktopは無償でインストールが行えます。またPower BIサービスへの登録も無償で行えます。

01 Power BI サービスへアクセスする

Power BIサービスの利用には、Microsoft 365 アカウントなど会社や学校など組織で割り当てられた独自ドメインを持つメールアドレスでの登録が必要です。Outlook.com、hotmail.com、gmail.comなどのコンシューマー向け電子メールサービスや通信プロバイダーが提供しているメールアドレスでは登録ができません。一般法人向けのMicrosoft 365を利用している場合、自動的にサインインされ、Power BIサービスが開くことがあります。自動でサインインが行われなかった場合は、Microsoft 365のサインイン画面が開き、サインイン後は氏名などの入力の必要なくPower BIサービスが開きます。また Microsoft 365以外のメールアドレスを指定した場合は、SMSによる本人確認や氏名の入力、パスワードの設定後、Power BIサービスのアカウントを作成することができます。

■Power BIサービスのURL

https://app.powerbi.com

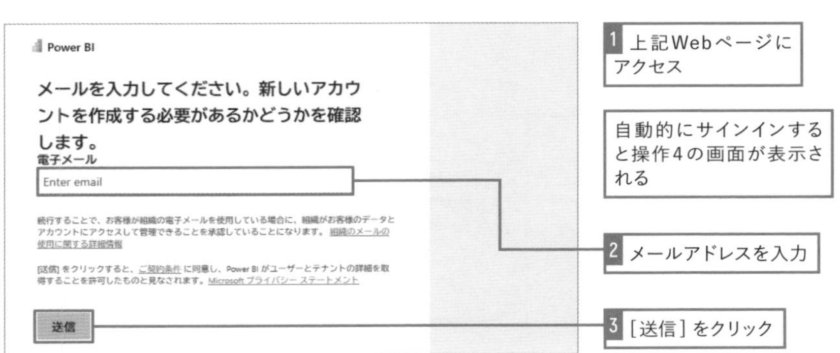

基本編 第1章 Power BIの概要とレポート作成の流れをつかもう

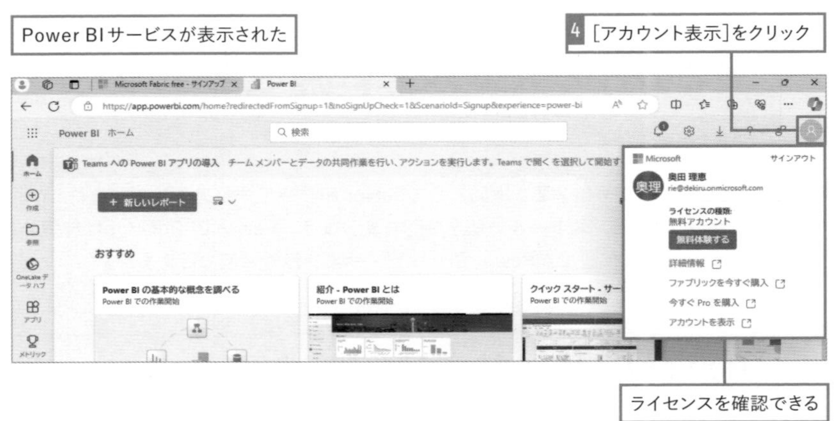

02 Power BI Desktopをインストールする

Power BI Desktopのインストール方法はストア版とダウンロード版の2種類あります。ストア版は以下の手順でMicrosoft Storeからインストールします。ダウンロード版はWebサイトからインストーラーをダウンロードしてインストールします。どちらで行っても同様の機能が利用できます。ストア版はPower BI Desktopが自動更新されるため、常に最新状態で利用できる点でおすすめです。

■ストア版をインストールする

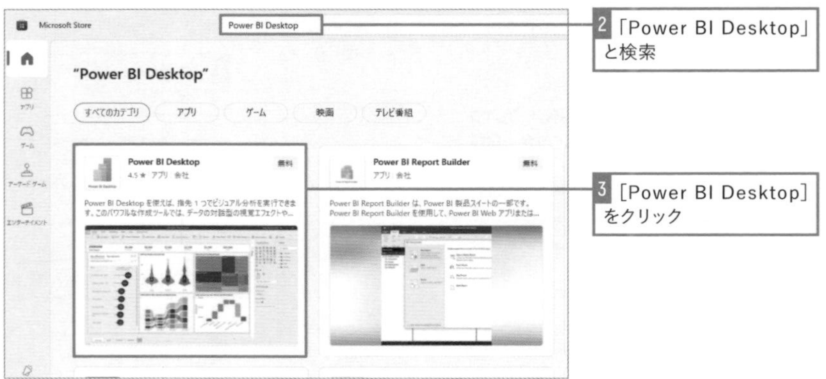

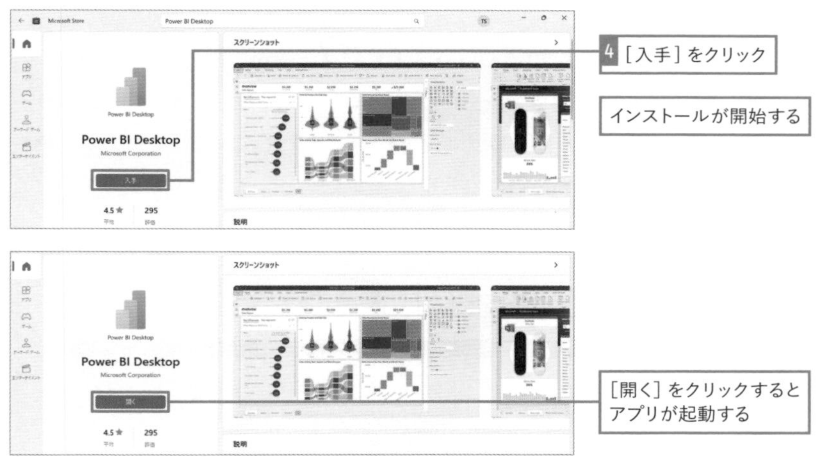

ここもポイント!

ダウンロード版のインストール方法

「Microsoft Power BI Desktop」のダウンロードセンター

https://www.microsoft.com/en-us/download/details.aspx?id=58494

1 上記Webページにアクセス

Microsoft 365 で毎日を最大限に有効活用

Microsoft Power BI Desktop

2 言語を選択し、[ダウンロード]をクリック

希望するダウンロードを選択

ファイル名	サイズ
PBIDesktopSetup.exe	444.8 MB
PBIDesktopSetup_x64.exe	486.8 MB

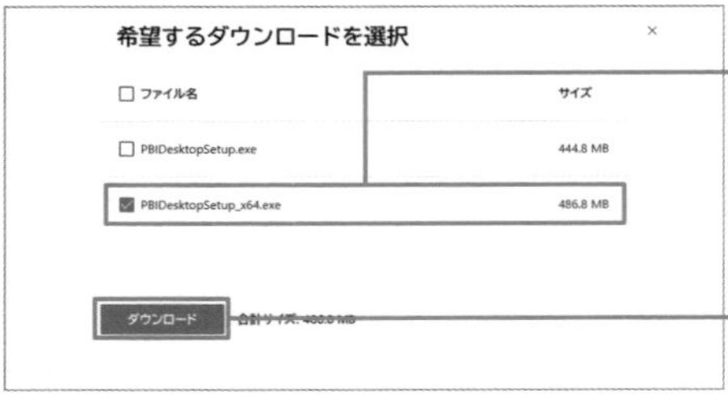

3 64ビット版のインストーラー[PBIDesktopSetup_x64.exe]にチェックを付ける

4 [ダウンロード]をクリック

インストーラーを起動し、指示に従ってインストールを行う

■サインイン

インストール後、Power BI Desktopを起動すると次のような画面が開きます。Power BIサービスと同じアカウントでサインインして利用します。Power BIサービスにレポートを発行する際にはサインインが必要ですが、発行を行わない場合にはサインインは必須ではないためスキップしてもかまいません。サインインを行うとPower BI Desktopの右上にサインインしたユーザーが表示されます。

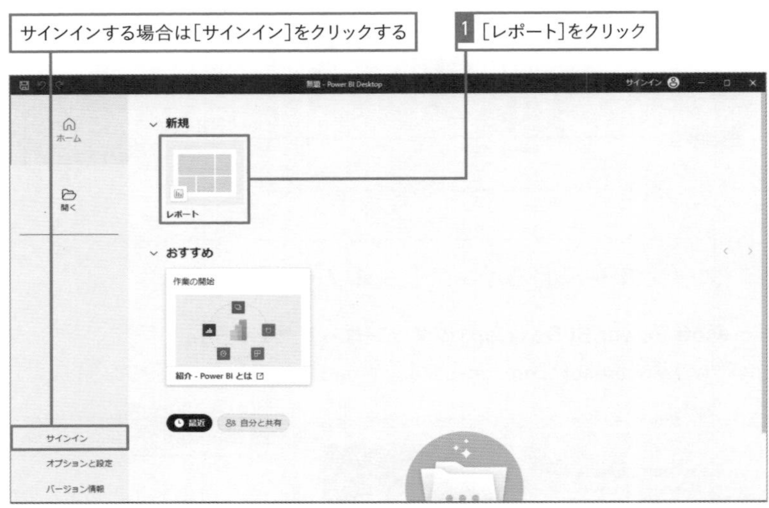

利用時のステップを把握しよう

第2章以降でPower BIを利用したレポートの作成方法を詳しく解説します。レポートを作成する際のステップを、利用するツールや行うべき作業とともに把握しましょう。

01 レポート作成ステップと利用するツール

Power BIを利用する際の基本的なステップは次のようになります。レポートの作成には主にPower BI Desktopを利用します。分析元となるデータをインポートし、ふさわしい形式にデータを整えるデータモデリングを行い、グラフなどを用いて可視化します。作成したレポートはPower BI Desktopで利用することも可能ですが、①レポート編集機能を見せずにビューアーを用いて利用したい、②モバイル端末でも見たい、③アクセス権を付与して組織内で共有したい場合にはPower BIサービスへの発行が必要です。Power BIサービスへ発行することで、データの自動更新など利用できる機能も増えます。

Power BI Desktop

データのインポート

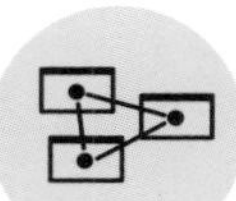

データモデリング

可視化と分析

発行 →

Power BI サービス

レポート、ダッシュボードの利用
データ更新設定など

Power BI Desktopでレポートを作り、Power BI サービスに発行して共有や自動更新などの機能を利用するのが基本的な流れです。

作業	操作ステップ	使うツール
レポート作成	1.データのインポート 分析元となるデータをインポートする	Power BI Desktop
	2.データモデリング 欲しい集計結果を得られるようにデータを加工する	
	3.可視化 グラフなどにデータを表示する	
レポート発行	Power BIサービスへの発行 発行したレポートはWebブラウザーやモバイルでも利用可能に	
レポート共有	共有 アクセス権を付与して組織内のユーザーに共有 ※有償プランが必要	Power BIサービス

ここもポイント!

ライセンスの種類を確認するには

Power BIサービスにアクセス後、右上のアカウント情報をクリックするとライセンスの種類が確認できます。無償版の場合は「無料アカウント」と表示されます。組織で有償プランが割り当てられている場合は、割り当てられているプラン名が表示されます。

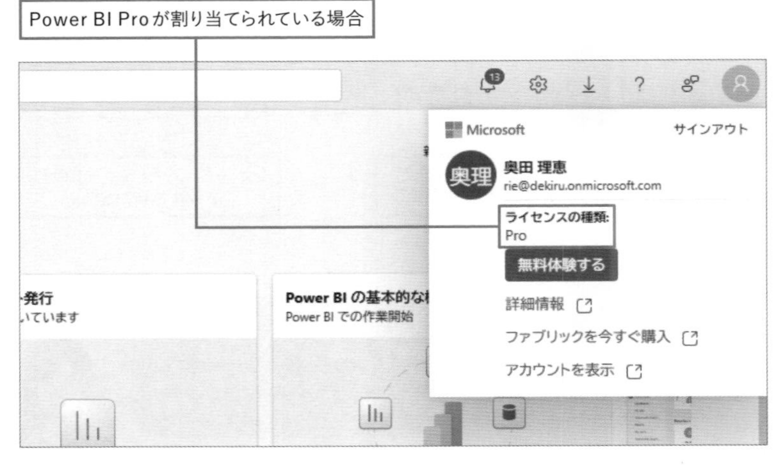

基本編

第 2 章

レポート作成の基本を理解しよう

Power BI Desktopを利用して行うレポート作成の基本を解説します。データをインポートし、可視化を行う作業の流れや設定方法を確認しましょう。

LESSON 04 データをインポートしよう

Power BIでレポートを作成するときは、まず分析に使うデータをPower BI Desktopにインポートする作業からはじまります。CSVやExcelなどのファイル、AccessやSQL Serverなど、さまざまなデータをインポートできます。

01 本章で使う元データと作成するレポートについて

この章ではPower BI Desktopを利用してレポートを作成する作業の基本を確認するため、分析元データとして次のExcelデータを利用します。このデータを使って売上や利益分析を行うレポートを作成しながら、レポート作成の基本を確認しましょう。ここでは関東エリアと関西エリアにパソコンショップを運営する会社の関東エリア担当として、エリア内の各店舗（新宿、横浜、さいたまの全3店舗）の売上分析を行うことを目的とし、可視化を行います。分析元のデータにある、3店舗分の売上や利益のデータは、社内の管理システムからエクスポートしたものと仮定しています。A列の[店舗]～H列の[仕入コスト]はシステムからエクスポートされたデータで、[売上]列と[利益]列は数式を用いて追加した列となっています。

■Excelファイル「SampleData1.xlsx」

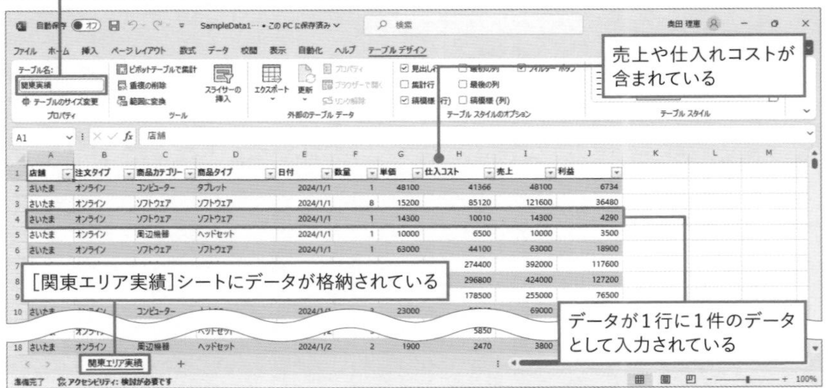

■作成するレポート

◆[全体売上]ページ
売上やコスト、利益の総計や、店舗ごとの割合など全体の売上を確認できるよう視覚化する

図形や画像などを挿入して、ページのタイトルを表示する

選択した値や日付範囲でフィルターできるスライサーを追加する

カードを利用して集計結果を表示する

◆[分類別]ページ
商品カテゴリーや注文タイプ、店舗などさまざまな軸で比較できるよう視覚化する

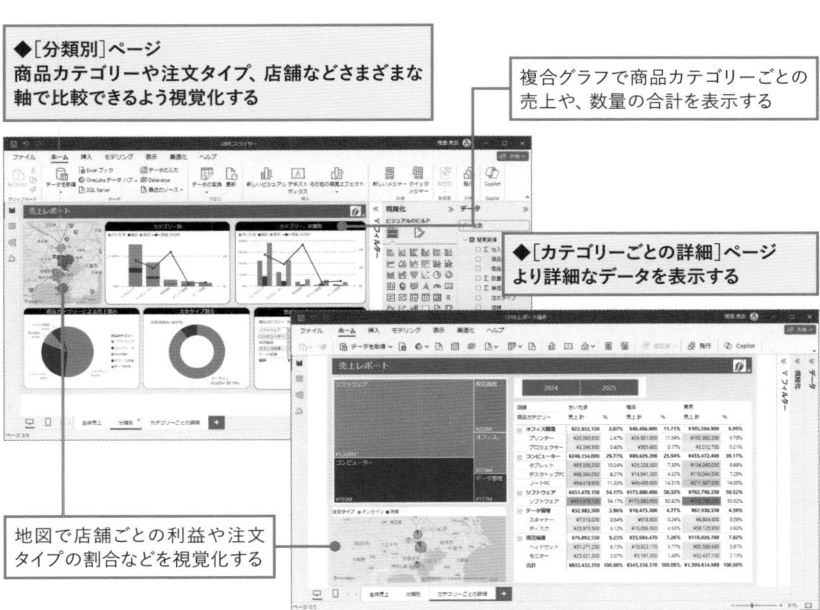

練習用ファイル SamplePata1.xlsx

02 Excelファイルのデータをインポートする

Power BI Desktopで、分析のため**インポートしたデータは表形式の「テーブル」としてレポート内に格納されます**。1つのレポート内にテーブルを複数インポートすることも可能です。また**レポート内にインポートされたデータは「データモデル」とよばれます**。ここでは「SampleData1.xlsx」に接続して[関東実績]テーブルをインポートし、新しいレポートを作成します。Excel内のテーブルを選択後、[データの変換]をクリックするとPower BI Desktopとは別ウィンドウでPower Queryエディターが開き、指定したテーブルがクエリとして確認できます。Power Queryエディターを利用して、データのフィルターや列指定など、インポート時に行うクエリの処理を編集することも可能です。ここではクエリは編集せず、テーブル内のデータをそのままインポートします。

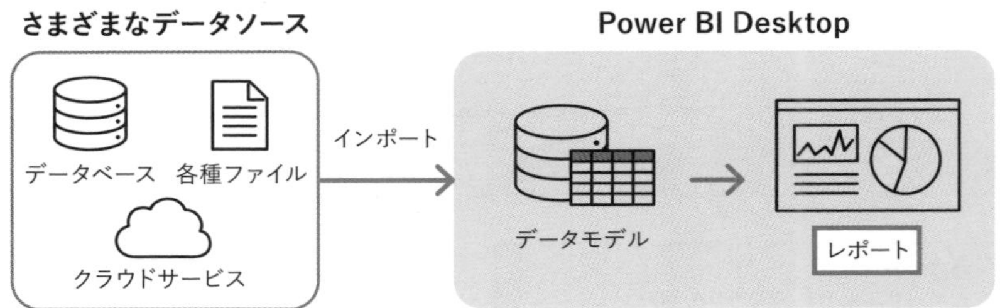

■新しいレポートを作成する

Power BI Desktopを起動しておく

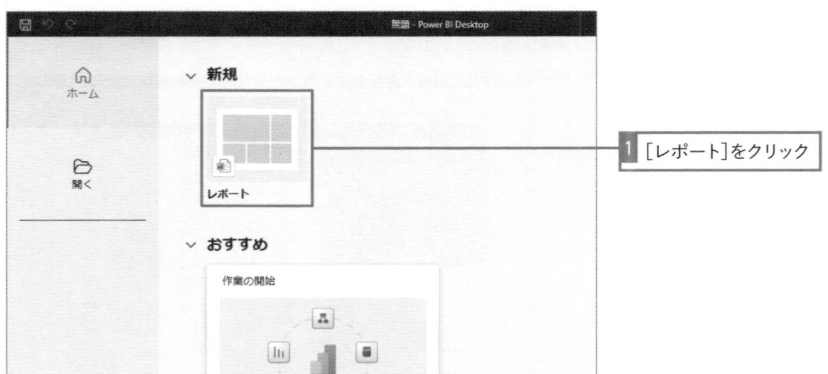

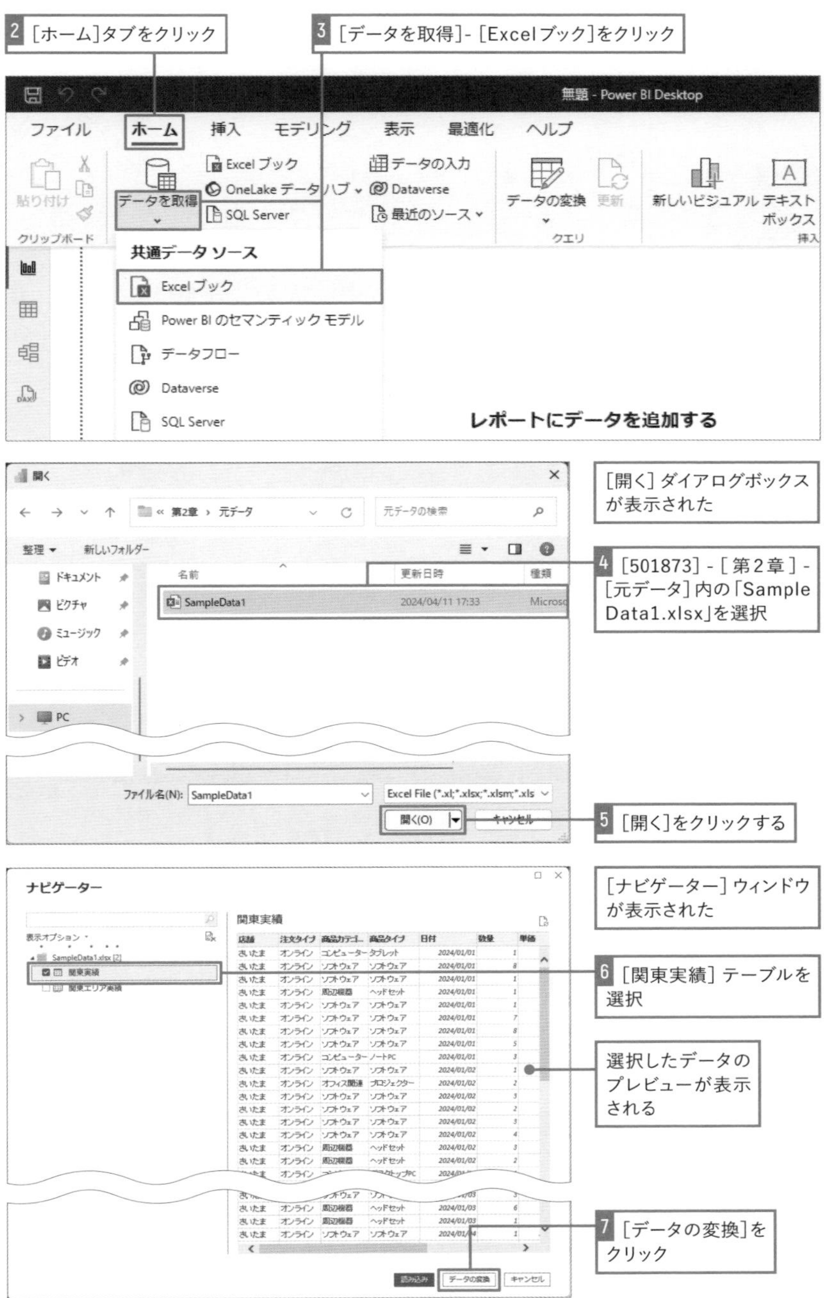

基本編 第2章 レポート作成の基本を理解しよう

別ウィンドウでPower Queryエディターが起動した

選択した[関東実績]テーブルがクエリとして確認できる

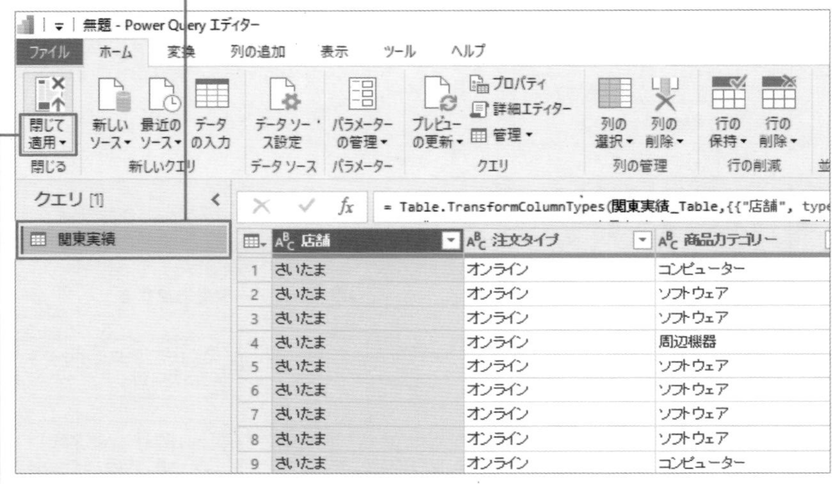

8 [閉じて適用]をクリック

9 読み込みが完了するまで待つ

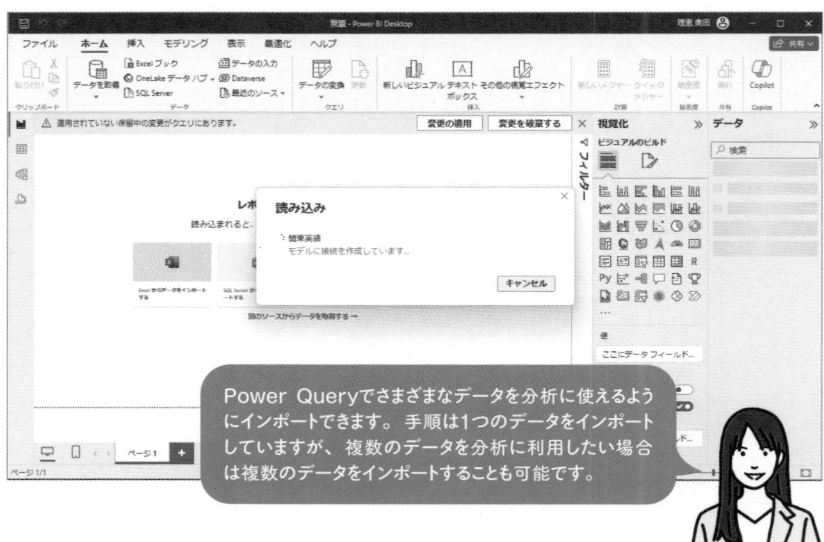

Power Queryでさまざまなデータを分析に使えるようにインポートできます。手順は1つのデータをインポートしていますが、複数のデータを分析に利用したい場合は複数のデータをインポートすることも可能です。

Excelファイルからインポートするデータの指定

Excelファイルを指定後、ブック内に含まれる内容が[ナビゲーター]ウィンドウに一覧で表示されるので、インポートするデータを指定します。ワークシートやテーブル、名前付き範囲が選択できます。手順ではテーブルを1つ選択しましたが、ブック内から複数のデータを選択することも可能です。ワークシートを選択する場合は、分析に利用したいデータ以外の情報が含まれていないかどうかを事前に確認しておきましょう。またワークシート内に分析データ以外が含まれている場合にはワークシート内のすべてのデータがインポートされてしまうため、事前に分析したいデータ範囲をExcel上でテーブルに変換しておくことをおすすめします。Excelで[挿入]タブ-[テーブル]よりデータ範囲をテーブルに変換できます。

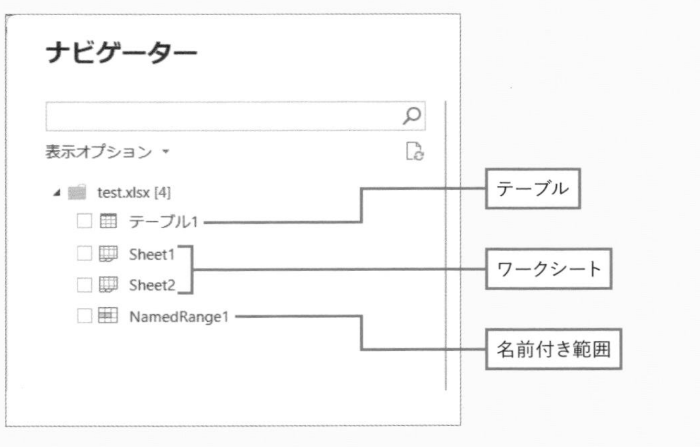

ここもポイント！

クエリを編集しない場合は[読み込み]でOK

クエリを編集しない場合、テーブルを選択後、[データの変換]ではなく[読み込み]をクリックしてもかまいません。[ホーム]タブ-[データ変換]をクリックすると、Power Queryエディターが開くため、後からクエリの追加や編集を行うことも可能です。インポート時に行うデータ処理をクエリとして編集する方法は、第4章で詳しく解説します。

03 インポートしたデータを確認する

インポートが完了したら、テーブルビューに切り替えましょう。データモデル内にインポートしたテーブルの内容が確認できます。ここまでの作業を保存しておきたい場合、[ファイル] タブ - [名前を付けて保存] より pbix ファイルとして保存できます。

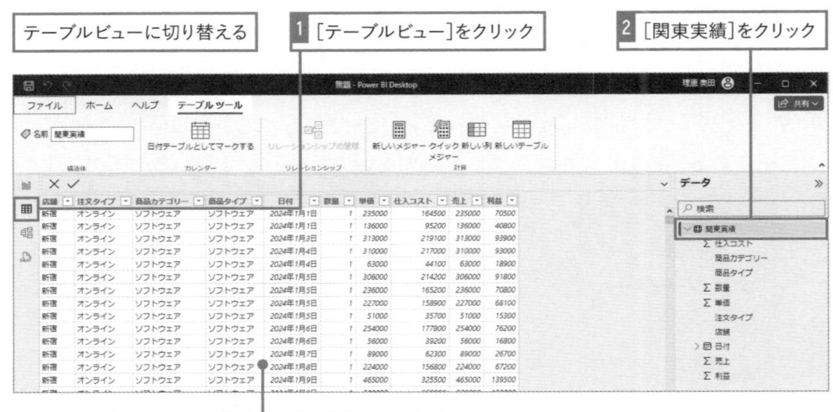

データモデルにインポートされた内容が確認できる

ここもポイント!

データモデリングの必要性

本章では分析元のデータ(データソース)としてExcelファイルよりテーブルを1点インポートしました。また次のLESSONではインポートしたデータを可視化する方法を解説します。実際にレポート作成時には、データソースは1点ではなく複数のデータソースを利用することも多くあります。またデータソースの数に限らず、分析用のデータをインポートした後、データの加工が必要なこともよくあります。複数のデータソースを利用する場合にリレーションの設定を行う、分析用に列を追加する、分かりやすい列名に変更する、集計のための計算式を設定するなど、データ分析のためにデータを加工、最適化する作業を「データモデリング」といいます。データモデリングはデータのインポートと併せて行う、レポート作成時の重要なステップです。本書では第5章～第7章で詳細を解説します。

LESSON 05 レポートとページを理解しよう

レポートを作成する際に理解が必要となるレポートとページについて、位置付けを理解しましょう。またページの作成や書式設定方法を解説します。

01 レポートは複数のページやビジュアルで構成できる

Power BIではインポートしたデータが格納されているデータモデルに基づきレポートの作成が行えます。1つのレポートは1つのデータモデルに紐付いており、そのデータモデルに含まれるデータをレポート内でビジュアルを利用して可視化できます。

また、レポートは複数のページで構成され、各ページにはデータや集計結果を可視化するためのグラフなどのビジュアルを複数配置できます。例えば、年度ごとや地域、製品カテゴリーごとに集計結果を確認できるようページを複数に分けてレポートを作成することが可能です。

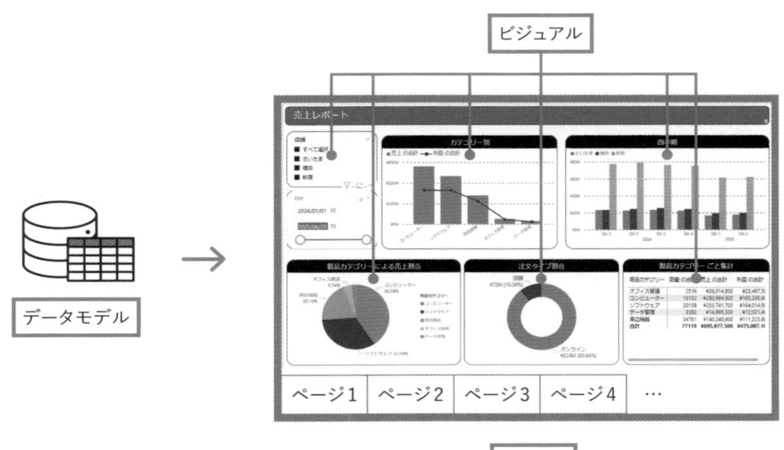

02 ページに書式を設定する

ページには背景色など書式を設定することが可能です。また［表示］タブより、レポートにテーマを設定することで、レポート内のページに背景色や背景画像を指定することもできます。ページの書式は［視覚化］ウィンドウで、［レポートページの書式設定］を開いて設定します。ページ名やサイズ指定も可能です。ここからは練習用ファイル「L005_ページ理解.pbix」を使って操作していきましょう。

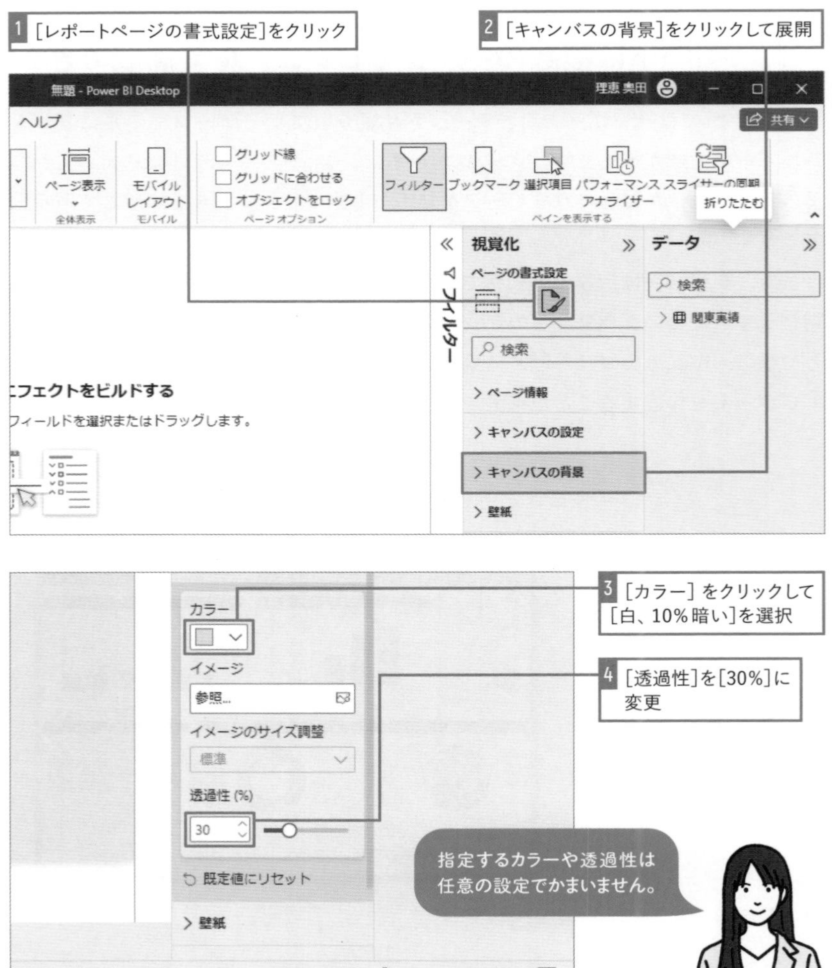

背景色が設定された

03 テキストボックスや画像を挿入する

レポート内には図形やテキストボックス、画像を配置してデザイン要素を追加することが可能です。レポートのタイトルや説明の追加、ロゴやイメージの挿入などを行うことで、デザイン性が向上します。またレポートをより見やすくしたり、内容や操作に関するヒントを表示したりすることで、操作性の向上にもつなげられます。ここではページにタイトルを表示するためのテキストボックスを挿入し、書式設定を行います。レポートタイトルの設定や画像を挿入する方法も解説しているので、理解を深めるためにも操作してみましょう。

■テキストボックスやレポートタイトルを設定する

1 [挿入]タブ -[テキストボックス]をクリック

テキストボックスが挿入された

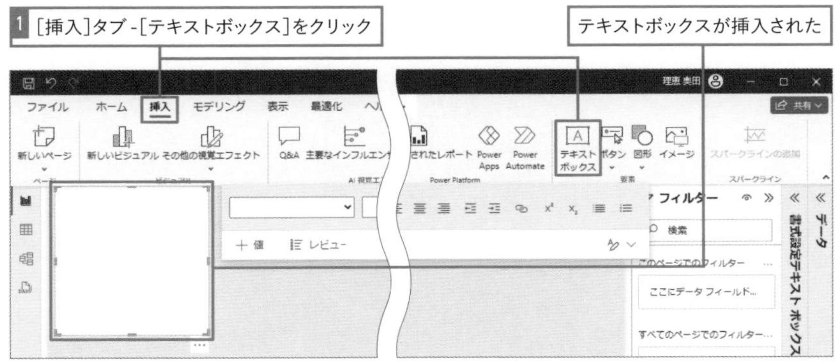

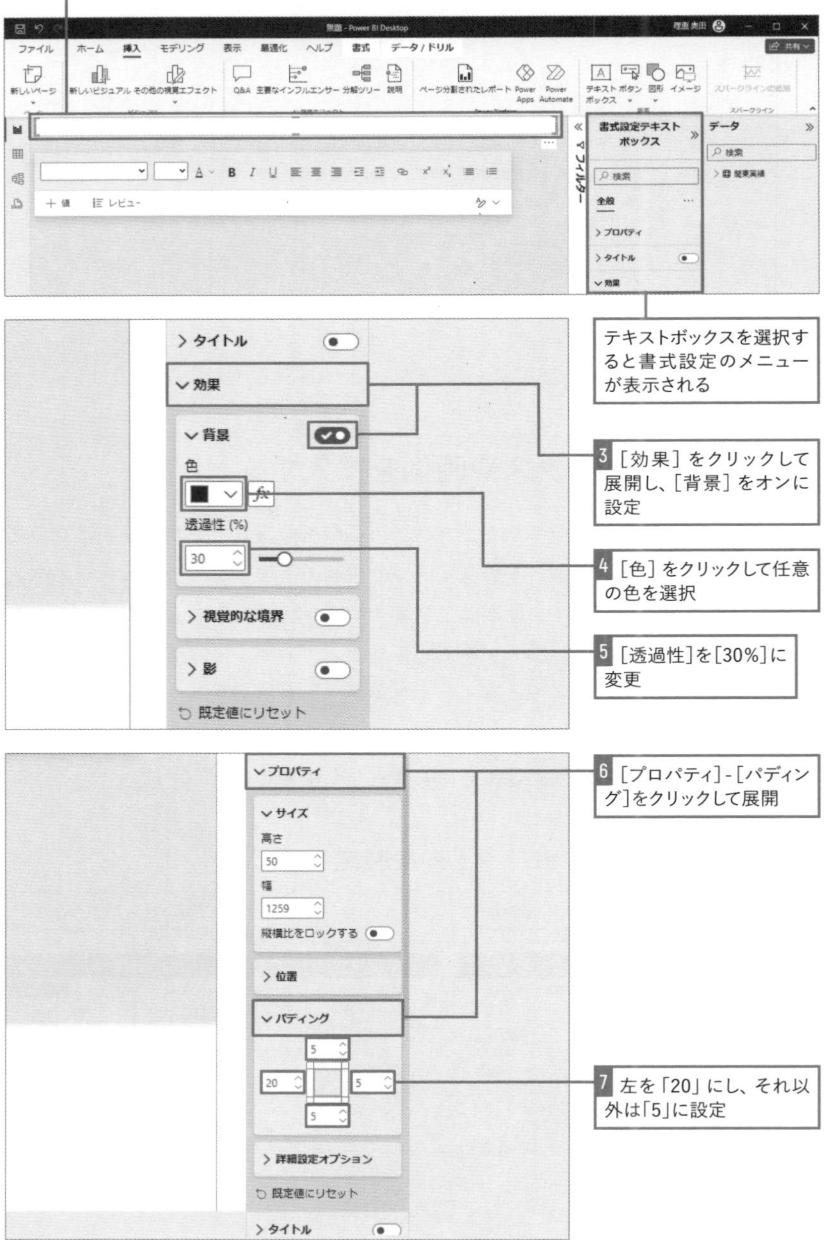
2 テキストボックスをドラッグして細長い長方形になるようサイズを調整
テキストボックスを選択すると書式設定のメニューが表示される
3 ［効果］をクリックして展開し、［背景］をオンに設定
4 ［色］をクリックして任意の色を選択
5 ［透過性］を［30%］に変更
6 ［プロパティ］-［パディング］をクリックして展開
7 左を「20」にし、それ以外は「5」に設定
タイトル
効果
背景
色
透過性 (%)
30
視覚的な境界
影
既定値にリセット
プロパティ
サイズ
高さ
50
幅
1259
縦横比をロックする
位置
パディング
5
20
5
5
詳細設定オプション
既定値にリセット
タイトル

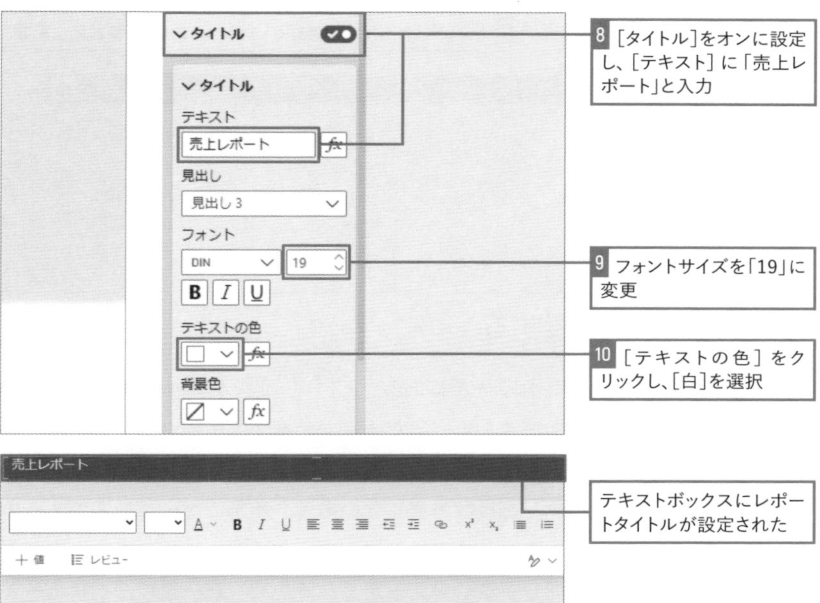
タイトル
タイトル
テキスト
売上レポート
見出し
見出し 3
フォント
DIN
19
テキストの色
背景色
8 [タイトル]をオンに設定し、[テキスト]に「売上レポート」と入力
9 フォントサイズを「19」に変更
10 [テキストの色]をクリックし、[白]を選択
売上レポート
テキストボックスにレポートタイトルが設定された

■画像を追加する

1 [挿入]タブ -[イメージ]をクリック
ファイル
ホーム
挿入
モデリング
表示
新しいページ
新しいビジュアル
その他の視覚エフェクト
Power Apps
Power Automate
テキストボックス
ボタン
図形
イメージ
スパークラインの追加
共有
開く
501873 › 第2章 ›
第2章の検索
整理
新しいフォルダー
名前
更新日時
種類
完成
2024/04/16 18:13
元データ
2024/04/16 18:39
logo.png
2024/04/11 17:33
ドキュメント
ピクチャ
ミュージック
ビデオ
ファイル名(N):
すべての画像ファイル (*.bmp;*.dib
開く(O)
キャンセル
2 [第2章]フォルダー内の「logo.png」を選択し、[開く]をクリック

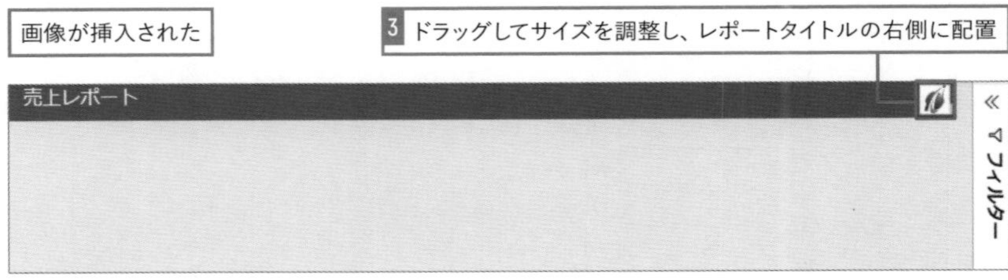

04 ページを複製する

下部のページ名が表示される箇所にある［＋］マークをクリックするとレポート内に新しいページが追加できます。また背景やテキストボックス、画像の挿入などの設定を行ったページを複製することも可能です。レポート内に同じレイアウトやデザインを持つページを複数用意したい場合、新規でページを追加するのではなく、ページを複製することで同様の設定を行う手間を減らせます。複製したページは元のページと同じ要素や書式設定となるため、統一感のあるレポートを作成できます。ここでは背景色の指定やデザイン要素を追加したページを2点複製します。なお不要なページは右クリック-［削除］をクリックすることで削除できます。

■空白のページを追加する場合

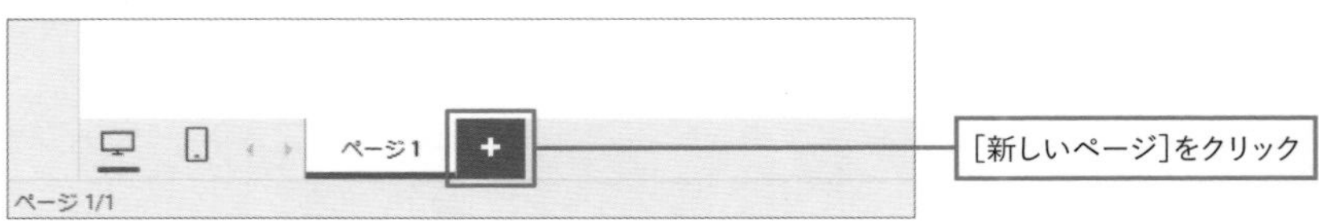

■既存のページを複製する場合

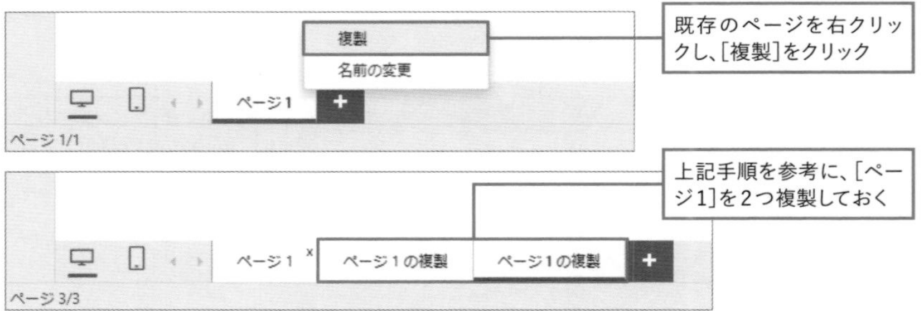

05 ページ名を変更する

既定で用意されるページの名前は「ページ１」となりますが、ページ名は変更できます。レポートの内容が分かりやすいように名前を付けるとよいでしょう。またより統一感を持たせるためページ名を付けるときは次のようなポイントを留意するとよいです。

- **ページの内容を表す簡潔な名前にする**
- **すべてのページに名前を付け、各ページの名前に統一感を出す**

またページはドラッグ操作で並び順も変更できます。レポート利用時の操作につなげられるよう順番に配置する工夫を行うのもよいでしょう。なお、以下ではダブルクリックしていますが、右クリック - [名前の変更] からページ名を変更することも可能です。

ページごとにあえて書式を変更することも可能です。ページ内容に沿った背景色や背景イメージを設定してもよいでしょう。

グラフの基本を確認しよう

データを視覚的に表現するグラフやチャートは「ビジュアル」とよばれます。Power BIではさまざまな種類のビジュアルが用意されています。これらをページ内に配置してレポートを作成して分析に利用しましょう。

01 多彩な棒グラフでデータを可視化できる

棒グラフはデータの可視化を行う際によく利用されるグラフ種類の1つです。商品やそのカテゴリーごとの売上、地域別の人口、年度ごとの実績などで値を比較したいときなど、データの大小を比較する際に適しています。Power BIでは棒グラフも複数用意されています。凡例を積み上げて表示、凡例ごとに表示、割合を表示など可視化の目的に応じて使い分けられます。

棒グラフを配置しながら、ビジュアルを用いてレポートを作成する際の基本を確認しましょう。

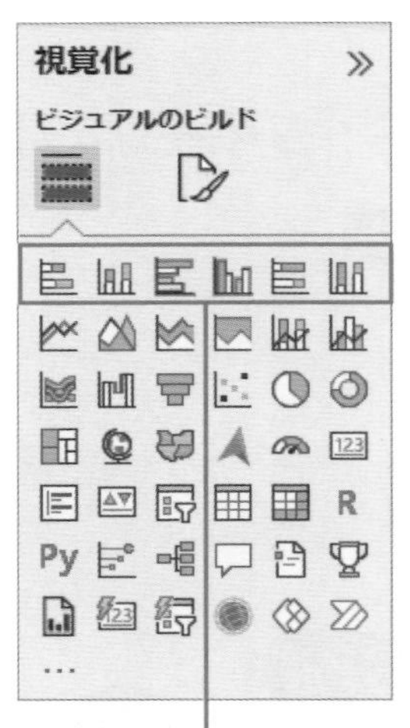

さまざまな種類の棒グラフが用意されている

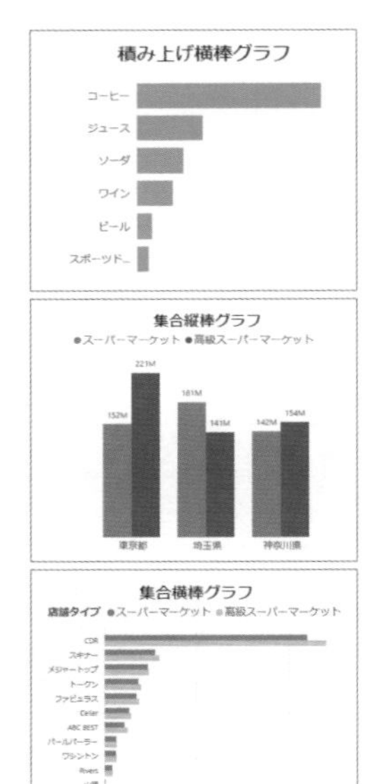

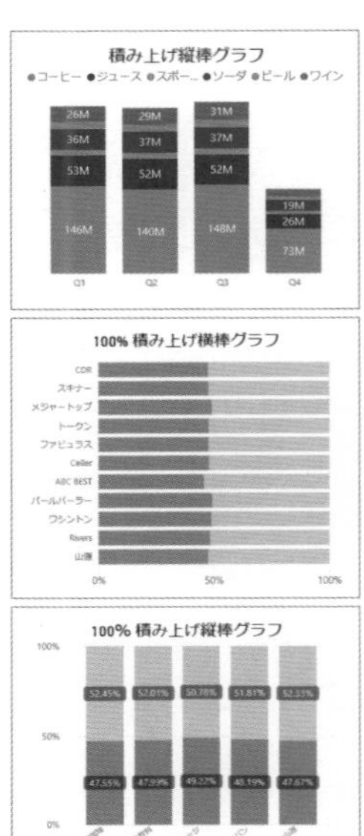

02 横棒グラフで分類ごとに売上を比較する

ページ内にグラフなどのビジュアルを挿入する場合、[視覚化] ウィンドウ内でアイコンをクリックします。分類ごとの集計結果やその内訳を表示できる積み上げ横棒グラフを配置してみましょう。設定を行いたいビジュアルをクリックして選択すると、[視覚化] ウィンドウの下部に [データ] ウィンドウにある列を指定する画面が表示されます。次の手順では店舗ごとの売上比較を行うため、X軸に[売上] フィールド、Y軸に [店舗] フィールドを指定します。これによりX軸に指定した [売上] フィールドの合計が店舗ごとに表示されます。また、凡例に [商品カテゴリー] フィールドを指定し、商品カテゴリーごとの売上構成比を把握できるように視覚化します。

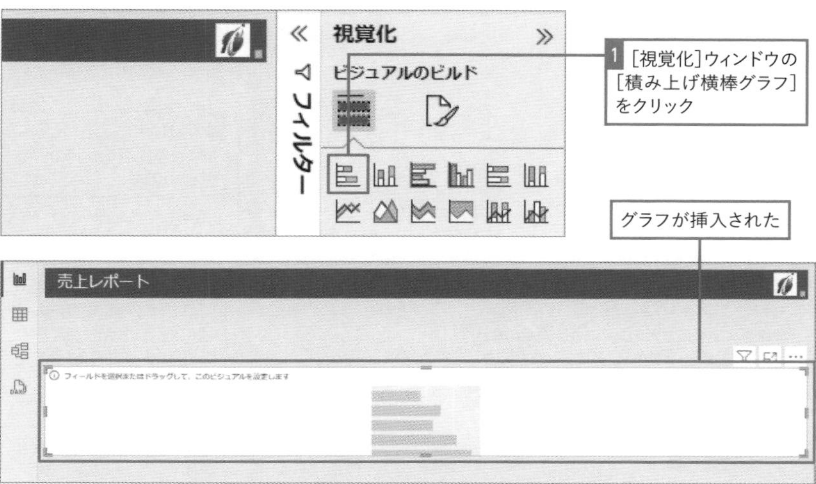

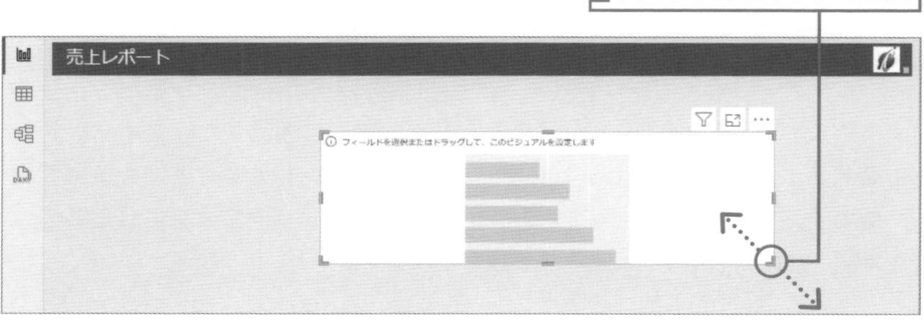

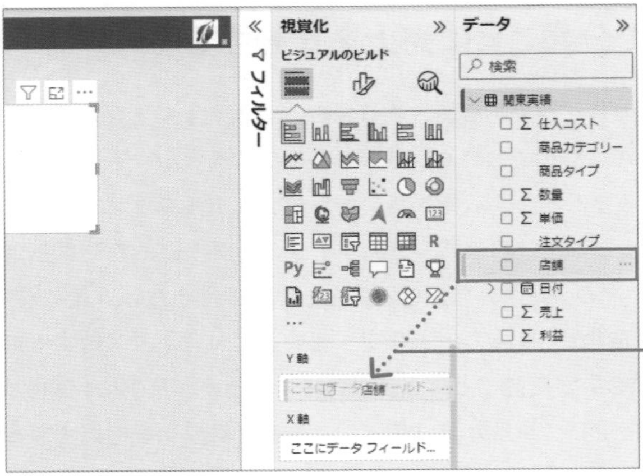

3 ［データ］ウィンドウの［店舗］をＹ軸にドラッグ

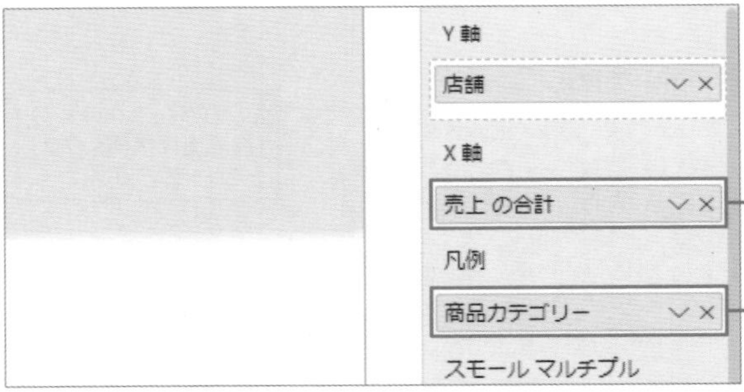

同様にＸ軸、凡例にフィールドを設定する

4 Ｘ軸に［売上］、凡例に［商品カテゴリー］をドラッグして追加

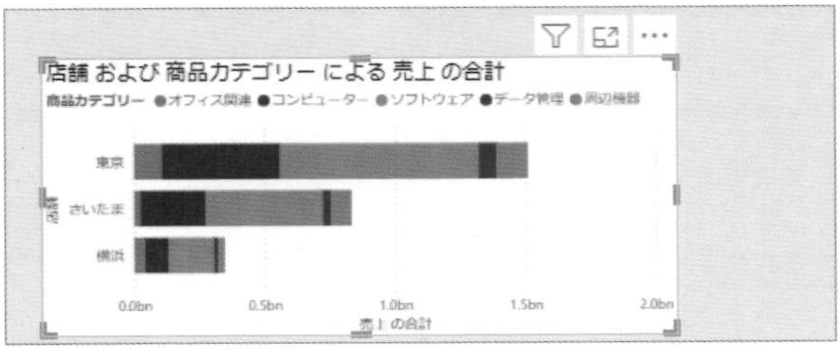

グラフのＹ軸に店舗、Ｘ軸に売上の合計、凡例に商品カテゴリーが設定された

ビジュアル内に値が表示される

チェックボックスをオンにしても列を表示できる

ここでは［データ］ウィンドウからビジュアルに表示したいフィールドをドラッグ操作で指定しましたが、チェックをオンにすることでも指定可能です。［売上］［店舗］［商品カテゴリー］の順でチェックをオンにした場合、Ｘ軸、Ｙ軸、凡例にフィールドが設定されます。

03 配置したビジュアルの書式設定

次にビジュアルの書式を変更してみましょう。色を変更することで、データの特徴や傾向をより把握しやすくなります。ビジュアルを選択すると表示される[ビジュアルの書式設定]で見た目を設定します。ここではフォントや背景、凡例の位置などを、レポート全体のデザインテイストに合わせて指定していきます。

ビジュアルを選択して[ビジュアルの書式設定]をクリックする

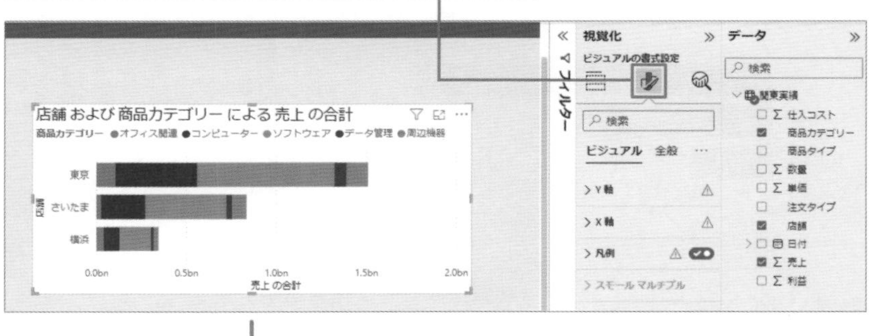

タイトルを非表示にし、凡例の書式を変更する

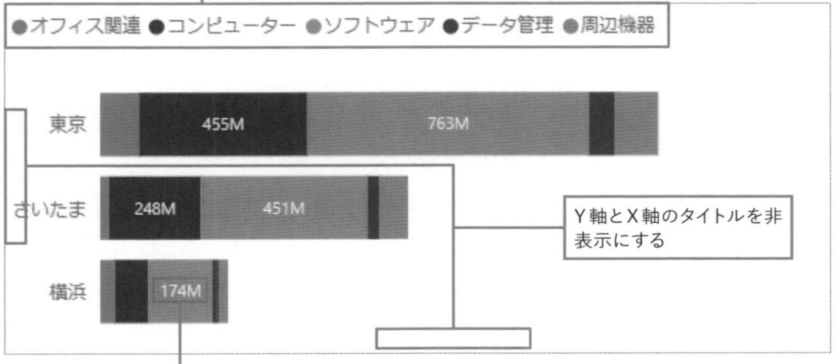

Y軸とX軸のタイトルを非表示にする

データラベルを設定する

使いやすいレポートを作成するためにはビジュアルの見た目も重要なポイントです。ビジュアルごとに書式設定が行えるため、分析の目的に応じてデータを確認しやすくなるように設定を行いましょう。

■ タイトルを設定する

ビジュアルのタイトルは[全般]タブ内で書式設定を行います。既定ではビジュアルに表示したフィールド内容に応じたタイトルが表示されます。タイトル文字列の変更やフォントスタイルの変更もここで設定できます。タイトルは非表示にすることも可能です。非表示にする場合、[タイトル]をオフにします。

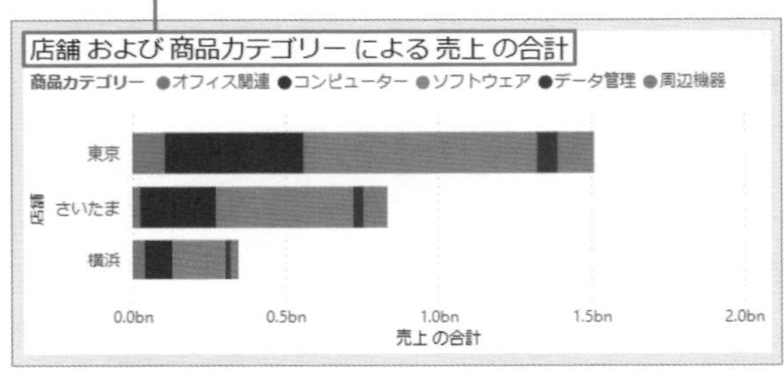

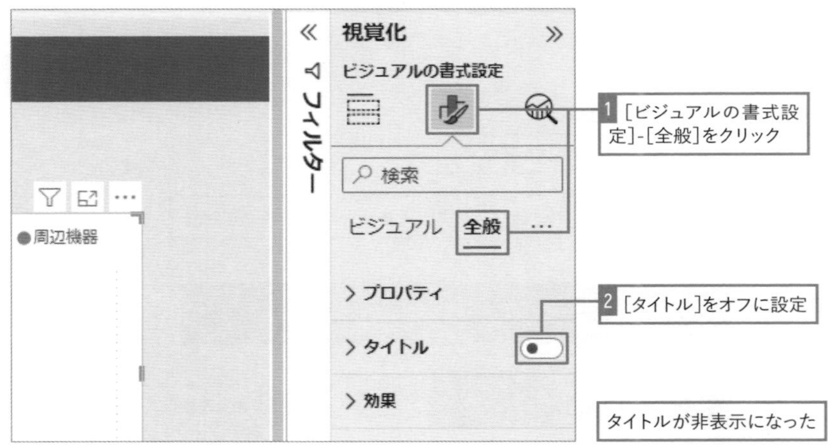

ここもポイント！

[全般]タブはすべてのビジュアルで共通した書式を設定できる

[全般] タブにはすべてのビジュアルで共通となる書式設定が行えます。タイトル以外にも、背景色や罫線の指定も可能です。またビジュアルのサイズや位置をピクセル単位で調整することもできます。

■凡例の書式を変更する

凡例のタイトルを非表示にし、フォントサイズを変更する

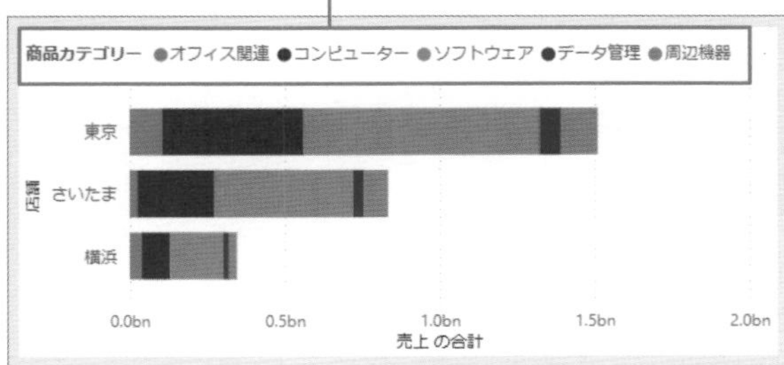

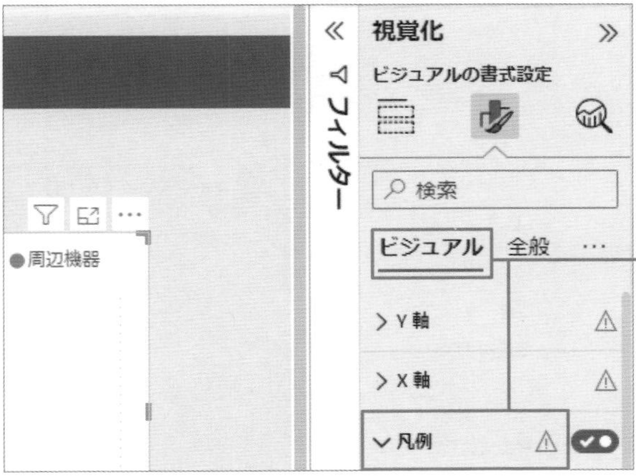

1 [ビジュアル] - [凡例] をクリック

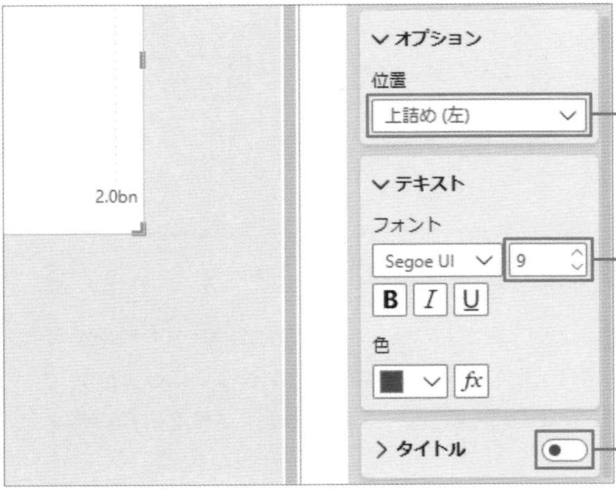

2 [位置] を [上詰め(左)] に設定

3 [フォントサイズ] を [9] にし、[タイトル] をオフに設定

■Y軸の書式を設定する

Y軸のフォントサイズを変更し、Y軸のタイトルを非表示にする

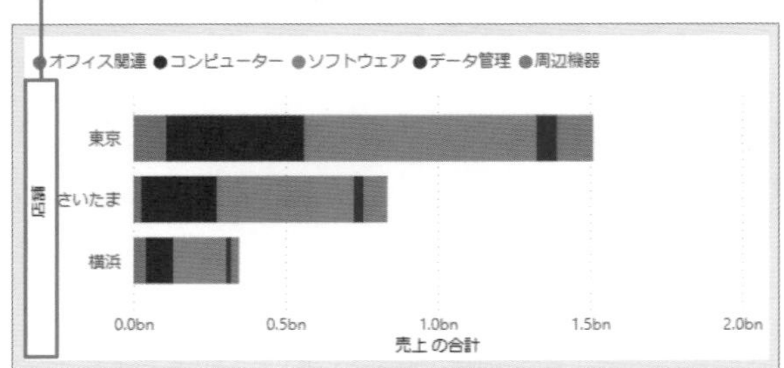

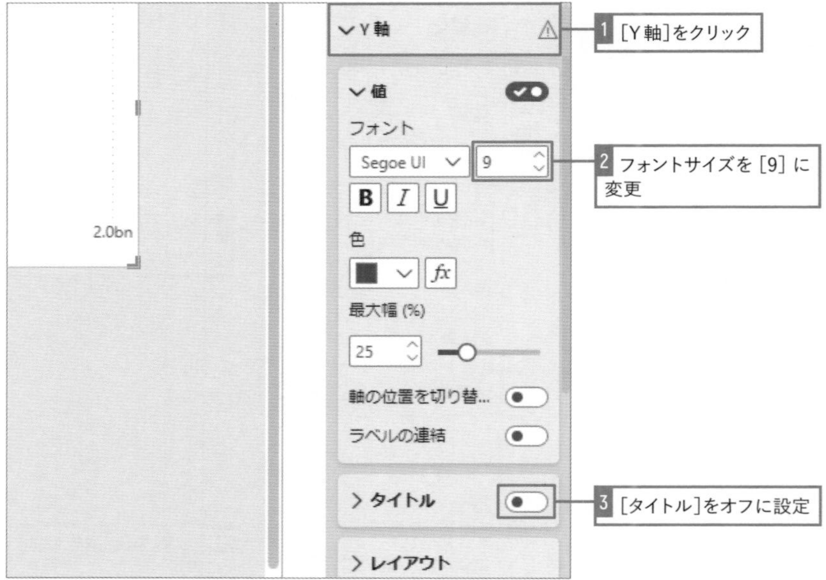

Y軸の表示やY軸の位置の変更

「東京」「さいたま」「横浜」が「店舗」の値であることがレポート利用者にとって分かりにくい場合はY軸のタイトルは非表示にしないほうがよいでしょう。また[軸の位置を切り替える]をオンにすると、Y軸を右に表示させることも可能です。

■X軸の書式を設定する

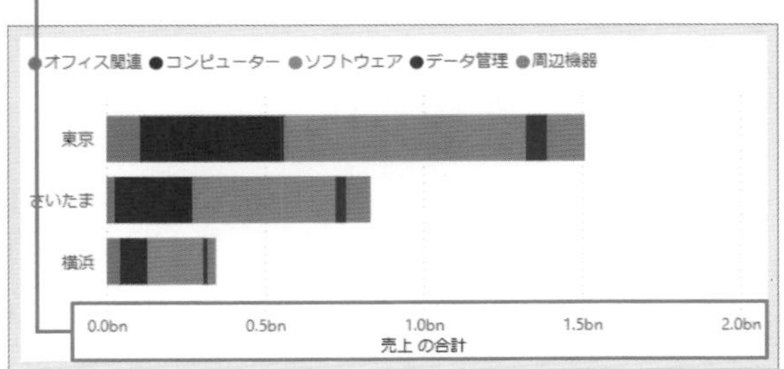

■データラベルを表示する

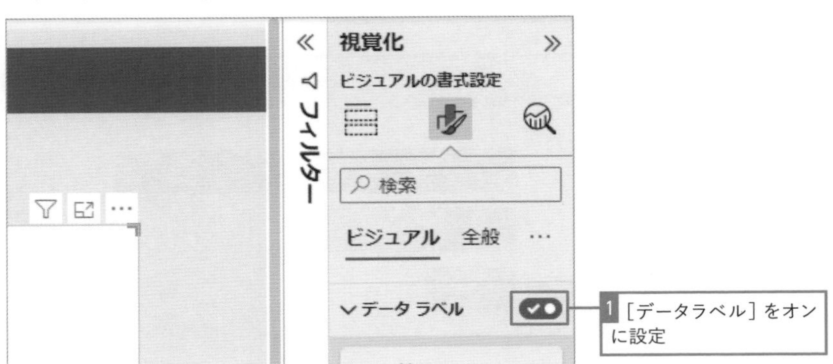

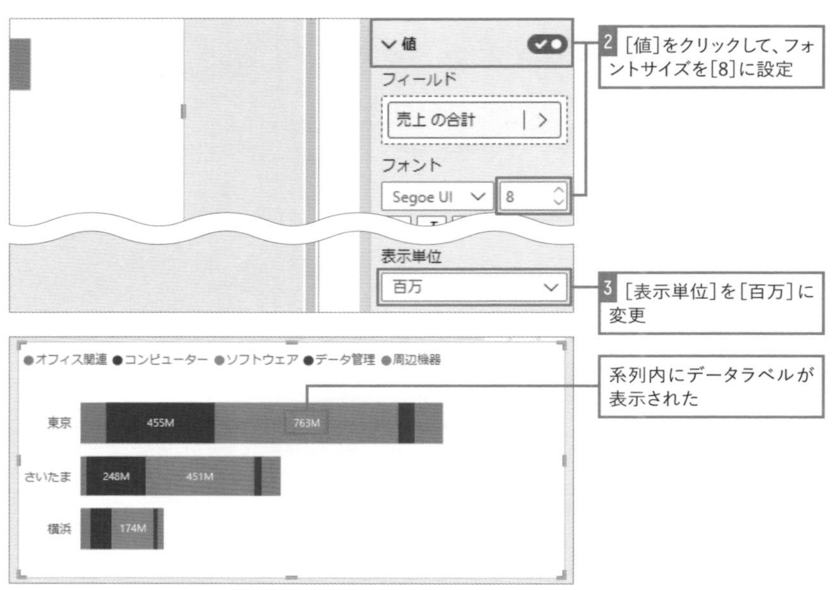

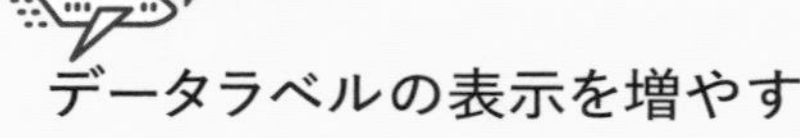

さらに上達！

データラベルの表示を増やす

データラベルは系列の値の大きさにより表示されないことがあります。グラフの幅が狭い場合は表示されません。グラフの幅が狭くても可能な限りデータラベルを表示したい場合は[オプション]より[オーバーフローテキスト]をオンにするとよいでしょう。

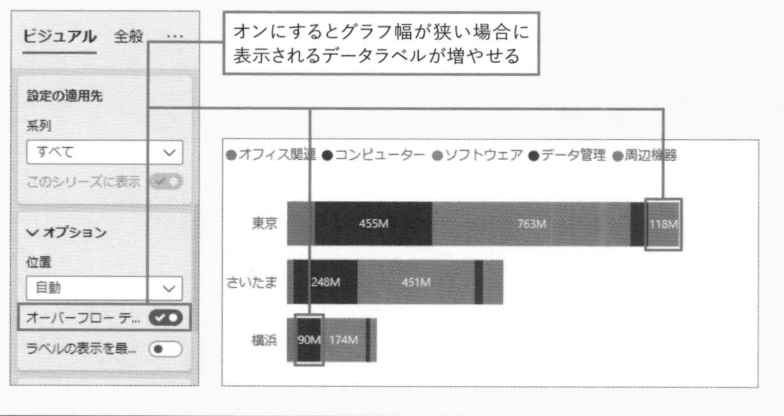

04 ビジュアルのコピーや種類の変更

配置済みのビジュアルが選択された状態で、[視覚化] ウィンドウでビジュアルをクリックすると、既存のビジュアルの種類が変更できます。フィールドや書式の設定を保持したまま、異なるグラフに変更できるため、配置したグラフがイメージと異なり変更したい場合や、どのグラフが最適かをいろいろと試しながら検討したい場合に便利です。既存のビジュアルの種類を変更したいわけではなく、新しいビジュアルを追加する際には、配置済みのビジュアルが選択済みになっていないかどうか操作時に注意しましょう。

■ビジュアルの種類を変更する

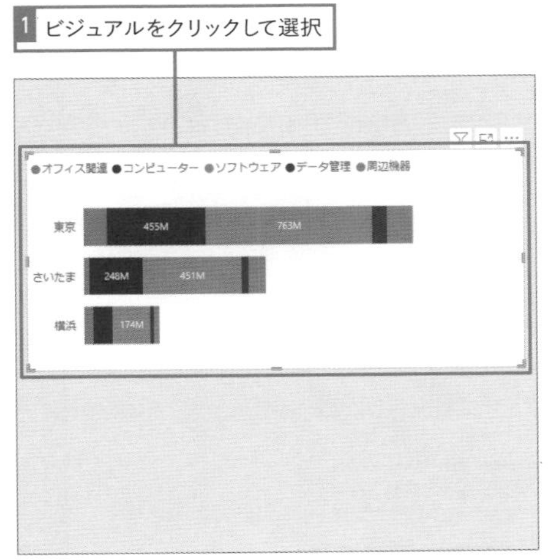

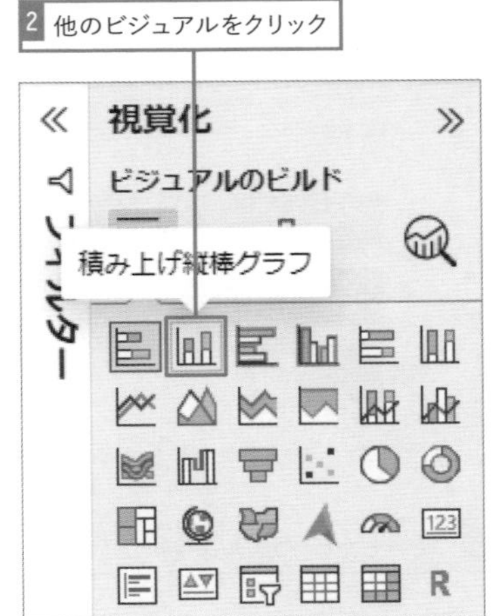

またビジュアルは、コピー＆ペーストが可能です。フィールドや書式の設定を含めたままビジュアルをコピーできます。Ctrl + C キーにてコピー、Ctrl + V キーで貼り付け、とショートカットキーを利用すると操作がスムーズです。同じページ内に配置するビジュアルは、タイトルの文字スタイルなどの書式設定を同様にしたいことが多いはずです。異なるビジュアルを配置したい場合にも、同様の設定を繰り返すと手間が掛かります。このようなときに、コピー後にビジュアルの種類を変更する操作を行うことで書式設定を省略できます。続いて、ビジュアルをコピーして、四半期ごとの売上を積み上げ縦棒グラフで視覚化します。

■積み上げ縦棒グラフを作成する

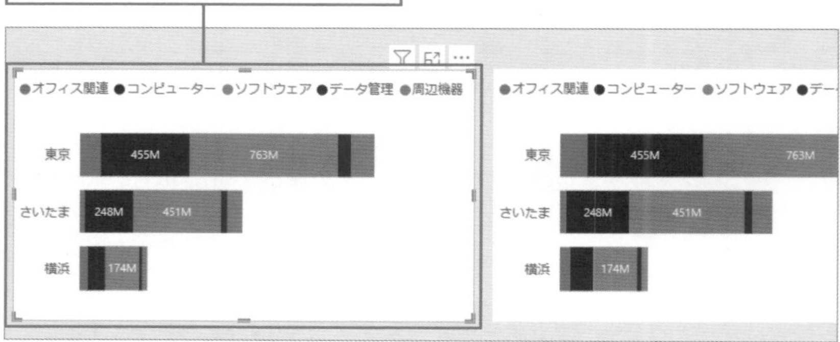

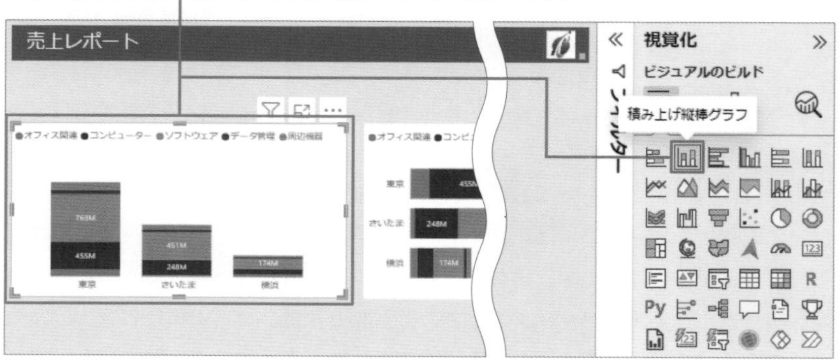

グラフの種類が変更された

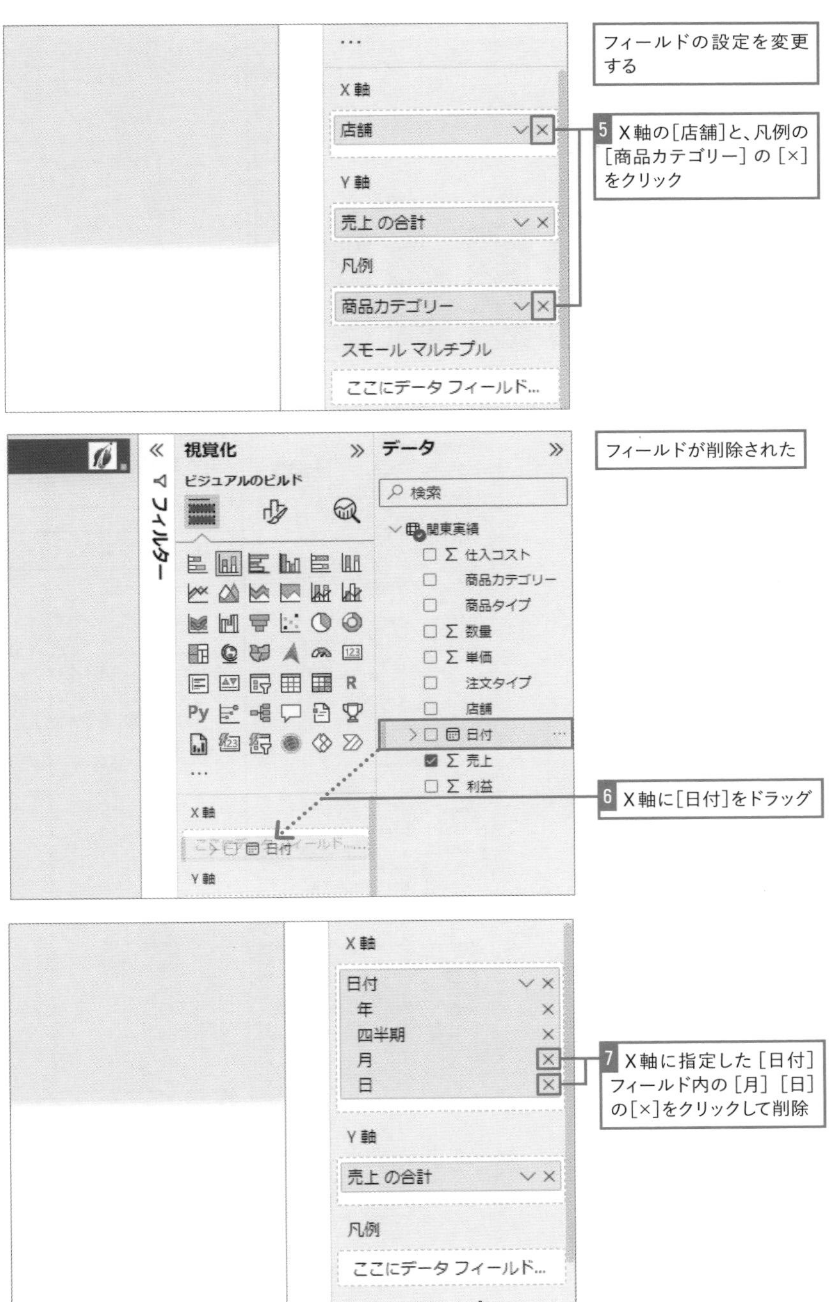
X軸
店舗
Y軸
売上 の合計
凡例
商品カテゴリー
スモール マルチプル
ここにデータ フィールド...
フィールドの設定を変更する
5 X軸の[店舗]と、凡例の[商品カテゴリー]の[×]をクリック
視覚化
ビジュアルのビルド
フィルター
データ
検索
関東実績
仕入コスト
商品カテゴリー
商品タイプ
数量
単価
注文タイプ
店舗
日付
売上
利益
X軸
日付
Y軸
フィールドが削除された
6 X軸に[日付]をドラッグ
X軸
日付
年
四半期
月
日
Y軸
売上 の合計
凡例
ここにデータ フィールド...
7 X軸に指定した[日付]フィールド内の[月][日]の[×]をクリックして削除

2024 ～ 2025 年の四半期ごとの売上がグラフ化された
579M
525M
453M
399M
332M
400M
Qtr 1
Qtr 2
Qtr 3
Qtr 4
Qtr 1
Qtr 2
2024
2025
データ ラベル
設定の適用先
系列
すべて
このシリーズに表示
オプション
方向
横
位置
外側上
ラベルの表示を最...
縦棒グラフの書式設定を行う
縦棒グラフを選択しておく
8 ［データラベル］をクリックして展開し、［オプション］の［位置］を［外側上］に変更
値
詳細
背景
レイアウト
既定値にリセット
合計ラベル
9 ［背景］をオンに設定

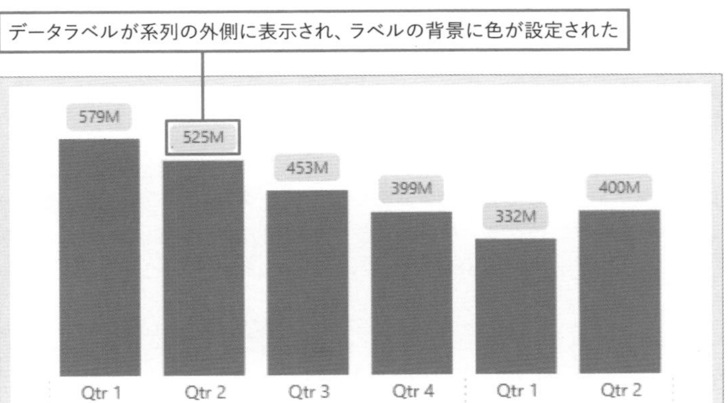

さらに上達!

同じページへ新規ビジュアルを追加するには

同じページ内にビジュアルを追加する場合、ページ内の空白部分を選択した状態で、[視覚化] ウィンドウから追加したいビジュアルを挿入します。

1 ページ内の空白部分をクリックして選択

2 [視覚化]ウィンドウより、追加したいビジュアルをクリック

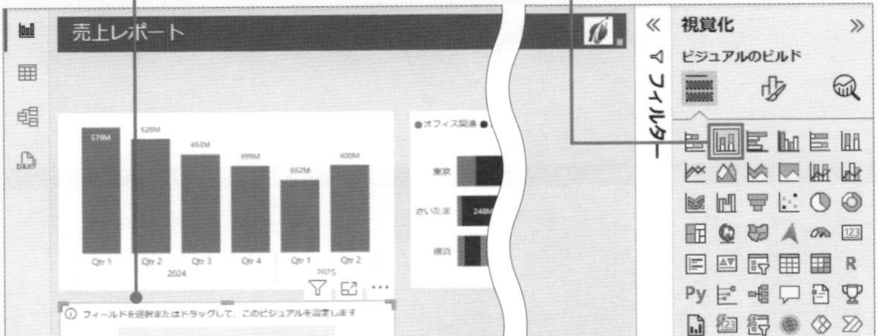

売上レポート

視覚化

ビジュアルのビルド

フィルター

X 軸

ここにデータ フィールド...

Y 軸

ビジュアルが追加された

いろいろな種類のグラフを配置しよう

LESSON06では棒グラフを利用してビジュアルの配置方法やフィールドの設定、書式設定を行う方法を解説しました。棒グラフ以外のグラフも利用方法や設定例を確認してみましょう。

練習用ファイル L007_グラフ追加.pbix

01 折れ線で時系列の変化を把握しよう

折れ線グラフは時系列でのデータの変化や傾向を把握する際によく利用されます。売上や利益、在庫や生産量、満足度調査の結果などについて月や年単位での推移、データのトレンドや周期性を把握したい際に適しています。また複数のデータを重ねて表示することで、相対的な変化や関係性を比較する際にも利用します。また面グラフは折れ線グラフと同じく時系列でデータをプロットしますが、折れ線データが塗りつぶされて可視化されるため、より変化の大きさや傾向を強調できます。

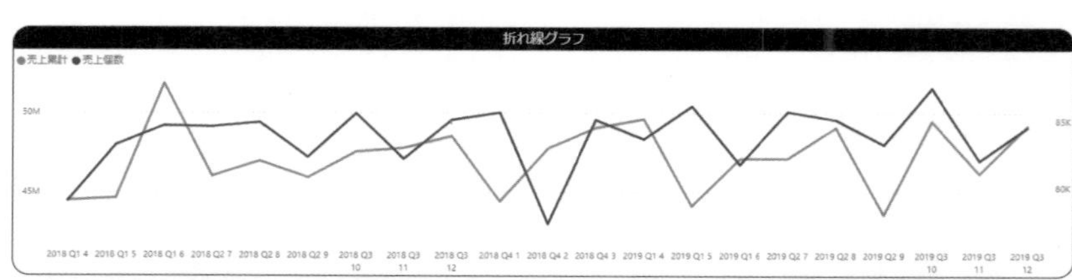

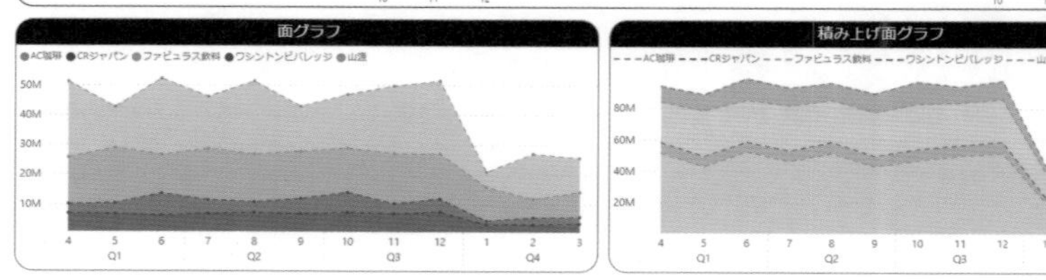

折れ線グラフは、時間の経過とともに変化する連続的な複数のデータを比較したり、ピークや谷の位置を確認したりするのにも便利です。反面、カテゴリーごとの割合や集計値の比較には向いていません。円グラフや棒グラフなどの他の種類のグラフを利用しましょう。

■折れ線グラフを追加する

店舗ごとの売上を時系列で確認できるよう折れ線グラフを追加します。[日付]列に用意される[日付の階層]は、[年][四半期][月][日]の4つのレベルで構成されています。次の手順のように指定すると既定では日付単位でデータが表示されます。操作の順番等によっては日付単位ではなく年単位でX軸が表示されることもあります。

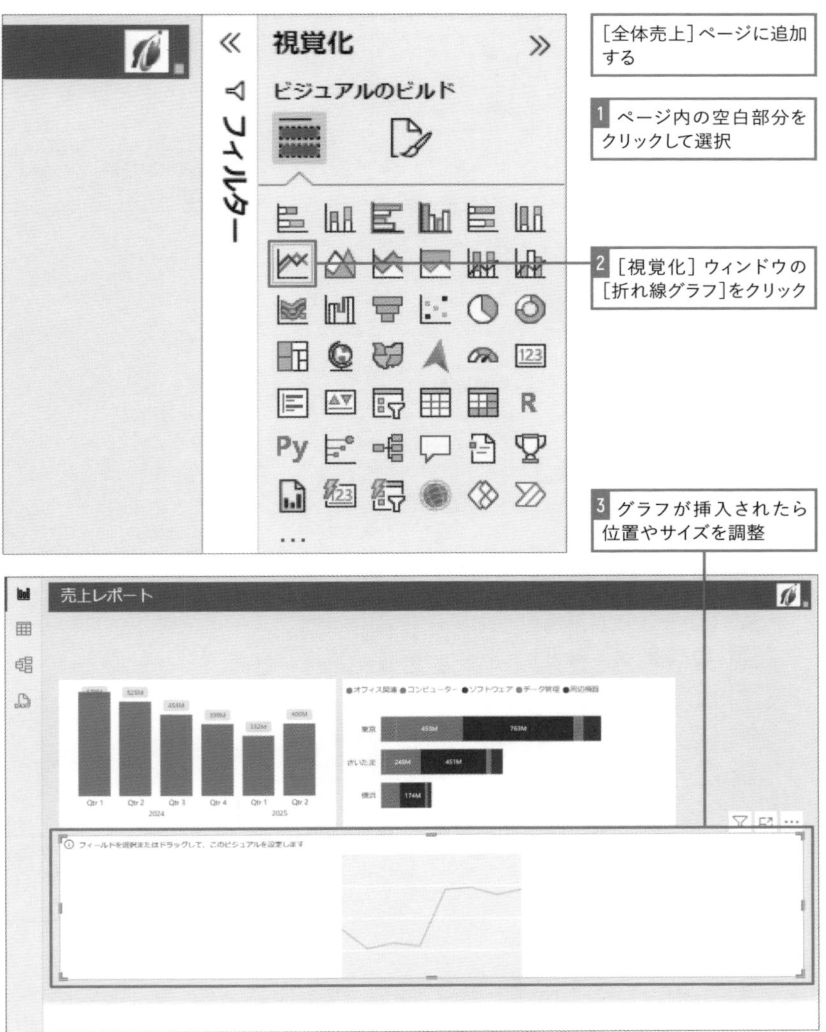

Y軸と凡例を先に設定する

4 Y軸に[売上]フィールドを指定

5 凡例に[店舗]フィールドを指定

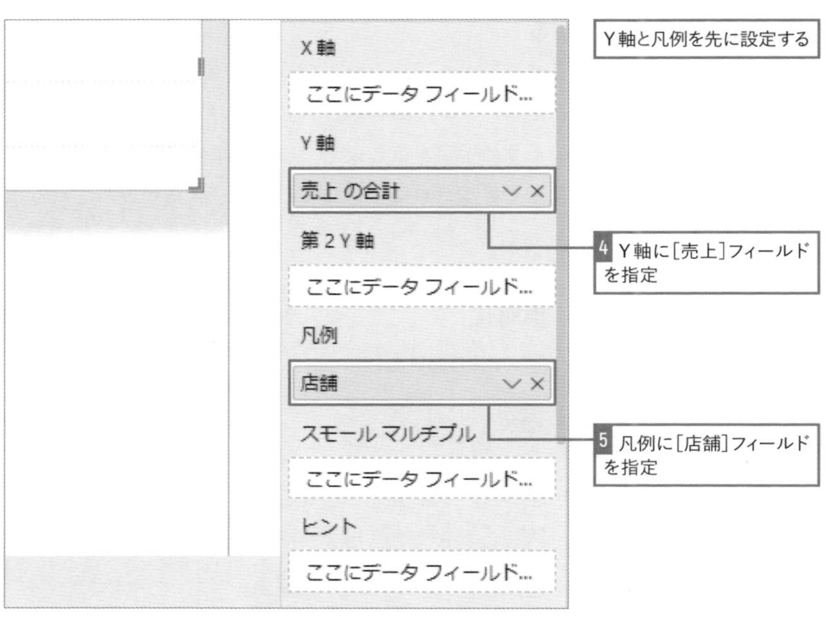

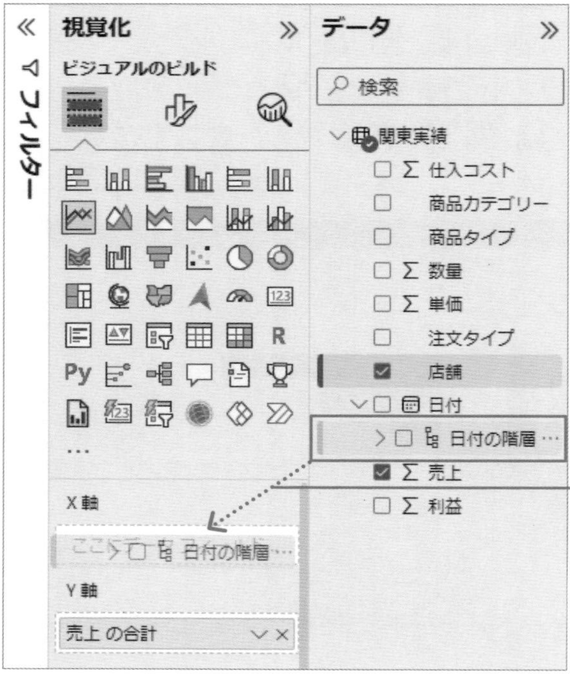

6 [日付] フィールドの階層下にある[日付の階層]をX軸に指定

各店舗の日付ごとの売上が折れ線グラフで表示された

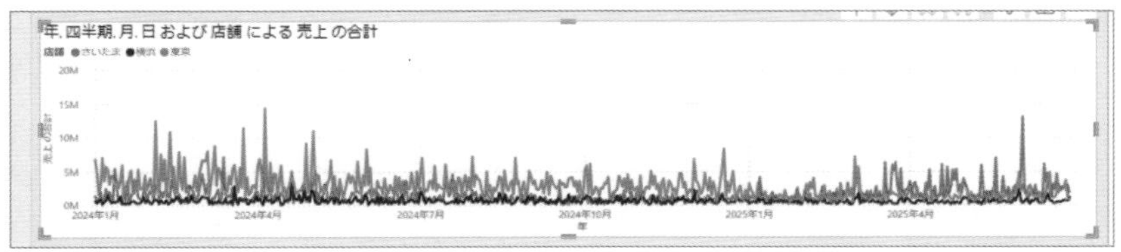

ここもポイント!

［日付の階層］が表示されない場合は

［データ］ウィンドウで［日付］フィールドの下に［日付の階層］が用意されない場合、Power BI Desktopのオプション設定を確認してください。［ファイル］メニューから［オプションと設定］-［オプション］を開き、［データの読み込み］にて［自動の日付/時刻］がオンになっていることを確認しましょう。なお日付の階層を利用する際の注意点や時系列での可視化や分析を行う際のテクニックは第7章で詳しく解説します。

［オプション］ダイアログボックスを表示し、［データの読み込み］をクリックする

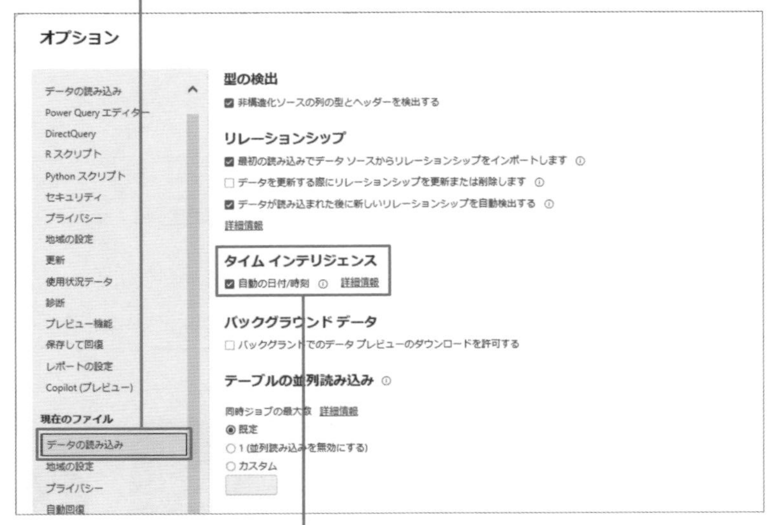

［自動の日付/時刻］がオンの場合に［日付の階層］が表示される

異なる形式のグラフを盛り込むメリットとは？

全体の傾向や、カテゴリーや地域ごとの詳細など、データを違う観点から分析したり比較したりできるように、複数のページに分けてレポートが作成できます。レポート内の各ページには傾向や相関関係、トレンドを詳しく把握できるよう、さまざまな種類のビジュアルを配置します。売上累計を確認できる棒グラフ、内訳や構成比を確認する円グラフ、時系列での推移を確認できる折れ線グラフ……と、より深い分析につなげられるように、異なる形式のグラフを組み合わせることで、さまざまな切り口でデータを確認できるレポートを作成できます。

■表示階層を変更する

X軸の表示単位の変更など設定のバリエーションを確認してみましょう。日付単位ではデータが細かすぎて見にくいときや、月単位の表示に変更したい場合など、階層を上に変更したい場合は［ドリルアップ］を利用します。また、ビジュアル右上に表示される［階層内で1レベル下をすべて展開］をクリックすると、四半期 → 月 → 日の順で階層下へ移動して表示形式を変更できます。

■ドリルアップ

［ドリルアップ］をクリックすると1レベル上の階層で表示される

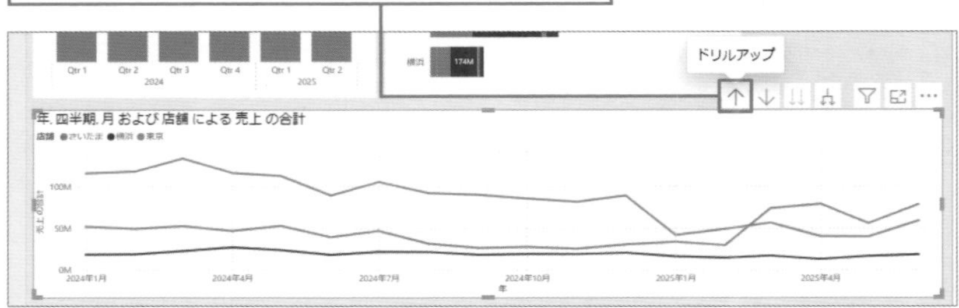

ドリルアップとはデータの階層レベルを上げて表示することです。日単位では分からなかった傾向を月単位、四半期単位と俯瞰してデータを見ることで得られることもあるでしょう。

■すべて展開

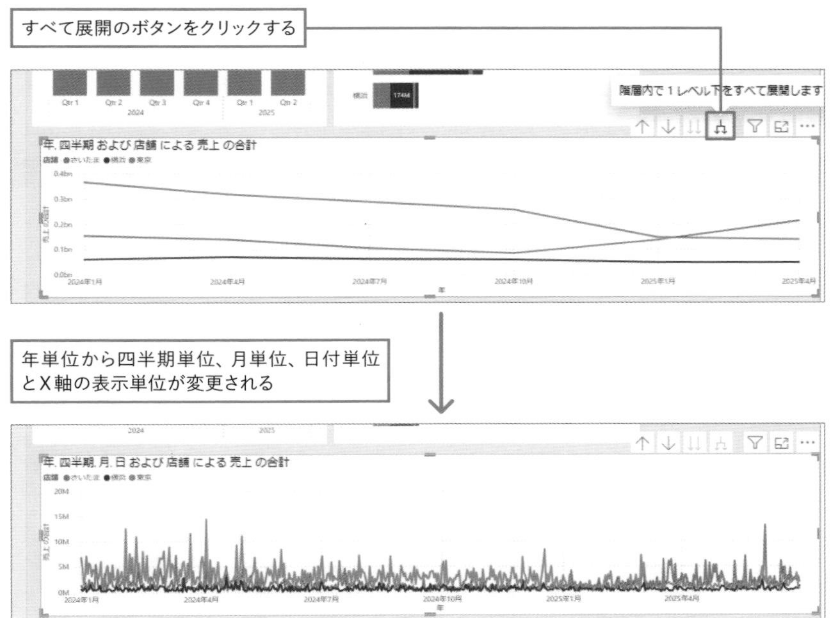

02 円グラフやツリーマップで割合を比較しよう

商品やカテゴリーごと、また顧客等の属性ごとの分布や構成を可視化する際には円グラフやドーナツグラフが利用できます。全体に対するデータの構成比を色分けして表示できます。円グラフとドーナツグラフとの違いは、中心が空白かどうかです。ドーナツグラフは中心が空となっているため、このスペースに情報を表示することが可能です。また円形ではなく長方形に構成比が表示されるツリーマップも同様に、割合や構成比を可視化できます。

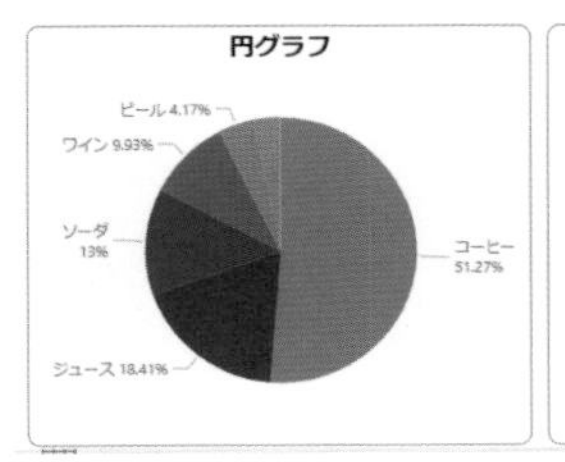

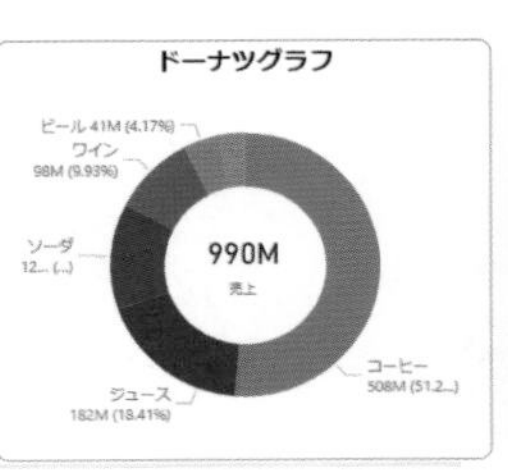

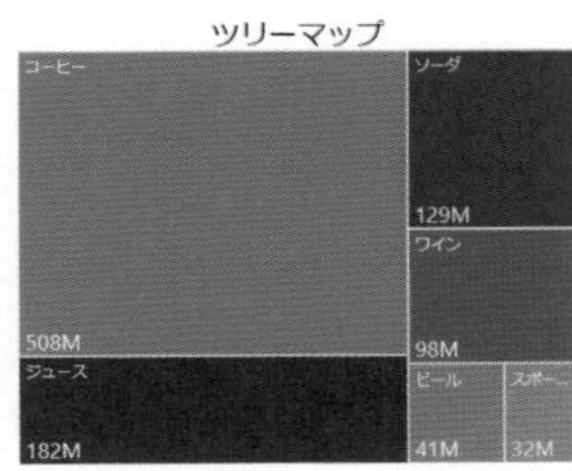

■円グラフを追加する

商品カテゴリー別の売上割合を確認できるよう円グラフを追加します。

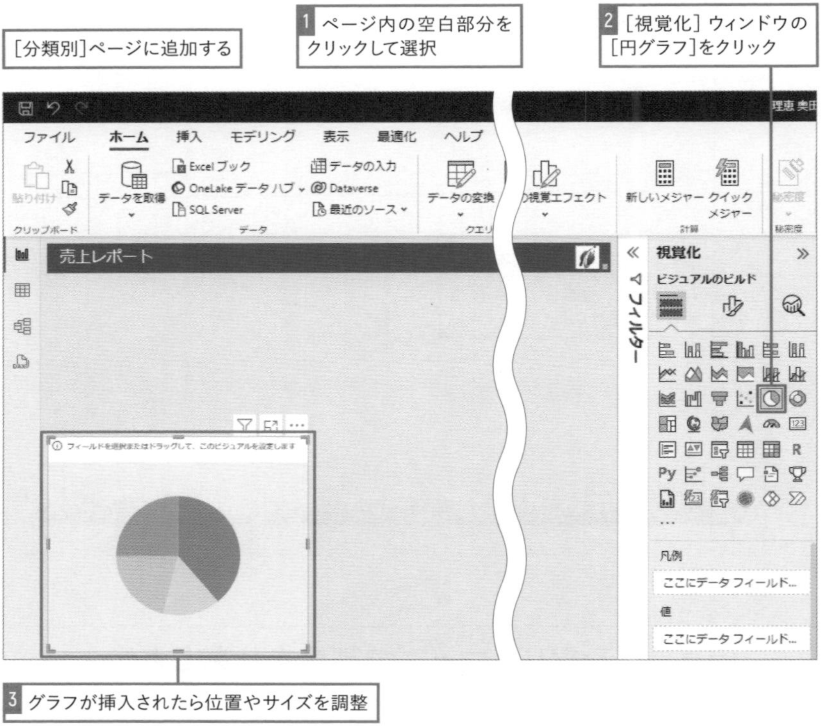

[分類別]ページに追加する

1 ページ内の空白部分をクリックして選択

2 [視覚化] ウィンドウの[円グラフ]をクリック

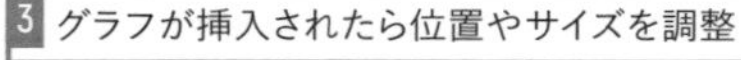

フィールド設定する

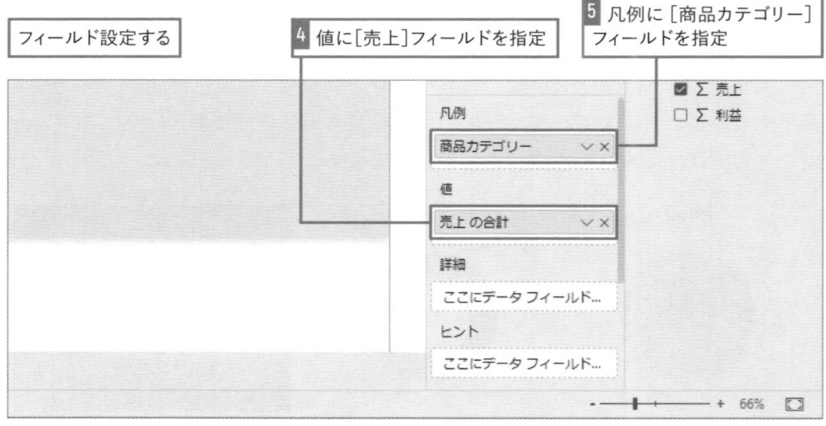

ビジュアルの書式設定の[詳細ラベル]を展開し、書式を設定する

6 [位置]を[外側]に設定

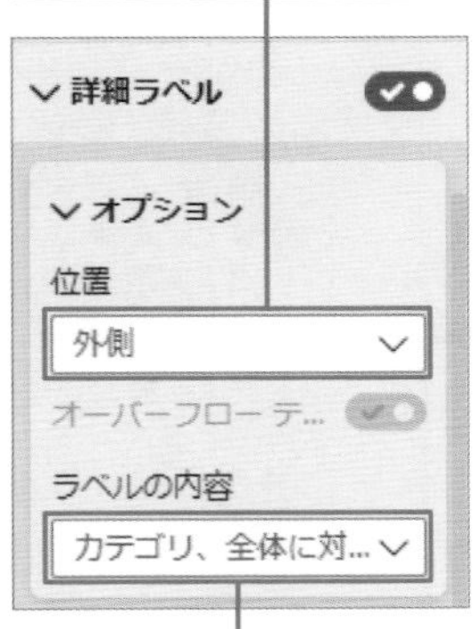

7 [ラベルの内容]を[カテゴリ、全体に対する割合]に設定

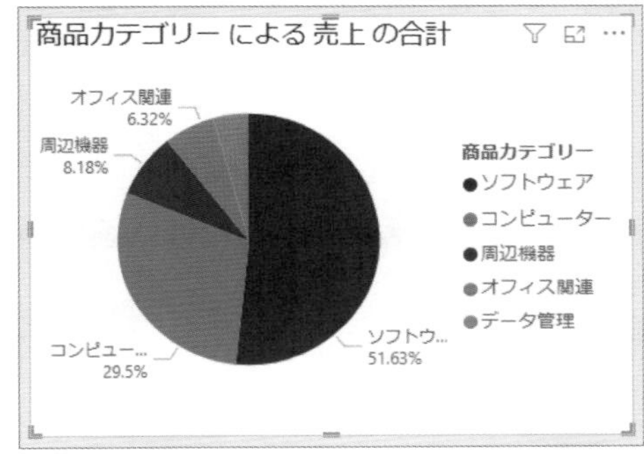

商品カテゴリーごとの売上の割合が表示された

ここもポイント!

ビジュアルのタイトルやデザインをより整えよう

既定のタイトル内容は、ビジュアルに表示したフィールドに応じて自動的に指定されます。このため「商品カテゴリーによる売上の合計」のように、分かりにくことがあります。以下を参考にタイトルなどの書式を設定してみましょう。また以降の手順では各グラフに適用している書式は完成形の練習用ファイルを参考にしてください。

タブ	項目	説明
[全般]タブ	[タイトル]	タイトルの文字や文字の色、背景色、文字の配置を設定できる
	[効果]-[視覚的な境界]	ビジュアルの境界線の色や丸みを設定できる
[ビジュアル]タブ	[ビジュアル]-[凡例]	凡例の位置や文字のサイズや色などを変更できる
	[詳細ラベル]	ラベルの内容、文字のサイズや色などを変更できる

■ ドーナツグラフの設定例

注文タイプごとに売上割合を確認できるようドーナツグラフを追加します。

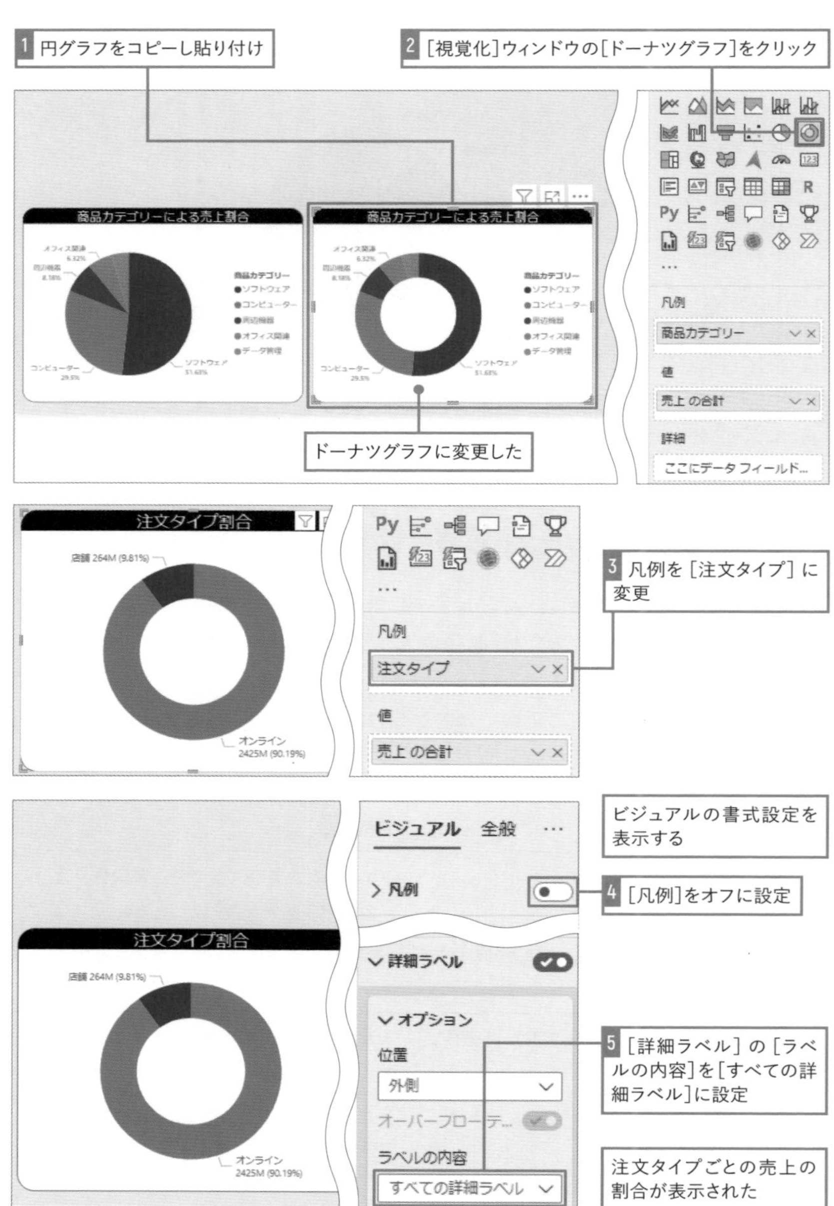

■ツリーマップの設定例

商品カテゴリー別の売上割合をツリーマップで表示してみましょう。

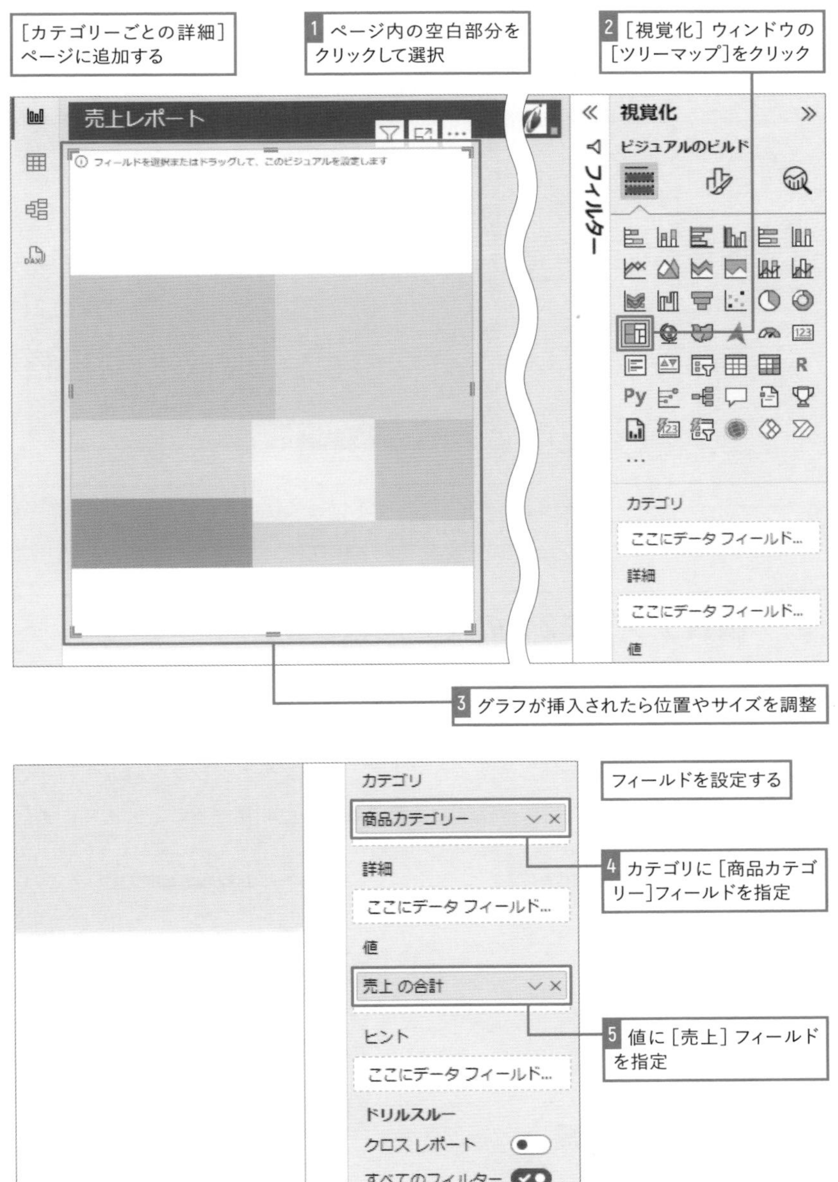

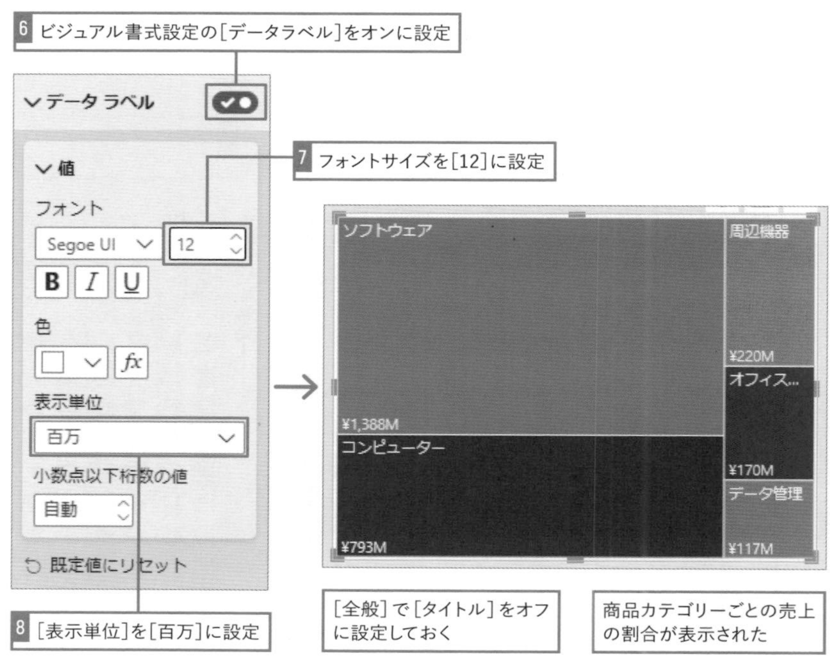

03 複合グラフで2つの値を比較しよう

縦棒グラフと折れ線グラフを組み合わせたグラフを利用すると、同一の軸で2つの値を比較できます。例えば、売上とその内訳、売上と利益率の関係など、複数の値の関連性を視覚的に把握しやすくなります。また2つのグラフを組み合わせて表示することでレポート内のスペースを省略するために利用することもあります。

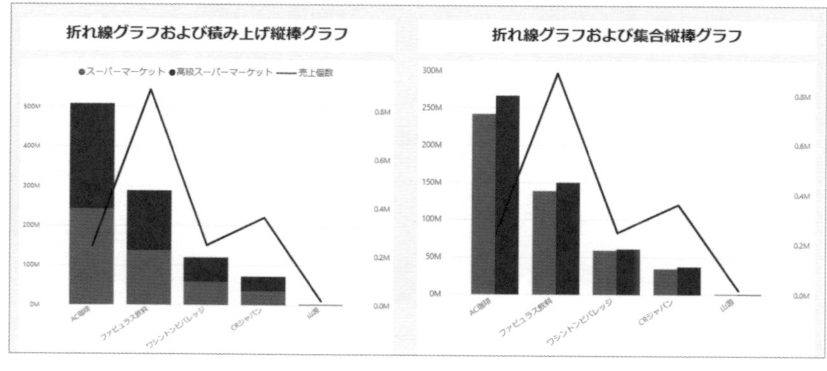

■複合グラフを作成する

棒グラフと折れ線グラフを組み合わせた表示を行ってみましょう。複合グラフを作成して、商品カテゴリー別の売上割合と売上個数の相関関係を確認できるようにします。

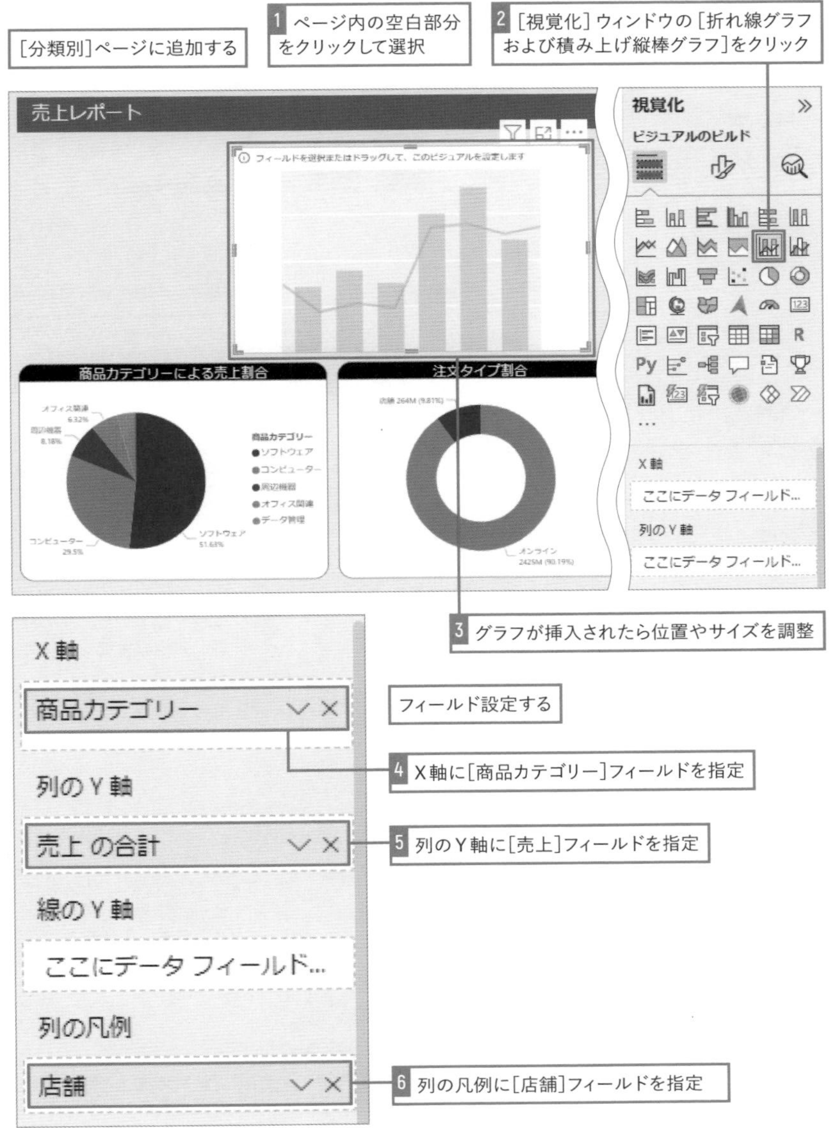

7 線のＹ軸に[数量]を指定

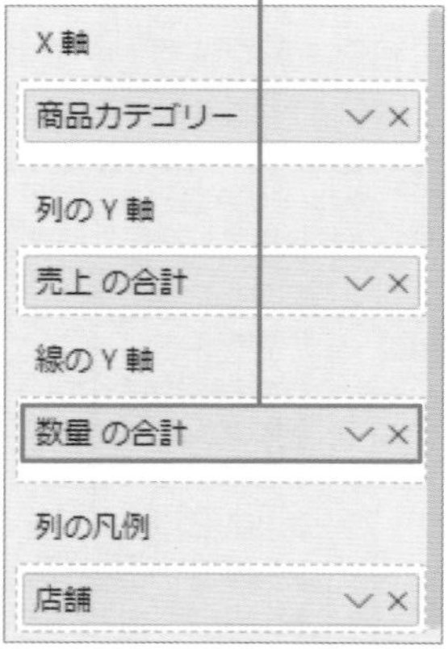

商品カテゴリー別の売上と売上数量が表示された

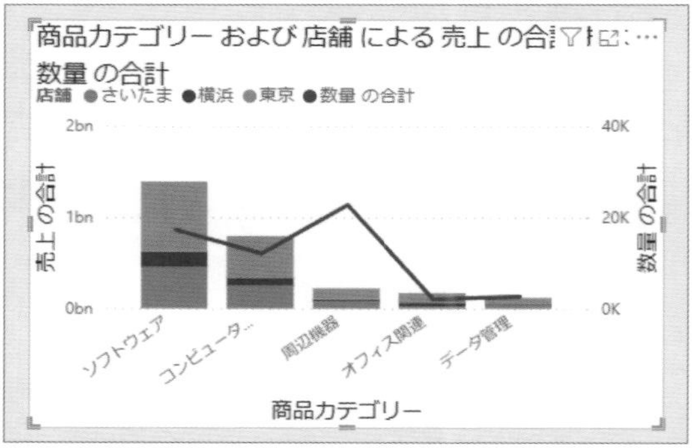

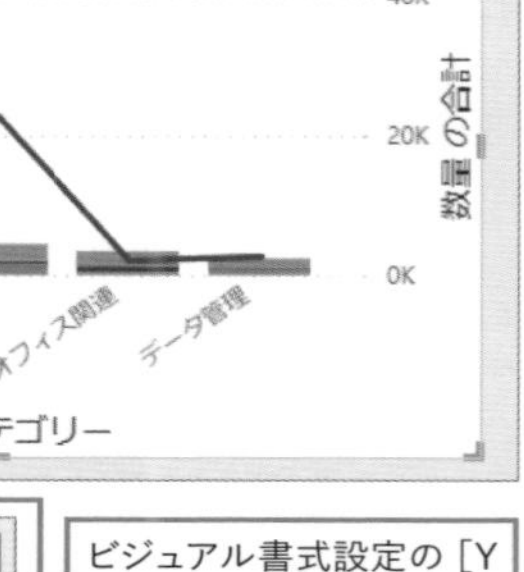

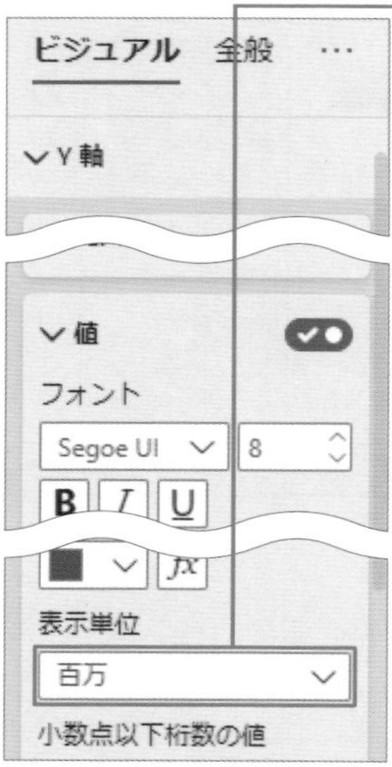

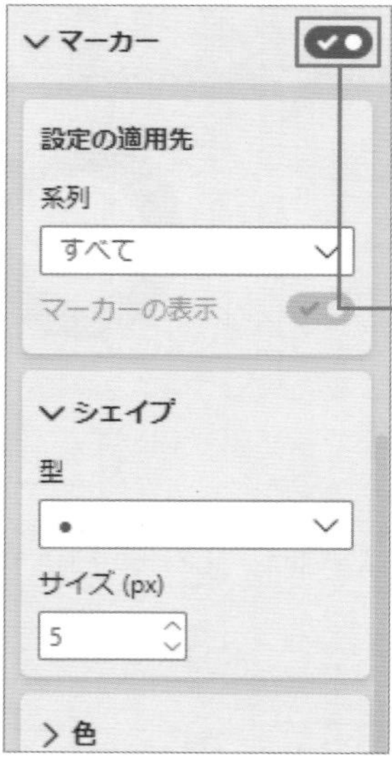

ビジュアル書式設定の［Y軸］-［値］を展開しておく

8 ［Y軸］の［値］をクリックし、［表示単位］を［百万］に設定

9 ビジュアルの書式設定で［マーカー］をオンに設定

必要に応じてこの他のビジュアルの書式を整えておく

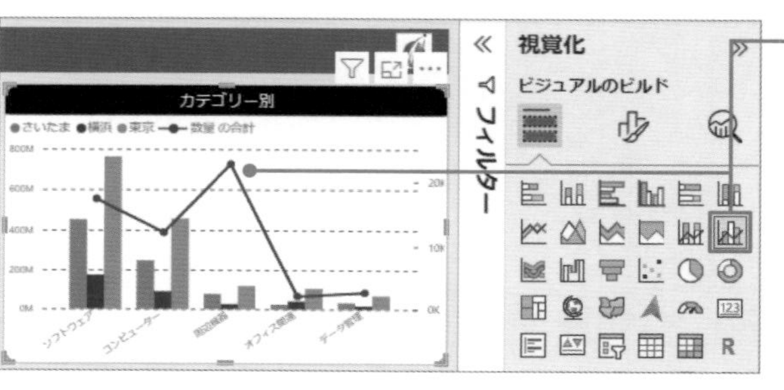

10 設定したグラフをコピーして、種類［折れ線グラフおよび集合縦棒グラフ］に変更

店舗別の売上と商品ごとの売上数量が表示された

04 地図にデータを表示しよう

地図にデータを表示することで、データの分布や特徴、相関などを地理に関連付けて視覚化できます。例えば、地域ごとに売上を表示することで地域性や人口との相関関係を把握するのに役立ちます。その他、台風や地震などの災害状況や感染症の流行状況などを地図に表示して、対策の優先度を確認するため利用されることがあります。

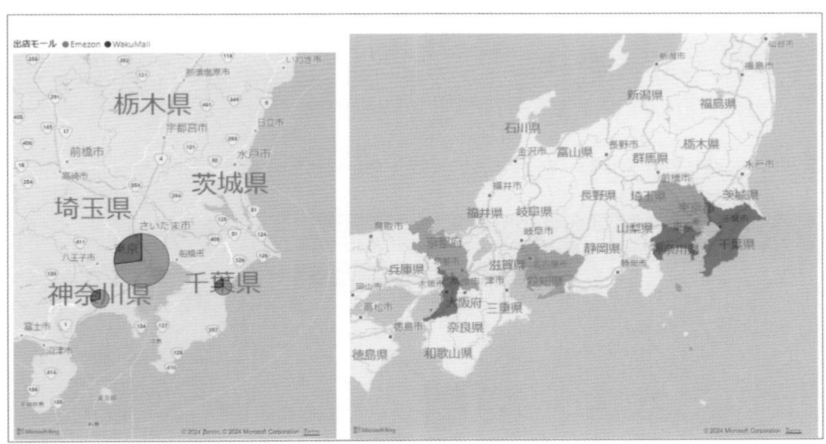

■塗り分け地図を追加する

塗り分け地図はデータに基づいて各地域を条件で指定した色で表示します。色の違いや濃淡で値の大小を地理的に把握するのに適しています。利益の大小に応じて店舗がある場所を色分けして表示するよう設定を行ってみましょう。塗り分け地図を利用する際には、国や都道府県など場所を含むデータの利用が推奨されています。

また、既定では塗り分け地図が有効化されていないことがあります。その場合は、[ファイル]-[オプションと設定]-[オプション]をクリックして、[オプション]ダイアログの[セキュリティ]で[地図と塗り分け地図の画像を使用する]にチェックを付けましょう。

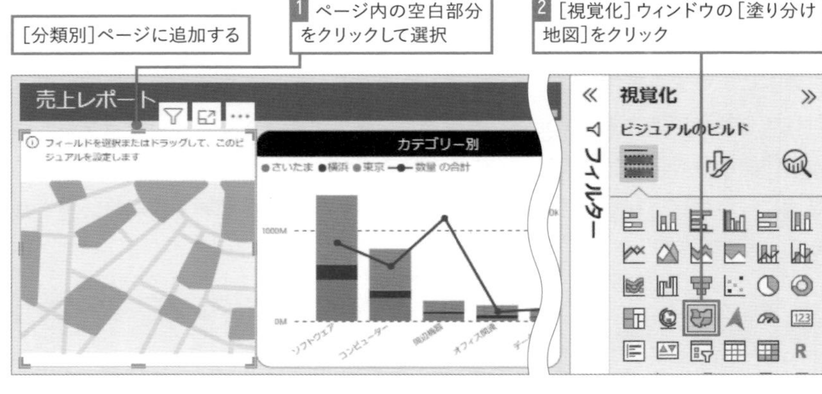

塗り分け地図で色を塗る場所を指定する際には、[場所]に国や都道府県など地理的な情報を含むフィールドを指定します。

■条件付き書式で色分けする

利益の大小に応じて、「青」→「黄」→「紫」と色分けされるように[条件付き書式]で設定を行います。

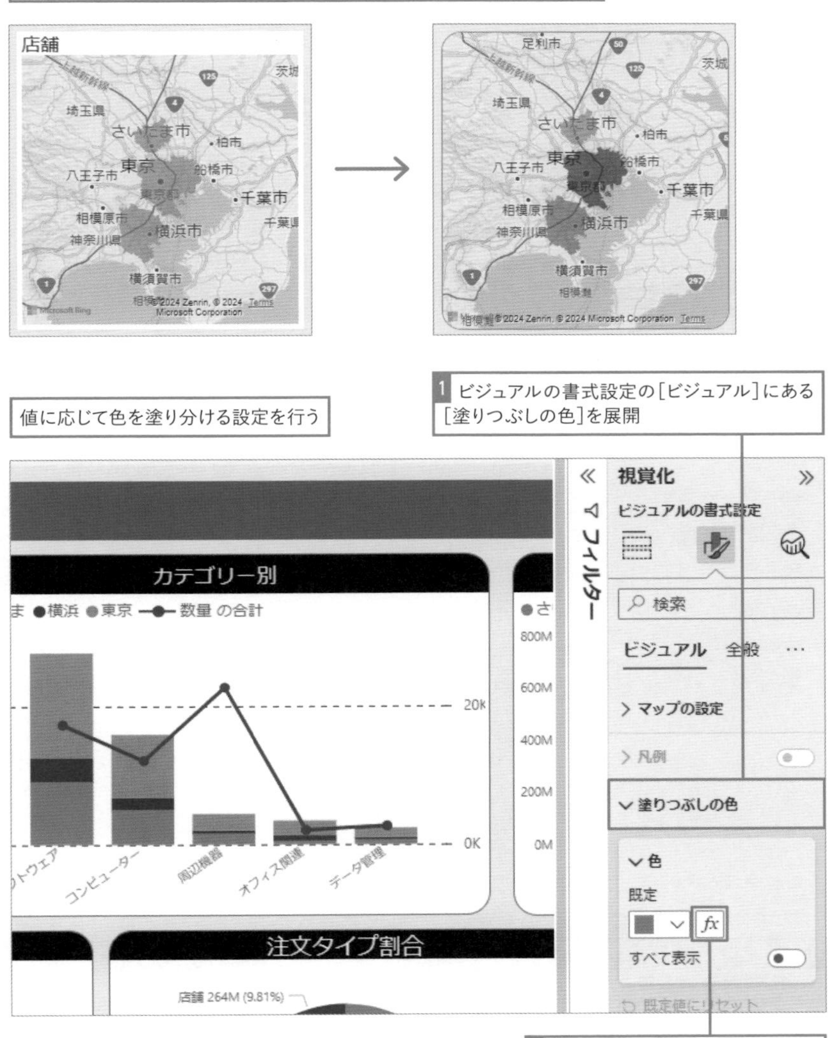

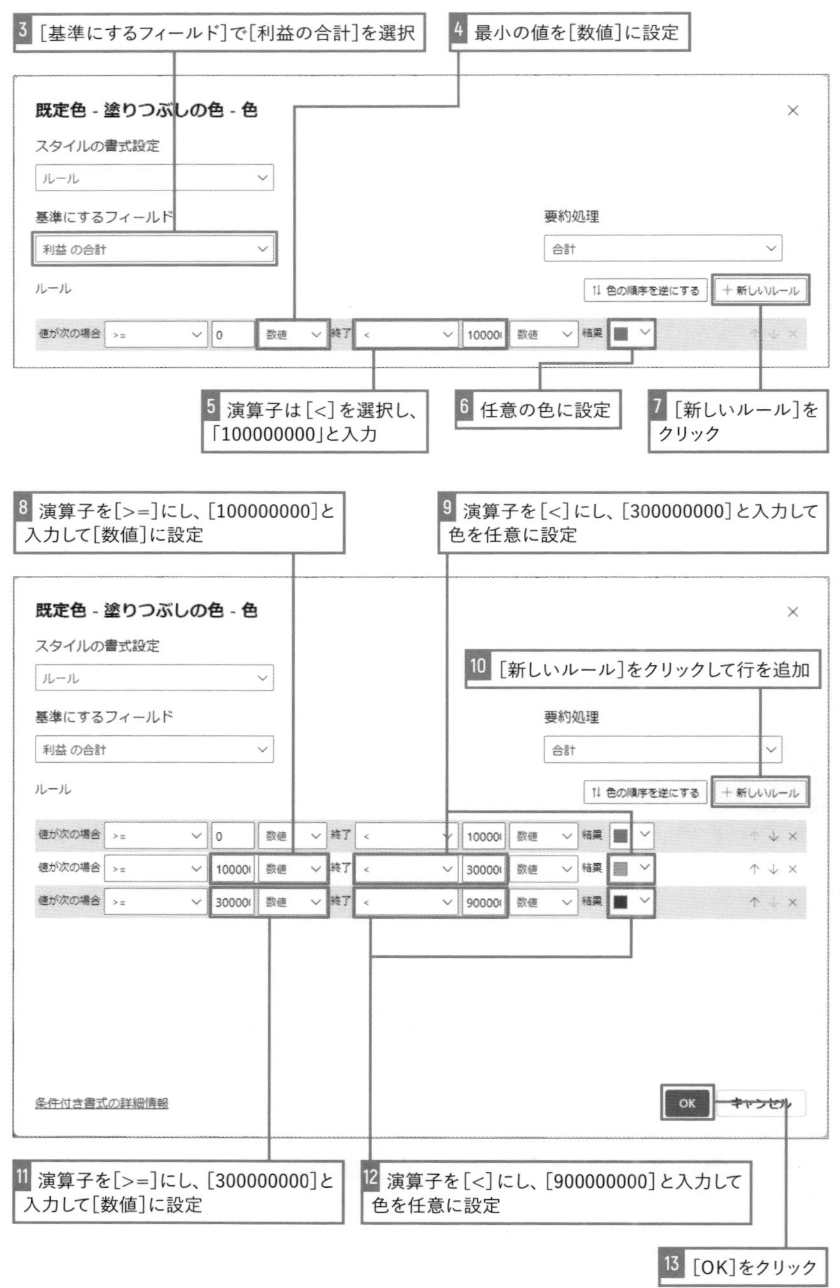
3 [基準にするフィールド]で[利益の合計]を選択
4 最小の値を[数値]に設定
既定色 - 塗りつぶしの色 - 色
スタイルの書式設定
ルール
基準にするフィールド
利益 の合計
要約処理
合計
ルール
色の順序を逆にする
+ 新しいルール
値が次の場合
>=
0
数値
終了
<
10000(
数値
結果
5 演算子は[<]を選択し、「100000000」と入力
6 任意の色に設定
7 [新しいルール]をクリック
8 演算子を[>=]にし、[100000000]と入力して[数値]に設定
9 演算子を[<]にし、[300000000]と入力して色を任意に設定
10 [新しいルール]をクリックして行を追加
10000(
30000(
90000(
条件付き書式の詳細情報
OK
キャンセル
11 演算子を[>=]にし、[300000000]と入力して[数値]に設定
12 演算子を[<]にし、[900000000]と入力して色を任意に設定
13 [OK]をクリック

地図上にデータをプロットする「マップ」の利用例

地図を利用したビジュアルでは［マップ］もあります。こちらは地図上に点や丸を用いてデータをプロットします。以下のように値の大小を丸の大きさで表せるため、どのような表現でデータを可視化したいかに応じて使い分けられます。

注文タイプ別の割合が表示された

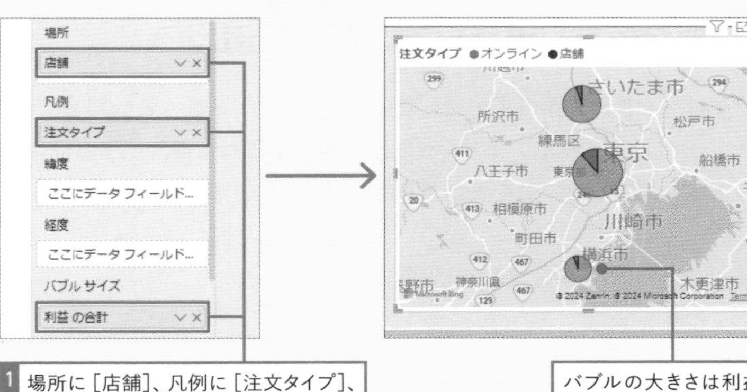

系列の色を変更するには

［ビジュアルの書式設定］より系列ごとにデータの色を指定できます。積み上げ縦棒グラフでは［列］-［カラー］、積み上げ横棒グラフでは［バー］と設定項目はグラフにより異なります。また全体の色合いをまとめて整えたい場合は、テーマを変更する方法も試してみてください。

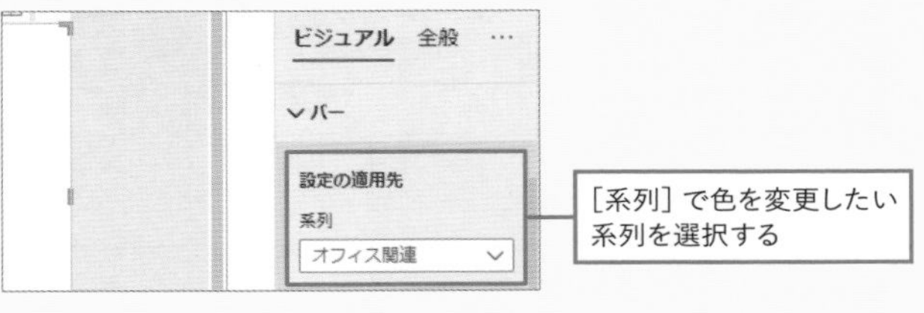

集計結果を表示しよう

グラフは視覚的にデータを把握するのに便利ですが、集計結果の具体的な数値を知りたい場合もあります。例えば、全体の売上数量や金額などの集計結果の数値をレポート内に表示することで、グラフと併せてデータの傾向や特徴をより明確に伝えることができます。

練習用ファイル L008_集計結果表示.pbix

01 重要な値をレポート内で常に表示しよう

グラフではなく集計結果のデータを直接レポート内に表示したい場合、カードや、マトリックスなどのビジュアルを利用します。これらは、売上高や利益率、比較値など常に把握したい値を表示する際に便利です。

■タイルや表などのビジュアルの種類

種類	説明
カード	単一の集計値を表示
複数の行カード	複数行でデータ（1つ以上）を表示
テーブル	テーブル形式でデータを表示
マトリックス	行と列で構成されるクロス集計表としてデータを表示

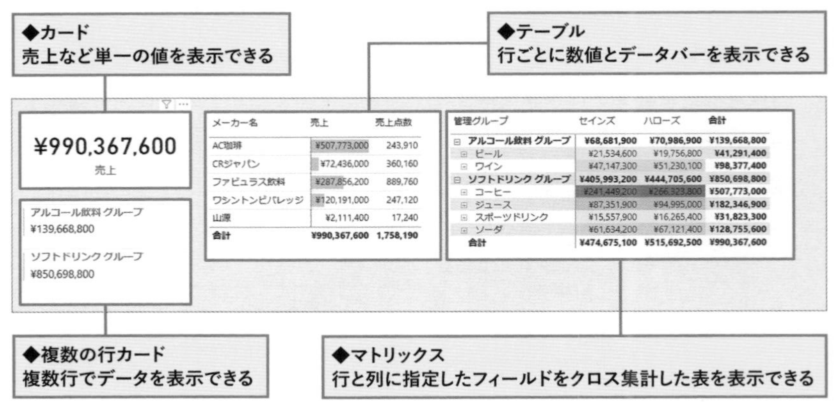

02 カードに売上の合計を表示しよう

カードを利用して集計結果を表示してみましょう。ここでは［売上］フィールドの合計を表示しながら、設定方法を確認します。既定では集計結果が丸めて表示されるため、書式設定の［表示単位］でより丸めて表示されないよう指定します。

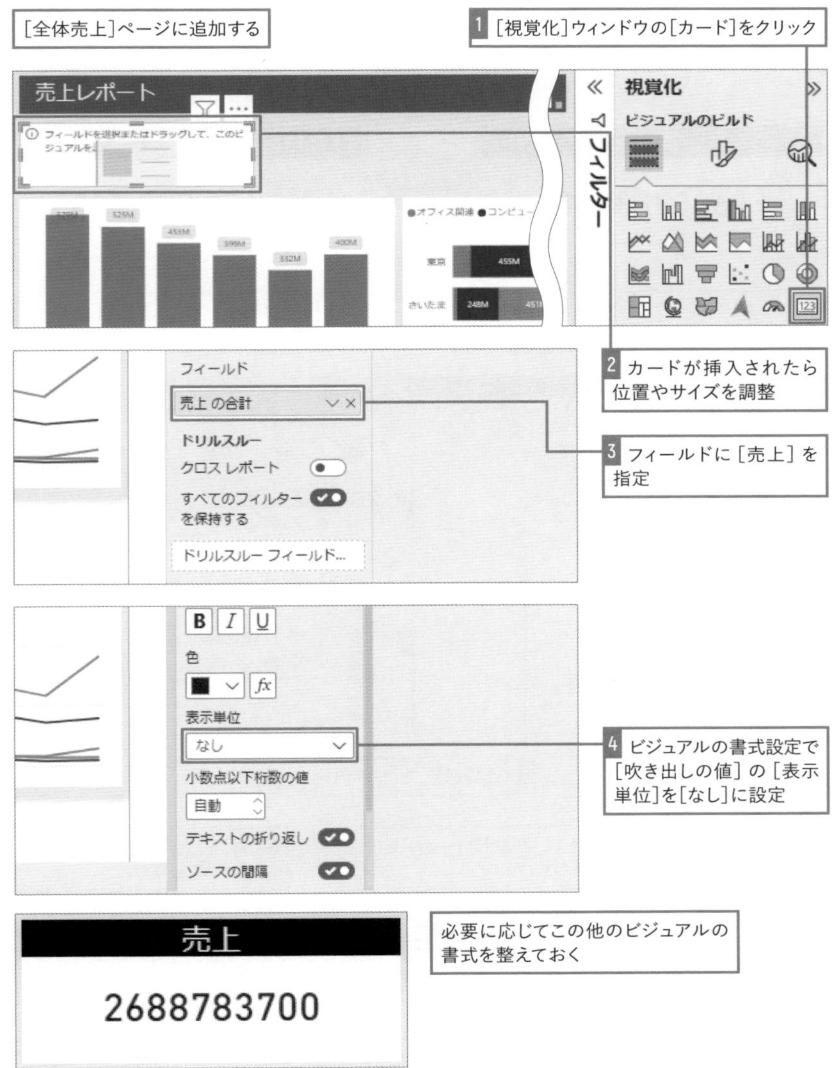

03 表示形式を指定して数字を読みやすくする

カードに表示される値を、より読みやすくするためカンマで区切りましょう。桁数が多い数字でもより確認しやすくなります。**数字の表示形式はビジュアルに対する書式設定ではなく、フィールドに対する書式設定で行います。**ビジュアルではなくフィールドに対する設定であるため、レポート内のその他の箇所にも書式設定が反映されます。[利益]、[仕入コスト]フィールドを指定したカードも用意し、同様の操作で表示しましょう。

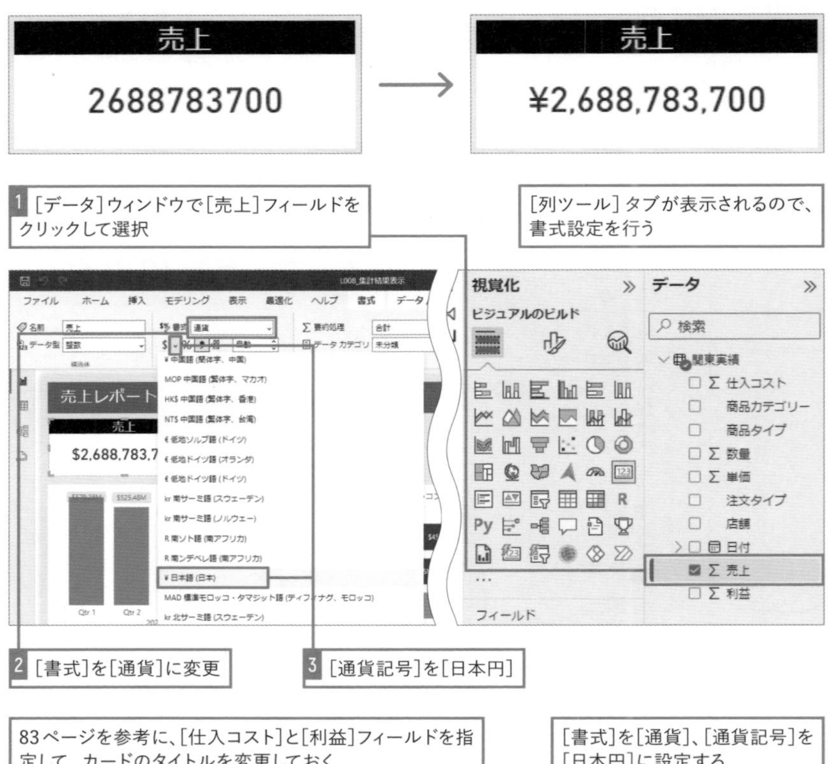

売上レポート

売上	コスト	利益
¥2,688,783,700	¥1,983,700,277	¥705,083,423

04 複数の集計結果をテーブルで表示する

表形式で複数のデータを表示する場合にはテーブルが利用できます。複数の集計結果をカテゴリーごとに表示しながら設定方法を確認しましょう。

■テーブルを追加する

商品カテゴリーごとに、売上合計、売上個数、利益の合計を表示してみましょう。[列] に指定したフィールドは、左から順番に表示されます。数値型の列である [売上] [数量] [利益] フィールドは合計値が集計結果として表示されます。

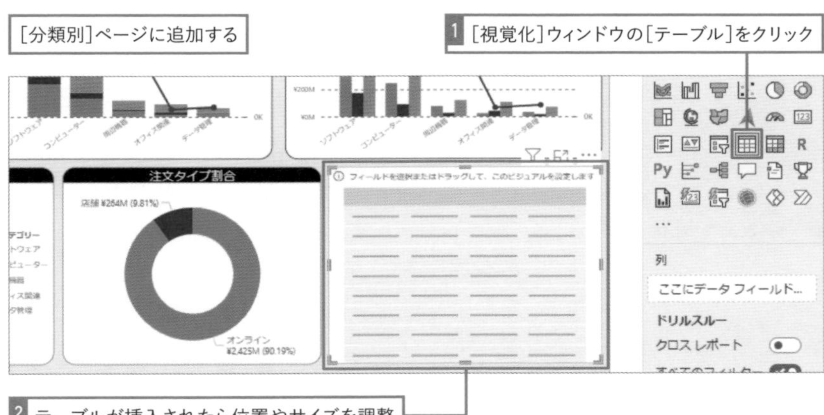

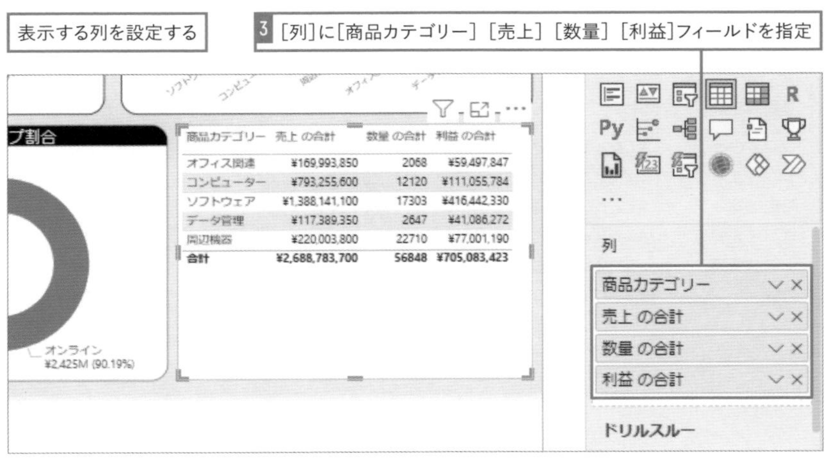

■表示名を変更する

テーブル内の列名として既定では［（列名）の合計］と表示されますが、この表記を変更してみましょう。ビジュアルの［列］に指定したフィールドの視覚エフェクトの名前を変更します。右クリック–［この視覚エフェクトの名前変更］をクリックすることでも同様に変更できます。

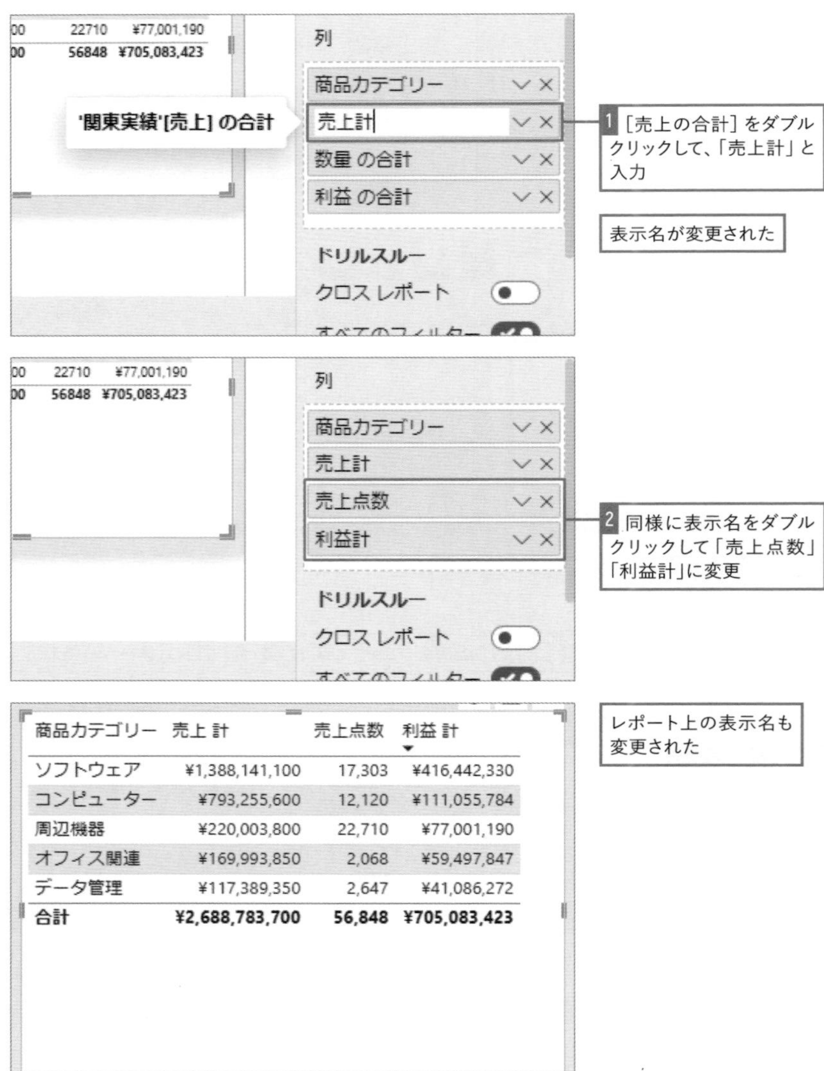

商品カテゴリー	売上 計	売上点数	利益 計
ソフトウェア	¥1,388,141,100	17,303	¥416,442,330
コンピューター	¥793,255,600	12,120	¥111,055,784
周辺機器	¥220,003,800	22,710	¥77,001,190
オフィス関連	¥169,993,850	2,068	¥59,497,847
データ管理	¥117,389,350	2,647	¥41,086,272
合計	**¥2,688,783,700**	**56,848**	**¥705,083,423**

テーブルにデータバーを表示するには

データバーは数値データの相対的な大きさを視覚的に示すことができます。これにより、表に含まれる情報をより把握しやすくなります。またテーブル内のセルに重ねて表示されるため、別途棒グラフを追加するときと比較し、スペースを節約できます。

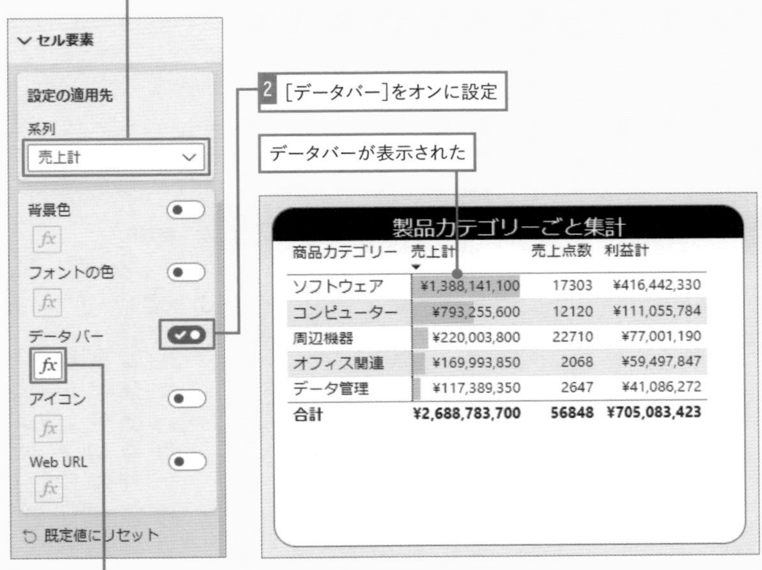

05 マトリックスを使ってクロス集計表を配置する

表形式で複数のデータを表示する際に、マトリックスを利用すると行と列それぞれに切り口を指定し、クロス集計が行えます。行や列を階層化することも可能です。

■マトリックスを追加する

各商品カテゴリーと商品タイプについて、売上総額とそれが占める割合を数値で示しましょう。商品カテゴリーと商品タイプは階層構造で表示するよう設定を行います。

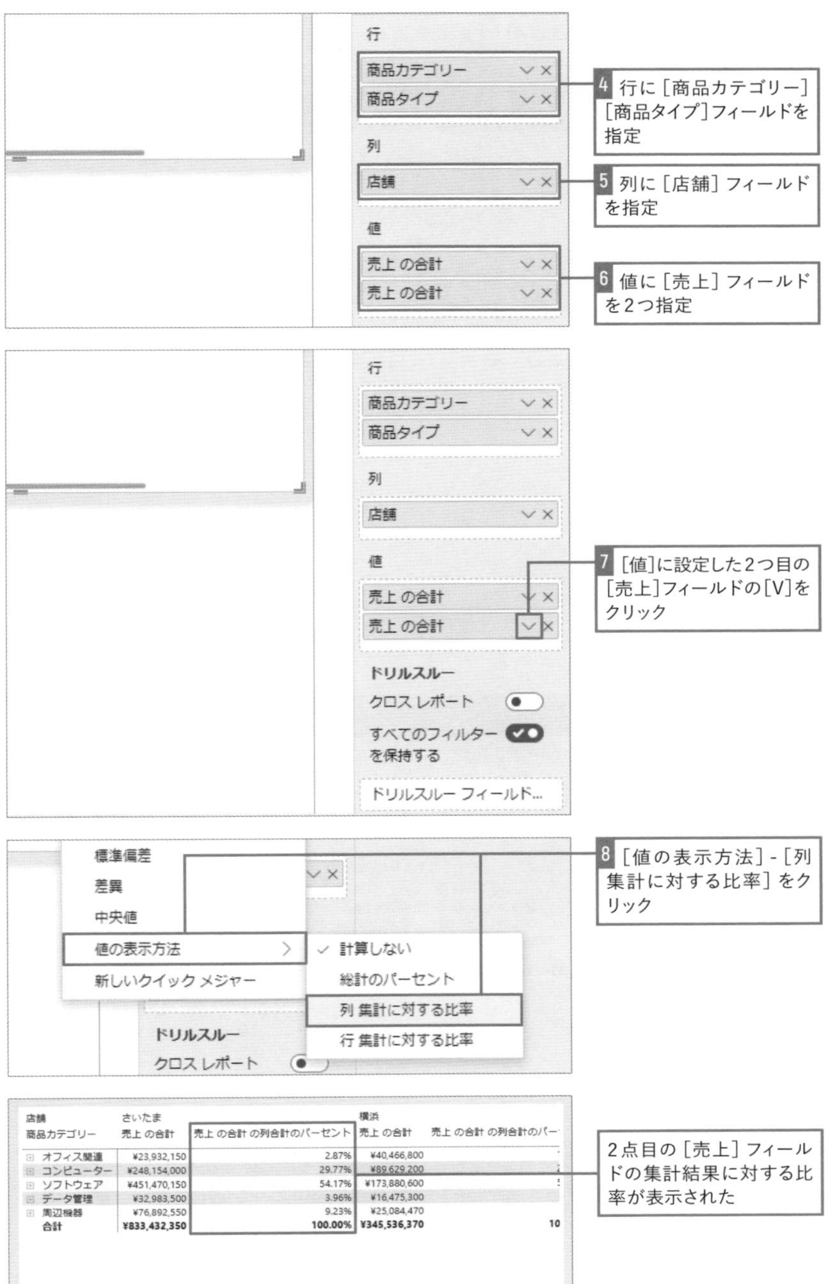

店舗 / 商品カテゴリー	さいたま 売上 の合計	売上 の合計 の列合計のパーセント	横浜 売上 の合計	売上 の合計 の列合計のパー
オフィス関連	¥23,932,150	2.87%	¥40,466,800	
コンピューター	¥248,154,000	29.77%	¥89,629,200	
ソフトウェア	¥451,470,150	54.17%	¥173,880,600	
データ管理	¥32,983,500	3.96%	¥16,475,300	
周辺機器	¥76,892,550	9.23%	¥25,084,470	
合計	¥833,432,350	100.00%	¥345,536,370	10

9 表示名をダブルクリックして[売上 計] [%]に変更

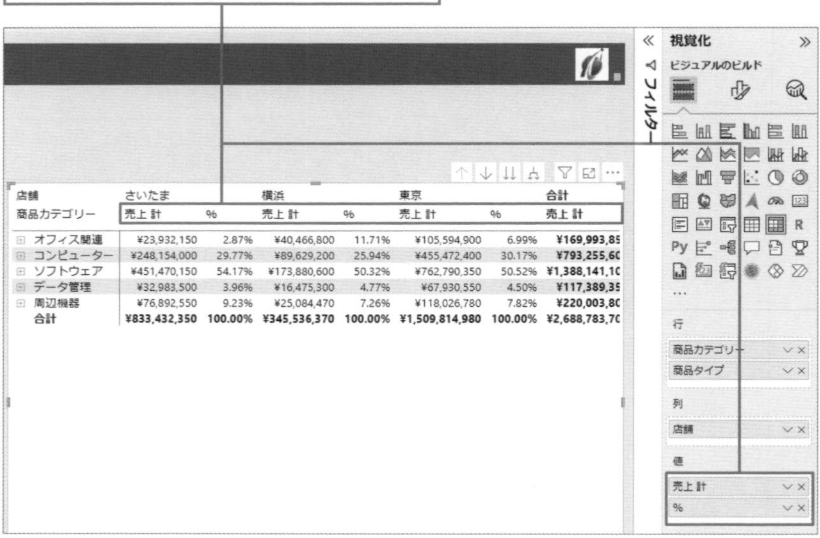

10 [ビジュアルの書式設定]で[列の小計]をオフに設定

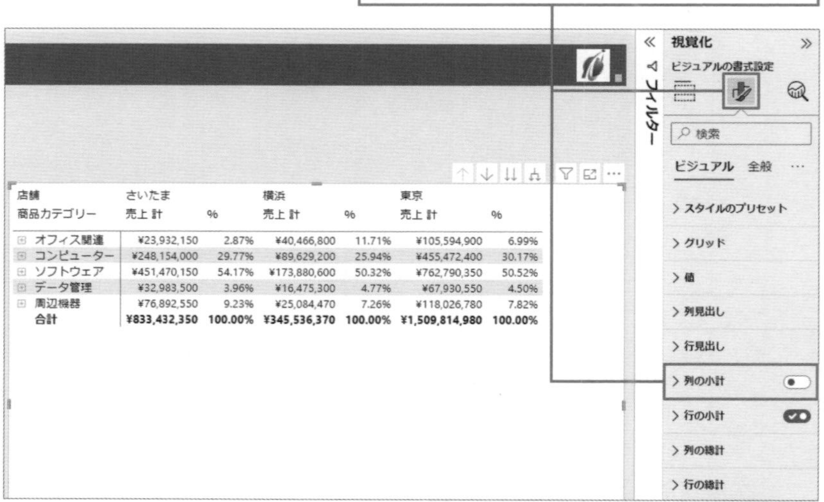

ビジュアルの書式設定の［グリッド］以下にあるメニューから、罫線の幅（太さ）や色も指定できます。

11 ［グリッド］で［水平目盛線］の［幅］を任意に変更

12 ［列見出し］［行見出し］［値］でフォントサイズを任意に変更

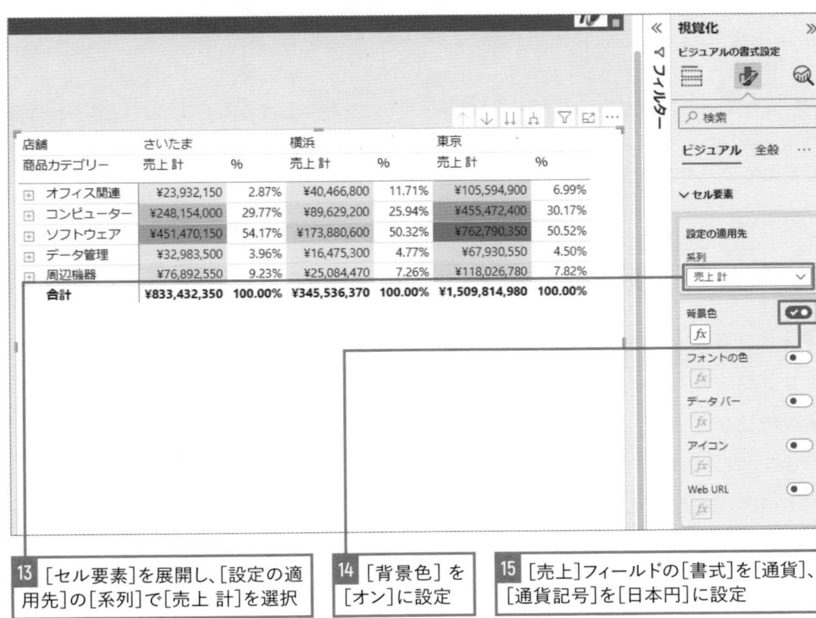

店舗	さいたま		横浜		東京	
商品カテゴリー	売上 計	%	売上 計	%	売上 計	%
オフィス関連	¥23,932,150	2.87%	¥40,466,800	11.71%	¥105,594,900	6.99%
コンピューター	¥248,154,000	29.77%	¥89,629,200	25.94%	¥455,472,400	30.17%
ソフトウェア	¥451,470,150	54.17%	¥173,880,600	50.32%	¥762,790,350	50.52%
データ管理	¥32,983,500	3.96%	¥16,475,300	4.77%	¥67,930,550	4.50%
周辺機器	¥76,892,550	9.23%	¥25,084,470	7.26%	¥118,026,780	7.82%
合計	¥833,432,350	100.00%	¥345,536,370	100.00%	¥1,509,814,980	100.00%

13 ［セル要素］を展開し、［設定の適用先］の［系列］で［売上 計］を選択

14 ［背景色］を［オン］に設定

15 ［売上］フィールドの［書式］を［通貨］、［通貨記号］を［日本円］に設定

ここもポイント！

フィールドを展開できる

行には［商品カテゴリー］［商品タイプ］と2点フィールドを設定しました。［＋］をクリックしてそれぞれを展開することができますが、1階層展開した状態にしておきたい場合は、［階層内で1レベル下をすべて展開します］を利用します。

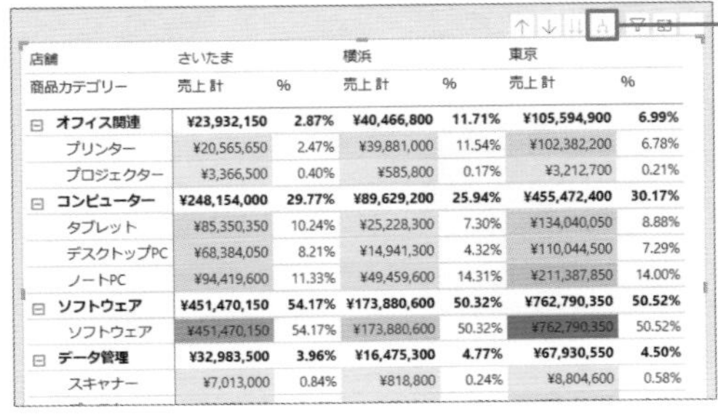

店舗	さいたま		横浜		東京	
商品カテゴリー	売上 計	%	売上 計	%	売上 計	%
オフィス関連	¥23,932,150	2.87%	¥40,466,800	11.71%	¥105,594,900	6.99%
プリンター	¥20,565,650	2.47%	¥39,881,000	11.54%	¥102,382,200	6.78%
プロジェクター	¥3,366,500	0.40%	¥585,800	0.17%	¥3,212,700	0.21%
コンピューター	¥248,154,000	29.77%	¥89,629,200	25.94%	¥455,472,400	30.17%
タブレット	¥85,350,350	10.24%	¥25,228,300	7.30%	¥134,040,050	8.88%
デスクトップPC	¥68,384,050	8.21%	¥14,941,300	4.32%	¥110,044,500	7.29%
ノートPC	¥94,419,600	11.33%	¥49,459,600	14.31%	¥211,387,850	14.00%
ソフトウェア	¥451,470,150	54.17%	¥173,880,600	50.32%	¥762,790,350	50.52%
ソフトウェア	¥451,470,150	54.17%	¥173,880,600	50.32%	¥762,790,350	50.52%
データ管理	¥32,983,500	3.96%	¥16,475,300	4.77%	¥67,930,550	4.50%
スキャナー	¥7,013,000	0.84%	¥818,800	0.24%	¥8,804,600	0.58%

［階層内で1レベル下をすべて展開します］をクリックするとフィールドが展開され、商品名ごとの集計結果も表示される

LESSON 09 スライサーを配置しよう

選択したデータで絞り込みができる「スライサー」を設定してみましょう。レポート閲覧者は、同じページ内の各ビジュアルに対してフィルター操作が行えるようになり、視点を変えてデータを確認することができます。

練習用ファイル L009_スライサー.pbix

01 スライサーを利用してデータを絞り込もう

「スライサー」とは、レポートに配置したビジュアルにフィルターを行うためのコントロールです。チェックボックスやドロップダウン、日付の範囲選択など、複数の種類があり、フィルターに利用したいフィールドのデータ形式や内容に合わせて、表示形式を設定できます。既定ではチェックボックスが表示され、ビジュアルの書式設定で表示形式を指定できます。また、データの選択操作も、単一か複数かを指定できます。

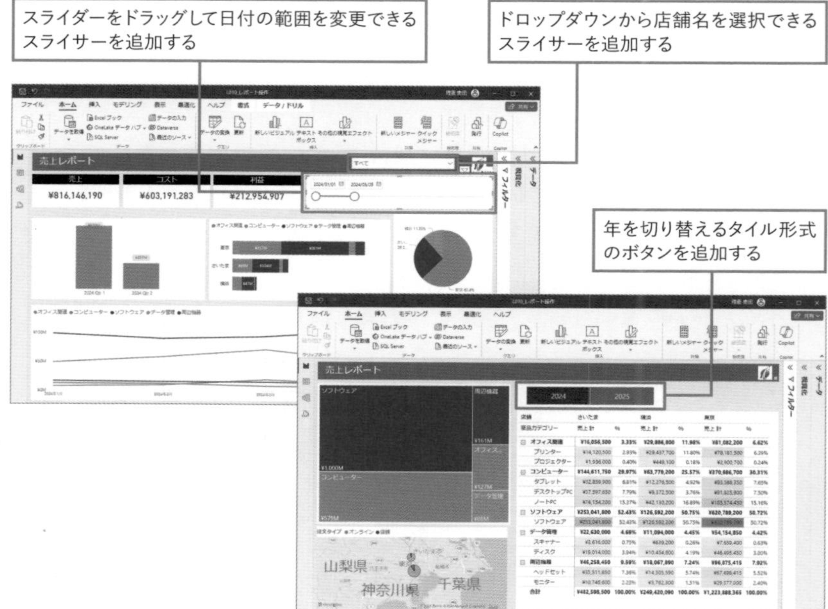

02 ドロップダウンで選択するスライサーを追加

店舗ごとにデータを絞り込めるよう、ドロップダウンから店舗名を選択するスライサーを追加しましょう。複数の店舗で絞り込みができるよう、ビジュアルの書式設定で複数選択ができる設定に変更します。

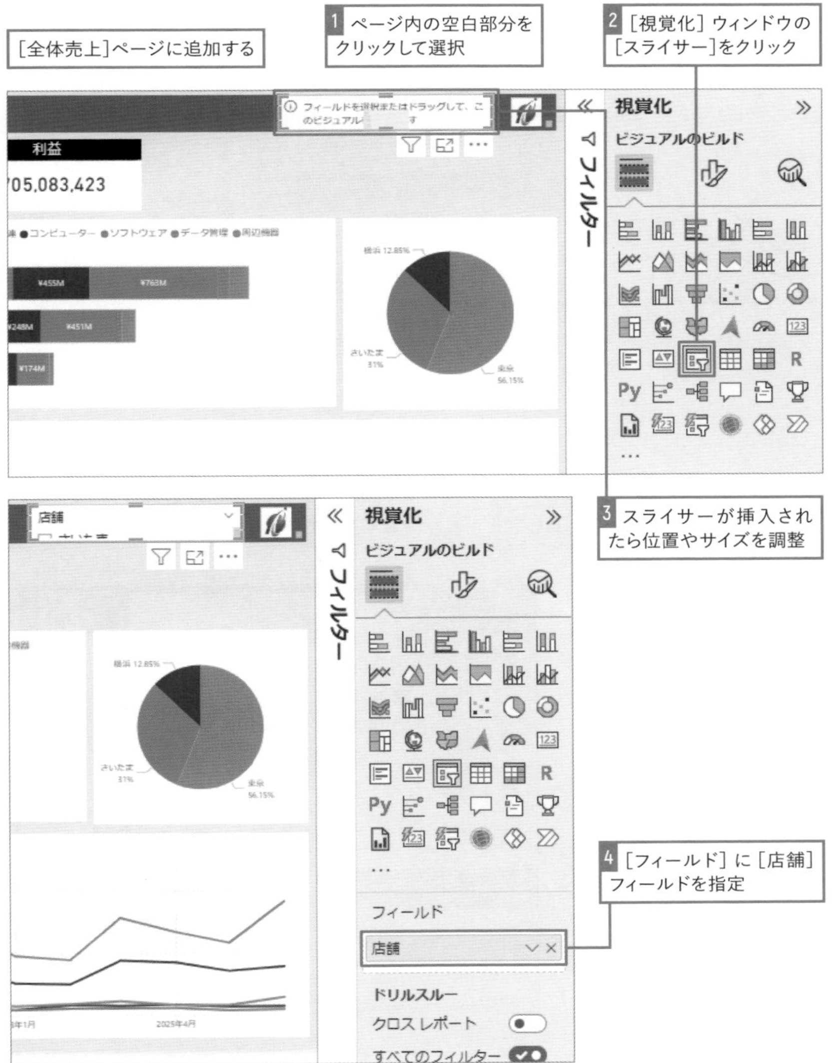

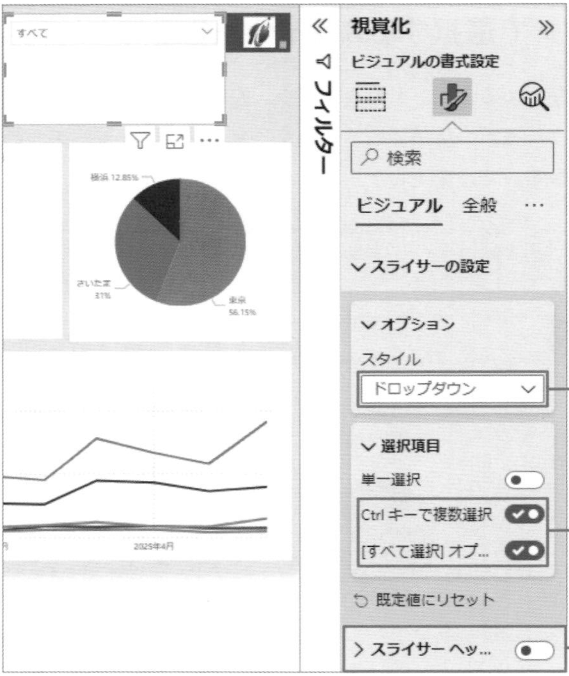

5 ビジュアルの書式設定で[スライサーの設定]-[オプション]の[スタイル]で[ドロップダウン]を選択

6 [Ctrlキーで複数選択][すべて選択オプション]をオンに設定

7 [スライサーヘッダー]を[オフ]に設定

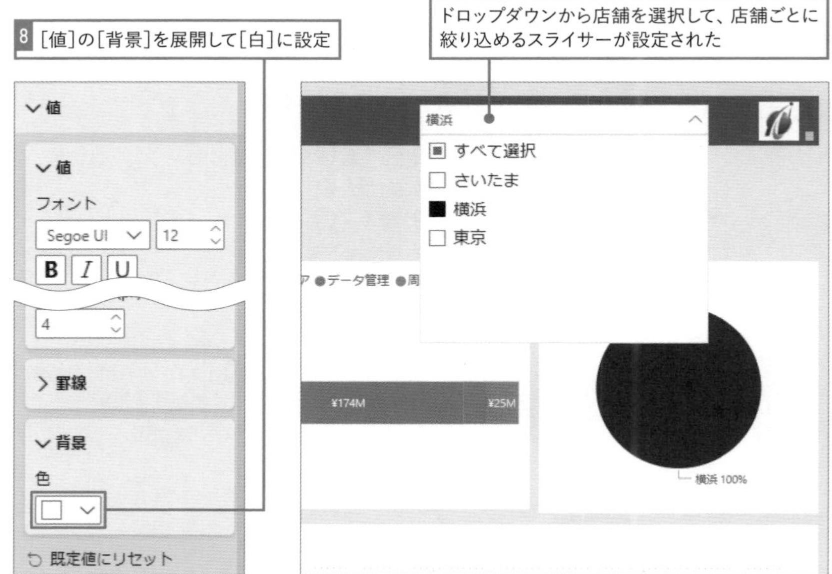

8 [値]の[背景]を展開して[白]に設定

ドロップダウンから店舗を選択して、店舗ごとに絞り込めるスライサーが設定された

03 日付範囲を選択するスライサーを追加

日付型のフィールドを利用すると、日付を範囲選択できるスライサーが表示されます。日付の範囲でフィルターできるスライサーを配置してみましょう。

1 ページ内の空白部分をクリックして選択し、[視覚化]ウィンドウの[スライサー]をクリック

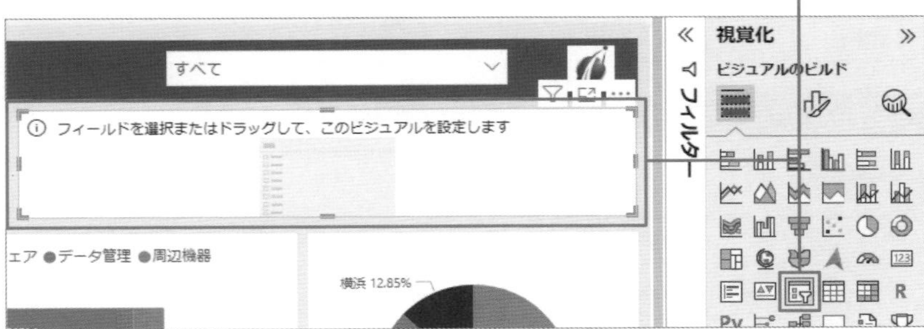

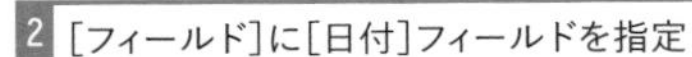

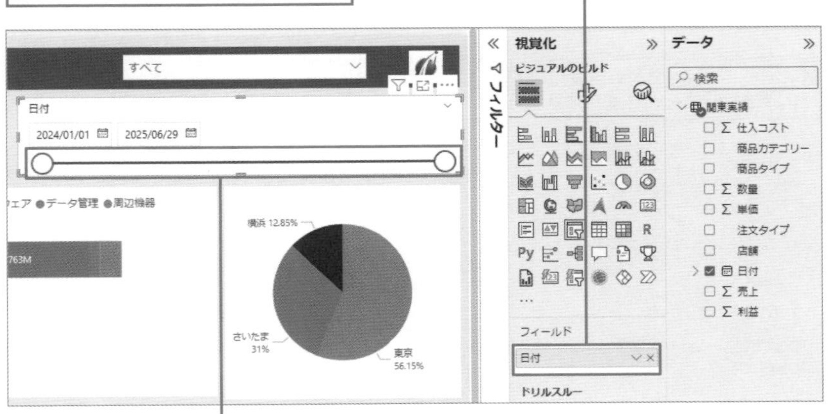

スライダーをドラッグすることで、日付の範囲を変更できる

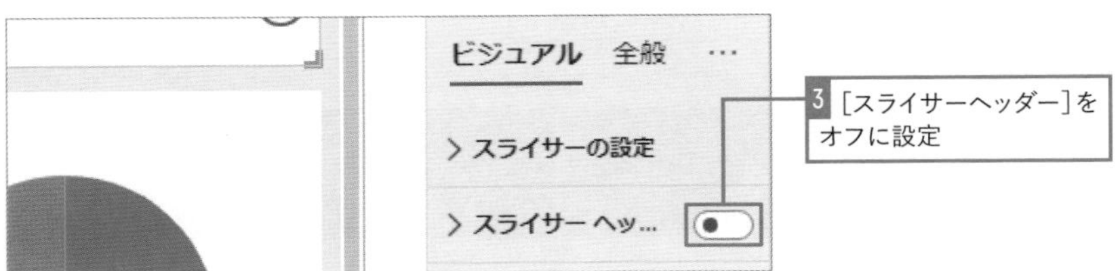

04 ボタンで選択するスライサーを追加

ボタンをクリックしてフィルターできるようスライサーを設定します。ここでは年を切り替えるタイル形式のボタンを設置して、2024年と2025年でデータを絞り込めるようにします。

[カテゴリーごとの詳細]ページに追加する

1 [スライサー]をクリックして、ページ内の空白部分にスライサーを追加

フィールドを選択またはドラッグして、このビジュアルを設定します

店舗	さいたま		横浜		東京	
商品カテゴリー	売上 計	%	売上 計	%	売上 計	%
⊟ オフィス関連	¥23,932,150	2.87%	¥40,466,800	11.71%	¥105,594,900	6.99%
プリンター	¥20,565,650	2.47%	¥39,881,000	11.54%	¥102,382,200	6.78%
プロジェクター	¥3,366,500	0.40%	¥585,800	0.17%	¥3,212,700	0.21%
⊟ コンピューター	¥248,154,000	29.77%	¥89,629,200	25.94%	¥455,472,400	30.17%
タブレット	¥85,350,350	10.24%	¥25,228,300	7.30%	¥134,040,050	8.88%
デスクトップPC	¥68,384,050	8.21%	¥14,941,300	4.32%	¥110,044,500	7.29%

フィルター

視覚化

ビジュアルのビルド

2 [フィールド]に[日付の階層]内にある[年]フィールドを指定

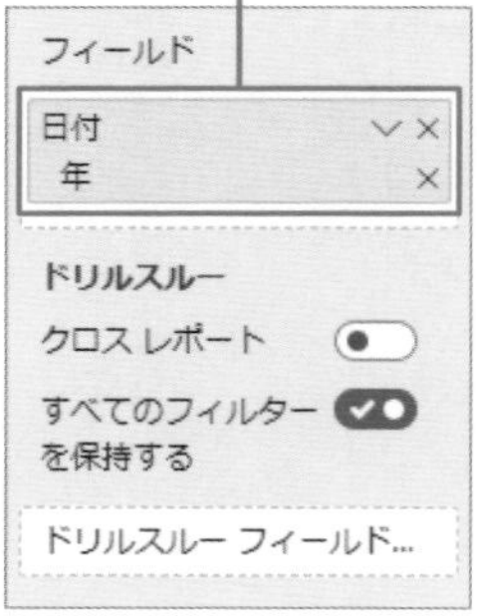

フィールド

日付

年

ドリルスルー

クロス レポート

すべてのフィルターを保持する

ドリルスルー フィールド...

3 [ビジュアルの書式設定]-[スライサーの設定]の[オプション]を展開して[スタイル]を[タイル]に設定

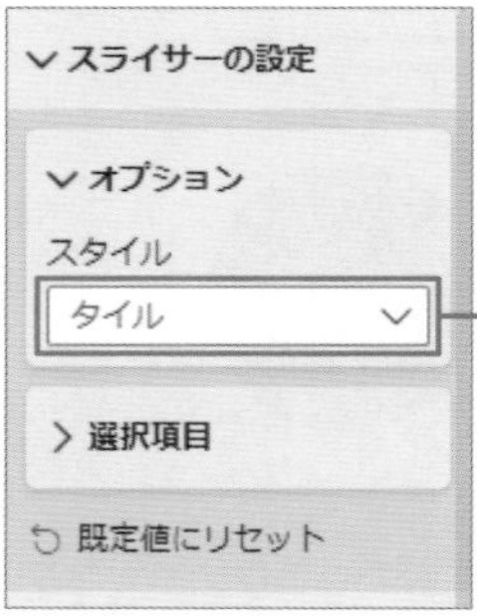

スライサーの設定

オプション

スタイル

タイル

選択項目

既定値にリセット

ボタンをクリックすることで、年でデータを絞り込める

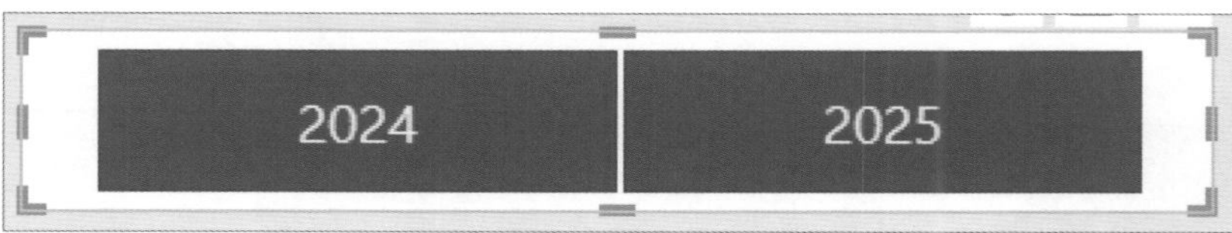

LESSON 10

レポート利用時の操作とデータの更新方法を知ろう

このLESSONではレポート利用者がPower BI Desktopを利用してレポートを操作する際に知っておくべき基本操作を確認します。レポート作成者にとっても、利用者が行える操作を把握することで、より操作性の高いレポート作成につなげられるはずです。

01 ビジュアルを大きく表示する

より多くの情報を示すページには、配置されているビジュアルの数も多くなってきます。一つ一つのビジュアルの表示サイズが小さくて見づらい場合や、他のデータを気にせず特定のビジュアルを確認したい場合、ビジュアルを拡大表示できる「フォーカスモード」を利用します。また、フォーカスモードは全画面で特定のビジュアルを表示できるため、レポートを利用してプレゼンを行う際にも活用できます。

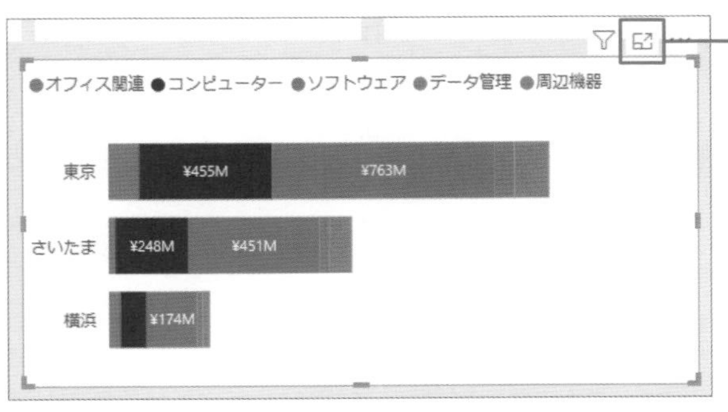

1 フォーカスモードで表示したいビジュアルにマウスポインターを合わせ、[フォーカスモード] をクリック

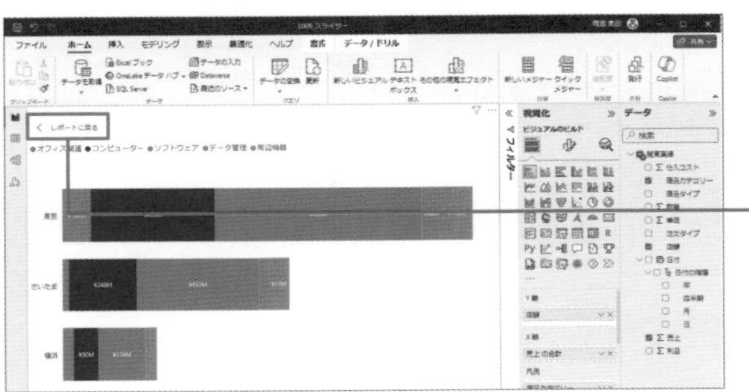

ビジュアルがフォーカスモードで表示され、大きな画面で確認できる

[レポートに戻る] をクリックすると元のレポートに戻る

より使いやすい構成やデザインにしよう

Power BIの利用者は、レポートを作成するユーザーと、他のユーザーが作成したレポートを利用するユーザーの大きく2つに分けられます。もちろん、同じユーザーが両方を兼ねることもあります。レポート作成者はここまで解説してきたレポート作成の流れや、方法を理解する必要があります。ではレポートの利用者はどうでしょうか？　Power BI自体に不慣れな方がレポートを利用することもあるでしょう。レポート作成者はそれを想定して、より直感的な操作でデータ分析が行えるレポートとなるよう、構成やデザインを工夫することが必要です。また、レポート利用者側もデータの探索や分析を行うための基本操作は知っておいたほうが、よりスムーズにデータ分析を行えます

02 ビジュアル内のデータをテーブルで表示する

グラフやチャートで傾向やインサイトを得た後、より細かい数値を確認したい場合には［テーブルとして表示］を使うとよいでしょう。ビジュアル内のデータをテーブルで表示できます。また、テーブルで表示したデータはCSVファイルとしてエクスポートも可能なので、レポート以外でデータを利用するときにも活用できます。

1 ビジュアルにマウスポインターを合わせ、［その他のオプション］-［テーブルとして表示］をクリック

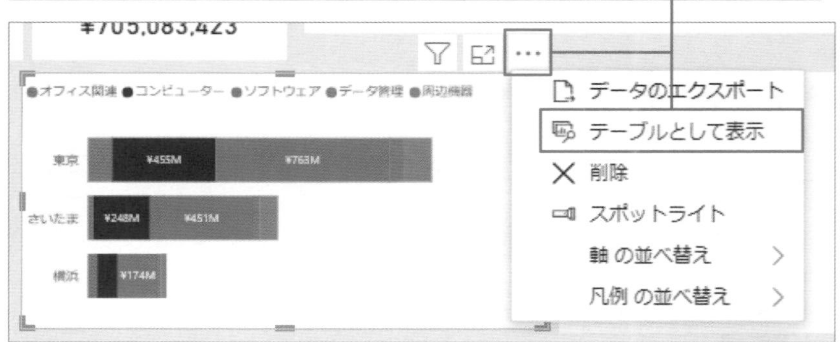

［その他のオプション］-［データのエクスポート］からCSV形式でダウンロードできる

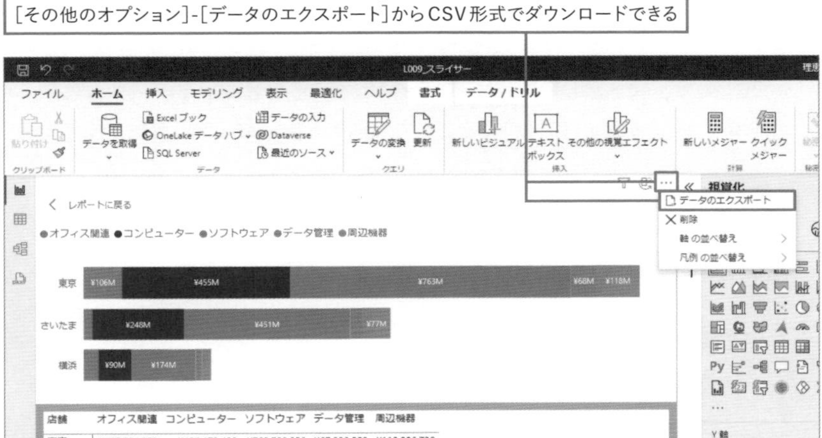

フォーカスモードに切り替わり、ビジュアルで利用されているデータがテーブルとして表示される

03 ヒントでデータの詳細を確認する

ビジュアル内のデータについて、より手軽に詳細を確認したい場合にはヒント機能が利用できます。既定では詳細を確認したいデータをマウスオーバーすると吹き出し形式で、ビジュアルで表示されているデータの詳細が表示されます。グラフに凡例や第二軸など、複数の項目があった場合にはすべて表示されます。

1 詳細を確認したいデータにマウスポインターを合わせる

データの詳細が表示された

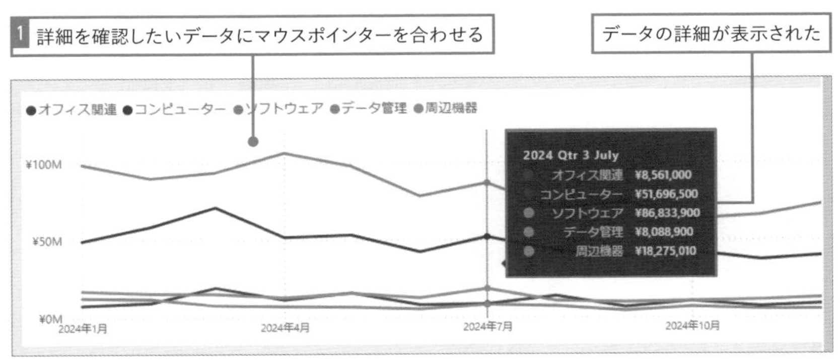

ここもポイント!

ヒントに表示する情報は追加できる

既定では、吹き出し形式にてビジュアルで表示されているデータが表示されますが、[ヒント]に追加することで表示するフィールドは追加可能です。

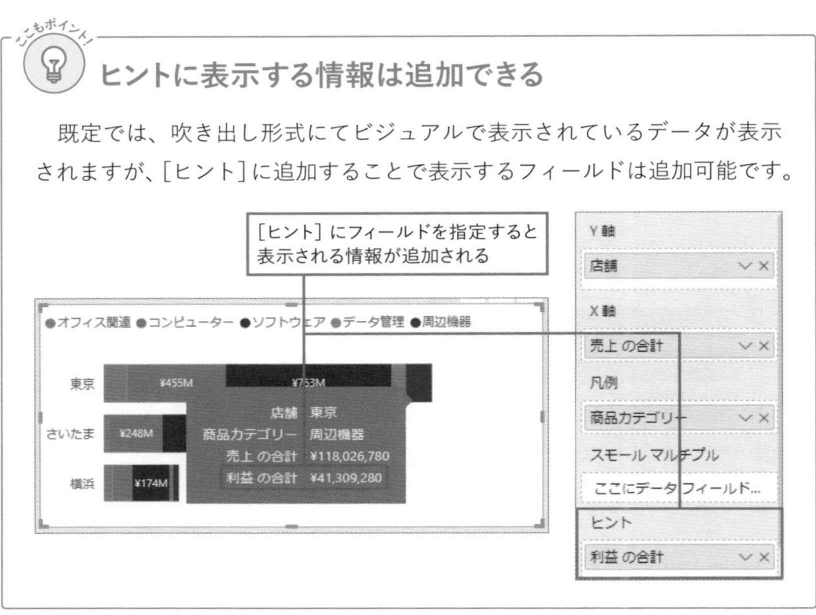

04 データを並べ替える

[軸の並べ替え] を使うと、データを昇順や降順などに並べ替えられます。売上や利益が高い順、商品名や店舗の名前順、日付順にするなど、より傾向を把握するためによく行います。また、凡例を表示しているビジュアルでは、[凡例の並べ替え] で並び替えも可能です。

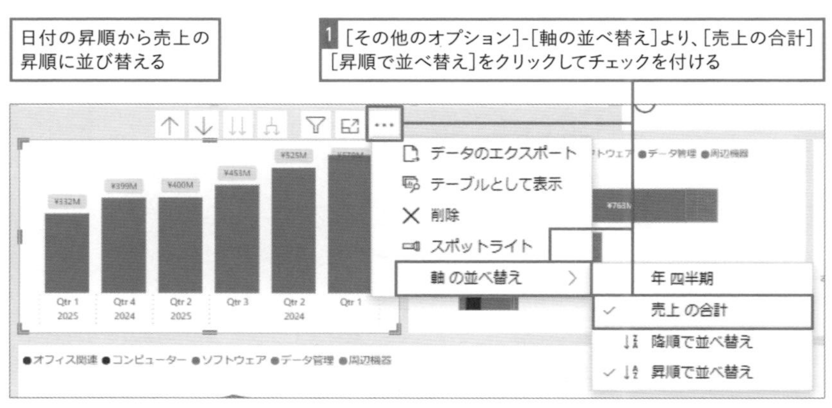

05 ビジュアルの相互作用を利用する

レポート内でデータのフィルター操作を行う場合、利用できる操作は複数あります。レポート利用者にとって操作が一番分かりやすいのは、スライサーでしょう。Power BIの操作にあまり精通していないユーザーでも、直感的に操作できるといえます。スライサーはレポート作成者がレポート内に配置する必要がありますが、それ以外の切り口や方法を利用したい場合に知っておきたいのが「相互作用」です。**相互作用とは、ページ内のデータの関連性を確認できる機能**です。ビジュアル内の値をクリックすると、クリックされた値でフィルターされるか、クリックされた値に関連する部分のみが強調表示されます。同じ値を利用していない場合は、表示は変わりません。どの作用が行われるかはビジュアルごとに既定値が異なります。例えば、店舗ごとの売上を表示しているグラフで、特定の店舗を選択すると、同じページ内の他のビジュアルに該当店舗のデータが表示されます。

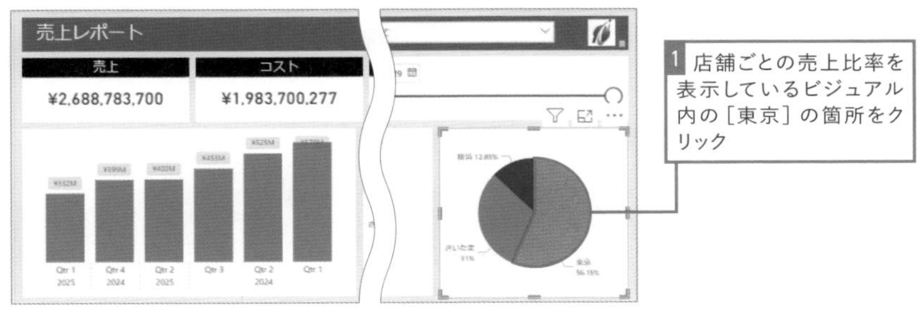

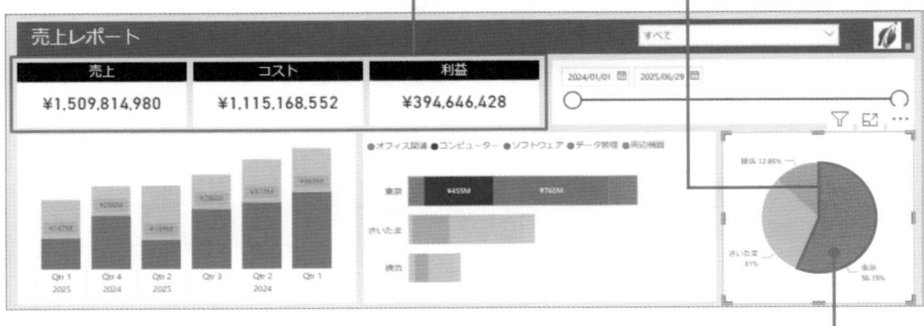

相互作用の設定変更

相互作用を利用した際に、どの作用が実行されるかはビジュアルごとに既定値が設定されています。例えばカードや折れ線グラフ、テーブルやマトリックスはフィルター、棒グラフや円グラフは強調表示が既定値です。既定値のまま利用してもかまいませんが、相互作用をレポート内のデータに合わせた動作となるよう変更することも可能です。ページ内のその他のビジュアルに動作を合わせたいときなど、強調表示ではなくフィルター動作が行われるよう設定を変更してみましょう。ここでは円グラフで相互作用を実行した際の、棒グラフの動作をフィルターとなるよう変更してみましょう。

アイコン	名称	動作
	フィルター	選択された条件でフィルターされる
	強調表示	選択された値を強調表示
	なし	動作なし

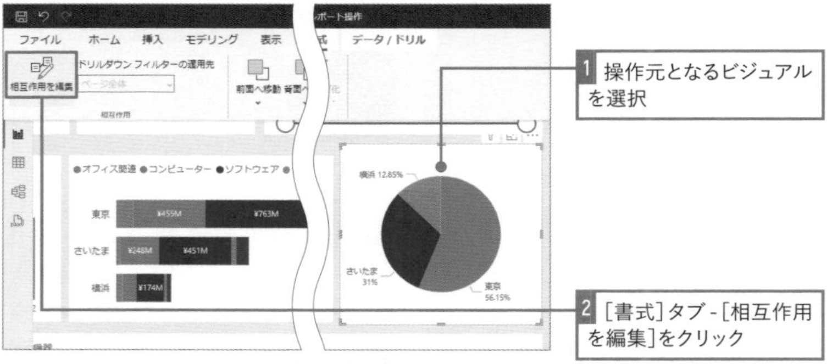

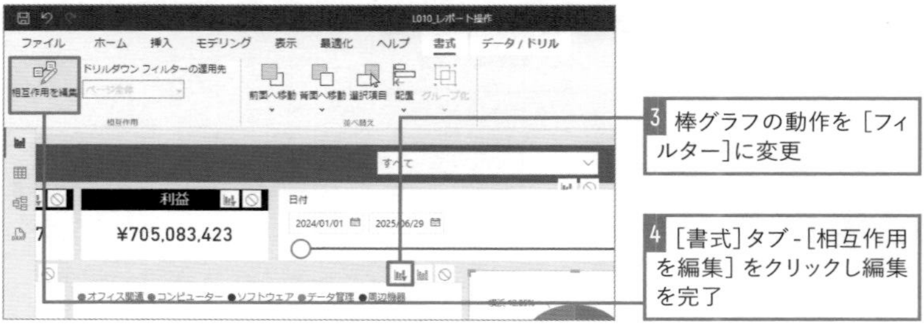

1 操作元となるビジュアルを選択

2 [書式]タブ-[相互作用を編集]をクリック

3 棒グラフの動作を[フィルター]に変更

4 [書式]タブ-[相互作用を編集]をクリックし編集を完了

06 階層構造のデータを掘り下げる

階層構造を持つデータを表示している場合、ドリルダウンやドリルアップ操作ができます。「ドリルダウン」とは、階層的に表示されているデータに対して、より下位のレベルに移動して詳細を確認することです。例えば売上が落ちた商品カテゴリーがあった場合に、どの商品が影響しているかを確認するため、商品カテゴリー単位の集計から、商品ごとの集計にドリルダウンして移動します。一方「ドリルアップ」は、ドリルダウンの逆で、より上位のレベルに移動して概要データを確認することです。例えば市ごとの人口推移を確認後、ドリルアップで県ごとに移動するようなときに使います。ドリル機能が利用できるかどうかは、ビジュアルにドリルコントロールが表示されているかどうかで判断が可能です。

◆ドリルコントロール
ビジュアルにマウスポインターを合わせたときに表示される

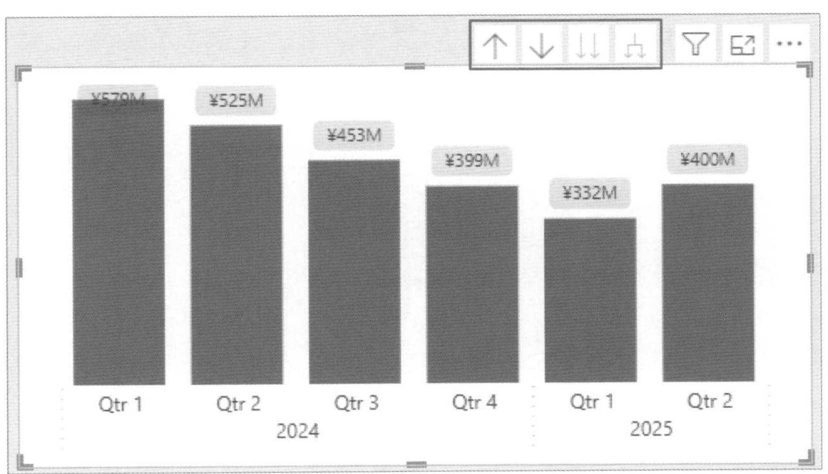

◆ドリルモード オフ（通常）

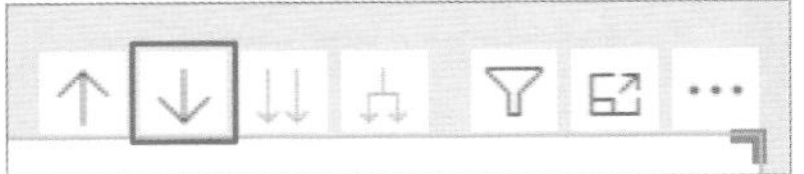

◆オン

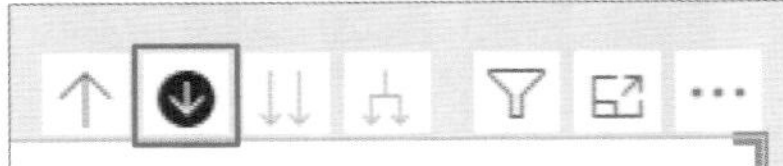

これまでのLESSONで作成した積み上げ縦棒グラフのX軸に[月]と[日]を追加してドリル機能を確認してみましょう。LESSON06では日付の階層をX軸に設定した後、[月]と[日]を削除しましたが、追加してからドリル機能を試すと「年」→「四半期」→「月」→「日」と4階層のドリルダウン、ドリルアップ操作が試せます。[月]と[日]を追加しない場合は「年」→「四半期」の2階層で試せます。

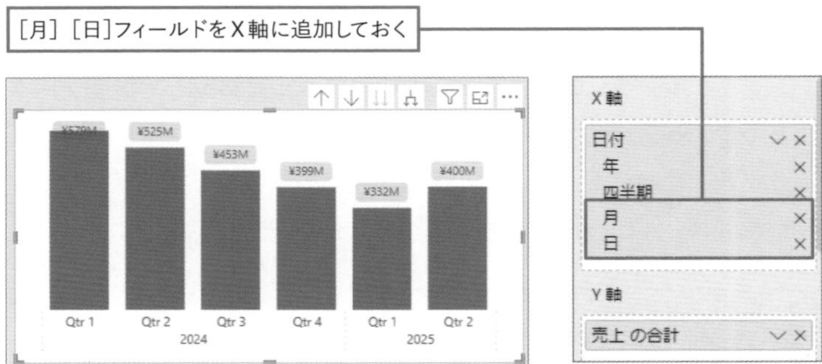

■ドリルモードをオンにする

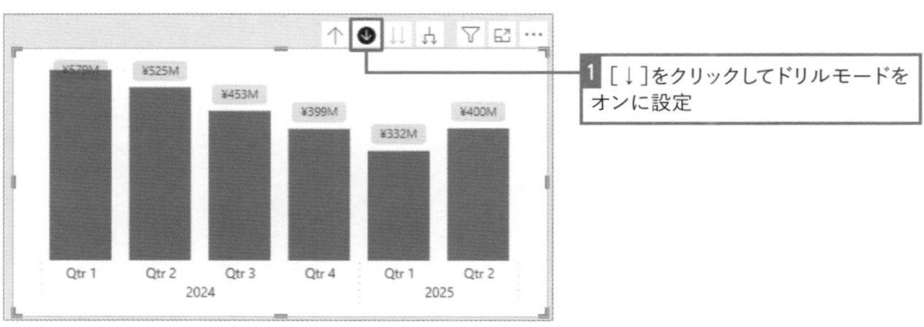

■ドリルダウンを行う

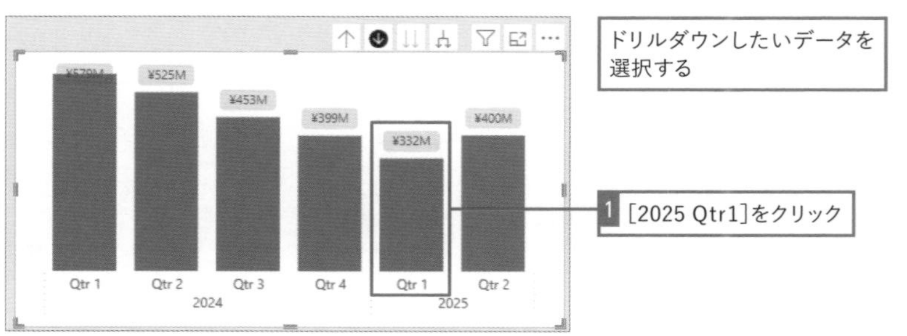

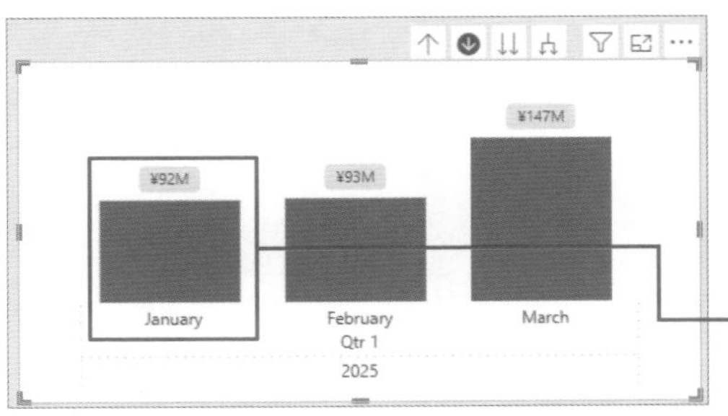

1階層ドリルダウンされ、[2025 Qtr1]の階層下であるデータが表示された

さらにドリルダウンしたいデータを選択する

2 [January]をクリック

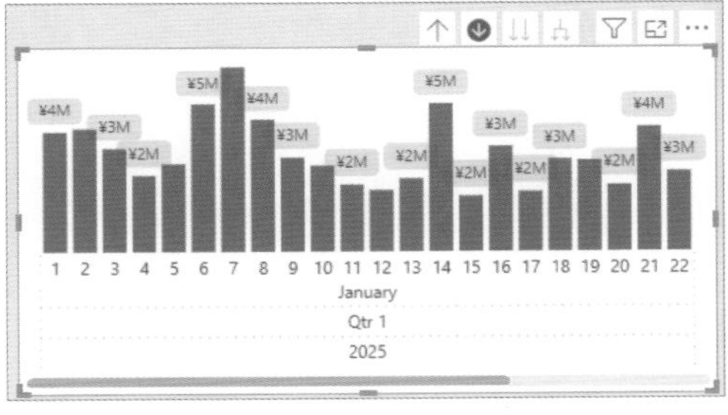

ドリルダウンされて、日付ごとのデータが表示された

■ドリルアップを行う

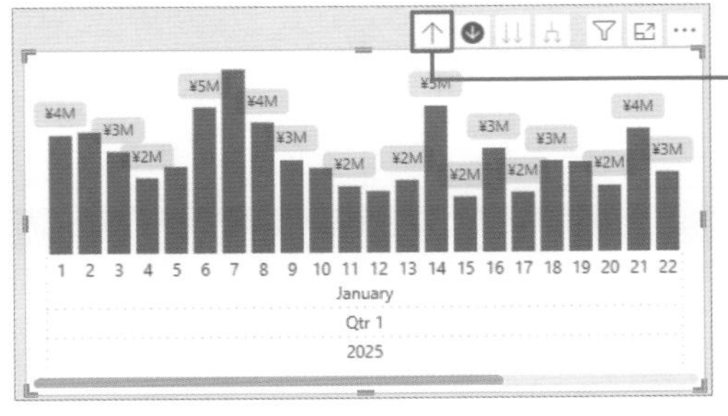

1 [↑]をクリックして1階層ずつドリルアップ

■1階層下をすべて展開

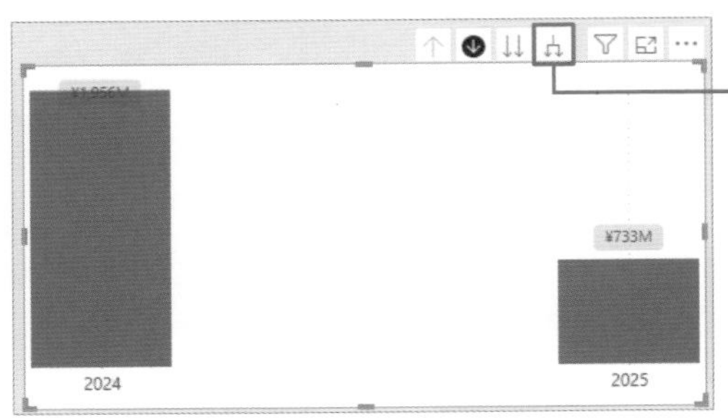

1 最上位までドリルアップした状態で、[1レベル下をすべて展開します]をクリック

四半期ごとのデータが表示される

■ドリルモードをオフにする

ドリルモードをオフにすると、データクリック時の動作がドリルダウンではなく相互作用に戻ります。

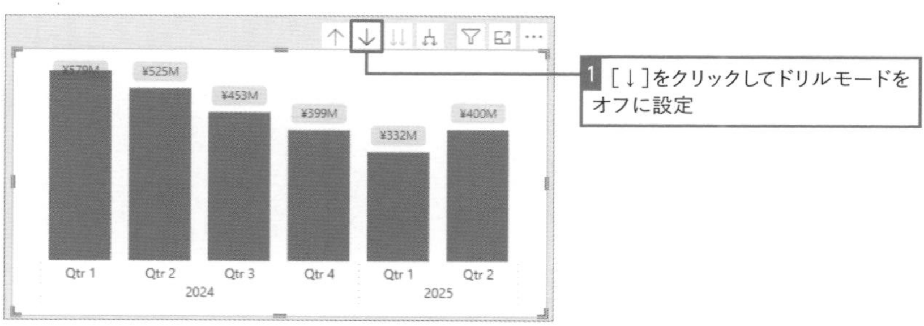

07 データを手動で最新に更新する

レポート内の各ビジュアルはデータモデルを参照しています。レポートは元のデータソースを直接参照しているわけではありません。元のデータソースに対する変更を反映させたい場合には、[更新]を実行します。

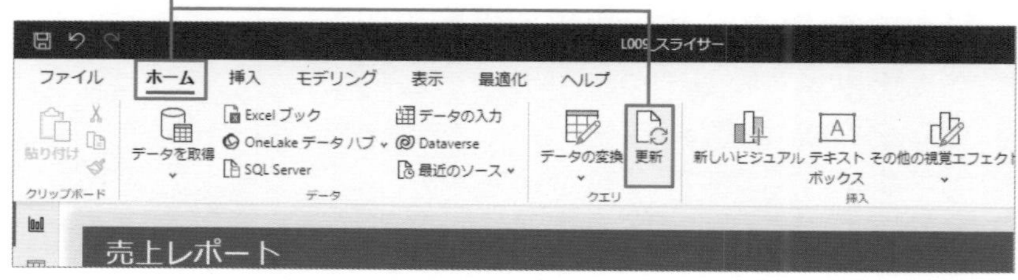

データを自動更新するには

手動ではなく自動でデータソースへの変更を反映したい場合には、レポートをPower BIサービスに発行してPower BIサービスで設定を行うことでスケジュールにより自動更新を設定できます。Power BIサービスへのレポート発行やデータのスケジュール更新は第9章で解説します。

基本編

第3章

さまざまなデータへの接続方法を知ろう

Power BI Desktopでは、さまざまなデータソースにアクセスして分析に利用できます。本章では、どのようなデータに接続できるのか、そして接続する際に注意すべきことを見ていきましょう。

LESSON

11 接続できるデータソース

第2章で触れたとおり、レポート作成は分析に利用するデータのインポートからはじまります。分析元となるデータのことを一般的に「データソース」とよび、Power BIはさまざまなデータソースに対応しています。

01 接続可能なデータソースが多種多様

Power BI Desktopで接続できるデータソースを確認するには、[データを取得]-[詳細]をクリックし、[データを取得]ダイアログを開くとよいでしょう。ExcelやCSVファイルを分析元として利用するユーザーが多いといえますが、それら以外のファイルや、各種データベース、クラウドサービスなど、多種多様なデータに接続ができます。

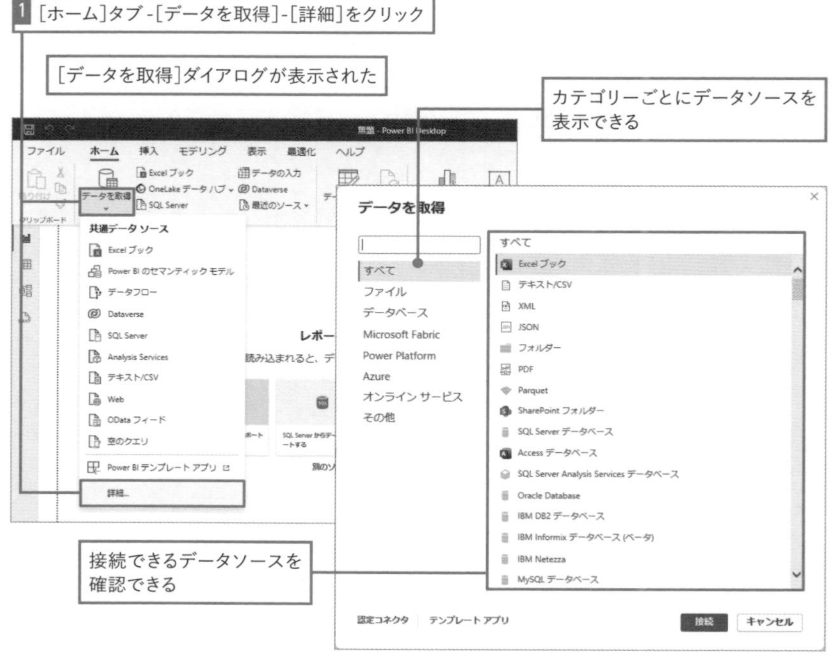

データの形式により接続時に指定しなければいけない情報は異なります。例えばデータベースの場合は、データベース名や接続情報が必要です。オンラインサービスの場合は、サービスに接続するためのURLや認証情報など、ファイルの場合はファイルの場所を指定します。第2章で利用したExcelブックで接続時に指定した情報は、ファイルの場所とワークシートやテーブルといったブック内のデータ範囲の2点でした。データの形式により接続時に指定する情報は異なりますが、どのデータソースであってもインポート時にPower Queryでクエリ編集が可能です。

「ベータ」と表示されているデータソースって?

Power BIで利用できるデータソースは継続的に追加されています。「ベータ」と記載されているデータソースは、一般提供がまだされていないプレビュー版です。機能やサポートが限定的であるため、検証目的の利用にとどめておき運用環境での利用は避けましょう。

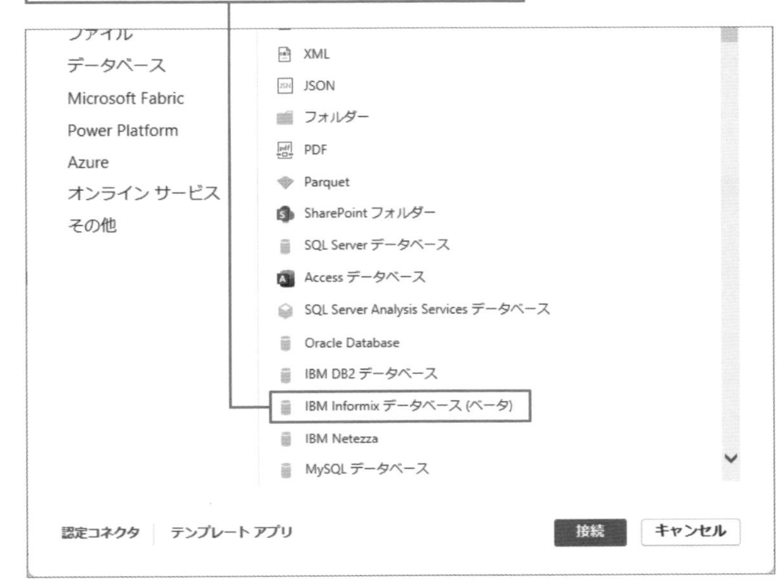

LESSON 12

ローカルやクラウド上のファイルに接続する

多くのシステムにデータをExcelやCSVファイルとしてエクスポートできる機能が備わっていることから、ファイルは分析元として頻繁に利用されるデータ形式の1つです。ローカル上のファイルだけではなく、クラウド上に保存されたファイルへも接続できます。

練習用ファイル Data_202404.csv

01 CSVファイルに接続する

データベースに直接アクセスできるのは、一部の管理者のみに限られることが多いです。このため、管理者が分析用に許可したデータをデータベースからExcelやCSV等で抽出し、一般ユーザーはそのファイルを分析用に使うことがよくあります。

CSVファイルはコンマで区切られたデータが複数行含まれるテキストファイルです。ファイルサイズを比較的小さくおさえつつ、多くのデータを格納できます。このことから多くのシステムやアプリにて、データのエクスポート機能でよく利用される形式です。CSVファイルに接続する際、文字コードや区切り記号は自動的に検出されます。また接続時に自動的に検出された区切り記号などが異なる場合は、手動で変更することもできます。

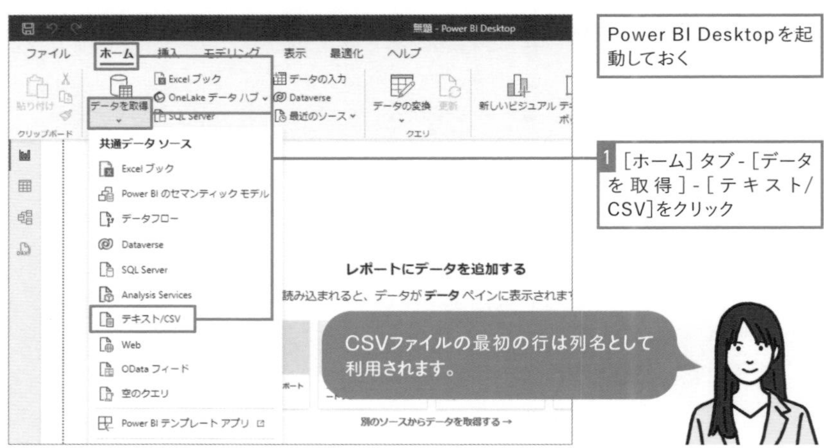

店舗	注文タイプ	商品カテゴリー	商品タイプ	日付	数量	単価	仕入コスト	売上	利益
さいたま	オンライン	コンピューター	タブレット	2024/04/01	2	458000	590820	687000	96180
さいたま	オンライン	周辺機器	ヘッドセット	2024/04/01	1	15800	10270	15800	5530
さいたま	オンライン	ソフトウェア	ソフトウェア	2024/04/01	4	122000	298900	427000	128100
さいたま	オンライン	周辺機器	ヘッドセット	2024/04/01	1	10000	6500	10000	3500
さいたま	オンライン	ソフトウェア	ソフトウェア	2024/04/01	1	80000	56000	80000	24000
さいたま	オンライン	データ管理	ディスク	2024/04/01	1	68000	44200	68000	23800
さいたま	オンライン	周辺機器	ヘッドセット	2024/04/01	1	6600	4290	6600	2310
さいたま	オンライン	ソフトウェア	ソフトウェア	2024/04/01	1	62000	43400	62000	18600
さいたま	オンライン	周辺機器	ヘッドセット	2024/04/01	2	41000	53300	82000	28700
さいたま	オンライン	コンピューター	デスクトップPC	2024/04/01	1	300000	258000	300000	42000
さいたま	オンライン	周辺機器	ヘッドセット	2024/04/01	1	28000	18200	28000	9800
さいたま	オンライン	周辺機器	ヘッドセット	2024/04/01	3	17000	33150	51000	17850
さいたま	オンライン	コンピューター	デスクトップPC	2024/04/01	1	80000	68800	80000	11200
さいたま	オンライン	コンピューター	デスクトップPC	2024/04/01	1	80000	68800	80000	11200
さいたま	オンライン	周辺機器	ヘッドセット	2024/04/01	3	3000	4875	7500	2625
さいたま	オンライン	ソフトウェア	ソフトウェア	2024/04/02	1	465000	325500	465000	139500
さいたま	オンライン	ソフトウェア	ソフトウェア	2024/04/02	1	253000	177100	253000	75900
さいたま	オンライン	コンピューター	デスクトップPC	2024/04/02	1	80000	68800	80000	11200
さいたま	オンライン	コンピューター	ノートPC	2024/04/02	1	50000	43000	50000	7000
さいたま	オンライン	ソフトウェア	ソフトウェア	2024/04/03	1	465000	325500	465000	139500

クエリ名が接続したCSVファイル名と同じになっている

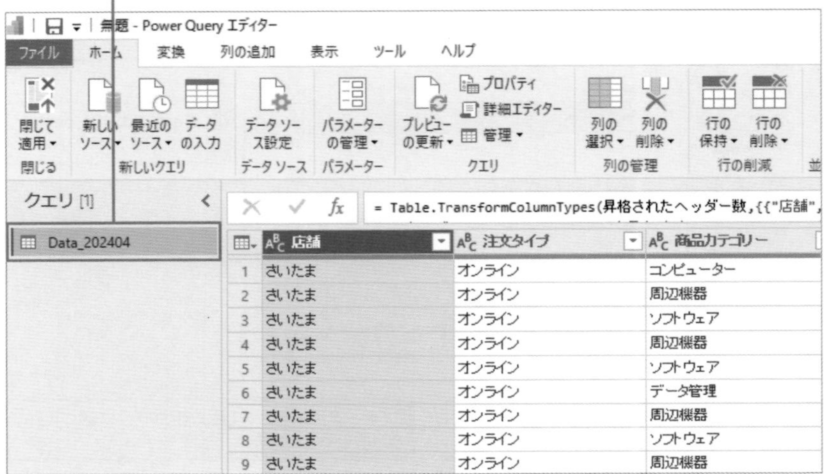

データ型は自動で検出される

各列のデータ型は自動検出されます。既定では[最初の200行に基づく]となっており、[データセット全体に基づく]、[データ型を検出しない]への変更も可能です。CSVファイルはシステムからエクスポートされることが多いため、ほとんどの場合、1つの列に異なるデータ型の値が混在することはないといえます。またデータ量が多い場合には全体を検出するための処理に時間が掛かってしまうため、既定値の[最初の200行に基づく]のままで多くの場合は問題ありません。

[▼]から設定を変更できる

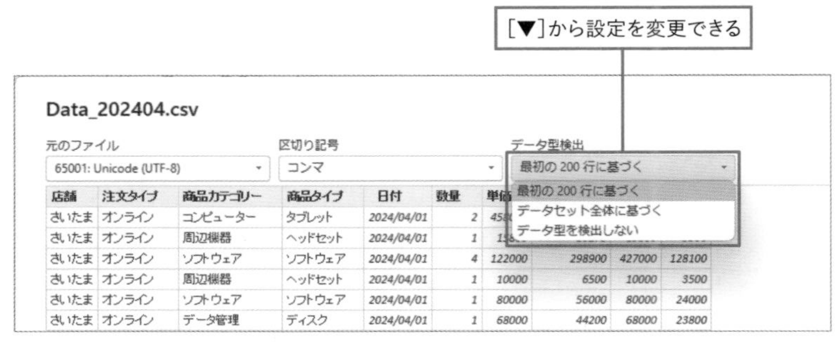

02 ファイル接続時に知っておきたいクエリ編集

ファイルを読み込むための設定を行った後、[読み込み]もしくは[データの変換]が選択できます。[読み込み]はファイルから読み込んだデータをそのままインポートします。一方[データの変換]は、クエリ処理を編集し、クエリを実行した上でインポートします。データ加工処理は、別ウィンドウで表示されるPower Queryエディターでクエリとして設定でき、Power Queryエディターで表示されるデータ内容はプレビューであり、この時点ではまだデータモデルにインポートはされていません。

ファイルに接続する際に知っておきたいクエリの編集作業は、クエリ名や列名の変更、データ型の指定が挙げられます。第2章では、クエリ編集は行いませんでしたが、Excelファイルに接続する際にも同様に利用できる内容です。

■クエリ名の変更

CSVファイルのクエリ名は、既定でファイル名となります。またExcelファイルの場合、指定したテーブル名やワークシート名がクエリ名となります。**クエリ名はデータのインポート後、データモデル内のテーブル名として利用されます。**ファイル名やテーブル名、ワークシート名がデータモデル内のテーブルの名前として分かりにくい場合には、名前を変更しましょう。データモデルにインポート後にテーブル名を変更することもできますが、以下のようにPower Queryエディターでクエリ名を変更しておくことも可能です。どちらでテーブル名を指定しても、レポートの動作に違いはないので、自身が分かりやすいタイミングでかまいません。

■列名の変更

システムからエクスポートしたデータは、列名がシステムの内部で利用されている文字列や英表記の場合があります。レポート作成時に自身が分かりやすい列名に変更しましょう。列名の変更も、クエリ名と同じくデータモデルにインポート後に行ってもかまいません。Power Queryエディターで変更する場合、中央に表示されるデータのプレビュー内で列名をダブルクリックして変更します。

列名をダブルクリックして、任意の列名を入力すると変更できる

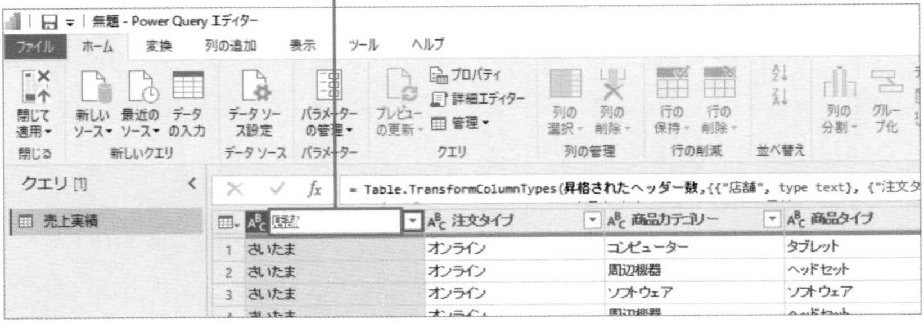

■データ型の指定

列のデータ型は自動検出されますが、データ型が異なる場合は変更しましょう。数値型や日付型として扱いたい列のデータ型がそのように指定されていないと、行いたい集計のさまたげになってしまいます。例えば、数値が含まれる列が数値型のフィールドとしてインポートされていないと、合計や平均などの集計ができません。データ型は各列の左に表示され、変更したい場合はクリックしてデータ型を選択します。

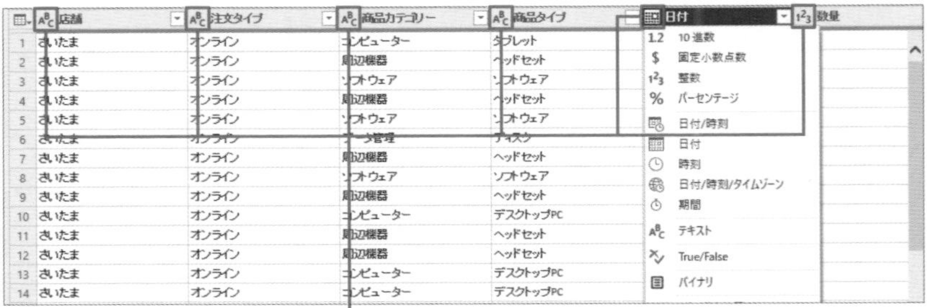

クリックすると変更できる

03 データモデル内にテーブルをインポートする

クエリ編集後、[閉じて適用] をクリックすると、データがインポートされます。インポートが完了したら、テーブルビューに切り替えましょう。データモデル内にインポートしたテーブル内容が確認できます。

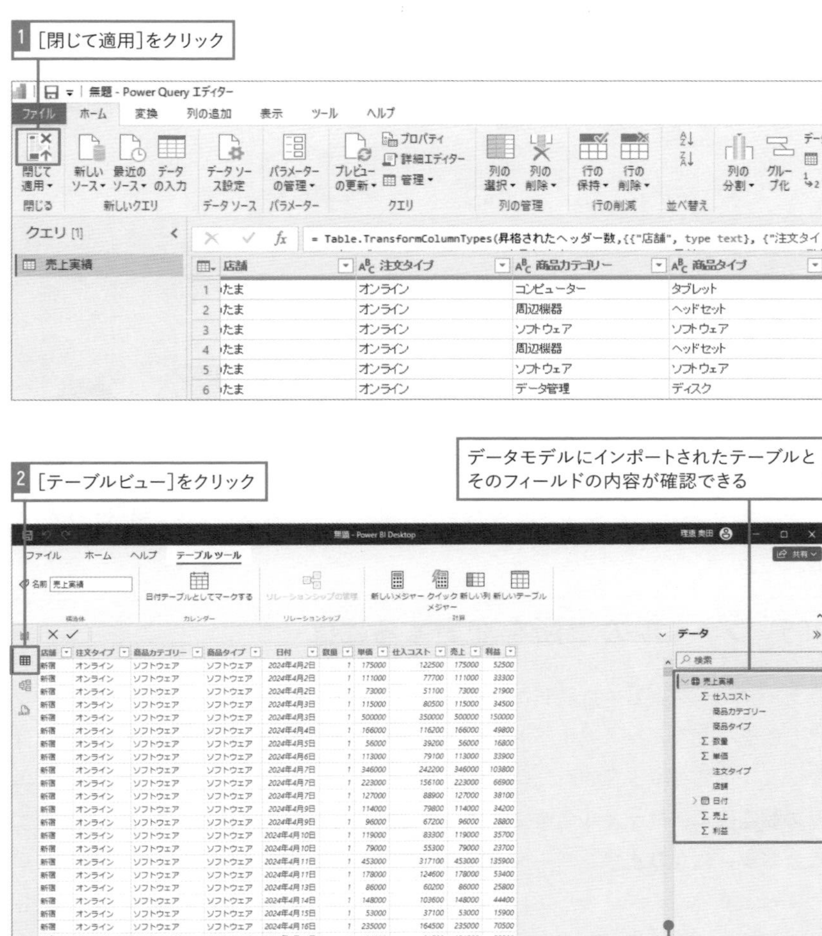

テーブル内の行数はステータスバーで確認できる

スクロールしてデータ内容が確認できる

04 インポート後に再度クエリを編集するには

インポート後に再度クエリを編集したい場合は、[データの変換] をクリックしてPower Queryエディターを開きます。クエリを編集後、[閉じて適用] をクリックすると再度インポートされます。

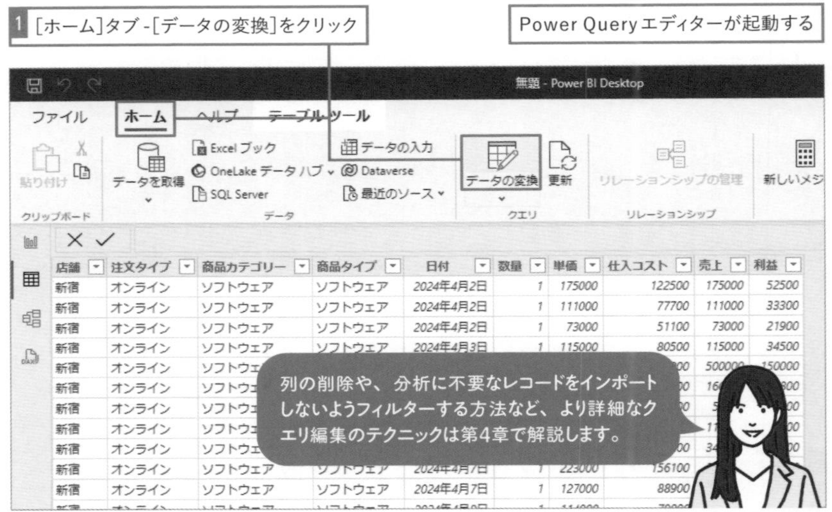

05 ファイルの場所を変更するには

データソースとして接続したファイルが上書きされた際には、[更新] をクリックし、データを再度インポートして更新できます。データの更新を行う場合には、ファイルの名前や保存されている場所が変更されていないことが前提です。**クエリの設定後に、ファイル名やファイルの場所が変わった場合に、そのまま更新するとエラーになります**。データ内容は同じで、ファイル名やファイルの場所が変わったときは、[データの変換]-[データソース設定] より変更が可能です。ただし、この方法は列構造やテーブル名など、データ内容自体が変わった場合には対応できません。その際はデータソースへの接続やクエリ編集から設定する必要があります。

1 [ホーム]タブ -[データの変換]-[データソース設定]をクリック

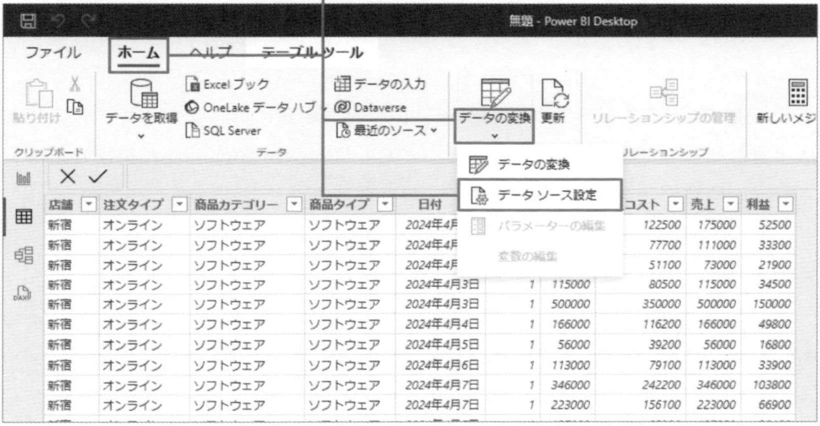

無題 - Power BI Desktop

ファイル ホーム ヘルプ テーブル ツール

貼り付け データを取得 Excel ブック OneLake データ ハブ SQL Server データの入力 Dataverse 最近のソース データの変換 更新 リレーションシップの管理 新しいメジ

クリップボード データ リレーションシップ

データの変換
データ ソース設定
パラメーターの編集
変数の編集

店舗	注文タイプ	商品カテゴリー	商品タイプ	日付			コスト	売上	利益
新宿	オンライン	ソフトウェア	ソフトウェア	2024年4月			122500	175000	52500
新宿	オンライン	ソフトウェア	ソフトウェア	2024年4月			77700	111000	33300
新宿	オンライン	ソフトウェア	ソフトウェア	2024年4月			51100	73000	21900
新宿	オンライン	ソフトウェア	ソフトウェア	2024年4月3日	1	115000	80500	115000	34500
新宿	オンライン	ソフトウェア	ソフトウェア	2024年4月3日	1	500000	350000	500000	150000
新宿	オンライン	ソフトウェア	ソフトウェア	2024年4月4日	1	166000	116200	166000	49800
新宿	オンライン	ソフトウェア	ソフトウェア	2024年4月5日	1	56000	39200	56000	16800
新宿	オンライン	ソフトウェア	ソフトウェア	2024年4月6日	1	113000	79100	113000	33900
新宿	オンライン	ソフトウェア	ソフトウェア	2024年4月7日	1	346000	242200	346000	103800
新宿	オンライン	ソフトウェア	ソフトウェア	2024年4月7日	1	223000	156100	223000	66900

データ ソース設定

Power BI Desktop を使用して接続したデータ ソースの設定を管理します。

◉ 現在のファイルのデータ ソース ○ グローバル アクセス許可

データ ソース設定の検索

c:\501873\第3章\元データ\data_202404.csv

ソースの変更... PBIDS のエクスポート アクセス許可の編集... アクセス許可のクリア

閉じる

[データソース設定]ダイアログが表示された

接続している分析元のデータのソースが表示される

2 [ソースの変更]をクリック

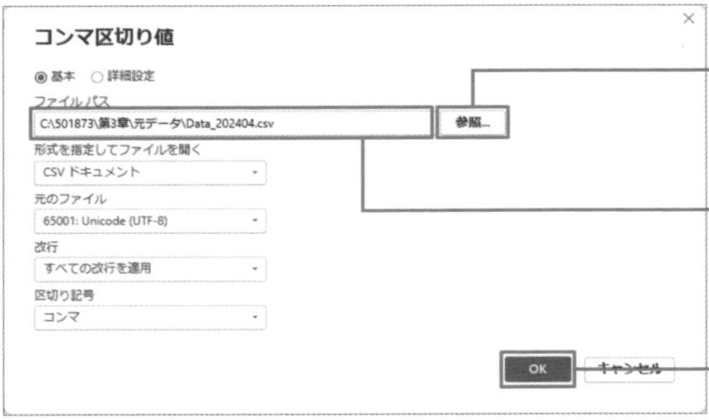

コンマ区切り値

◉ 基本 ○ 詳細設定

ファイル パス

C:\501873\第3章\元データ\Data_202404.csv 参照...

形式を指定してファイルを開く

CSV ドキュメント

元のファイル

65001: Unicode (UTF-8)

改行

すべての改行を適用

区切り記号

コンマ

OK キャンセル

[参照]をクリックするとダイアログが表示され、接続先のファイルを変更できる

ファイルパスを直接変更することもできる

設定を変更したら[OK]をクリックする

06 クラウド上に保存したファイルに接続する

Microsoft 365ユーザーの場合は、SharePointやOneDrive for Businessにファイルを保存することも多いはずです。ローカル上ではなくクラウドに保存しているExcelやCSVファイルをデータソースにしたい場合には、ファイルへの接続方法が異なります。SharePointライブラリやOneDrive for Businessに保存したファイルへの接続方法を確認しましょう。

■事前準備

事前準備としてファイルパスをコピーしておきます。OneDrive for BusinessもしくはSharePointライブラリに保存したファイルをアプリで開くと、ファイルの情報よりファイルのパスをコピーできます。また、Power BI DesktopからSharePointやOneDrive for Businessに保存されたファイルに接続する際には、コピーした後、URL末尾に含まれる「?web=1」は削除します。

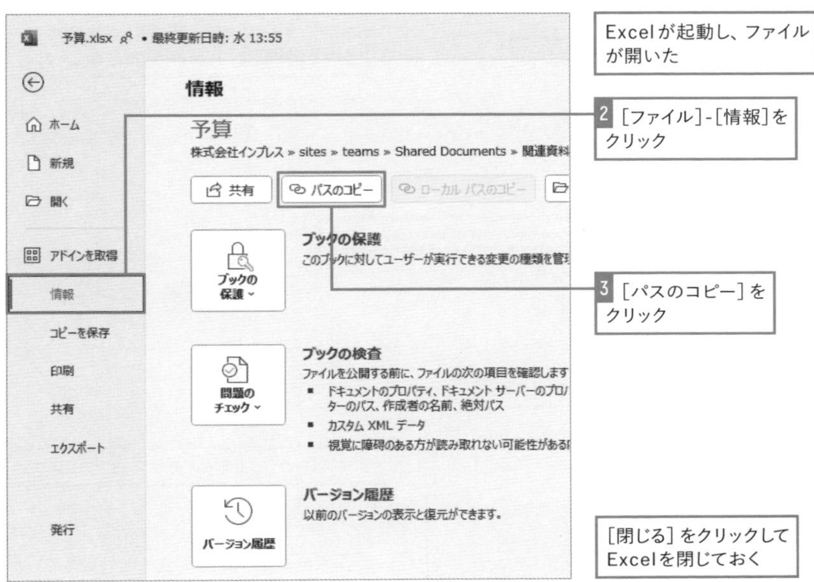

■Power BI Desktopから接続する

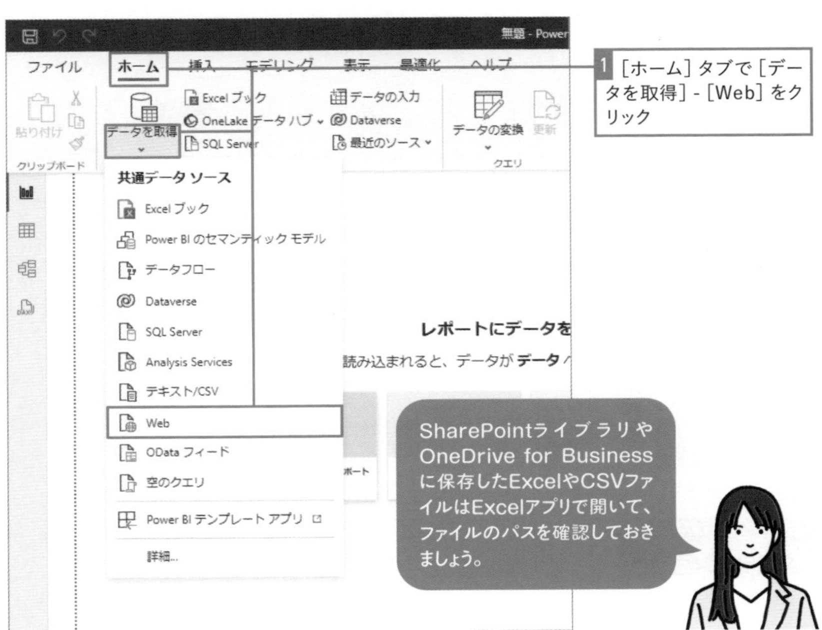

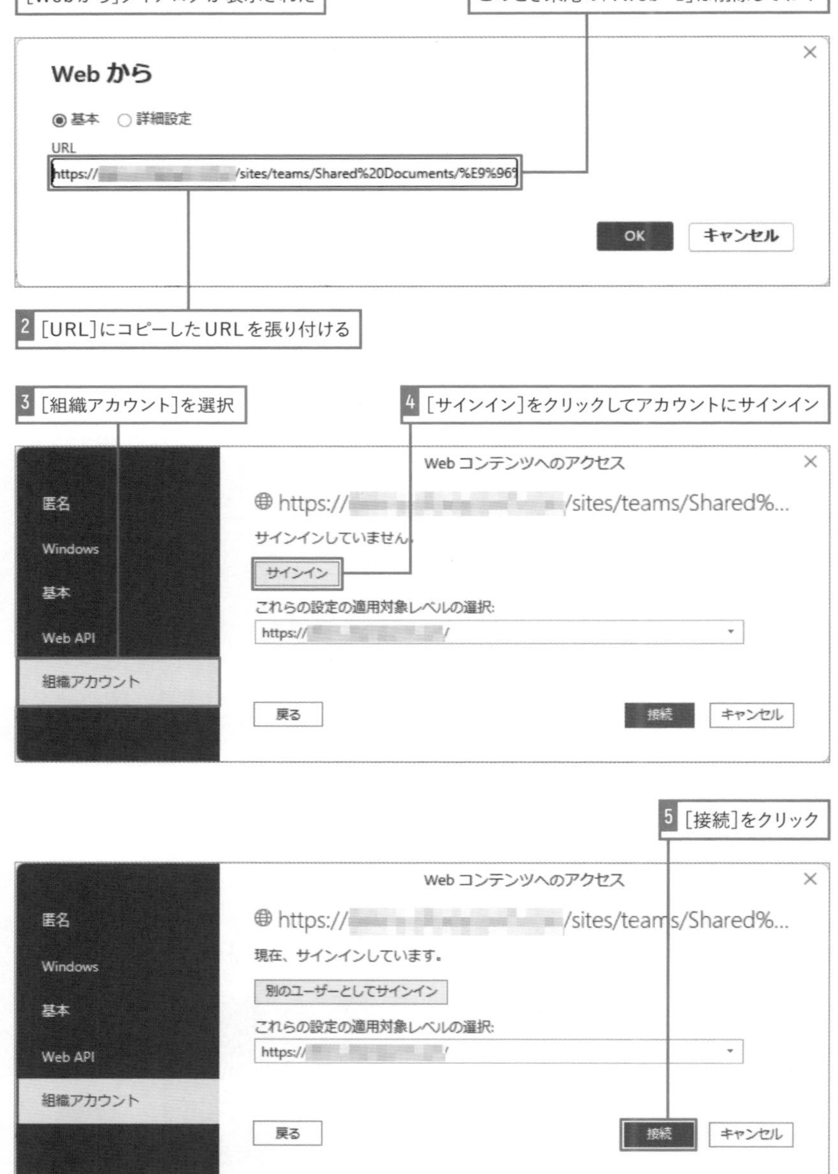

[Webから]ダイアログが表示された
事前にコピーしておいたURLを指定する。
このとき末尾の「?web=1」は削除しておく
Web から
基本
詳細設定
URL
https:// /sites/teams/Shared%20Documents/%E9%96
OK
キャンセル
2 [URL]にコピーしたURLを張り付ける
3 [組織アカウント]を選択
4 [サインイン]をクリックしてアカウントにサインイン
Web コンテンツへのアクセス
匿名
Windows
基本
Web API
組織アカウント
https:// /sites/teams/Shared%...
サインインしていません。
サインイン
これらの設定の適用対象レベルの選択:
https:// /
戻る
接続
キャンセル
5 [接続]をクリック
Web コンテンツへのアクセス
匿名
Windows
基本
Web API
組織アカウント
https:// /sites/teams/Shared%...
現在、サインインしています。
別のユーザーとしてサインイン
これらの設定の適用対象レベルの選択:
https:// /
戻る
接続
キャンセル

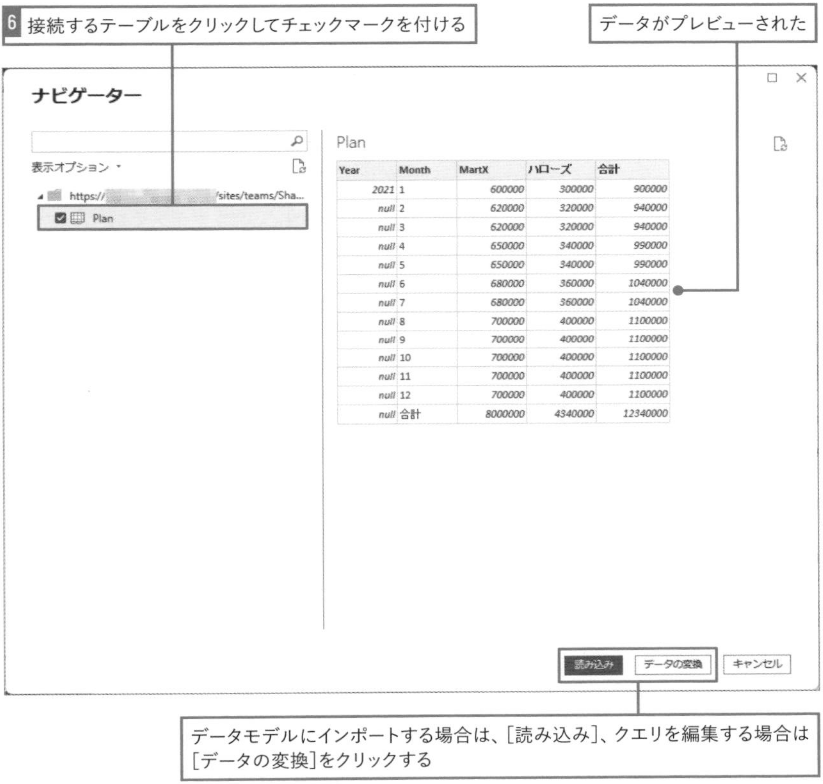

6 接続するテーブルをクリックしてチェックマークを付ける

データがプレビューされた

ナビゲーター

表示オプション

https:// /sites/teams/Sha...

Plan

Plan

Year	Month	MartX	ハローズ	合計
2021	1	600000	300000	900000
null	2	620000	320000	940000
null	3	620000	320000	940000
null	4	650000	340000	990000
null	5	650000	340000	990000
null	6	680000	360000	1040000
null	7	680000	360000	1040000
null	8	700000	400000	1100000
null	9	700000	400000	1100000
null	10	700000	400000	1100000
null	11	700000	400000	1100000
null	12	700000	400000	1100000
null	合計	8000000	4340000	12340000

読み込み　データの変換　キャンセル

データモデルにインポートする場合は、[読み込み]、クエリを編集する場合は[データの変換]をクリックする

ここもポイント!

クラウド上のデータなら自動更新できる

Power BI Desktopで作成したレポートは、Power BIサービスに発行することで、Webブラウザーでの利用や組織内での共有が可能となります。またデータソースの変更に応じてレポートを自動更新するスケジュール設定も可能です。SharePointライブラリやOneDrive for Businessなどのクラウドストレージに保存したExcelやCSVファイルに接続することで、Power BIサービスでのレポートの自動更新は、オンプレミス環境との接続を構成することなく設定できます。レポートをPower BIサービスに発行する方法は第8章、データの自動更新を設定する方法は第9章で解説します。

LESSON 13

複数のファイルに接続する

データソースにしたいファイルが単一ではなく、複数のファイルに分かれている場合に接続する方法を確認しましょう。カテゴリー別等に分かれているデータを別々のテーブルとしてではなく、まとめてデータモデルに読み込む方法を確認します。

練習用ファイル Data_202401.csv／Data_202402.csv

01 複数のファイルを1つのテーブルに結合する

複数のデータソースから同じ列構造を持つデータをインポートする方法を見ていきましょう。例えば、月別の売上データが各月ごとに異なるファイルに保存されている場合、それらを１つのテーブルとして結合して、年間の売上を分析したいかもしれません。また、同じように地域別の商品データが別々のファイルになっている場合、それらを結合して地域ごとの傾向を調べたいと思うでしょう。このようなときはPower Queryエディターで１つのテーブルに結合することが可能です。

2つのCSVファイルに接続して、テーブルを1つに結合する

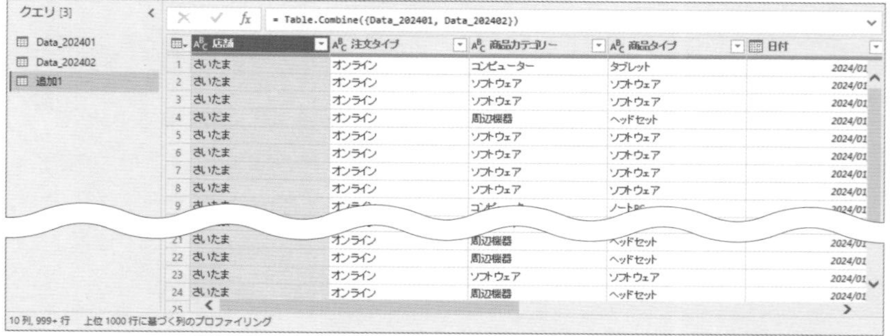

■複数のファイルに接続する

まずは複数のファイルにそれぞれ接続し、Power Queryエディターを開きます。以下の手順では同じ列構造を持つ2点のファイルに接続しています。

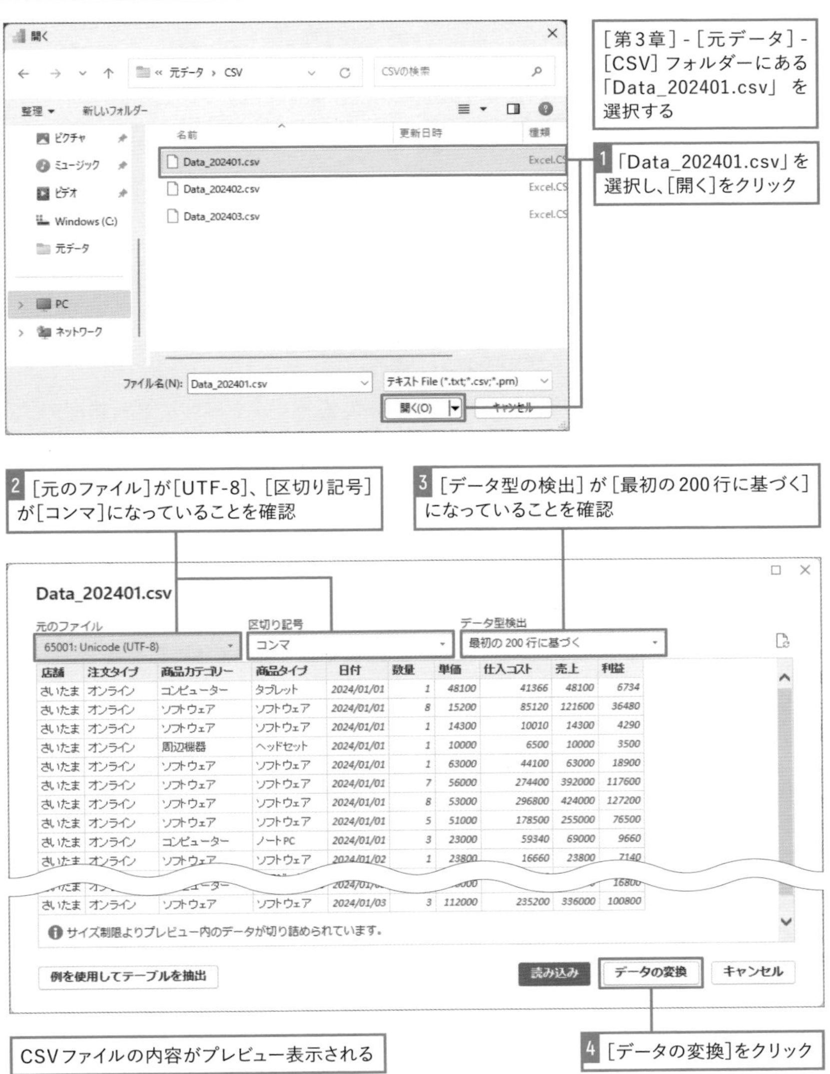

店舗	注文タイプ	商品カテゴリー	商品タイプ	日付	数量	単価	仕入コスト	売上	利益
さいたま	オンライン	コンピューター	タブレット	2024/01/01	1	48100	41366	48100	6734
さいたま	オンライン	ソフトウェア	ソフトウェア	2024/01/01	8	15200	85120	121600	36480
さいたま	オンライン	ソフトウェア	ソフトウェア	2024/01/01	1	14300	10010	14300	4290
さいたま	オンライン	周辺機器	ヘッドセット	2024/01/01	1	10000	6500	10000	3500
さいたま	オンライン	ソフトウェア	ソフトウェア	2024/01/01	1	63000	44100	63000	18900
さいたま	オンライン	ソフトウェア	ソフトウェア	2024/01/01	7	56000	274400	392000	117600
さいたま	オンライン	ソフトウェア	ソフトウェア	2024/01/01	8	53000	296800	424000	127200
さいたま	オンライン	ソフトウェア	ソフトウェア	2024/01/01	5	51000	178500	255000	76500
さいたま	オンライン	コンピューター	ノートPC	2024/01/01	3	23000	59340	69000	9660
さいたま	オンライン	ソフトウェア	ソフトウェア	2024/01/02	1	23800	16660	23800	7140
さいたま	オンライン	ソフトウェア	ソフトウェア	2024/01/03	3	112000	235200	336000	100800

Power Queryエディターが起動した

[データを取得]-[テキスト/CSV]より、同様の手順で「Data_202402.csv」を選択して[データの変換]をクリックして接続しておく

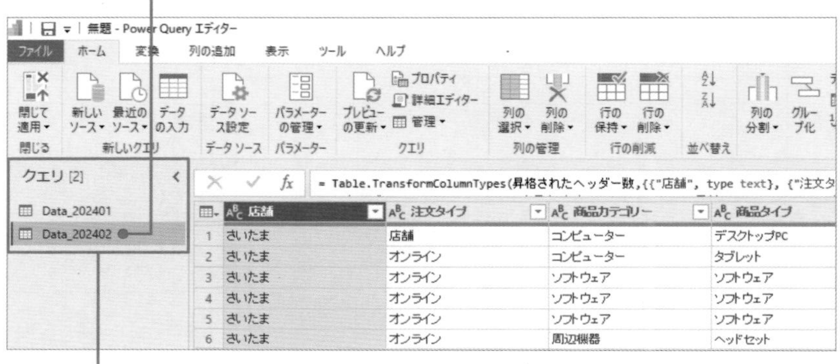

接続したファイル数のクエリが確認できる

■「クエリの追加」でテーブルを1つにする

「クエリの追加」は、同じ列構造を持つ複数のテーブルを結合できる機能です。ファイルに接続する場合だけではなく、データベースやクラウドサービスなどあらゆる形式のデータソースでテーブルを結合したい場合に同様に設定できます。

また、この状態でインポートすると結合前の複数クエリ、および結合するためのクエリがすべて実行され、データモデル内にテーブルが複数インポートされます。結合前のクエリ「Data_202401.csv」「Data_202402.csv」は、テーブルとしてインポートする必要がないため、[読み込みを有効にする]をオフにしましょう。

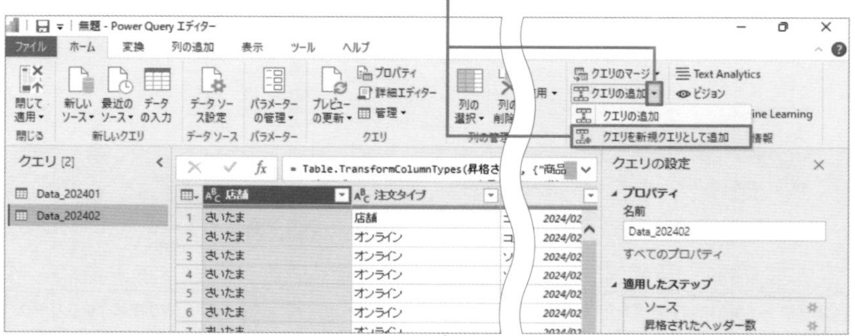

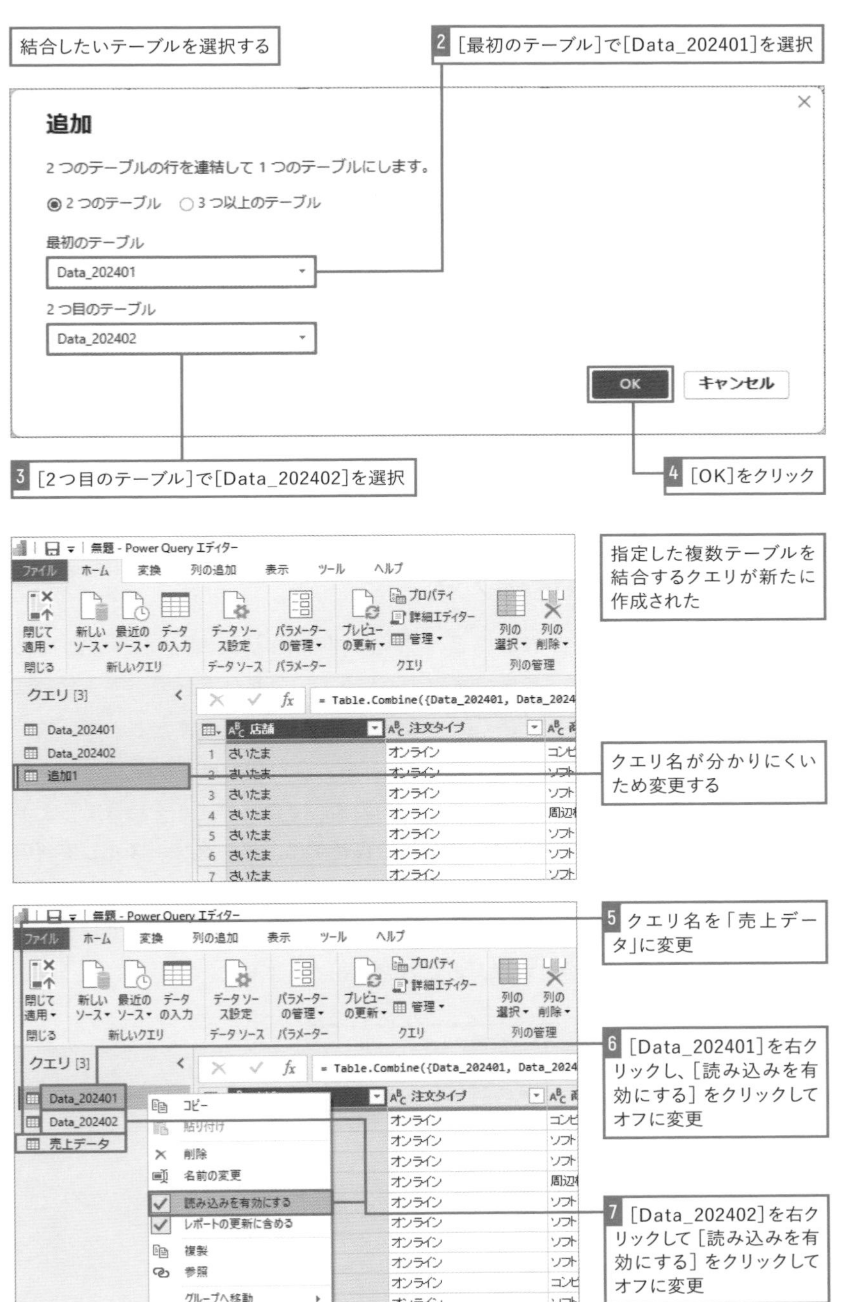

結合したいテーブルを選択する
2 [最初のテーブル]で[Data_202401]を選択
追加
2 つのテーブルの行を連結して 1 つのテーブルにします。
2 つのテーブル
3 つ以上のテーブル
最初のテーブル
Data_202401
2 つ目のテーブル
Data_202402
OK
キャンセル
3 [2つ目のテーブル]で[Data_202402]を選択
4 [OK]をクリック
無題 - Power Query エディター
ファイル
ホーム
変換
列の追加
表示
ツール
ヘルプ
閉じて適用
閉じる
新しいソース
最近のソース
データの入力
新しいクエリ
データソース設定
データソース
パラメーターの管理
パラメーター
プレビューの更新
プロパティ
詳細エディター
管理
クエリ
列の選択
列の削除
列の管理
クエリ [3]
Data_202401
Data_202402
追加1
= Table.Combine({Data_202401, Data_2024
店舗
注文タイプ
さいたま
オンライン
指定した複数テーブルを結合するクエリが新たに作成された
クエリ名が分かりにくいため変更する
5 クエリ名を「売上データ」に変更
売上データ
コピー
貼り付け
削除
名前の変更
読み込みを有効にする
レポートの更新に含める
複製
参照
グループへ移動
6 [Data_202401]を右クリックし、[読み込みを有効にする]をクリックしてオフに変更
7 [Data_202402]を右クリックして[読み込みを有効にする]をクリックしてオフに変更

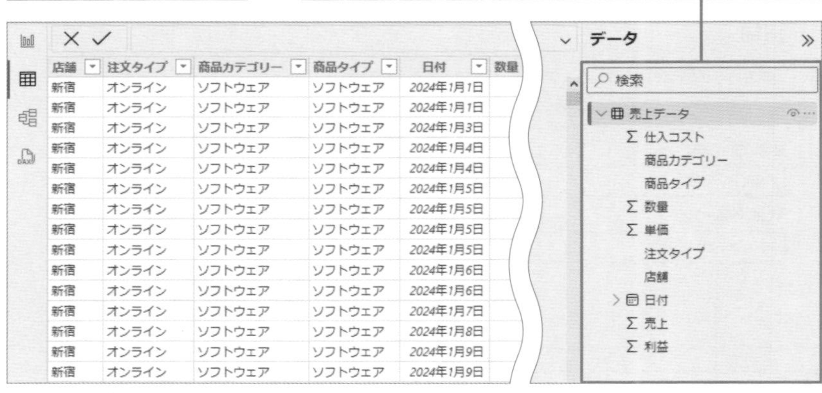

練習用ファイル ［CSV］フォルダー

02 フォルダーに接続する

複数のファイルを結合する場合、ファイルの数が決まっていれば前のSECTIONで解説した方法で設定できます。しかし、月単位などでデータソースとなるCSVファイルが増えていくケースでは、ファイルが増えたときに、結局クエリの設定を追加する必要があります。このような場合は、CSVファイルを保存するフォルダーに接続し、フォルダー内のすべてのファイルを結合するとよいでしょう。**ファイルの数やファイル名に依存せずに、データソースとして利用できる**ようになります。このため、**接続したフォルダーに同じ列構造のデータが含まれるファイルを追加しても、クエリの編集は不要**です。［更新］を実行するとテーブル内にデータが結合され増えることを確認できます。

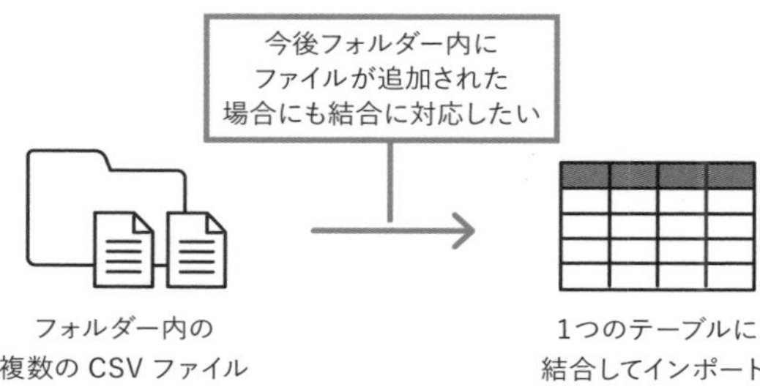

■フォルダーに接続する

フォルダー内のすべてのファイルは同じ種類であり、列の順番が同じ構造であれば結合が可能です。区切り記号やデータ型の検出方法の指定は単一のCSVファイルを読み込む際と同じです。

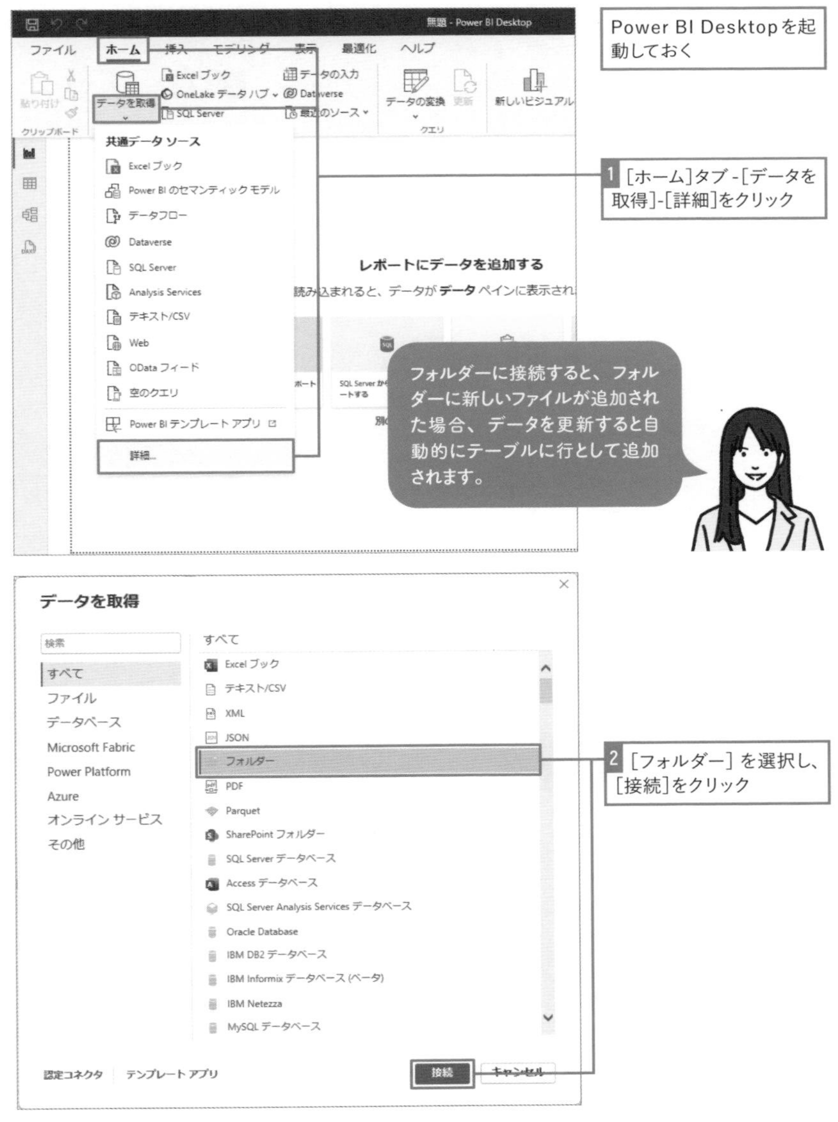

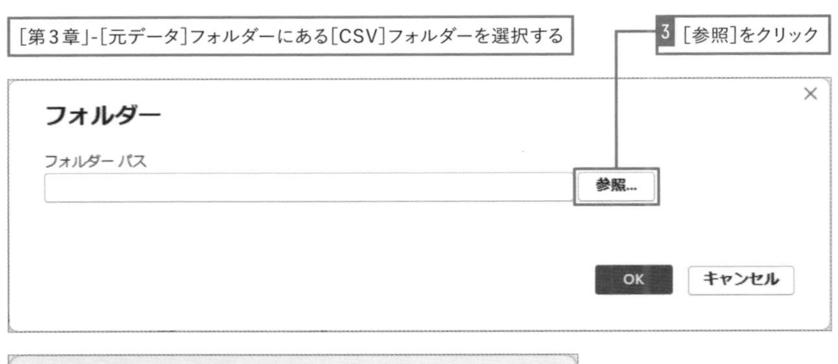
[第3章]-[元データ]フォルダーにある[CSV]フォルダーを選択する
3 [参照]をクリック
フォルダー
フォルダー パス
参照...
OK
キャンセル

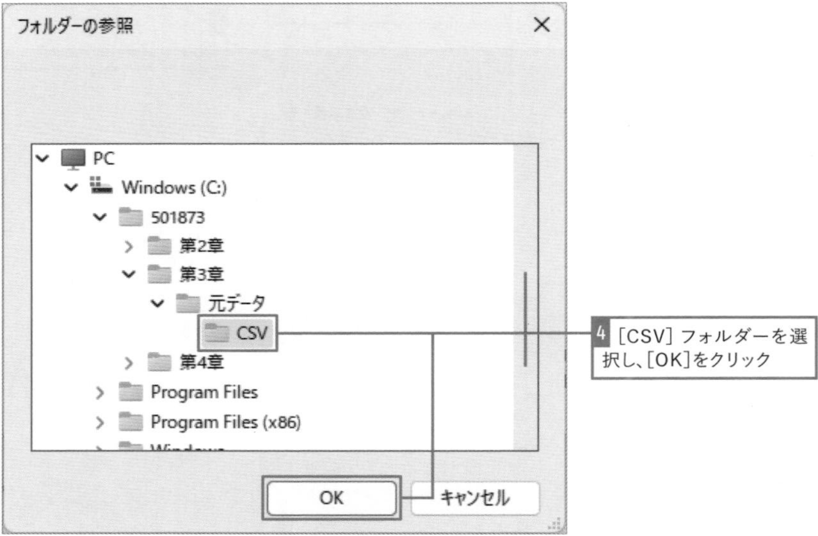
フォルダーの参照
PC
Windows (C:)
501873
第2章
第3章
元データ
CSV
第4章
Program Files
Program Files (x86)
OK
キャンセル
4 [CSV] フォルダーを選択し、[OK]をクリック

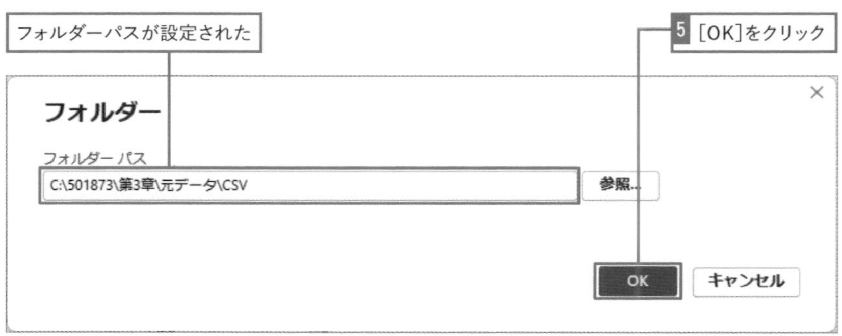
フォルダーパスが設定された
5 [OK]をクリック
フォルダー
フォルダー パス
C:\501873\第3章\元データ\CSV
参照...
OK
キャンセル

フォルダー内にある複数のCSVファイルが確認できる

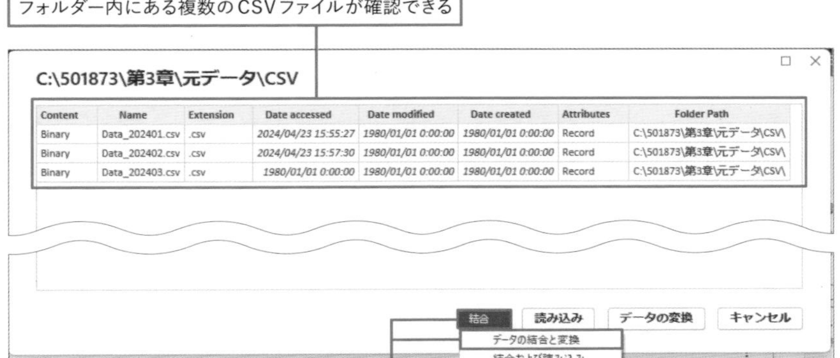

C:\501873\第3章\元データ\CSV

Content	Name	Extension	Date accessed	Date modified	Date created	Attributes	Folder Path
Binary	Data_202401.csv	.csv	2024/04/23 15:55:27	1980/01/01 0:00:00	1980/01/01 0:00:00	Record	C:\501873\第3章\元データ\CSV\
Binary	Data_202402.csv	.csv	2024/04/23 15:57:30	1980/01/01 0:00:00	1980/01/01 0:00:00	Record	C:\501873\第3章\元データ\CSV\
Binary	Data_202403.csv	.csv	1980/01/01 0:00:00	1980/01/01 0:00:00	1980/01/01 0:00:00	Record	C:\501873\第3章\元データ\CSV\

6 [結合]の[▼]をクリックし、[データの結合と変換]をクリック

7 [元のファイル]が[UTF-8]、[区切り記号]が[コンマ]になっていることを確認

8 [データ型の検出]が[最初の200行に基づく]になっていることを確認

ファイルの結合

各ファイルの設定を指定します。 詳細情報

サンプル ファイル:
最初のファイル

元のファイル
65001: Unicode (UTF-8)

区切り記号
コンマ

データ型検出
最初の 200 行に基づく

店舗	注文タイプ	商品カテゴリー	商品タイプ	日付	数量	単価	仕入コスト	売上	利益
さいたま	オンライン	コンピューター	タブレット	2024/1/1	1	48100	41366	48100	6734
さいたま	オンライン	ソフトウェア	ソフトウェア	2024/1/1	8	15200	85120	121600	36480
さいたま	オンライン	ソフトウェア	ソフトウェア	2024/1/1	1	14300	10010	14300	4290
さいたま	オンライン	周辺機器	ヘッドセット	2024/1/1	1	10000	6500	10000	3500
さいたま	オンライン	ソフトウェア	ソフトウェア	2024/1/1	1	63000	44100	63000	18900
さいたま	オンライン	ソフトウェア	ソフトウェア	2024/1/1	7	56000	274400	392000	117600
さいたま	オンライン	ソフトウェア	ソフトウェア	2024/1/1	8	53000	296800	424000	127200
さいたま	オンライン	ソフトウェア	ソフトウェア	2024/1/1	5	51000	178500	255000	76500
さいたま	オンライン	コンピューター	ノートPC	2024/1/1	3	23000	59340	69000	9660
さいたま	オンライン	ソフトウェア	ソフトウェア	2024/1/2	1	23800	16660	23800	7140
さいたま	オンライン	オフィス関連	プロジェクター	2024/1/2	2	23500	30550	47000	16450
さいたま	オンライン	ソフトウェア	ソフトウェア	2024/1/2	3	12200	25620	36600	10980
さいたま	オンライン	ソフトウェア	ソフトウェア	2024/1/2	2	12300	17220	24600	7380
さいたま	オンライン	ソフトウェア	ソフトウェア	2024/1/2	3	88000	184800	264000	79200
さいたま	オンライン	ソフトウェア	ソフトウェア	2024/1/2	4	60000	168000	240000	72000
さいたま	オンライン	周辺機器	ヘッドセット	2024/1/2	3	3000	5850	9000	3150
さいたま	オンライン	周辺機器	ヘッドセット	2024/1/2	2	1900	2470	3800	1330

□ エラーのあるファイルをスキップする

OK　キャンセル

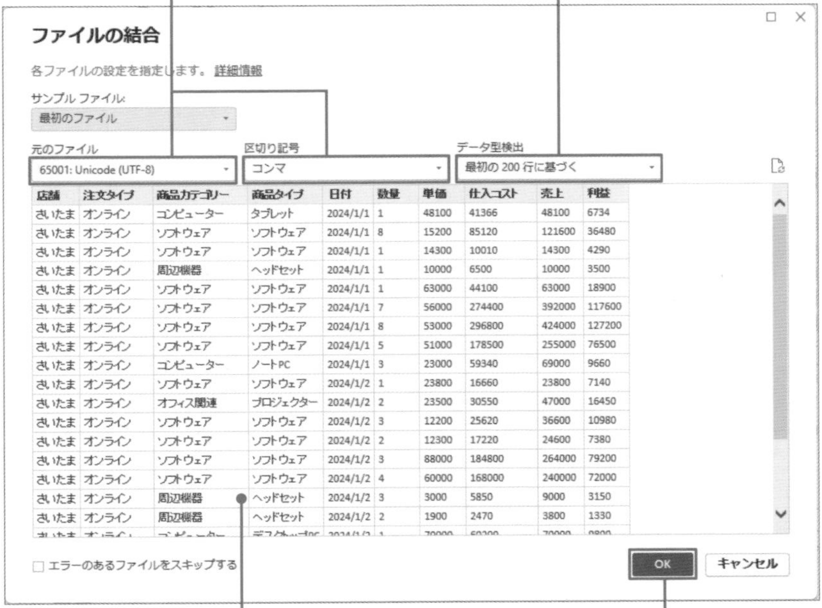

CSVファイルの内容がプレビュー表示される

9 [OK]をクリック

■クエリの確認と不要な列の削除

Power Queryエディターでクエリを複数確認できます。フォルダー内のファイルを読み込むために、ヘルパーとして動作するクエリと、フォルダー内の複数データを結合するクエリが用意されます。フォルダー内の複数データを結合するクエリは、インポートされるとテーブルとなるので、クエリの名前を任意に変更しましょう。また[Source.Name]列にファイル名が含まれています。分析データとして利用しないため、削除した後[閉じて適用]をクリックします。

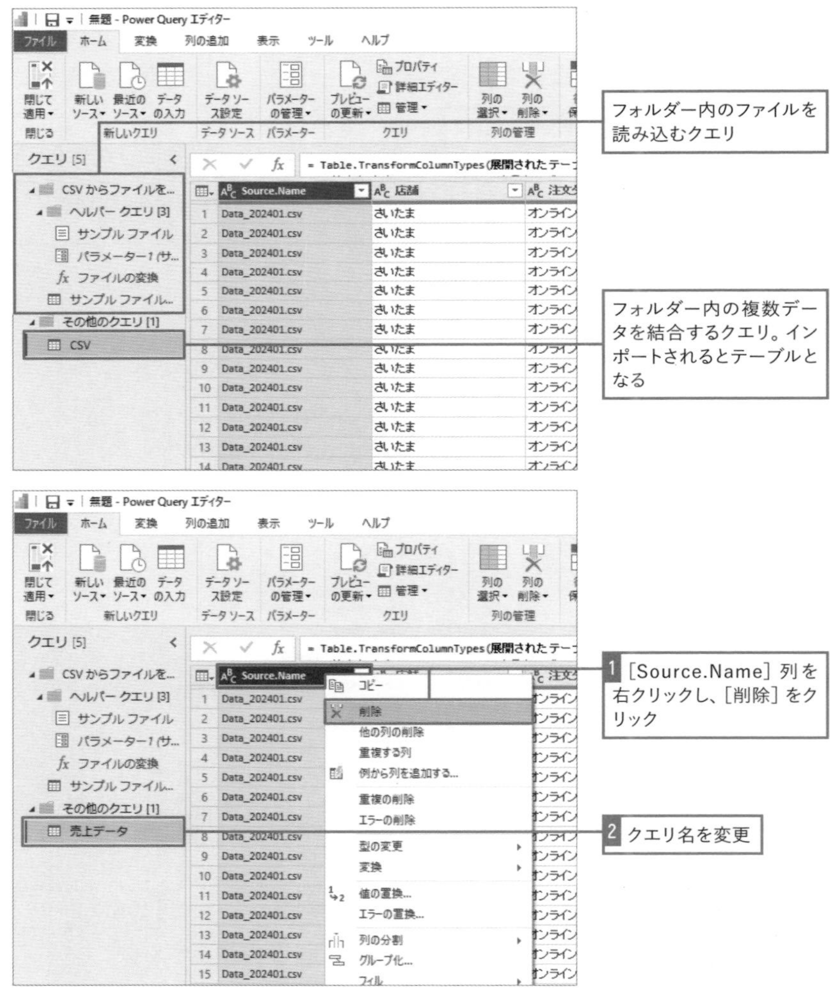

LESSON 14

各種データベースに接続する

Power BIではAccess、SQL Server、Oracle Database、MySQLなどのリレーショナルデータベースや、Azure Cosmos DB、MongoDBなどのNoSQLデータベースなどさまざまなデータベースに接続できます。

01 データベースに接続

データベースには多くの場合、大量データが格納されています。データベースに接続できるアクセス権を割り当てられている場合、直接接続して分析に利用することが可能です。システムやデータベースから抽出されたデータが含まれるファイルを利用する際とは異なり、過去のデータや関連データを含めたより深い分析につなげられます。またリレーションデータベースの場合、リレーション設定がされた関連テーブルを一括でインポートすることも可能です。

■SQL ServerやAzure SQL Databaseの場合

SQL ServerやAzure SQL Databaseなどのデータベースに接続する場合、接続情報が必要です。接続情報としてデータベースサーバー名および接続が許可されている認証方法を事前に確認しておきましょう。また接続先のデータベースに対して、アクセス権を持っていない場合やネットワーク制限により接続がブロックされている場合は接続することができません。自身が管理者ではない場合は、事前に管理者に確認を行いましょう。

また、次のページにある操作3の画面で認証情報の入力が必要となります。SQL Server認証の場合は［データベース］を選択し、ユーザー名およびパスワードを指定します。Windows認証の場合［Windows］を選択して資格情報を指定します。また、操作2にある［データ接続モード］は次のSECTIONで解説するため、［インポート］のままとします。

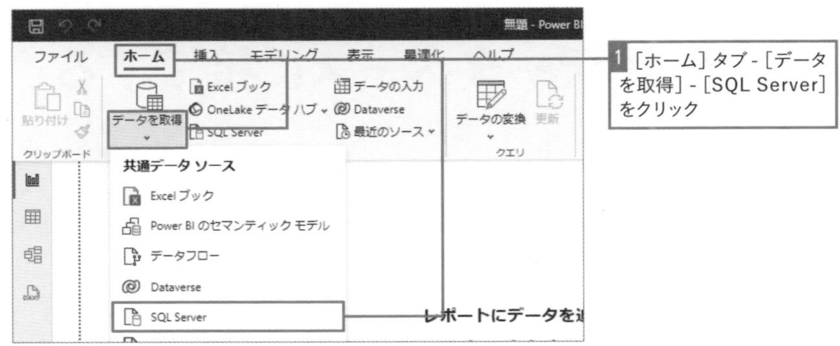
無題 - Power BI
ファイル
ホーム
挿入
モデリング
表示
最適化
ヘルプ
貼り付け
データを取得
Excel ブック
OneLake データ ハブ
SQL Server
データの入力
Dataverse
最近のソース
データの変換
更新
クリップボード
クエリ
共通データ ソース
Excel ブック
Power BI のセマンティック モデル
データフロー
Dataverse
SQL Server
レポートにデータを追
1 [ホーム]タブ - [データを取得] - [SQL Server]をクリック

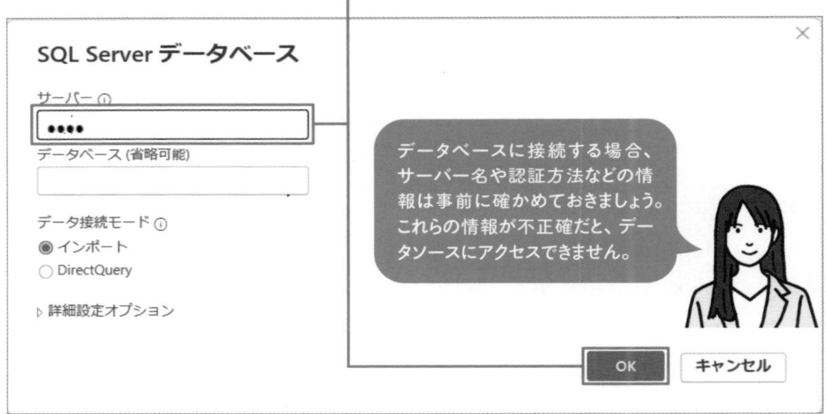
2 接続先のデータベースサーバー名を入力し、[OK]をクリック
SQL Server データベース
サーバー
データベース (省略可能)
データ接続モード
インポート
DirectQuery
詳細設定オプション
データベースに接続する場合、サーバー名や認証方法などの情報は事前に確かめておきましょう。これらの情報が不正確だと、データソースにアクセスできません。
OK
キャンセル

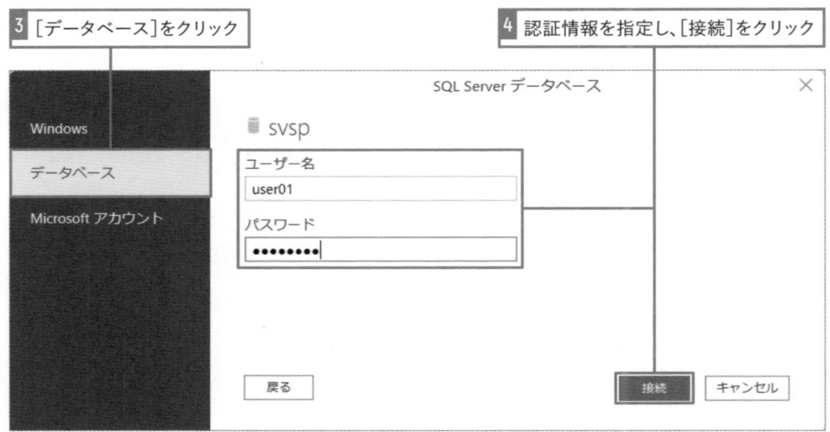
3 [データベース]をクリック
4 認証情報を指定し、[接続]をクリック
SQL Server データベース
Windows
データベース
Microsoft アカウント
svsp
ユーザー名
user01
パスワード
戻る
接続
キャンセル

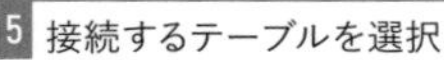

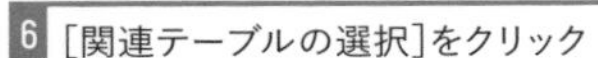

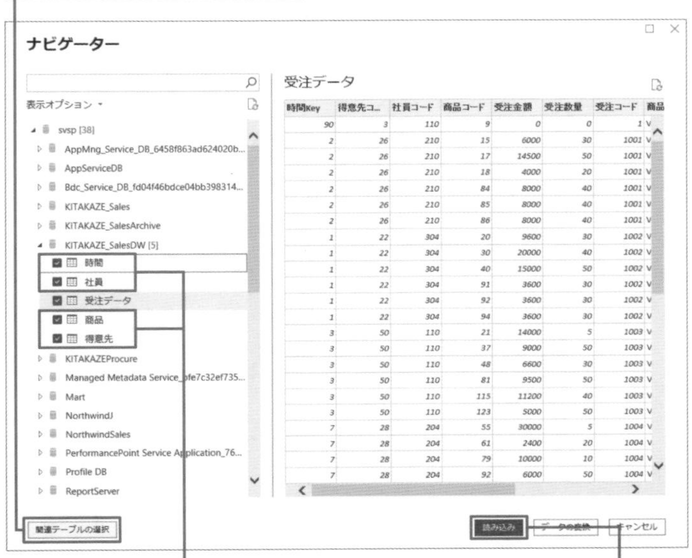

リレーション関係にあるテーブルを自動的にまとめて選択された

7 [読み込み]をクリック

■インポートしたテーブルを確認する

関連テーブルも併せてインポートした場合は、データモデル内にテーブルが複数格納されていることが確認できます。また［モデルビュー］に切り替えると、データベースで設定されているリレーションが、データモデル内にも適用されていることも確認できます。

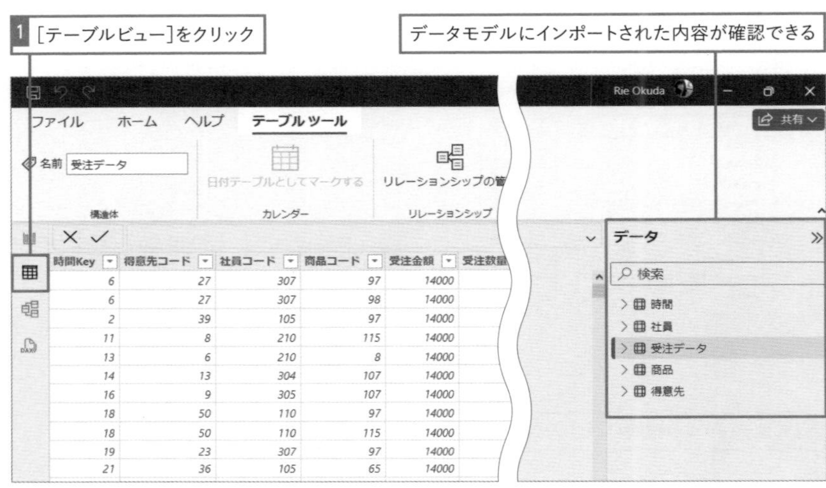

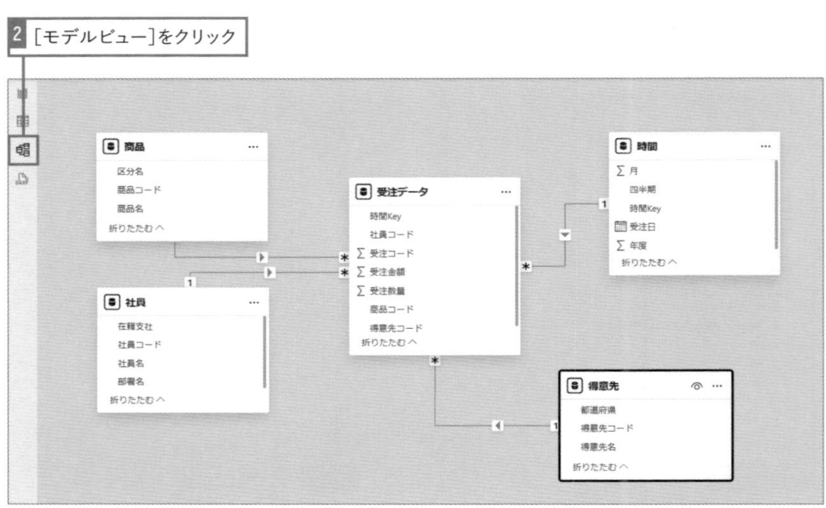

データベースのリレーション設定がデータモデル内にも適用されていることが確認できる

■Dataverseの場合

Dataverseへのアクセスには組織で割り当てられたMicrosoft 365のアカウントを利用します。自身の組織アカウントでサインインを行うと、アクセスが許可された環境および環境内のテーブルが一覧で表示され、接続したいテーブルを選択できます。事前に分析に利用したいテーブルがどの環境内に含まれているかを確認しておきましょう。また管理者によってPower BIからのアクセスを禁止されているケースもあります。操作6にある[データ接続モード]は次のSECTIONで解説するため、[インポート]のままとします。

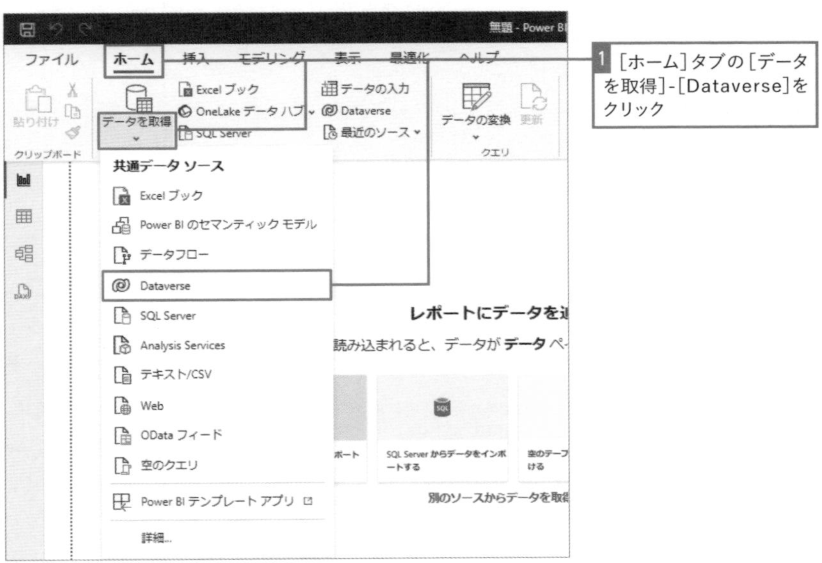

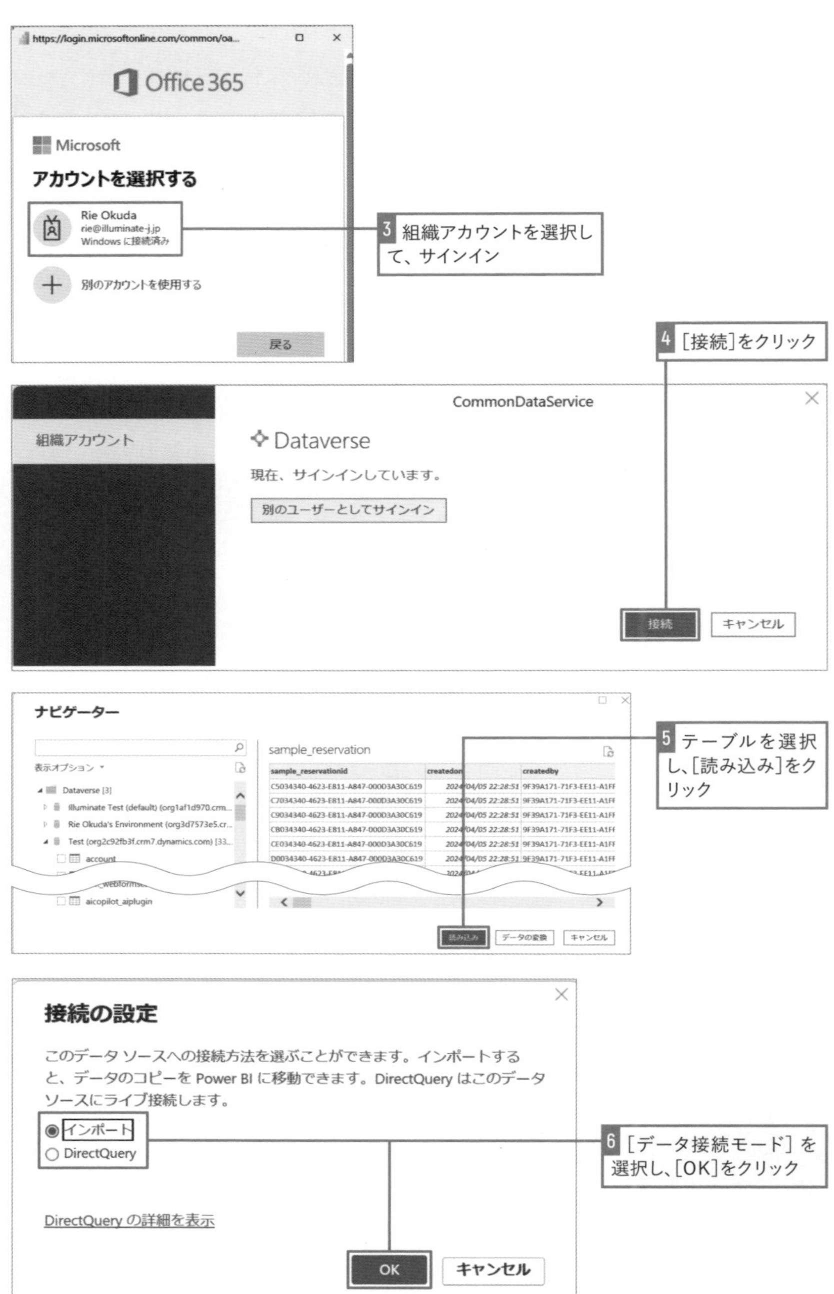
https://login.microsoftonline.com/common/oa...
Office 365
Microsoft
アカウントを選択する
Rie Okuda
rie@illuminate-j.jp
Windows に接続済み
別のアカウントを使用する
戻る
3 組織アカウントを選択して、サインイン
4 [接続]をクリック
CommonDataService
組織アカウント
Dataverse
現在、サインインしています。
別のユーザーとしてサインイン
接続
キャンセル
ナビゲーター
表示オプション
Dataverse [3]
sample_reservation
読み込み
データの変換
キャンセル
5 テーブルを選択し、[読み込み]をクリック
接続の設定
このデータ ソースへの接続方法を選ぶことができます。インポートすると、データのコピーを Power BI に移動できます。DirectQuery はこのデータ ソースにライブ接続します。
インポート
DirectQuery
DirectQuery の詳細を表示
OK
キャンセル
6 [データ接続モード]を選択し、[OK]をクリック

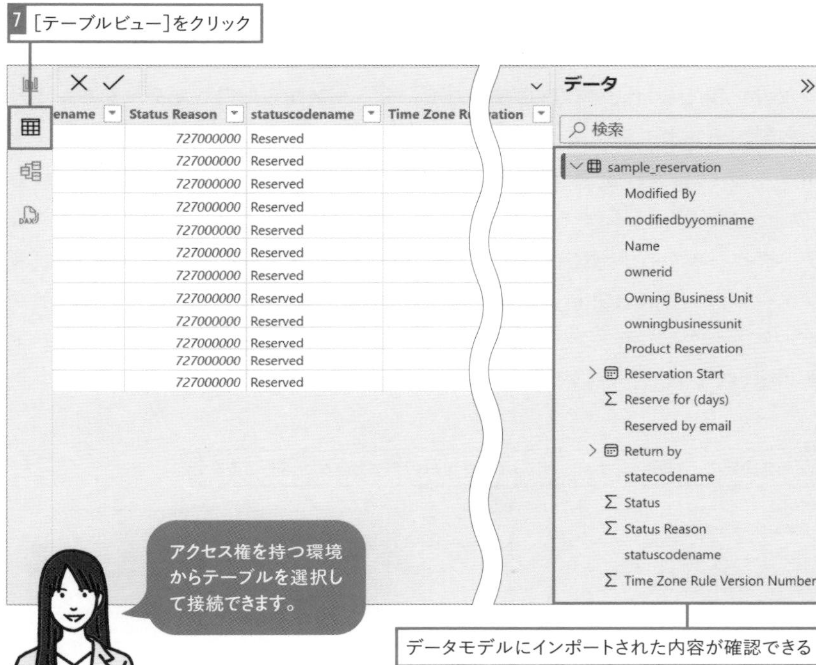

Accessデータベースにも接続できる

Power BI Desktopで[データの取得]より[その他]をクリックし、[データを取得]ダイアログを開きます。[データベース]カテゴリーの[Accessデータベース]を選択して接続します。接続時にはAccessデータベースのファイルパスを指定し、テーブルを選択できます。接続を行う際にAccessデータベースエンジンがインストールされていないことを示すエラーメッセージが表示される場合は、ダウンロードページからインストールを行ってください。またPower BI Desktopのバージョン(32ビット版か64ビット版)と一致するバージョンをインストールしましょう。

■Microsoft Access データベース エンジンのダウンロードページ
https://www.microsoft.com/ja-jp/download/details.aspx?id=54920

02 接続時に選択する「インポート」と「DirectQuery」って?

Power BI Desktopでは、接続したデータベースから取得したデータをレポート内部のデータモデルにインポートします。また一部のデータソースではインポートを行わず、直接データソースに接続することも可能です。これを「DirectQuery」といいます。DirectQueryに対応しているデータソースの多くはデータベースであり、対応しているデータベースに接続する際には、接続時に[インポート]か[DirectQuery]かを選択できます。また[データ]ウィンドウでテーブル名にマウスポインターを合わせると、接続済みのテーブルがどの接続モードを利用しているかを確認できます。

データ接続モードを[インポート]と[DirectQuery]のどちらかを選択できる

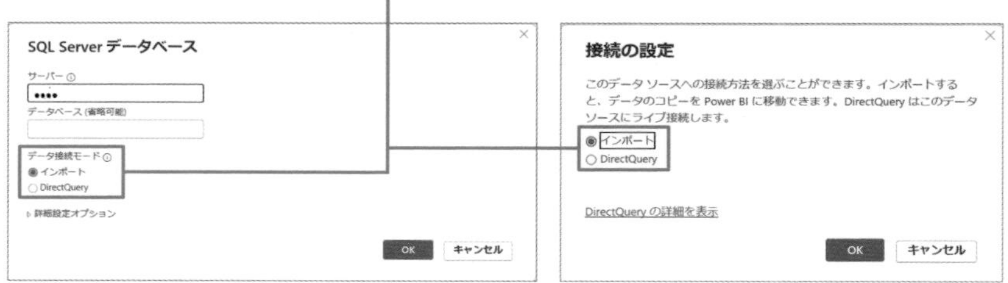

テーブル名にマウスポインターを合わせると、どの接続方法なのか表示される

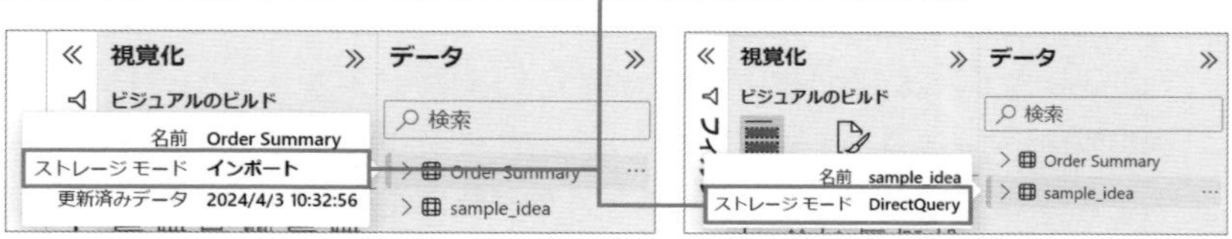

■インポート

インポートはデータベースから取得したデータのコピーをPower BIに取り込みます。インポートしたデータはレポート内部のデータモデルに格納されるため、一度インポートすればデータソースに接続できないオフラインでも分析が可能です。またデータソースに対する変更を反映したい場合は、手動での更新が必要です。

■DirectQuery

DirectQueryはデータベースに直接クエリを発行し、直接データを参照する方法です。常に最新のデータを利用して分析が可能です。利用時にはデータ加工に機能制限がある点やデータ量によってはレポート表示に時間が掛かることがある点について考慮が必要ですがDirect Queryを利用すると次のようなメリットがあります。

- **データソースが頻繁に更新される場合など、リアルタイムに分析結果を見られる**
- **データをインポートしないため、データに対するセキュリティが高くなる**
- **Power BIサービスに発行した際のデータ量の制限はDirectQueryには適用されない**

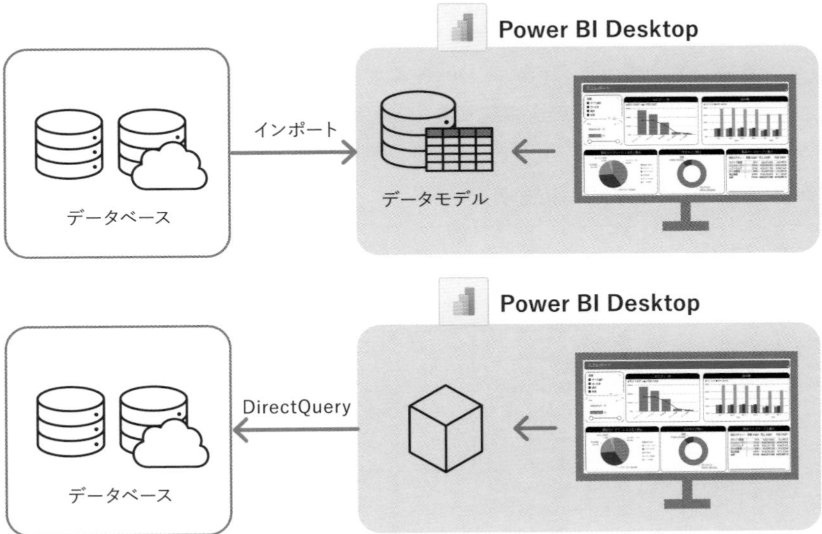

機能の制約がない点や、パフォーマンス、またすべてのデータソースでDirect Queryがサポートされていないことを考えると、ほとんどのケースで[インポート]がおすすめといえます。

LESSON

15 SharePointリストに接続する

SharePointリストはMicrosoft 365の機能の1つです。タスクやイベント、顧客情報や案件情報、在庫など業務で利用するさまざまなデータをテーブル形式で管理でき、またPower BIでデータ分析も行えます。

01 リストに接続する

SharePointリストに接続する際には実装を[2.0]もしくは[1.0]を選択できます。[2.0]を選択した場合には[詳細設定オプション]を開き[表示モード]の選択が行えます。分析に利用する列が既定のビューに表示されている場合、[既定]を選択することで、分析に必要な列のみに絞り込んだインポートが可能です。また[すべて]を選択した場合にもPower Queryエディターで分析に不要な列を削除することで、インポートする列を指定することも可能です。

■SharePointリストに接続する

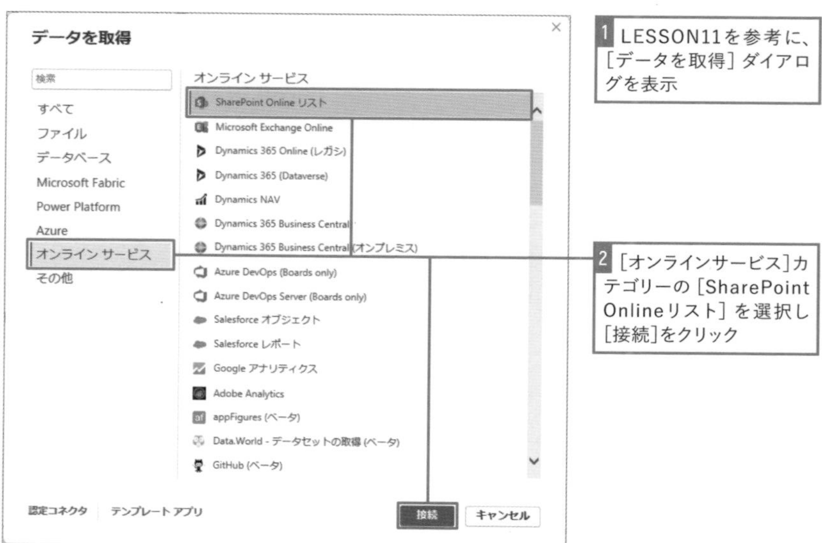

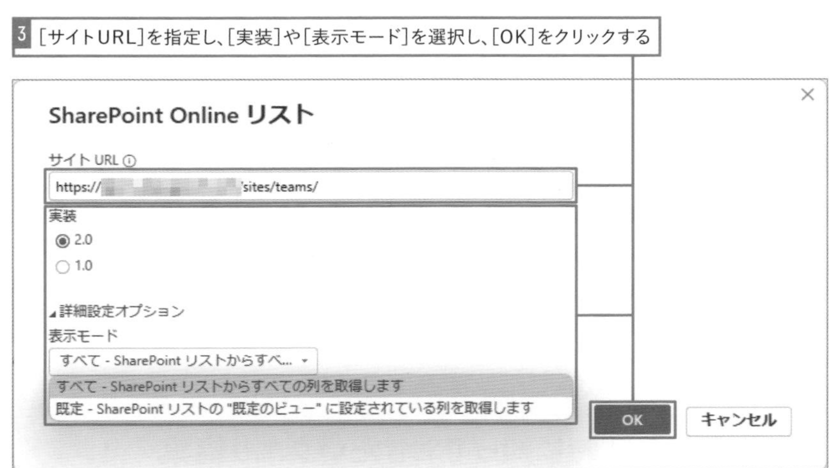

4 ［Microsoftアカウント］を選択し、［サインイン］より組織アカウントにサインイン

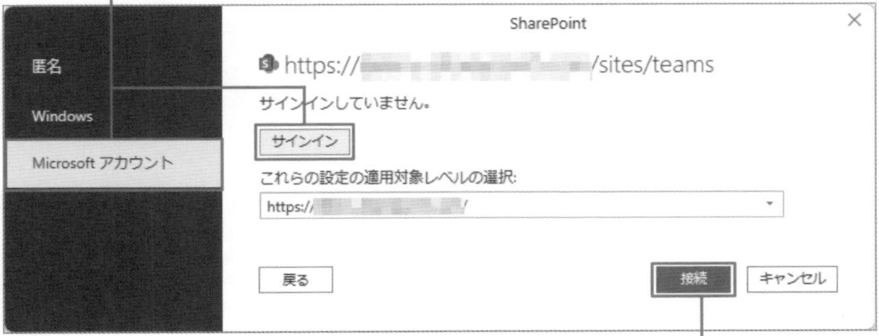

SharePoint

匿名
Windows
Microsoft アカウント

https://　　　/sites/teams
サインインしていません。
サインイン
これらの設定の適用対象レベルの選択:
https://　　　/
戻る
接続
キャンセル

5 ［接続］をクリック

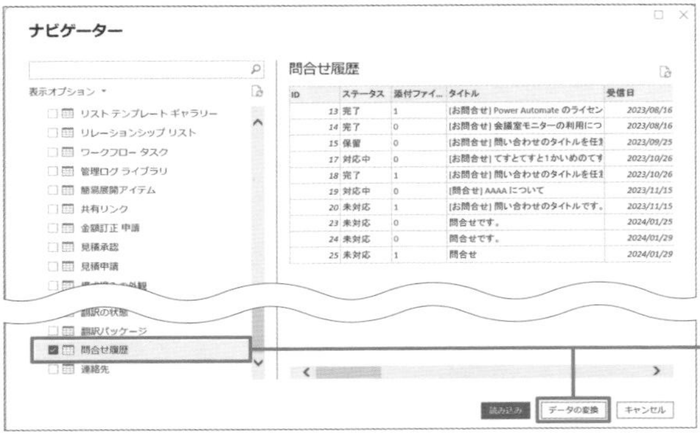

ナビゲーター

表示オプション

- リスト テンプレート ギャラリー
- リレーションシップ リスト
- ワークフロー タスク
- 管理ログ ライブラリ
- 簡易展開アイテム
- 共有リンク
- 金額訂正 申請
- 見積承認
- 見積申請
- 翻訳の状態
- 翻訳パッケージ
- 問合せ履歴
- 連絡先

問合せ履歴

ID	ステータス	添付ファイ...	タイトル	受信日
13	完了	1	[お問合せ] Power Automate のライセン	2023/08/16
14	完了	0	[お問合せ] 会議室モニターの利用につ	2023/08/16
15	保留	0	[お問合せ] 問い合わせのタイトルを任	2023/09/25
17	対応中	0	[お問合せ] てすとてすと1かいめのてす	2023/10/26
18	完了	1	[お問合せ] 問い合わせのタイトルを任	2023/10/26
19	対応中	0	[問合せ] AAAA について	2023/11/15
20	未対応	1	[お問合せ] 問い合わせのタイトルです。	2023/11/15
23	未対応	0	問合せです。	2024/01/25
24	未対応	0	問合せです。	2024/01/29
25	未対応	1	問合せ	2024/01/29

読み込み　データの変換　キャンセル

6 接続するリストを選択し、［データの変換］をクリック

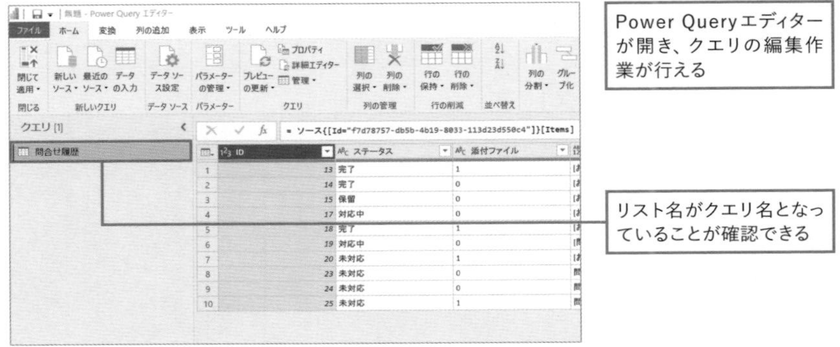

02 リスト接続時に知っておきたいクエリ編集

SharePointリストに接続した際にも、それ以外のデータソースに接続したときと同様にPower Queryエディターでインポート時に行うクエリの編集が可能です。SharePointリストに接続する際に知っておきたい内容を確認します。

■内部で用意される列の削除

SharePointリストにはバージョンやラベルの適用者など、データが格納される列ではなく、内部動作のために用意される列が多く含まれます。これらの列はレポート作成に必要ないため、インポートしないよう削除します。内部動作のための列はバージョン、種類、子アイテムの数、ラベルの設定、保持ラベル、コンテンツタイプ、コンプライアンス資産ID、色タグと複数あります。どれがそうか判断が難しい場合は、分析に必要かどうかを考慮し、不要な列を削除しましょう。

■ユーザー列の展開

SharePointリストで利用できるデータ型の1つである「ユーザー列」は、組織内のユーザーの情報を登録できる形式の列です。またSharePointリストに既定で用意される列である登録者や更新者もユーザー列です。ユーザー列にはユーザーのIDや名前、メールアドレスなどの情報が含まれますが、Power BIで接続すると、既定では「List」としてインポートされます。これは複数のデータが格納されていることを示しています。List型のデータは直接利用することができず、展開する必要があります。例えば展開時にtitle、email、departmentを指定すると、ユーザー列に格納されたユーザーの表示名、メールアドレス、部署名をフィールドとして利用できます。

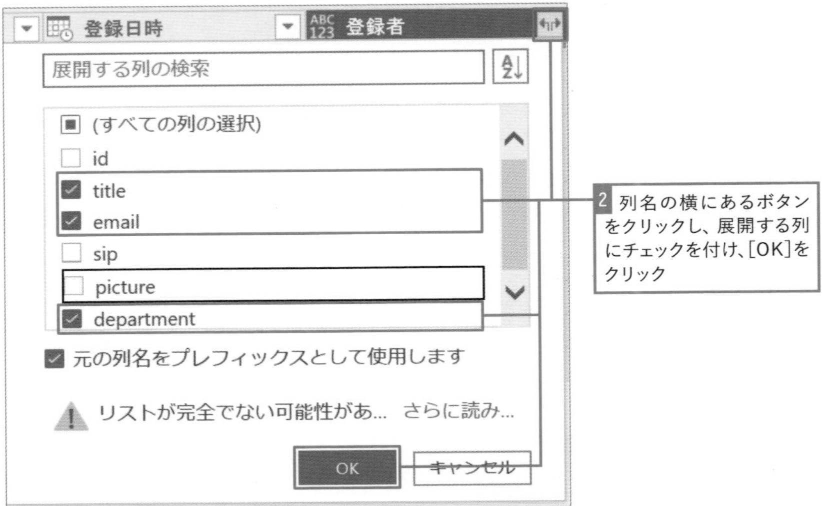

チェックを付けた列が展開された

登録者.title	登録者.email	登録者.department
Rie Okuda	rie@365demo.com	IT部
Rie Okuda	rie@365demo.com	IT部
Rie Okuda	rie@365demo.com	IT部
Rie Okuda	rie@365demo.com	IT部
Rie Okuda	rie@365demo.com	IT部
Rie Okuda	rie@365demo.com	IT部
Rie Okuda	rie@365demo.com	IT部
Rie Okuda	rie@365demo.com	IT部
Rie Okuda	rie@365demo.com	IT部
Rie Okuda	rie@365demo.com	IT部

ユーザー列を展開した後、「登録者名」「登録者メールアドレス」「登録者部署」のように列名を分かりやすく変更してもかまいません。

活用編

第4章

クエリを編集して分析に使うデータを整える

分析に使うデータをインポートするときはPower Queryを使います。またクエリを編集することで、分析に適した内容になるようデータを整えることができます。第4章ではPower Queryでクエリを編集する方法を見ていきましょう。

LESSON 16

Power Queryエディターの画面構成を確認する

Power QueryはPower BI Desktopに含まれる機能です。データをインポートする際にフィルターや列の指定、結合などさまざまな加工操作が可能です。このLESSONではPower Queryエディターの画面構成など基本を確認しましょう。

練習用ファイル L016_PowerQueryEditor確認.pbix

01 分析に必要なデータの取得と変換

第2章や第3章でも触れたとおり、Power BIではデータのインポートを行う際に「Power Query」を利用します。分析に使うデータはすぐに使える状態になっていることもありますが、そのままでは分析に利用できる状態ではないことがほとんどです。データをふさわしい形に抽出および変換を行うことを「ETL(Extract/Transform/Load)」といい、BIツールには多種多様なデータを分析に利用できるよう、この機能が含まれていることが一般的です。Power BIではETLを行う機能としてPower Queryを利用します。

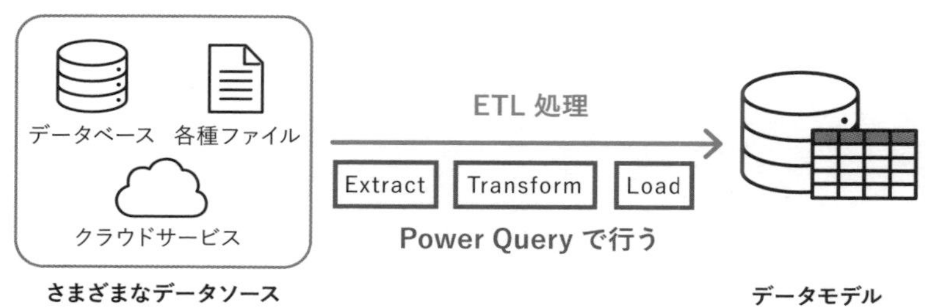

分析に適した形に加工するため、次のようなクエリ処理が行えます。

- **データソースから必要な列や行を取り出す**
- **データ型や書式を指定する**
- **複数のテーブルを結合する**
- **重複する値や欠損データをなくす**
- **データの分割や結合処理を行う**

02 Power Queryエディターを開く

Power Queryエディターはデータを編集するための画面です。一度データをインポートした後も、クエリを編集したい場合は［データの変換］をクリックすると再度Power Queryエディターを開けます。

データの取得からはじめる場合は、［ホーム］タブ-［データを取得］より接続先を指定し、テーブルを選択した後に［データの変換］をクリックする

データのインポート後に再度開く場合は［ホーム］タブ-［データの変換］をクリックする

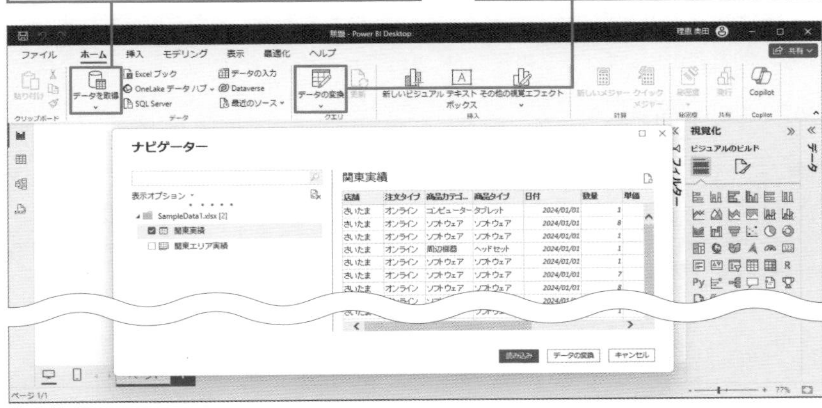

ここもポイント!

Power QueryはExcelにも付属している

Power QueryはExcelにも付属しています。機能や操作はPower BI DesktopとExcelでほとんど同じです。ユーザーインターフェイスや対応するデータソースに若干の違いがありますが、どちらかで得たPower Queryを扱うスキルは、両方で活用できます。データ分析やレポート作成および展開を考慮するとPower BIのほうが、より多くの可視化および分析機能が利用できます。一方でExcelはデータの作成や関数を利用したデータ加工がより手軽に行えます。このため、複数のデータを結合してピボットテーブルに表示したり、別のシステムにインポートするために加工したデータをCSVファイルとして保存したりなど、加工後のデータをExcelで利用したい場合に便利です。データをどのように利用したいかに応じて、ExcelとPower BI Desktopを使い分けてみてください。

03 Power Queryエディターの画面構成

Power Queryエディターは、大きく4つのエリアで構成されています。[クエリ一覧]で特定のクエリを選択すると、[データウィンドウ]に選択しているクエリの結果がプレビューとして表示され、クエリを実行した結果を見ながら、効率的にデータを変換できます。データの値や型、列の名前や順序、フィルターの有無などを確認でき、列やセルに対して右クリックすると、追加や削除、分割や置換、型の変更などの操作が可能です。これらの操作は[リボン]のメニューからも行えますが、右クリックの方が直感的に操作できます。設定した処理内容はステップごとに右側の[クエリの設定]に表示されます。

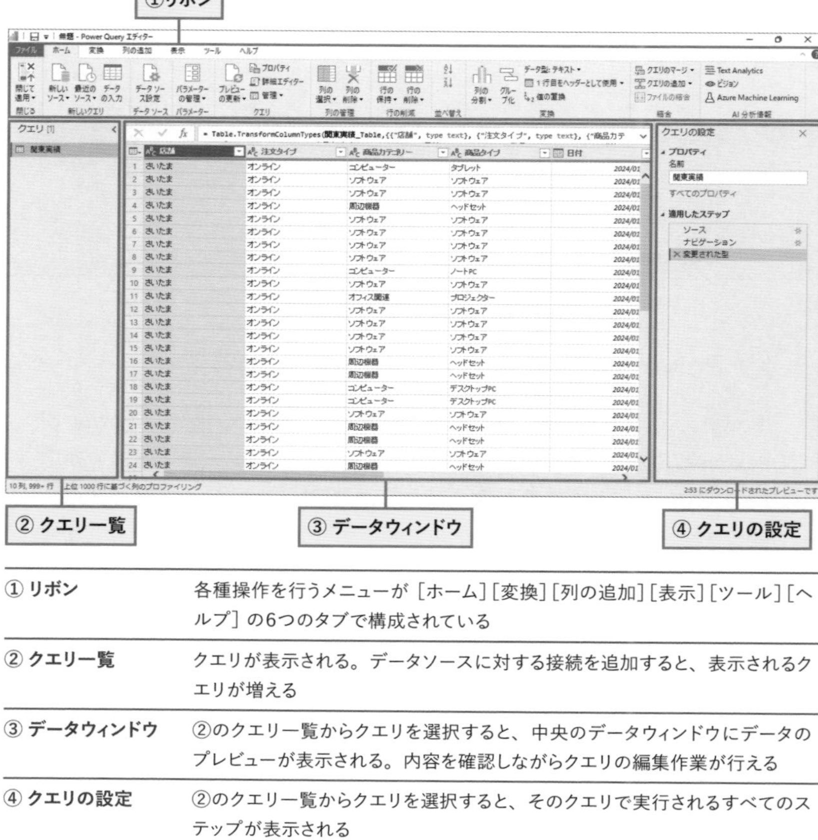

① リボン	各種操作を行うメニューが[ホーム][変換][列の追加][表示][ツール][ヘルプ]の6つのタブで構成されている
② クエリ一覧	クエリが表示される。データソースに対する接続を追加すると、表示されるクエリが増える
③ データウィンドウ	②のクエリ一覧からクエリを選択すると、中央のデータウィンドウにデータのプレビューが表示される。内容を確認しながらクエリの編集作業が行える
④ クエリの設定	②のクエリ一覧からクエリを選択すると、そのクエリで実行されるすべてのステップが表示される

04 データの加工処理は「ステップ」として記録される

データソースに接続を行うと1つのクエリとして保存され、データの加工のために行った各処理はステップとしてクエリに記録されます。記録されたステップは、データをインポートする際に実行されます。例えばExcelファイル内のテーブルに接続すると既定ではステップが３つ確認できます。

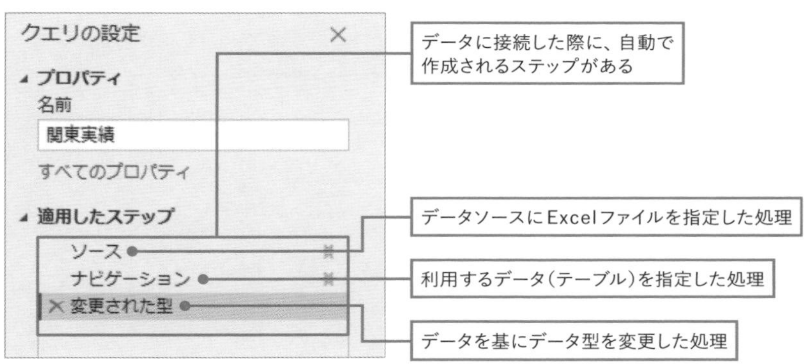

■ステップの確認と削除

ステップの確認を行うために一例として、列名を変更してみましょう。[店舗]列を［店舗名］に変更すると、クエリにステップが１つ追加されます。また、設定した内容を取り消したい場合は、該当のステップを削除します。

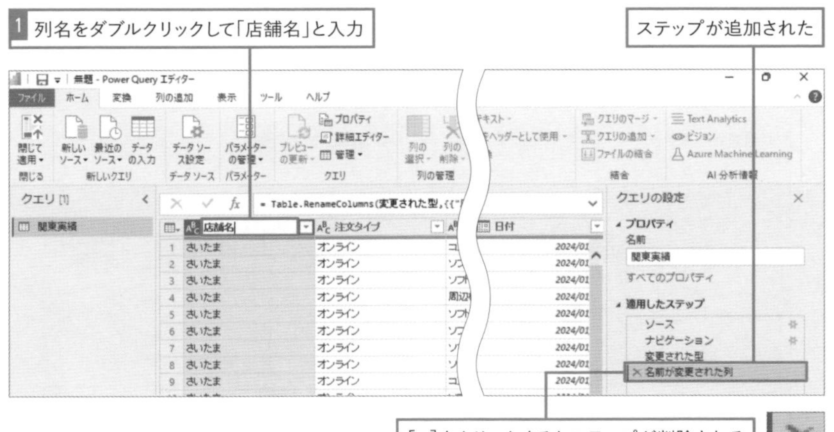

クエリ実行時にはステップは上から順に実行されますが、[クエリの設定] で**ステップを選択すると、そのステップまでの実行結果がデータウィンドウにプレビューされます**。列名を変更する前のステップである [変更された型] をクリックしてみましょう。その時点の結果がプレビューで確認できます。クエリ編集時に途中経過を確認する際や、一つ一つのステップの内容を再確認するとき、またエラーとなった場合にどの時点でエラーとなってしまったかを確認する際にも、ステップごとに内容を確認するとよいでしょう。

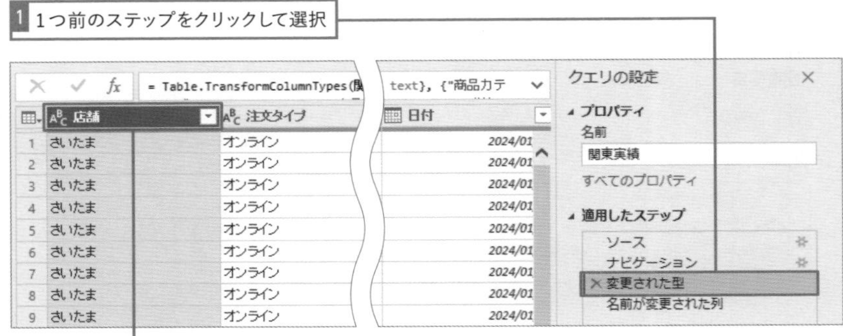

ステップの名前は変更できる

ここもポイント!

ステップ名を変更することで、後から参照した際に、どのような操作をしたか分かりやすくなります。以下の手順以外に、F2 キーを押しても同様に変えられます。

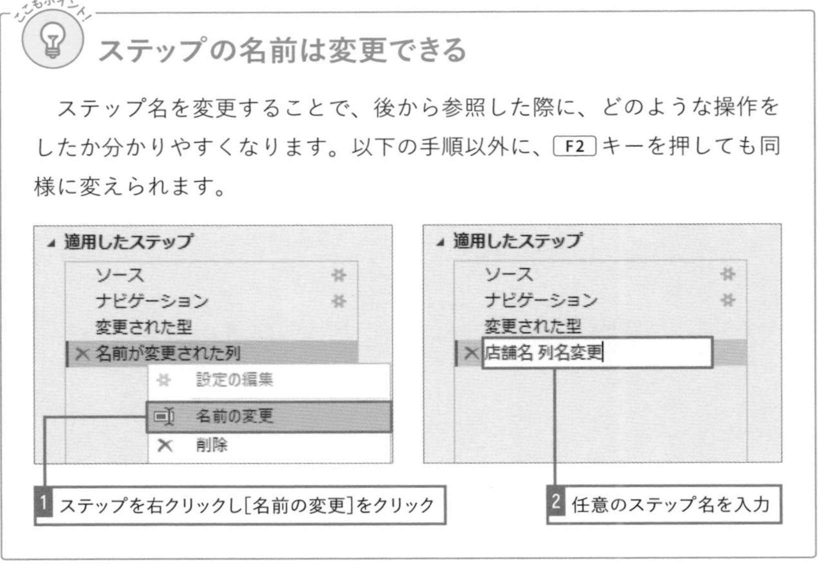

05 クエリの編集後は変更を適用しよう

クエリの編集後、データのインポートを行う際には［閉じて適用］をクリックします。クエリが実行され、データモデルにクエリの実行結果がインポートされます。他にも［適用］や［閉じる］も用意されています。

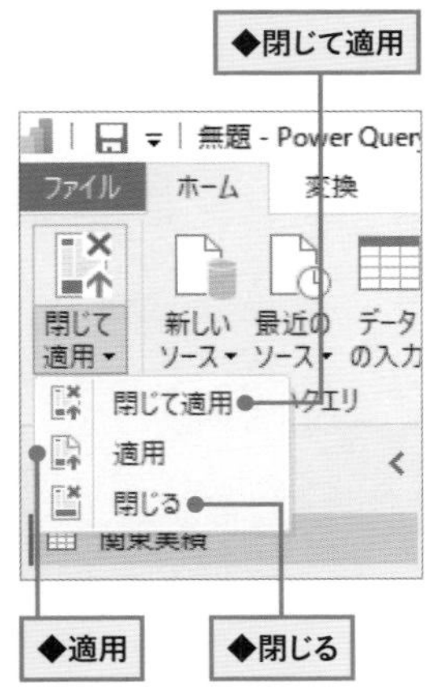

ボタン	説明
閉じて適用	クエリを実行し、Power Queryエディターを閉じる
適用	クエリを実行するが、Power Queryエディターは開いたままとなる
閉じる	クエリを実行せず、Power Queryエディターを閉じる

クエリとM言語

クエリは「M言語」という関数型プログラミング言語で編集しますが、Power Queryエディターにあるメニューで設定した場合、コードは自動生成されるため、コーディングの必要はありません。また、ステップごとのコードを確認したい場合は数式バーで表示できます。数式バーが表示されていない場合は、［表示］タブ -［数式バー］をオンにしましょう。数式バーでステップごとのコードを確認することで、M言語の学習や理解にもつなげられます。また、クエリの全体をコードで確認する場合は、［表示］タブより［詳細エディター］を開きます。本書ではPower Queryエディターで用意されるメニューを利用して行えるクエリ編集方法を解説していますが、M言語を利用することで、メニュー操作では設定が行えない関数の利用など、より高度なクエリ作成や、何度も利用する処理ステップを関数として保存し再利用する設定も可能です。プログラミングに慣れている方や抵抗がない方はM言語の学習にもぜひトライしてみてください。

■数式バーでコードを確認する

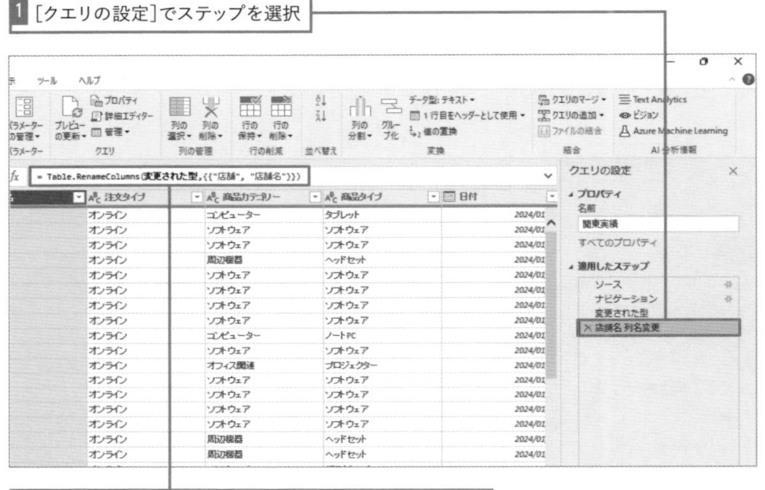

■詳細エディターでコードを確認する

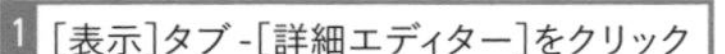

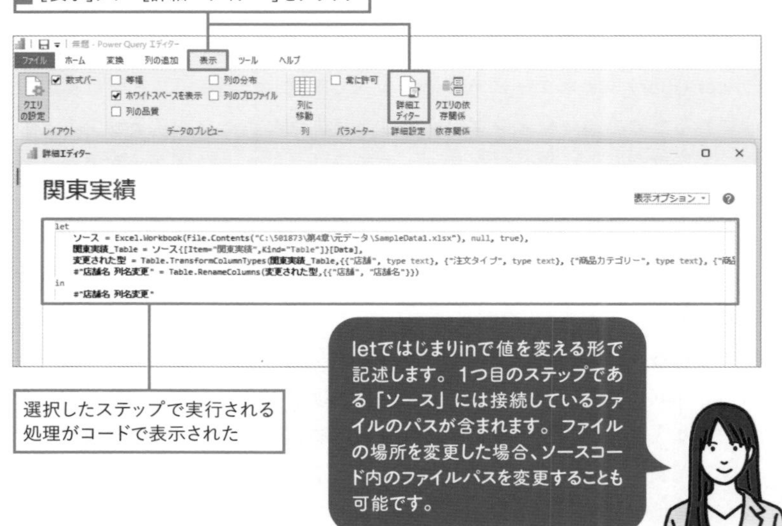

LESSON 17

フィルターで抽出した値を取得する

分析に必要ないレコードが含まれていると、データサイズが無駄に大きくなり、インポートや更新に掛かる時間が増えます。このため、分析に必要なデータだけとなるよう、フィルターした結果を取得するようにしましょう。

練習用ファイル L017_フィルター.pbix

01 「フィルター」を使ってレポートで扱うレコードのみを取得

1月から6月のデータで分析を行いたい、特定のカテゴリーのデータのみを利用したいなど、分析に利用したいデータ範囲が決まっているときには、不要なデータを取得しないようフィルターします。パフォーマンスを最適化するためにも、フィルター処理は可能な限り、クエリ編集の最初のほうに行うのがおすすめです。

フィルターの設定方法は、データ型によって異なり、複数の列でフィルターを掛けることも可能です。これらのフィルター機能を使って、レポートに必要なデータだけを抽出しましょう。

■各データ型のフィルター

データ型	フィルターの機能名	説明
テキスト型	テキストフィルター	[値が等しい]、[含まれる]、[空白である]などの条件でフィルターできる
数値型	数値フィルター	大小関係や範囲などの条件でフィルターできる
日付型	日付フィルター	特定の日付や期間、月や四半期などの単位でフィルターできる

このLESSONでは、架空のオンラインショップの売上データをデータソースとします。オンラインショップは2店舗あり、ECモール「A」に出店しています。システムから出力された2店舗分の売上データには2024年1月から2024年9月までの売上データが含まれています。分析に利用したい期間は2024年4月以降のデータであることを前提に、レポートに必要なデータのみを[日付フィルター]で取得します。

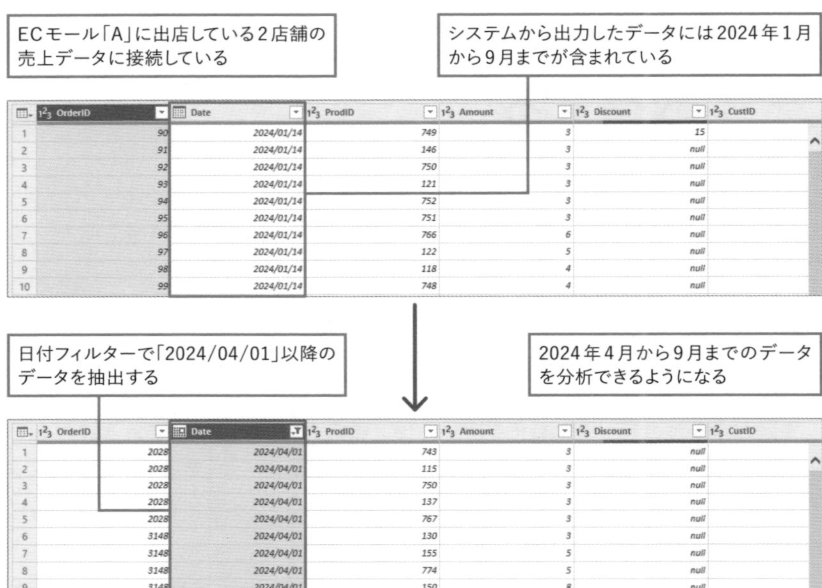

■日付フィルターで「2024/04/01」以降のデータを抽出

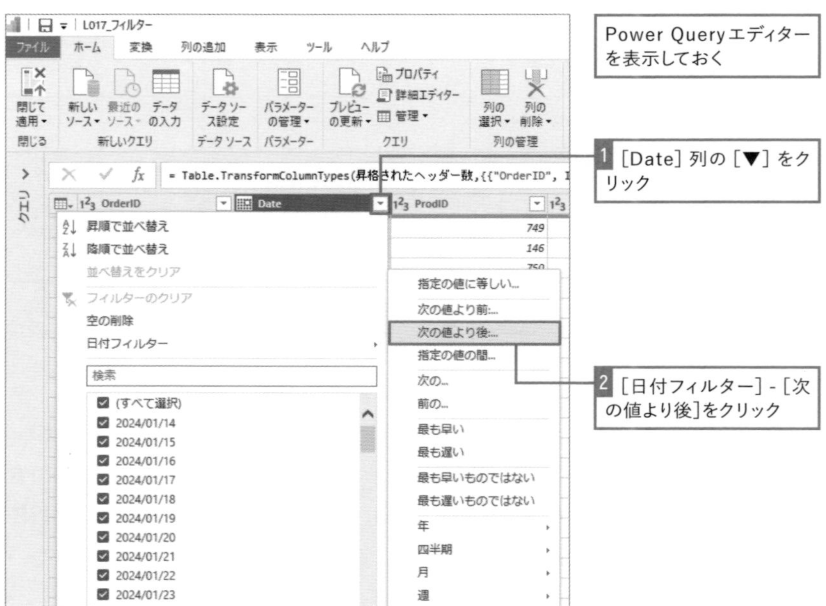

［行のフィルター］ダイアログが表示された

フィルター条件を設定する

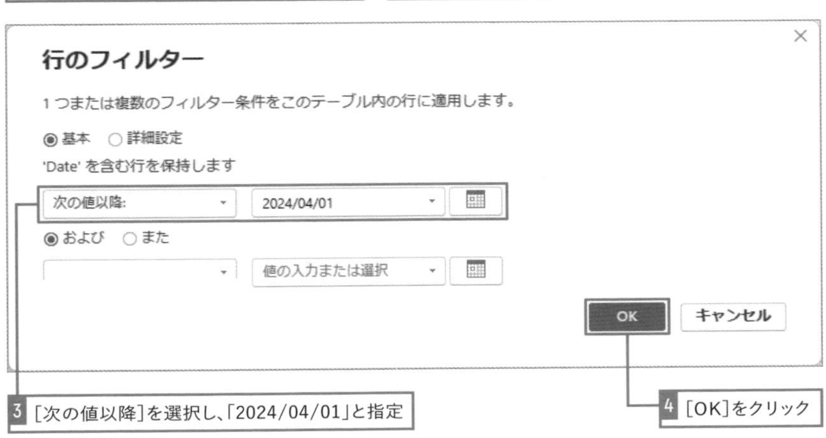

「2024/04/01」以降のデータが抽出された

	OrderID	Date	ProdID	Amount
1	2028	2024/04/01	743	3
2	2028	2024/04/01	115	3
3	2028	2024/04/01	750	3
4	2028	2024/04/01	137	3
5	2028	2024/04/01	767	3
6	3148	2024/04/01	130	3
7	3148	2024/04/01	155	5
8	3148	2024/04/01	774	5
9	3148	2024/04/01	150	8
10	3148	2024/04/01	162	10
11	3148	2024/04/01	752	10
12	3324	2024/04/01	122	3
13	3324	2024/04/01	156	3
14	3324	2024/04/01	131	3
15	3324	2024/04/01	748	3
16	3324	2024/04/01	129	3

「および」や「また」の選択を切り替えることで条件を複数指定することもできます。

フィルター結果を確認するときの注意点

列名のメニューを開いてフィルター条件を確認する場合、表示されている内容は上位の行に基づくプレビューであり、完全な一覧ではない点に注意しましょう。完全な一覧として確認したい場合は、[さらに読み込む] をクリックします。

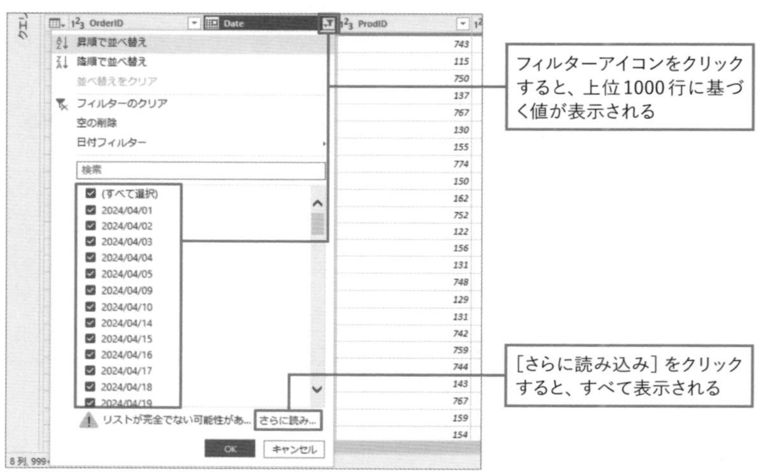

また一覧を確認した後、[OK] をクリックするとその時点でチェックをオンにしている条件で、フィルターが設定されます。ステップを見てみると、フィルターを行うステップが1点追加されています。不要なステップを追加してしまった場合は、ステップを削除しておきましょう。

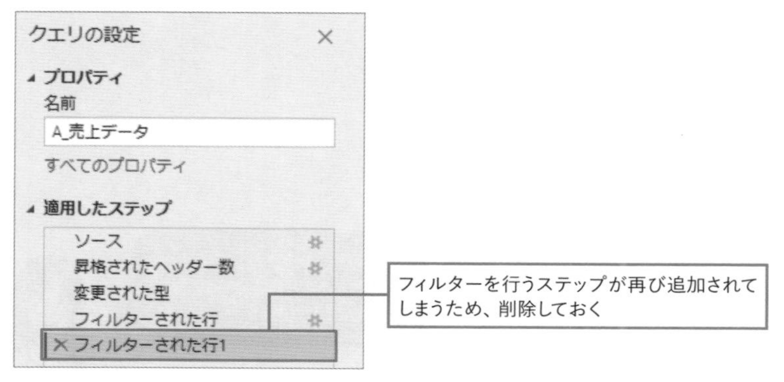

02 フィルター設定の使いどころを押さえよう

■日付フィルター

日付型の場合は、指定した日付と比較した大小や範囲をフィルター条件にできます。例えば［生年月日］列があった場合に、「誕生日」が特定の月の顧客のみを抽出することも可能です。また「今日」「今週」「今月」「今年」など、データを表示する時点での動的なフィルター設定が行えます。例えば、［日付フィルター］-［月］-［今月］と選ぶと、保存された年月を含めて今月に合わせてフィルターできます。これは、売上データを最新の月だけでフィルターしたいときに便利です。

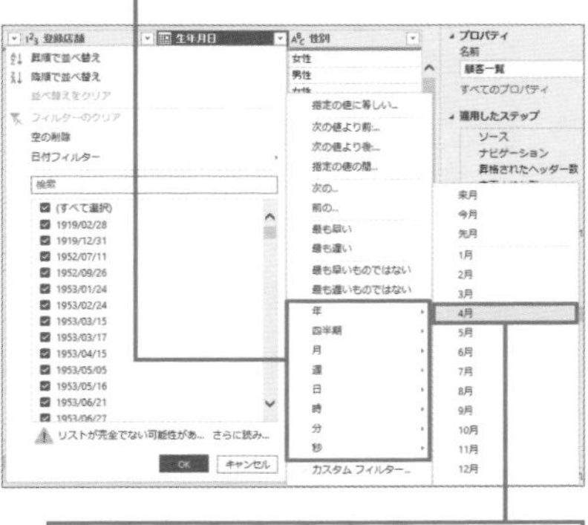

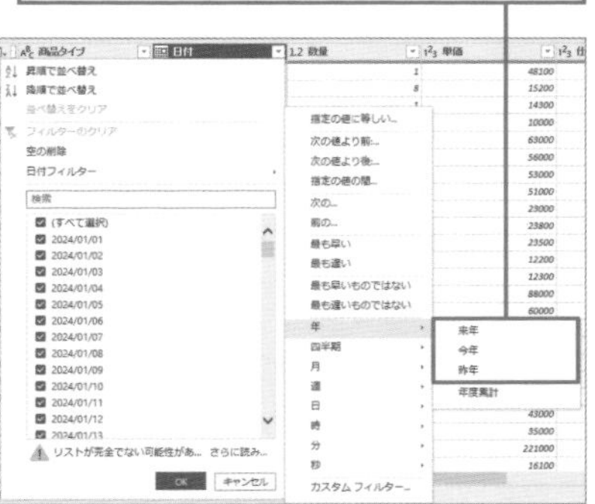

同様のフィルターを［生年月日］列に対して行う場合はどうでしょうか。今月が誕生月のデータのみを抽出したい場合、［日付フィルター］-［月］-［今月］のフィルターでは年月を含むフィルターとなるため、仮に2024年4月10日に実行された場合は、2024年4月生まれのデータにフィルターできます。年は含まず4月生まれのデータのみを抽出した場合、応用的な設定として、指定した月でフィルターを行った後、指定した月の部分（次ページの数式では4）を、現在の日時から月を取得する関数に置き換えることで指定することが可能です。

「4月」でフィルターを適用したときの数式

```
= Table.SelectRows(変更された型1, each Date.Month([生年月日]) = 4)
```

	氏名	都道府県	登録店舗	生年月日
1	冨 光晴	神奈川県	2	1997/04/27
2	頁一世	大阪府	2	1963/04/17
3	キ保夫	大阪府	2	1953/04/15

= Table.SelectRows(変更された型1, each Date.Month([生年月日]) = 4)

意味 [生年月日]列の月の値が、現在の月の値が「4」に等しいデータをフィルターする

= Table.SelectRows(変更された型1, each Date.Month([生年月日]) = Date.Month(DateTime.LocalNow()))

意味 [生年月日]列の月の値が、現在の月の値に等しいデータをフィルターする

数式を変更すると「今月」のデータが抽出される

■テキストフィルターと数値フィルター

テキスト型の場合は、指定した文字列が含まれるかどうか、一致するかどうかなどの条件を選択できます。例えば、商品名に「A」という文字が含まれるデータや、特定の顧客のデータのみを利用したい場合などに役立ちます。また数値型の場合は、大小や範囲指定で条件を選択できます。例えば、売上金額が5万円以上のデータのみにフィルターしたい場合や、単価が1000円〜5000円の商品の売上のみにフィルターしたいなどに使います。

[テキストフィルター] は、特定の文字を含む値や指定した文字列などでフィルターできる

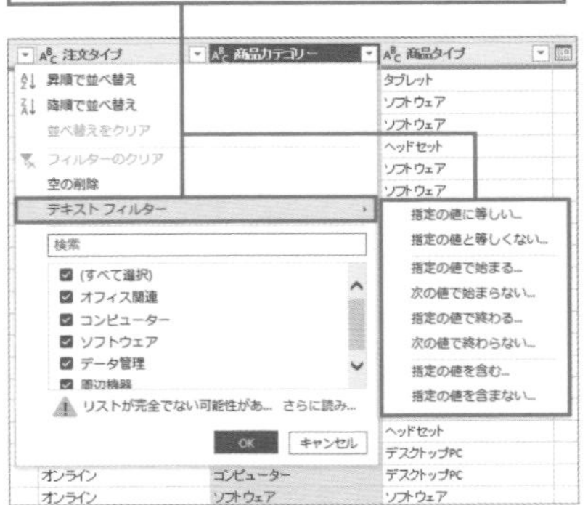

[数値フィルター] は、指定した値以上、指定した値以下などの条件でフィルターできる

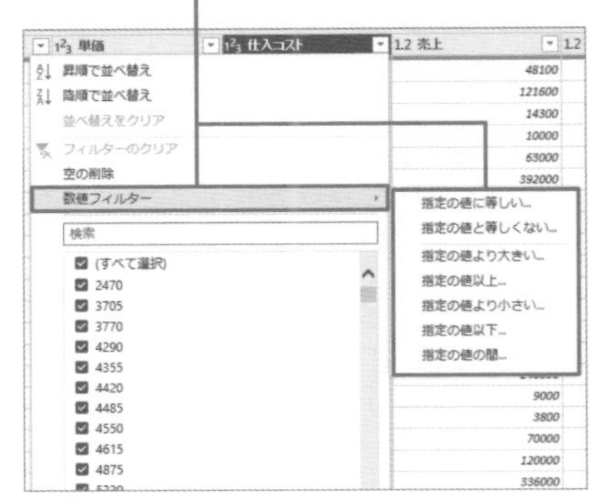

LESSON

18 複数データを結合する

Power Queryでは異なるデータソースから取得した複数のクエリを結合することができます。データの結合を行う際には2種類の方法があります。このLESSONでは複数のデータを結合する方法を確認しましょう。

01 2種類のデータ結合方法

複数データの結合を行う場合、「クエリのマージ」と「クエリの追加」の2パターンの方法があります。

■クエリのマージ

結合するテーブルの両方にある、同じ値が含まれる**「照合列」とよばれる共通のキーで関連付けて、テーブルに列を追加する**場合に利用します。結合の種類は、内部結合、左外部結合、右外部結合、完全外部結合の4つを選択できます。一般的によく利用するのは左外部結合です。注文データに顧客データを共通のキーで関連付けて1つのテーブルにしたい場合など、ExcelのVLOOKUP関数と同様の処理を行いたいときに適しています。

注文ID	顧客ID	売上
001	1	100000
002	2	120000
003	3	150000
004	1	90000
005	4	320000

顧客ID	顧客名	顧客分類
1	A社	SA
2	B社	SA
3	C社	SS
4	D社	AA
5	E社	AB

注文ID	顧客ID	売上	顧客分類
001	1	100000	SA
002	2	120000	SA
003	3	150000	SS
004	1	90000	SA
005	4	320000	AA

■クエリの追加

テーブルに別のテーブルの行を追加する場合に利用します。例えば月ごとの売上データを1つにまとめたいときなどに適しています。**テーブルを縦に結合するため、同じ列構造であることが前提**となります。異なる列構造のテーブルを縦に結合すると、一方にしか存在しない列は一部のデータで空白となります。

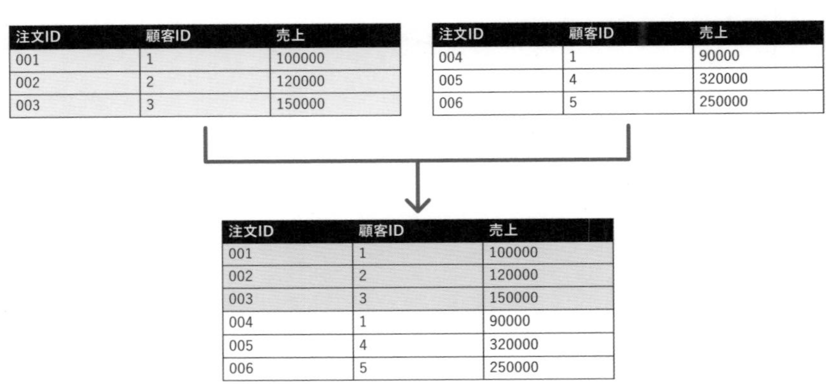

注文ID	顧客ID	売上
001	1	100000
002	2	120000
003	3	150000

注文ID	顧客ID	売上
004	1	90000
005	4	320000
006	5	250000

注文ID	顧客ID	売上
001	1	100000
002	2	120000
003	3	150000
004	1	90000
005	4	320000
006	5	250000

練習用ファイル L018_データ結合.pbix

02 クエリのマージで2つのテーブルを1つにする

クエリのマージ方法を確認してみましょう。このLESSONでは、架空のオンラインショップの売上データをデータソースとします。ECモール「B」に2つの店舗を出店しており、システムから出力された2店舗分の売上データを基に分析したいと考えています。システムからエクスポートすると、注文データが含まれる[Orders]テーブルと、注文の詳細データが含まれる[OrderDetails]テーブルの2つに分かれてデータが取得される仕様となっています。[Orders]テーブルには注文の概要として[注文ID][日付][顧客ID][店舗ID]が含まれます。[OrderDetails]テーブルには[注文ID][製品ID][数量]があり、注文ごとにどの製品が何点売れたか、詳細が含まれています。これを1つのテーブルに結合します。**[注文ID]は両方のテーブルにある列で、2つのテーブルの関連付けに利用**します。

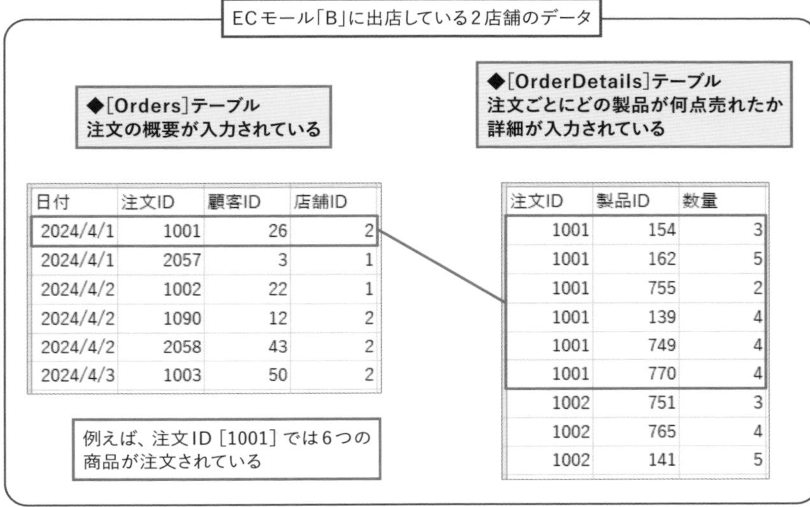

日付	注文ID	顧客ID	店舗ID
2024/4/1	1001	26	2
2024/4/1	2057	3	1
2024/4/2	1002	22	1
2024/4/2	1090	12	2
2024/4/2	2058	43	2
2024/4/3	1003	50	2

注文ID	製品ID	数量
1001	154	3
1001	162	5
1001	755	2
1001	139	4
1001	749	4
1001	770	4
1002	751	3
1002	765	4
1002	141	5

[OrderDetails]テーブルに[Orders]テーブルの[日付] [顧客ID] [店舗ID]を結合する

	注文ID	製品ID	数量	日付	顧客ID	店舗ID
1	1001	154	3	2024/04/01	26	2
2	1001	162	5	2024/04/01	26	2
3	1001	755	2	2024/04/01	26	2
4	1001	139	4	2024/04/01	26	2
5	1001	749	4	2024/04/01	26	2
6	1001	770	4	2024/04/01	26	2
7	1002	751	3	2024/04/02	22	1
8	1002	765	4	2024/04/02	22	1
9	1002	141	5	2024/04/02	22	1
10	1002	130	3	2024/04/02	22	1
11	1002	144	3	2024/04/02	22	1
12	1002	156	3	2024/04/02	22	1

結合することで、顧客や店舗ごとの売上や、日ごとの売上などを
1つのテーブルを基に集計できるようになる

■データを取得しクエリをマージする

データソースに「B_Orders.csv」と「B_OrderDetails.csv」を追加します。次のSECTIONでクエリの追加でテーブルを結合するため、練習用ファイル「L018_データ結合.pbix」には[A_売上データ]クエリが追加されています。これは別のECモール「A」のデータで、このECモールにも2つの店舗が出店しており、この2店舗分の2024年1月から2024年9月までの売上データが含まれています。ここでは**[OrderDetails]テーブルに[Orders]テーブルの列を結合したいため、[OrderDetails]クエリを選択し、[Orders]クエリとマージ**するよう設定します。

[第4章]-[元データ]の「B_Orders.csv」と「B_OrderDetails.csv」に接続する
[ホーム]タブ-[データを取得]-[テキスト/CSV]をクリックして、2つのCSVファイルのデータに接続しておく

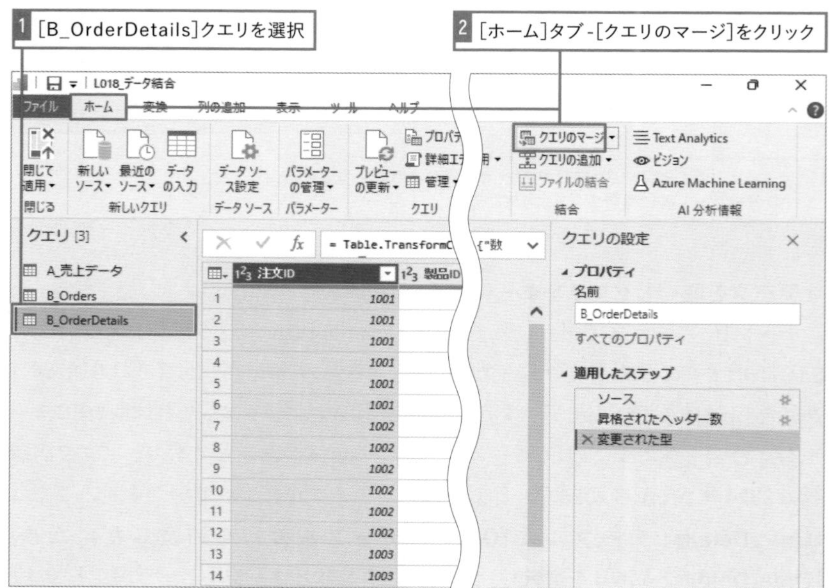
1 [B_OrderDetails]クエリを選択
2 [ホーム]タブ-[クエリのマージ]をクリック

3 [B_Orders]を選択

4 両方のテーブルの[注文ID]をクリックして選択し、照合列に指定

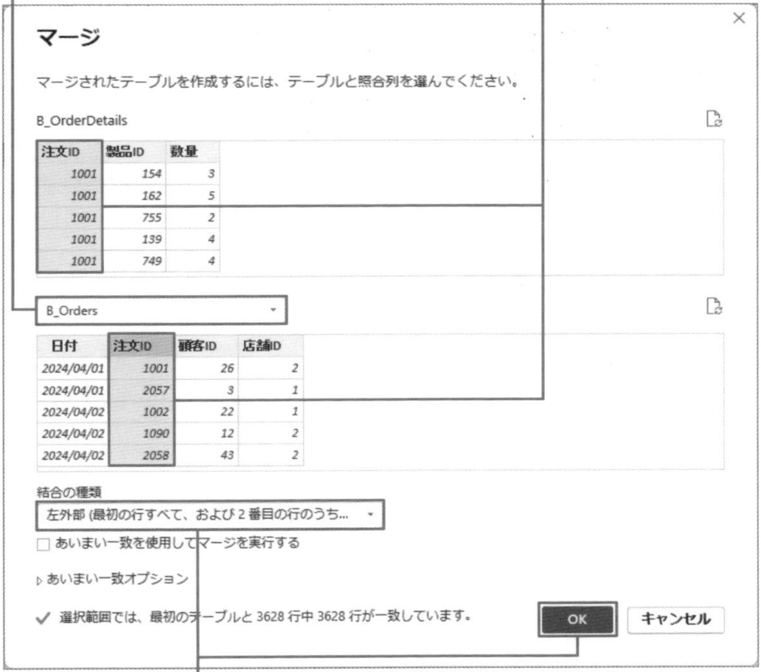

マージ

マージされたテーブルを作成するには、テーブルと照合列を選んでください。

B_OrderDetails

注文ID	製品ID	数量
1001	154	3
1001	162	5
1001	755	2
1001	139	4
1001	749	4

B_Orders

日付	注文ID	顧客ID	店舗ID
2024/04/01	1001	26	2
2024/04/01	2057	3	1
2024/04/02	1002	22	1
2024/04/02	1090	12	2
2024/04/02	2058	43	2

結合の種類

左外部 (最初の行すべて、および 2 番目の行のうち...

□ あいまい一致を使用してマージを実行する

▷ あいまい一致オプション

✓ 選択範囲では、最初のテーブルと 3628 行中 3628 行が一致しています。

OK　キャンセル

5 [左外部]が選択されていることを確認し、[OK]をクリック

[B_Orders]列が追加された

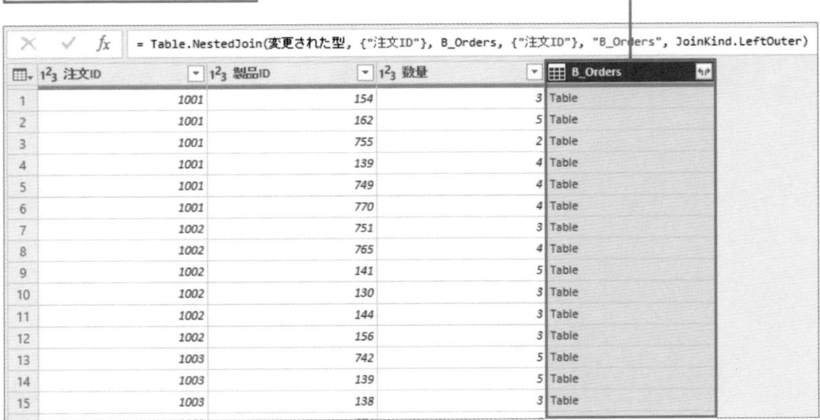

= Table.NestedJoin(変更された型, {"注文ID"}, B_Orders, {"注文ID"}, "B_Orders", JoinKind.LeftOuter)

	注文ID	製品ID	数量	B_Orders
1	1001	154	3	Table
2	1001	162	5	Table
3	1001	755	2	Table
4	1001	139	4	Table
5	1001	749	4	Table
6	1001	770	4	Table
7	1002	751	3	Table
8	1002	765	4	Table
9	1002	141	5	Table
10	1002	130	3	Table
11	1002	144	3	Table
12	1002	156	3	Table
13	1003	742	5	Table
14	1003	139	5	Table
15	1003	138	3	Table

6 展開メニューをクリックし、[注文ID]以外にチェック付ける

7 [元の列名をプレフィックスとして使用します]はオフに指定し、[OK]をクリック

チェックを付けた列が展開された

2つのテーブルのデータが結合された

= Table.ExpandTableColumn(マージされたクエリ数, "B_Orders", {"日付", "顧客ID", "店舗ID"}, {"日付", "顧客

	製品ID	数量	日付	顧客ID	店舗ID
1	154	3	2024/04/01	26	2
2	162	5	2024/04/01	26	2
3	755	2	2024/04/01	26	2
4	139	4	2024/04/01	26	2
5	749	4	2024/04/01	26	2
6	770	4	2024/04/01	26	2
7	751	3	2024/04/02	22	1
8	765	4	2024/04/02	22	1
9	141	5	2024/04/02	22	1
10	130	3	2024/04/02	22	1
11	144	3	2024/04/02	22	1
12	156	3	2024/04/02	22	1
13	758	5	2024/04/02	12	2
14	163	3	2024/04/02	12	2
15	764	3	2024/04/02	12	2
16	761	6	2024/04/02	12	2
17	130	5	2024/04/02	12	2
18	740	10	2024/04/02	12	2

両方のテーブルに含まれる [注文ID] 列を利用してクエリのマージを行いました。照合列となる列には同じデータ型の列を指定しましょう。

［元の列名をプレフィックスとして使用します］って?

［元の列名をプレフィックスとして使用します］オプションをオンにすると、マージ後の列名は元のクエリ名が列名の接頭に付けられます。手順ではこのオプションをオフにしましたが、オンにした場合は［B_Orders.日付］［B_Orders.顧客ID］［B_Orders.店舗ID］という列名でマージされます。2つのテーブルに、照合列以外で同じ名前の列がある場合にはこのオプションを利用してどのテーブルの列なのかを区別できます。

	製品ID	数量	B_Orders.日付	B_Orders.顧客ID	B_Orders.店舗ID
1	154	3	2024/04/01	26	2
2	162	5	2024/04/01	26	2
3	755	2	2024/04/01	26	2
4	139	4	2024/04/01	26	2
5	749	4	2024/04/01	26	2

03 クエリの追加でテーブルを縦につなげる

続いてクエリの追加も確認しましょう。ここでも架空のオンラインショップの売上データを例とします。ECモール「A」とECモール「B」に出店している全店舗のデータをまとめて集計したいと考えています。そこで、前のSECTIONでマージしたECモール「B」のデータ［B_OrderDetails］クエリと、ECモール「A」のデータである［A_売上データ］クエリを結合します。

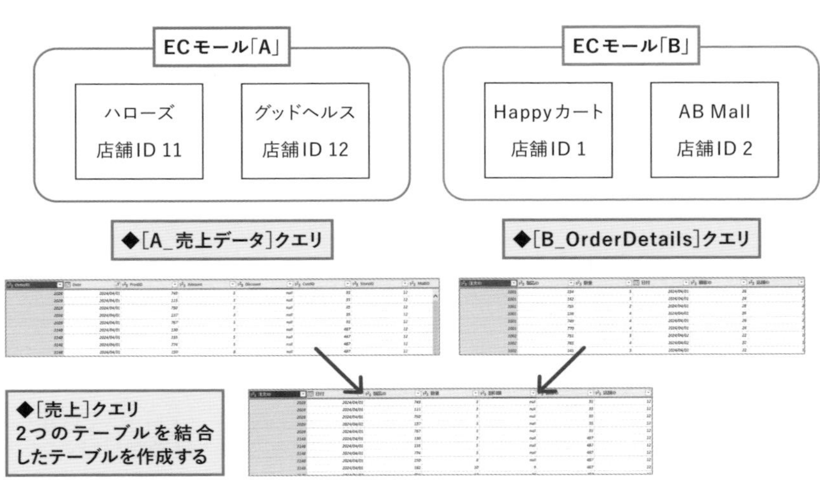

■列名を変更して新しいクエリを追加する

クエリの追加を行う際には、同じ列構造になるよう列名を整えておく必要があります。**同じ値として扱いたい列は、すべてのテーブルで同じ列名に**しておきましょう。ここでは、日本語の列名でデータを扱いたいため、[A_売上データ] クエリの列名を変更します。また、結合に利用しない列は削除しましょう。**列の数や表示順序は合わせる必要はありません。**例えば結合に含めるけれど、すべてのテーブルに含まれない列があってもかまいません。この場合、結合後にその列がないテーブルのデータは空白になります。また、追加するテーブルが3つ以上ある場合は、[追加] ダイアログで [3つ以上のテーブル] を選択し、結合するテーブルを複数指定することが可能です。

1 [A_売上データ]クエリを選択

2 以下の表のとおり列名を変更

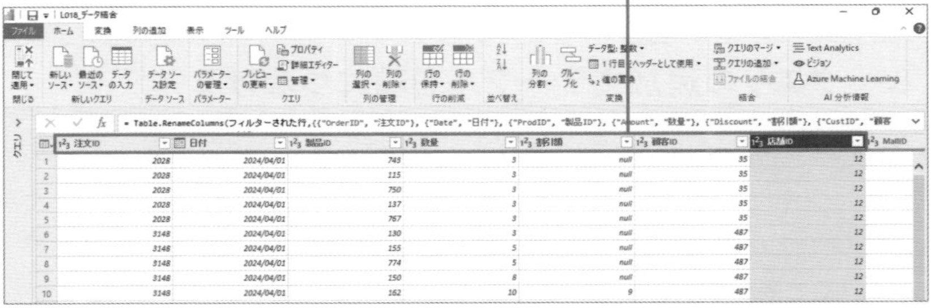

変更前	変更後	補足
OrderID	注文ID	
Date	日付	
ProdID	製品ID	
Amount	数量	
Discount	割引額	ECモールAのデータにのみ含まれる列 ※ ECモール「A」では割引があるため
CustID	顧客ID	
StoreID	店舗ID	
MailID	変更しない	ECモール「A」のデータにのみ含まれる列。削除するため列名はそのまま

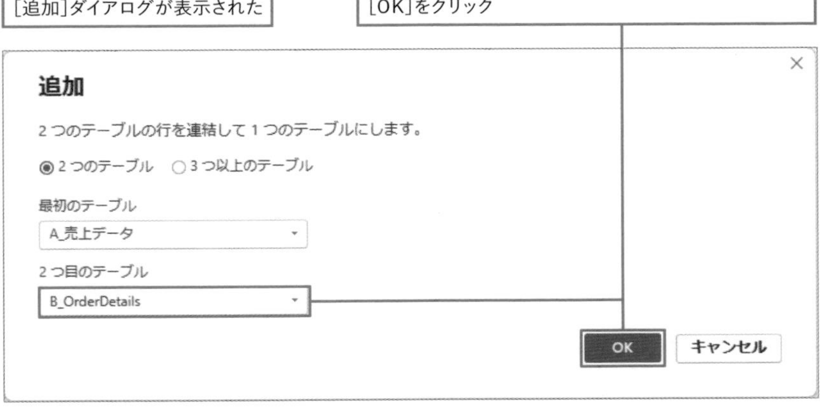

活用編 第4章 クエリを編集して分析に使うデータを整える

2つのテーブルを結合するための新しいクエリが作成された

6 クエリ名を「売上」に変更

こ こ も ポ イ ン ト!

結合結果を確認するには「フィルターメニュー」が便利

複数のテーブルの行が追加されたことを確認する場合、フィルターメニューを利用するとよいでしょう。練習用ファイルでは2つのテーブルをクエリの追加で結合したことで、4店舗分のデータが含まれる結果になります。[店舗ID]列のフィルターメニューを開き、[さらに読み込む]をクリックして完全な一覧にします。店舗IDが4つ表示されれば4店舗分のデータが正しく結合できたことが確認できます。この後[キャンセル]をクリックし、余分なステップを追加しないようにしましょう。

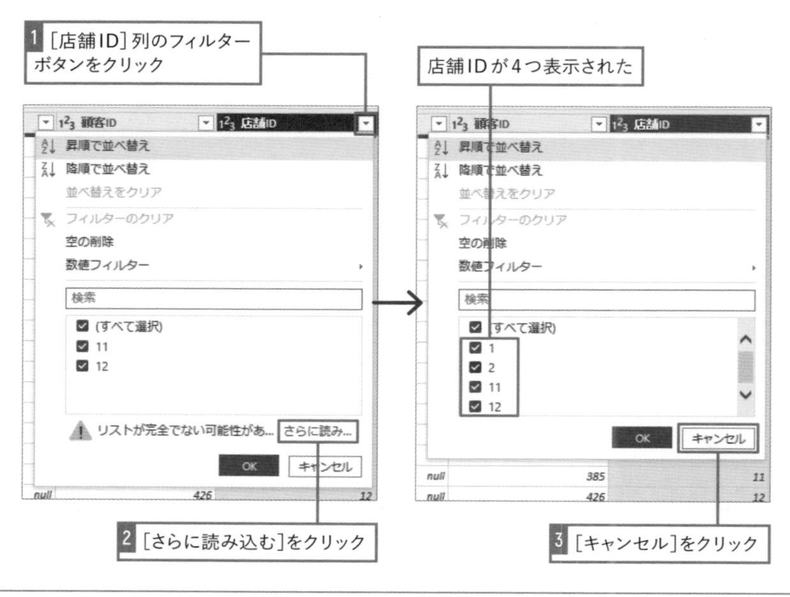

04 インポートしないクエリを指定する

ここまでの設定でクエリを4点設定しました。このままで適用するとデータモデル内にテーブルが4点インポートされますが、実際にレポート内で利用するデータは「売上」クエリのみです。テーブルとしてインポートする必要がないクエリは読み込みを無効に設定しましょう。データが重複することでファイルサイズが無駄に大きくなることや、それによりデータモデルのパフォーマンスに影響しないようにするためです。

■［売上］クエリ以外の読み込み無効に設定

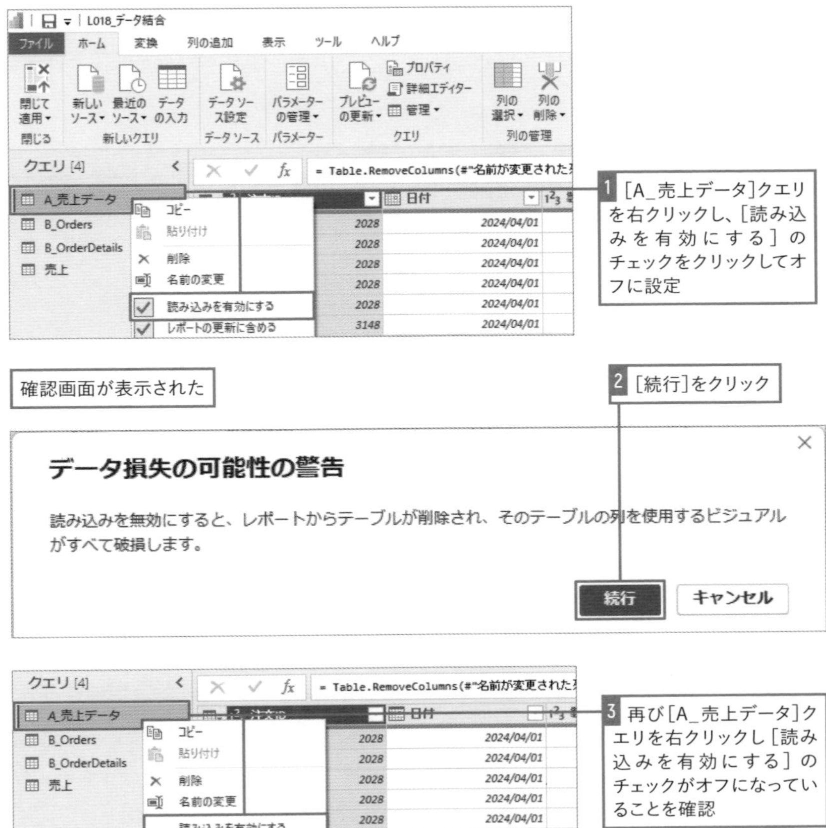

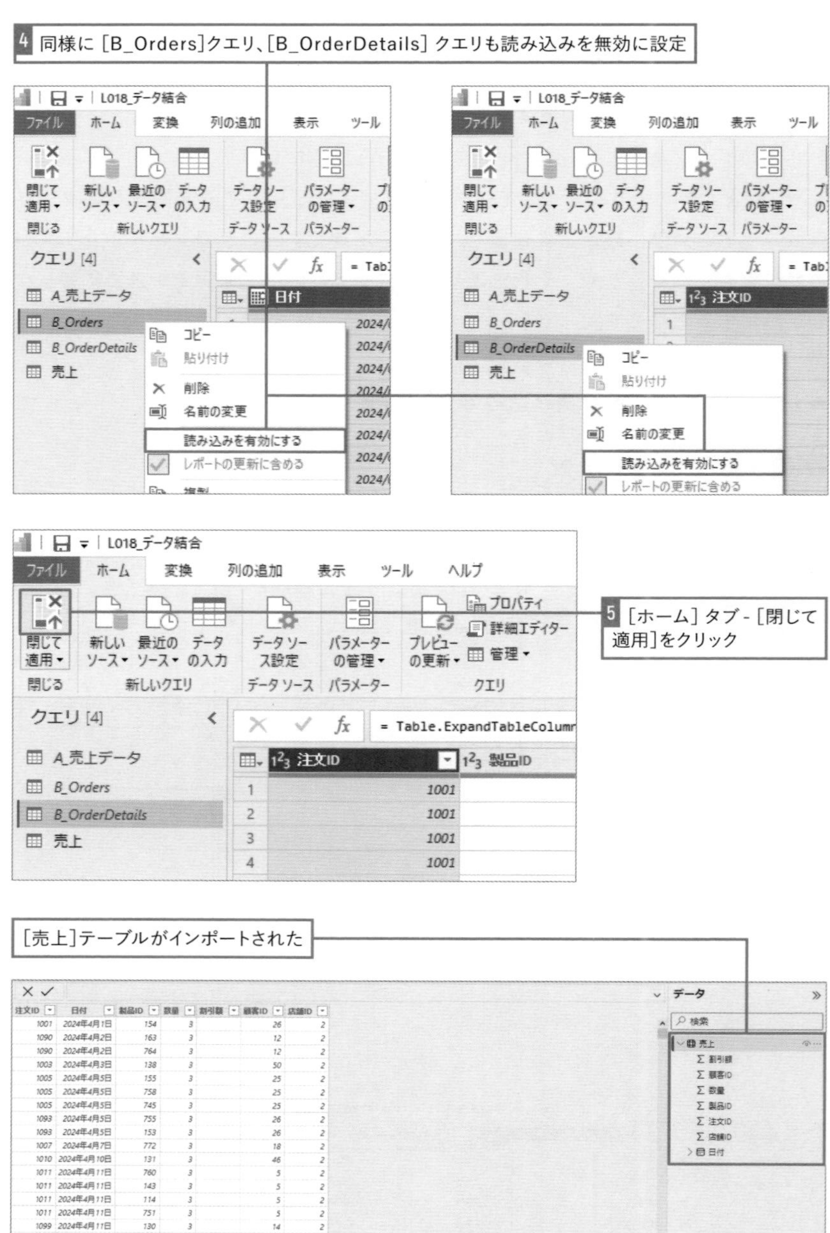
4 同様に［B_Orders］クエリ、［B_OrderDetails］クエリも読み込みを無効に設定
読み込みを有効にする
5 ［ホーム］タブ -［閉じて適用］をクリック
［売上］テーブルがインポートされた

LESSON

19 数値列のnull値を解決する

値が含まれない項目が含まれるデータをインポートすると、空白セルはnull値として扱われます。nullが含まれていることで想定どおりの集計結果にならないことがあります。数値型の列においてnull値を解決する方法を確認しましょう。

練習用ファイル L019_null解決.pbix

01 null値を0に置き換える

「null」はデータが含まれないことを表す特殊な値です。数値や文字列のデータとして処理ができないため、データの種類や目的に応じて他の値に置き換える必要があります。例えば練習用ファイル内の［売上］テーブルの［割引額］列を見てみましょう。このテーブルには、2つのECモール「A」「B」に出店している計4店舗の売上がまとめられています。割引が発生した場合には割引金額が、割引が発生しなかった場合には空白のデータが含まれています。このため、Power Queryエディターでプレビューを確認すると空白のデータはnullとして扱われていることが確認できます。

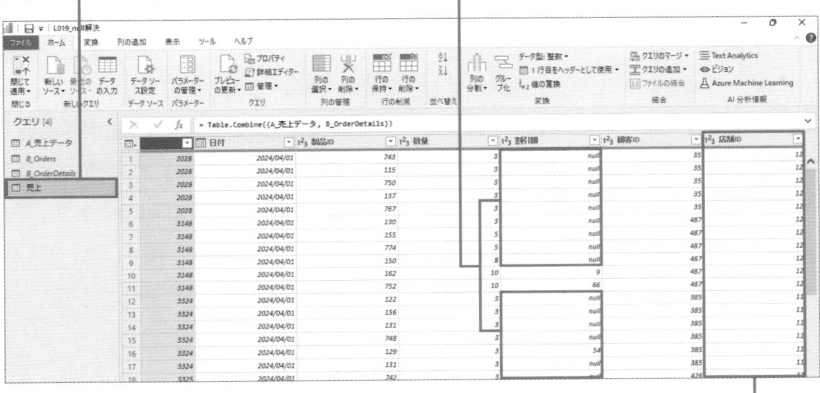

このままインポートを行うとテーブルビューでもnullは空白のデータとして確認できます。ではこれを利用して、店舗ごとの割引額計を集計してみましょう。マトリックスを利用して集計結果を表示すると、4店舗あるはずですが、[割引額]列に数値が含まれている店舗IDのみが集計結果に表示され、nullのみが含まれている店舗は表示されません。アンケートデータの「無回答」を表したい場合など、明確な意図があって0とnullを区別しておきたい場合は別ですが、このような場合は数値型のnull値は多くの場合0に置き換えることで解決できます。

[割引額]列のフィルターボタンをクリックすると、[(空白)]として扱われていることが分かる

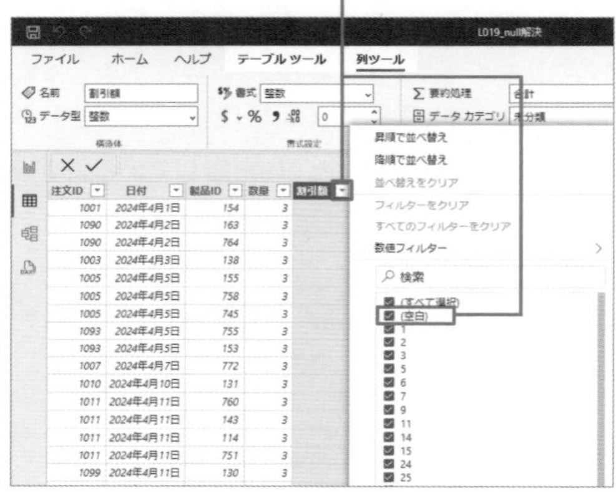

2つの店舗IDしか表示されておらず、割引が発生していない店舗IDが表示されていない

店舗ID	割引額 の合計
11	3428
12	7430
合計	**10858**

■値を置換する

Power Queryエディターで[値の置換]を使ってnullを「0」に置き換えましょう。あらかじめ値を置き換えたい列を選択して、**[値の置換]ダイアログで[検索する値]に置換したい値を指定し、[置換後]に置き換えた後の値を入力**します。[値の置換]を使えば、nullだけでなく、任意の値を別の値に置き換えることができます。例えば、テキスト型のカテゴリー列で一部のセルに「なし」という値が入っている場合、それらを「カテゴリーなし」等に置き換えることで、後の集計でどういった意味の内容なのかを分かりやすくできます。

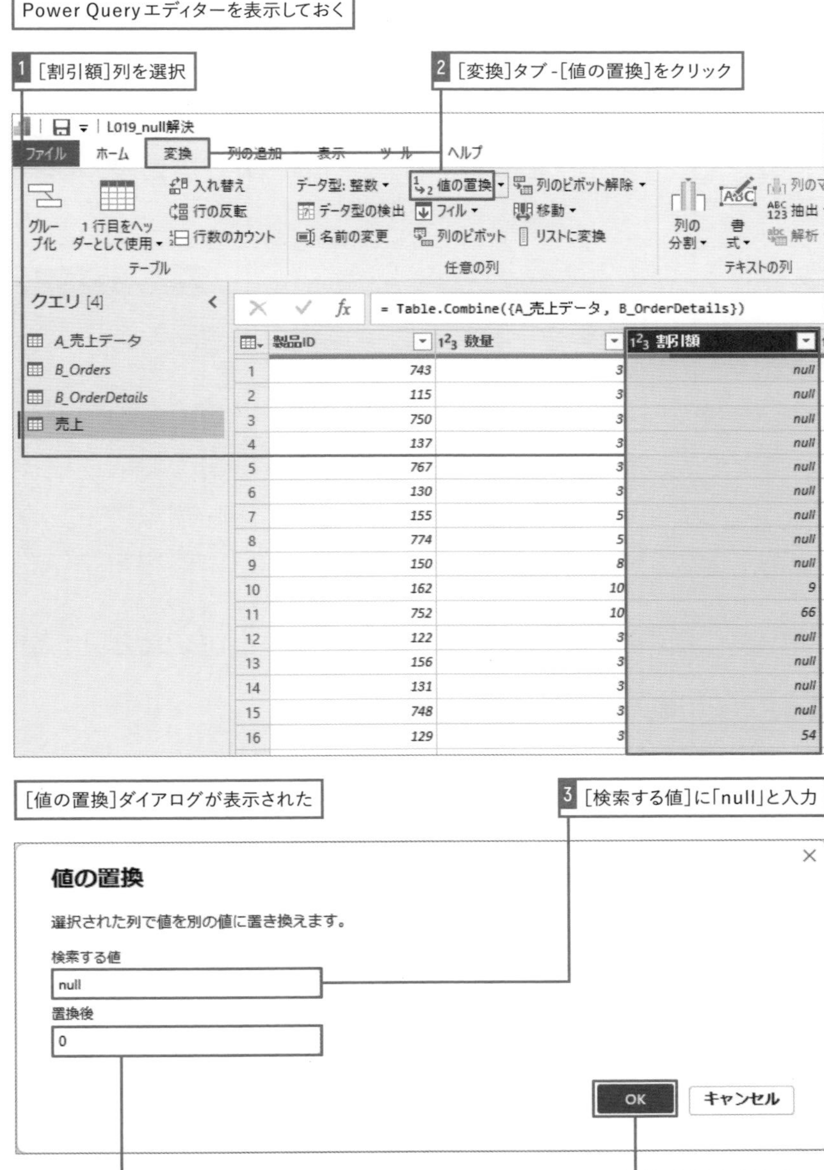

	製品ID	数量	割引額
1	743	3	null
2	115	3	null
3	750	3	null
4	137	3	null
5	767	3	null
6	130	3	null
7	155	5	null
8	774	5	null
9	150	8	null
10	162	10	9
11	752	10	66
12	122	3	null
13	156	3	null
14	131	3	null
15	748	3	null
16	129	3	54

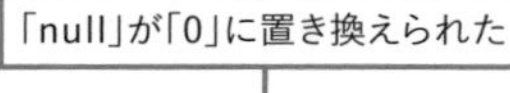

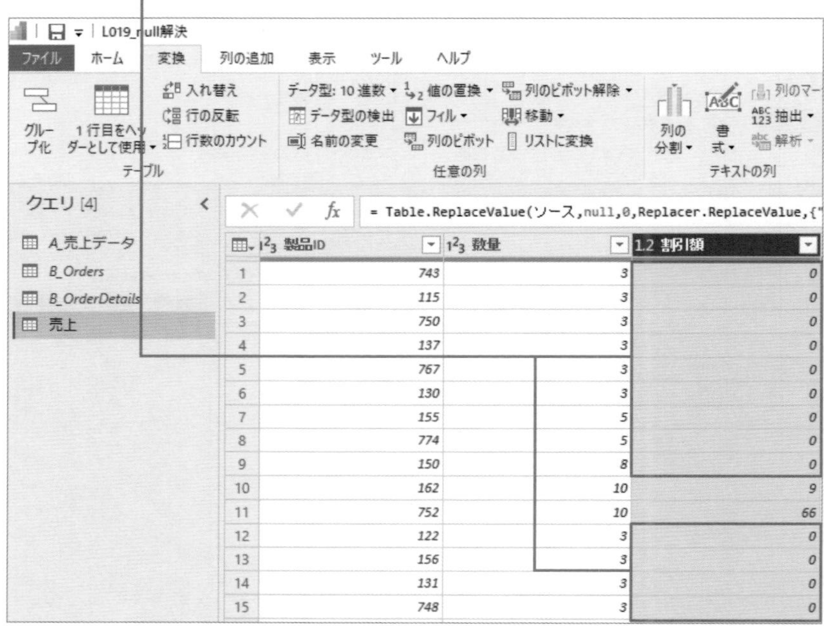

	製品ID	数量	割引額
1	743	3	0
2	115	3	0
3	750	3	0
4	137	3	0
5	767	3	0
6	130	3	0
7	155	5	0
8	774	5	0
9	150	8	0
10	162	10	9
11	752	10	66
12	122	3	0
13	156	3	0
14	131	3	0
15	748	3	0

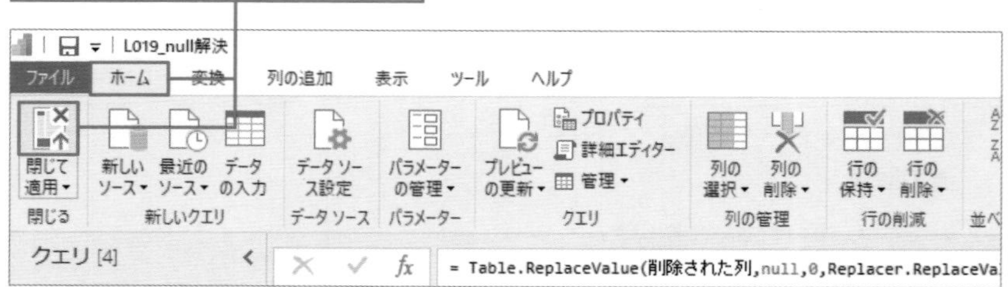

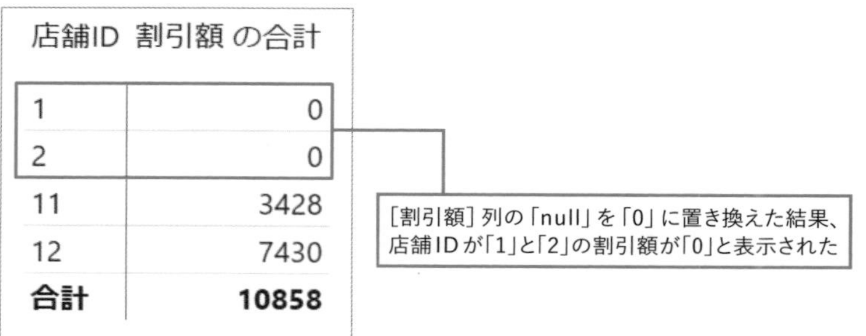

店舗ID 割引額 の合計

1	0
2	0
11	3428
12	7430
合計	**10858**

LESSON 20

不要な内容を削除して1行目を列名にする

Excelから取得した内容には、分析に必要ないデータが含まれることがあります。そのような場合はPower Queryエディターで必要ない列や行を削除します。1行目が列名として認識されない場合もクエリで設定しましょう。

練習用ファイル L020_不要な列行の削除.pbix

01 Excelデータに含まれるデータではない情報

Excelブック内のデータをインポートする際には第2章LESSON04でも触れたとおり、分析に利用したいデータ範囲を事前にテーブルにしておくことをおすすめします。Excelブック内に複数のデータが含まれる場合にインポートする内容として選択しやすいだけではなく、データ範囲が明確に定義されていることで、不要な内容がインポートされることも避けられます。しかし、Excelデータの編集権限がない場合や、Excelファイルがその他の用途でも利用されており編集できないことがあります。また、あえてテーブルにしない場合もあります。そんなときは、ワークシートに含まれているデータ以外の情報もインポートされてしまいます。このため不要な内容はPower Queryエディターを使って取り除くように設定します。

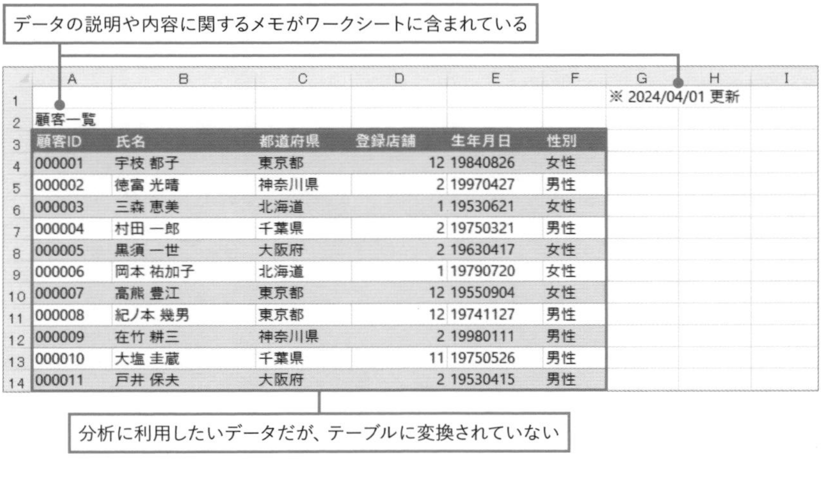

データの説明や内容に関するメモがワークシートに含まれている

	A	B	C	D	E	F	G	H	I
1							※ 2024/04/01 更新		
2	顧客一覧								
3	顧客ID	氏名	都道府県	登録店舗	生年月日	性別			
4	000001	宇枝 都子	東京都	12	19840826	女性			
5	000002	徳富 光晴	神奈川県	2	19970427	男性			
6	000003	三森 恵美	北海道	1	19530621	女性			
7	000004	村田 一郎	千葉県	2	19750321	男性			
8	000005	黒須 一世	大阪府	2	19630417	女性			
9	000006	岡本 祐加子	北海道	1	19790720	女性			
10	000007	高熊 豊江	東京都	12	19550904	女性			
11	000008	紀ノ本 幾男	東京都	12	19741127	男性			
12	000009	在竹 耕三	神奈川県	2	19980111	男性			
13	000010	大塩 圭蔵	千葉県	11	19750526	男性			
14	000011	戸井 保夫	大阪府	2	19530415	男性			

分析に利用したいデータだが、テーブルに変換されていない

テーブルではなくワークシートを指定して読み込むと、不要な行や列が含まれてしまう

02 不要な行や列を削除する

分析に利用したいデータ範囲がテーブルに変換されておらず、同じワークシート内にデータに対する説明やコメントが含まれるワークシートをインポートして、不要な行や列が含まれないようにクエリを編集します。ここでは、[※2024/04/01更新]列を削除し、nullなどの値が含まれた1行目を削除します。

LESSON04を参考に、[第4章]-[元データ]の「店舗_顧客一覧.xlsx」の[顧客一覧]テーブルに接続しておく

1 [顧客一覧]クエリを選択

2 右端にある[※2024/04/01更新]列を右クリックし、[削除]をクリック

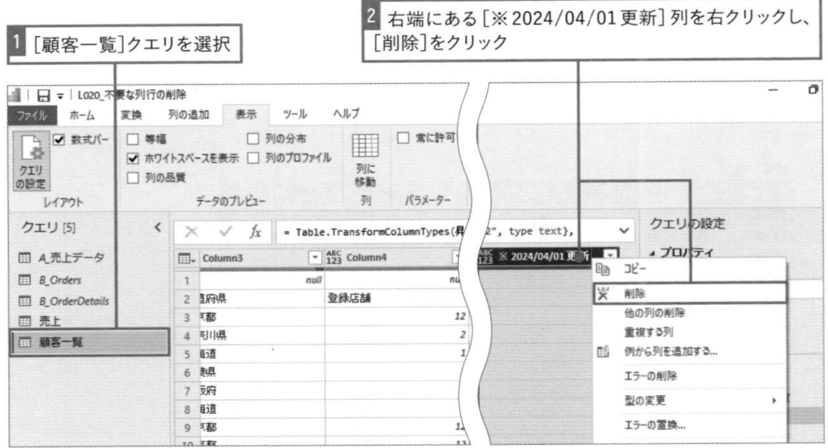

列が削除された

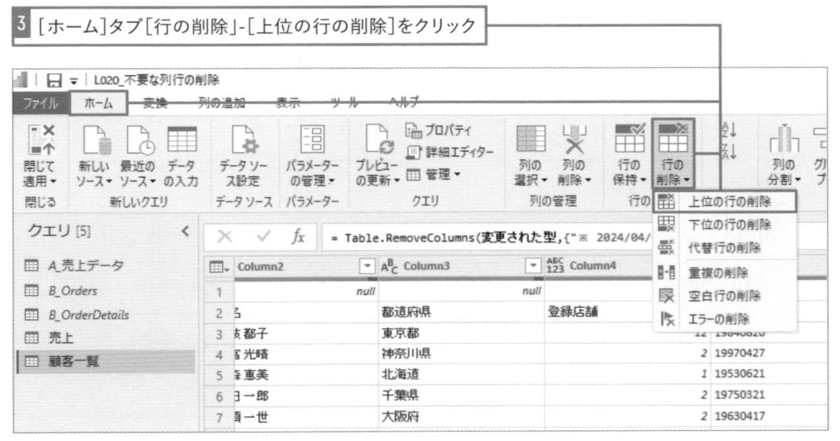

[上位の行の削除]ダイアログが表示された

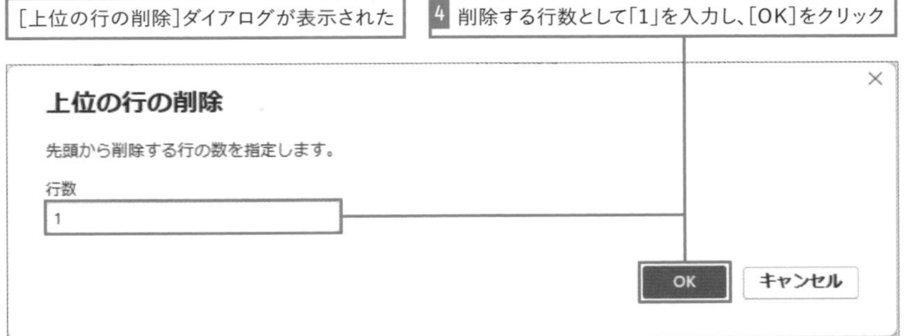

1行目のデータが削除された

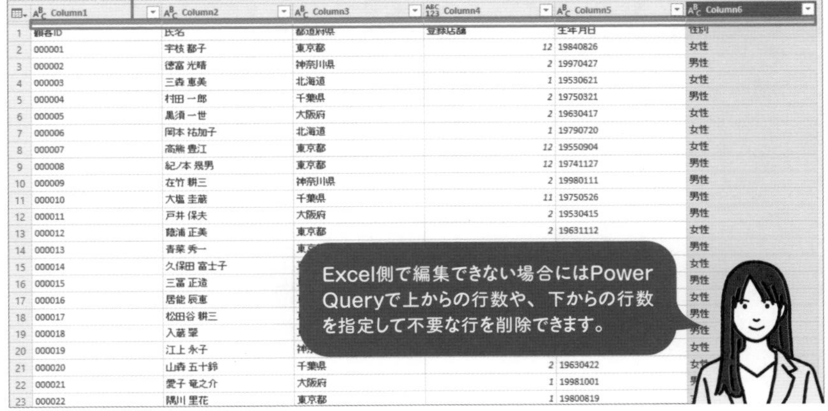

[行の削除] に含まれるその他の機能は?

[行の削除] では次のような操作が行えます。

種類	説明
上位の行の削除	先頭に見出しや空白がある場合、行数を指定しそれらを削除する
下位の行の削除	末尾に注釈やフッターがある場合、行数を指定しそれらを削除する
代替行の削除	表に周期的に区切り行や合計行がある場合、それらを削除する
重複の削除	表に同じ内容の行が複数存在する場合、それらを削除する
空白行の削除	表に空白の行が含まれる場合、それらを削除する
エラーの削除	表にエラー値や欠損値が含まれる場合、それらを削除する

代替行の削除で途中にある合計行を除外できる

周期的に区切り行や合計行が含まれる場合、[代替行の削除] を利用し、削除する最初の行番号、削除する行の数、保持する行の数を指定します。

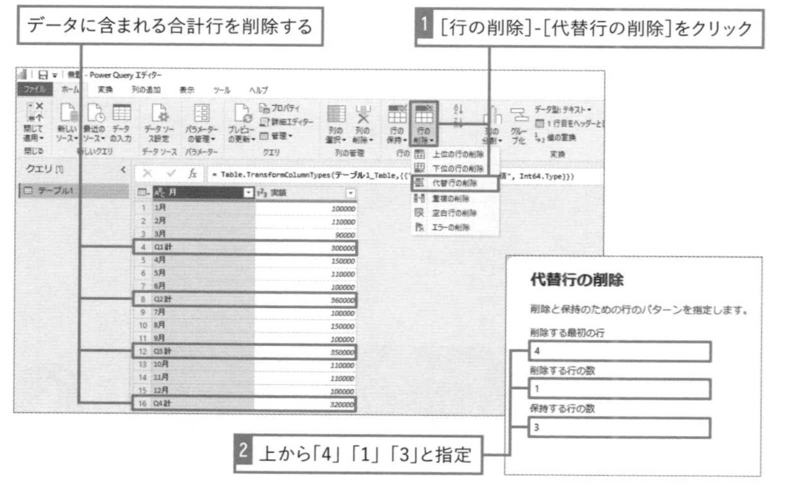

03 データ行の1行目を列名にする

不要な列や行は削除できましたが、列名が［Column1］や［Column2］など、自動的に付与された名前になっており、Excelブックのデータで列名となっていた行は、データの1行目になっています。このように、テーブルの最初の行が列名として指定されていない場合は、［1行目をヘッダーとして使用］を用いて列名にする設定が可能です。

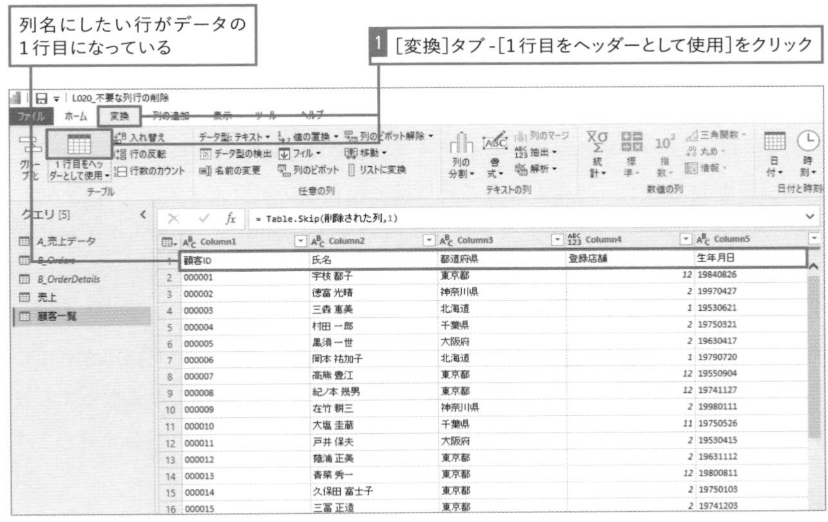

LESSON 21

データ型の種類と適切な選び方を知ろう

データソースごとに内部で行う処理は異なりますが、列のデータ型は自動的に検出されます。自動で検出されたデータ型を変更したい場合は手動で指定できます。どんな場合にデータ型を手動で指定する必要があるか、またその場合の指定方法を見ていきましょう。

練習用ファイル L021_データ型の指定.pbix

01 データ型の種類を押さえよう

データベースなど構造化されたデータソースに接続する場合、列のデータ型は接続先のテーブルに定義されているデータ型より読み取られて指定されます。この場合、想定外のデータ型となることはほとんどないといえます。ではExcelやCSVファイルなど非構造化データソースはどうでしょうか。これらのデータの場合は、テーブルの最初の200行を検査し、列に格納されている値からデータ型が自動で検出されます。含まれるデータ内容によっては、用途とは異なるデータ型として検出されることもあります。**利用用途と異なるデータ型が指定されていると、集計やフィルターなどの分析機能が、意図どおりに動作しなくなってしまいます**。データ型が適切かどうかを確認し、必要があればデータ型を変更します。

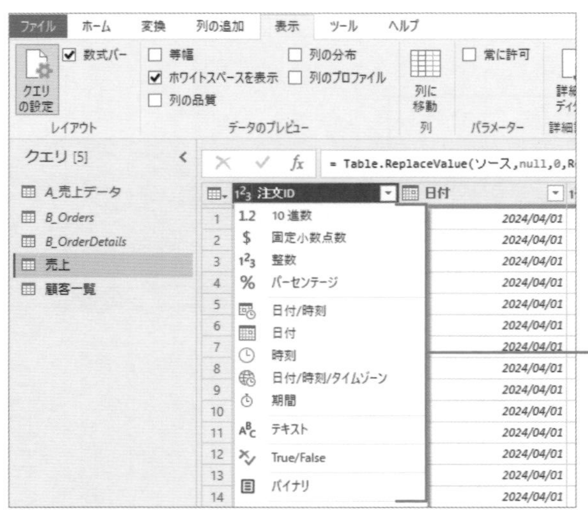

データ型を確認して必要な場合は変更する

■主なデータ型

カテゴリー	データ型	説明
数値型	10進数	小数値と整数を含む数値
	固定小数点数	小数点区切り文字の位置が固定され、小数点区切り文字の右側は常に 4 桁となる数値
	整数	整数（小数点以下に桁はなし）
日付型	日付/時刻	日付と時刻の両方の値
	日付	日付のみの値
	時刻	時刻のみの値
	期間	日付間の期間を表す日時の足し算引き算に利用される値。 「日数,時間,分,秒」の形式で値が格納される
テキスト型	テキスト	文字列のデータ 文字や数字、テキスト形式で表される日付を含められる
ブール型	True/False	True または False のブール値

インポート後にデータ型を確認するには

［データ］ウィンドウで確認すると、数値型のフィールドと日付型のフィールドはアイコンの種類でデータ型を確認できます。利用したい内容と異なる場合は、［データの変換］より Power Query エディターを開き、データ型を指定後、再度インポートしなおしましょう。

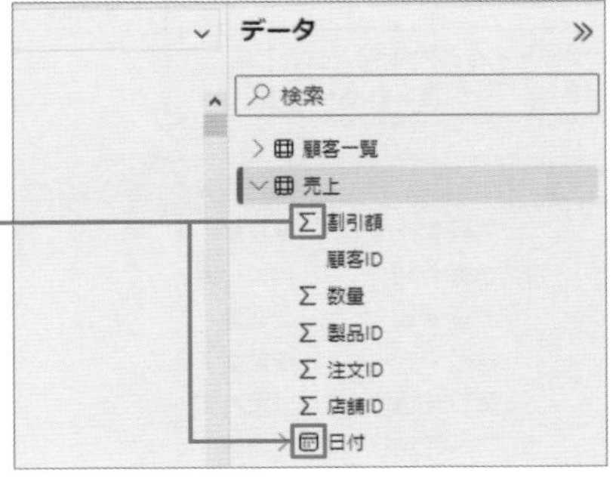

フィールド名の左側にあるアイコンから数値型もしくは日付型が判断できる

02 計算には必須！数値型に変更が必要な場合とは

数値が含まれる列でも、データ型が指定されない場合があります。例えば、列の中に数字以外の文字や記号が含まれてしまっていたり、空白があったりすると、数値型ではなくテキスト型として扱われることがあります。また、そもそもデータ型が指定されないことがあります。数値型として認識させるためには、不要な文字や記号を削除したり、LESSON19のように空白を適切に解決したりする必要があります。**データ型が数値型でないと、集計や計算を行うことができません。**例えば、合計や平均を求める関数は、数値型の列にしか適用できません。

03 文字列と数値。どちらの型が適切か判断しよう

管理番号やIDなど0で桁が埋められた数字が含まれる列があったとしましょう。数字が含まれることから多くの場合、このような列は数値型として検出されます。**数値型として設定されると、接頭の0が含まれないデータとしてインポートされます。**

元データは「0」が付いた6桁の番号として入力されている

顧客ID	氏名	都道府県	登録店舗	生年月日	性別
000001	宇枝 都子	東京都	12	19840826	女性
000002	徳富 光晴	神奈川県	2	19970427	男性
000003	三森 恵美	北海道	1	19530621	女性
000004	村田 一郎	千葉県	2	19750321	男性
000005	黒須 一世	大阪府	2	19630417	女性
000006	岡本 祐加子	北海道	1	19790720	女性
000007	高熊 豊江	東京都	12	19550904	女性

↓

インポートすると数値型として
認識され、「0」が含まれない

顧客ID	氏名	都道府県	登録店舗	生年月日	性別
1	宇枝 都子	東京都	12	19840826	女性
2	徳富 光晴	神奈川県	2	19970427	男性
3	三森 恵美	北海道	1	19530621	女性
4	村田 一郎	千葉県	2	19750321	男性
5	黒須 一世	大阪府	2	19630417	女性
6	岡本 祐加子	北海道	1	19790720	女性
7	高熊 豊江	東京都	12	19550904	女性

レポート内で該当列を表示しない場合やリレーションに利用しない場合はそのままで問題ないといえますが、接頭にある0を含めた値としてレポート内で利用したい場合はPower Queryエディターでデータ型をテキスト型に変更しましょう。

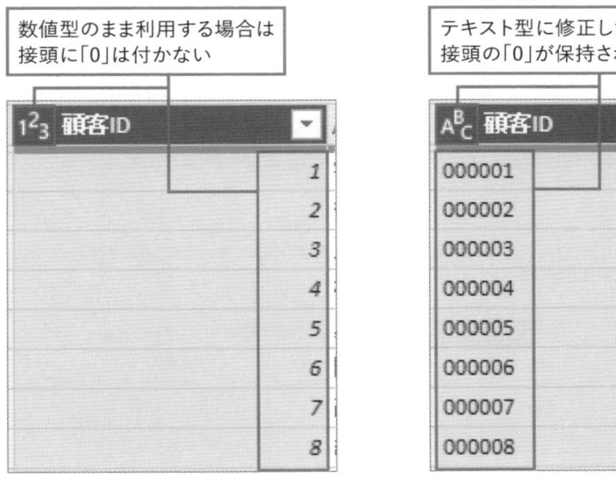

04 日付の扱いに注意。数値のままでOKか確認しよう

日付の値が「/」を含まない8桁の数字で格納されている場合、日付型として認識されない場合があります。日付型の列として設定されていない場合、日付を利用した集計やフィルター機能が利用できなくなります。例えば、「20230401」という値は、数値や文字列として扱われます。このような場合もPower Queryエディターで列のデータ型を日付型に設定しましょう。

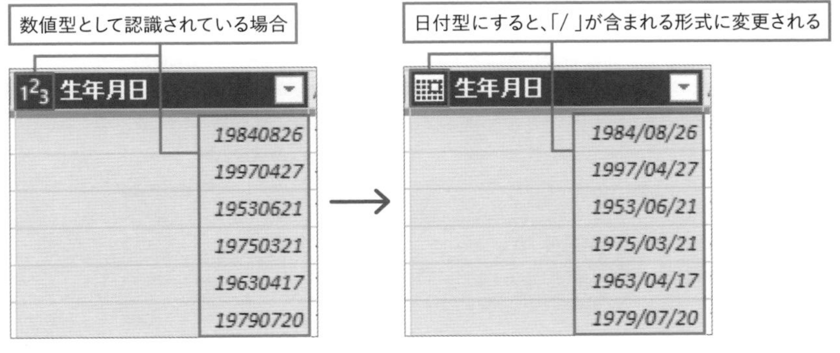

データ型の変更時に表示される確認画面って?

列のデータ型を変更すると、[列タイプの変更] ダイアログが表示されることがあります。クエリ内の既存のステップ内にデータ型の変更が含まれている場合に表示され、既存のステップの内容を変更するか、新しいステップとしてデータ型の変更操作を追加するか選択できます。不要なステップ数を増やさないよう[既存のものを置換]を選択するとよいでしょう。

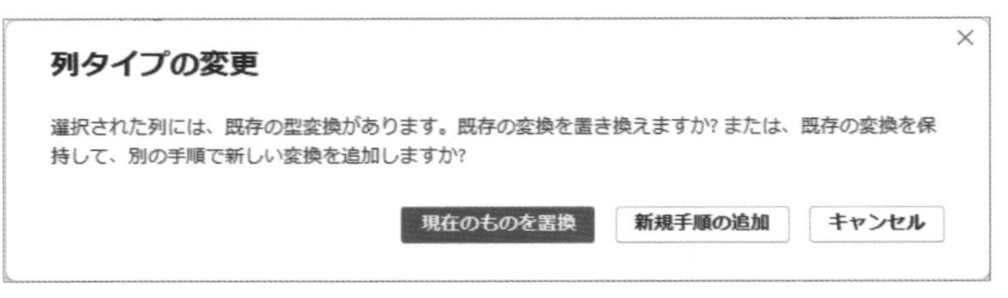

数値データの前に0を付けて桁数を揃える

数値の前に0を付けて桁数を揃えたい場合、カスタム列で関数を用いて追加できます。以下の場合、最初に [ID] 列をテキスト型に変更しておきます。[列の追加] - [カスタム列] をクリックし、接頭を0で埋めて4桁で表示した値を含む[製品No]列を作成しています。

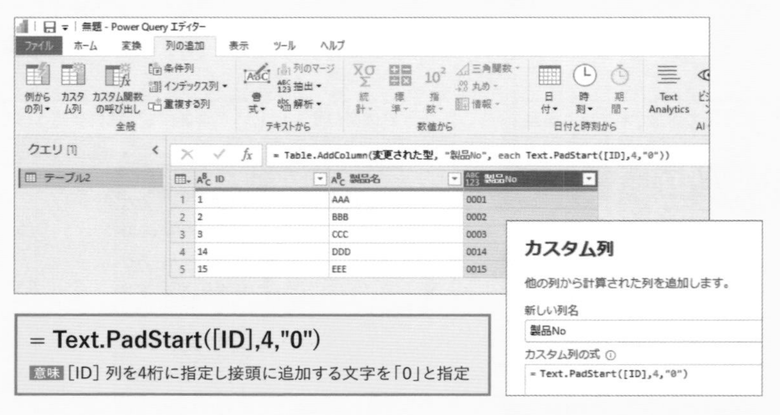

= Text.PadStart([ID],4,"0")

意味 [ID] 列を4桁に指定し接頭に追加する文字を「0」と指定

LESSON 22

区切り記号や位置に基づき列を分割する

列に含まれる値は、区切り記号や位置に基づいて分割することができます。複数の値が1つの列に入力されている場合、[列の分割]機能を使って別々の列に値を格納し、利用できます。

練習用ファイル L022_列の分割.pbix

01 [列の分割]にあるさまざまな分割方法

列に含まれる値を、指定した位置や出現文字で取り出したいときには[列の分割]機能が便利です。スペースやカンマ区切りなどの区切り記号や、文字数、位置などによって分割方法を選択できます。[列の分割]を使うことで、氏名を姓と名で分けたり、住所から都道府県名を取り出したり、電話番号から市外局番を抜き出すことが可能です。また、日付や時刻のデータから年月日や時間を取り出すこともできます。

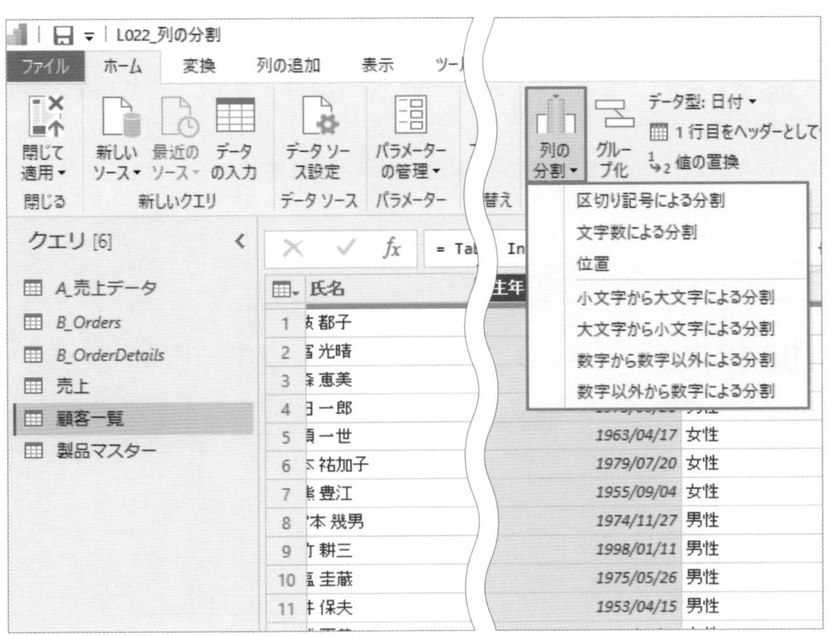

■［列の分割］の種類

種類	説明
区切り記号による分割	コロン、コンマ、等号、セミコロン、スペース、タブなど、任意の区切り記号の前後で分割できる
文字数による分割	指定した文字数で分割できる
位置	文字位置による分割ができる
小文字から大文字による分割	小文字から大文字に変更される箇所で分割できる
大文字から小文字による分割	大文字から小文字に変更される箇所で分割できる
数字から数字以外による分割	数字からそれ以外の文字に変更される箇所で分割できる
数字以外から数字による分割	数字以外の文字から数字に変更される箇所で分割できる

02 位置を指定して分割する

練習用ファイルを使って実際に［列の分割］機能を使ってみましょう。ここでは［位置］を利用して［生年月日］列の値から年、月、日に分割をしてみましょう。［位置］を用いて分割する場合、1つの列に含まれる値を複数に分割できます。分割する位置を数値で指定します。先頭を残す場合は「0」を指定し、分割したい位置の数値をカンマで区切ります。また、［生年月日］列から年や月、日のみを取り出したい場合、他にもLESSON24で解説している列を追加する方法を用いることも可能です。

［生年月日］列の値を「年」「月」「日」に分割する

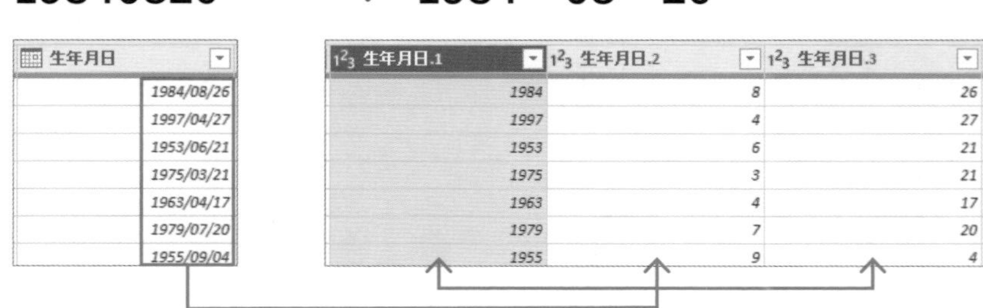

1 [顧客一覧]クエリの[生年月日]列のデータ型を[整数]に変更

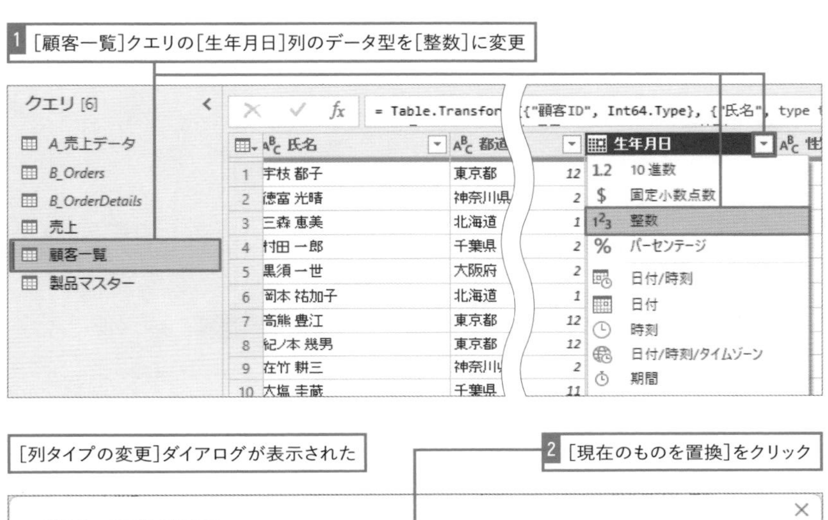

[列タイプの変更]ダイアログが表示された

2 [現在のものを置換]をクリック

列タイプの変更

選択された列には、既存の型変換があります。既存の変換を置き換えますか? または、既存の変換を保持して、別の手順で新しい変換を追加しますか?

現在のものを置換　新規手順の追加　キャンセル

3 [生年月日]列を選択

4 [ホーム]タブ-[列の分割]-[位置]をクリック

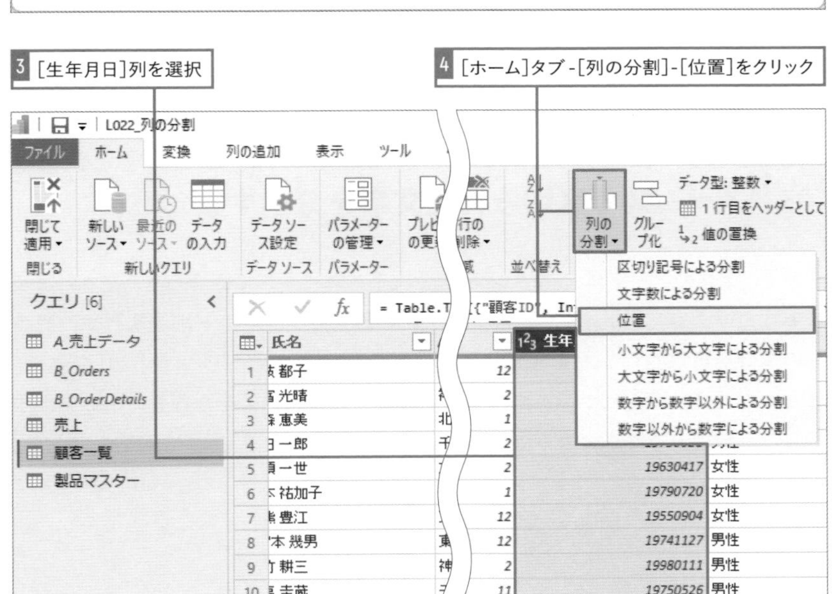

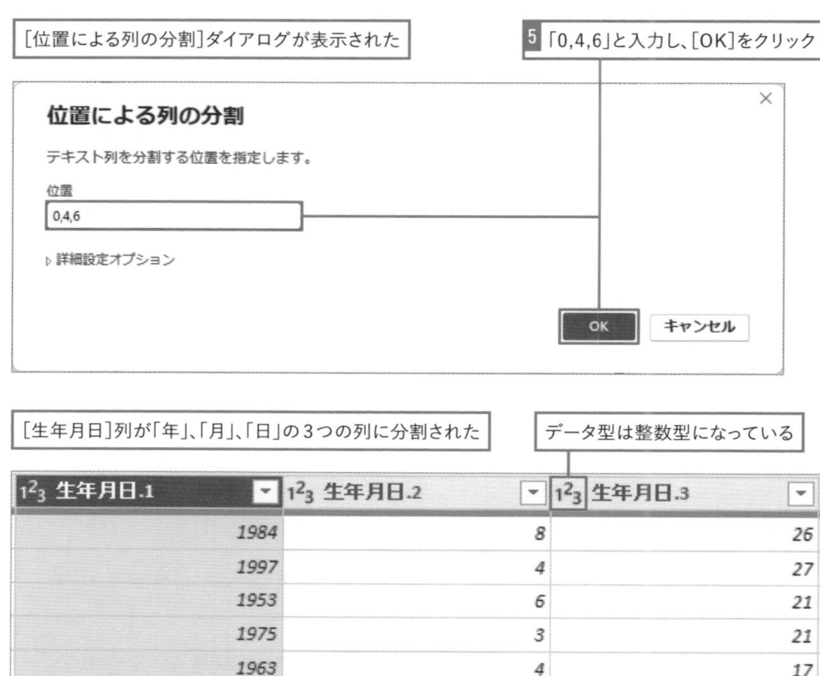

1²₃ 生年月日.1	1²₃ 生年月日.2	1²₃ 生年月日.3
1984	8	26
1997	4	27
1953	6	21
1975	3	21
1963	4	17
1979	7	20
1955	9	4
1974	11	27

03 スペースで区切られた文字を分割する

[製品名] 列のデータは、「ブランド 商品名」とスペースで区切られ、2つの値が含まれています。レポート作成時に、分析の軸としてブランド別の集計や、商品別の集計を行いたいことを想定して、値を分割します。「ブランド」と「商品名」はスペースで区切られていますが、商品名も一部スペースを含むものがあります。そのため最初のスペースのみで分割を行うよう設定します。

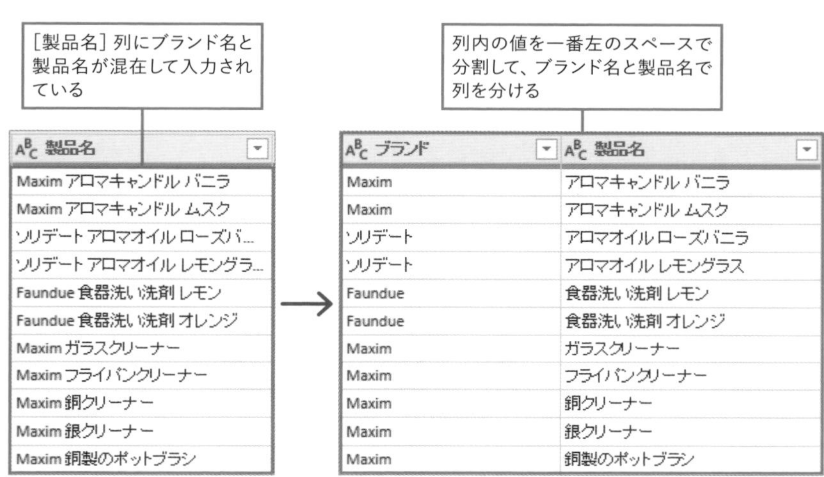

製品名
Maxim アロマキャンドル バニラ
Maxim アロマキャンドル ムスク
ソリデート アロマオイル ローズバ...
ソリデート アロマオイル レモングラ...
Faundue 食器洗い洗剤 レモン
Faundue 食器洗い洗剤 オレンジ
Maxim ガラスクリーナー
Maxim フライパンクリーナー
Maxim 銅クリーナー
Maxim 銀クリーナー
Maxim 銅製のポットブラシ

ブランド	製品名
Maxim	アロマキャンドル バニラ
Maxim	アロマキャンドル ムスク
ソリデート	アロマオイル ローズバニラ
ソリデート	アロマオイル レモングラス
Faundue	食器洗い洗剤 レモン
Faundue	食器洗い洗剤 オレンジ
Maxim	ガラスクリーナー
Maxim	フライパンクリーナー
Maxim	銅クリーナー
Maxim	銀クリーナー
Maxim	銅製のポットブラシ

1 [製品マスター]クエリを選択

2 [製品名]列を選択

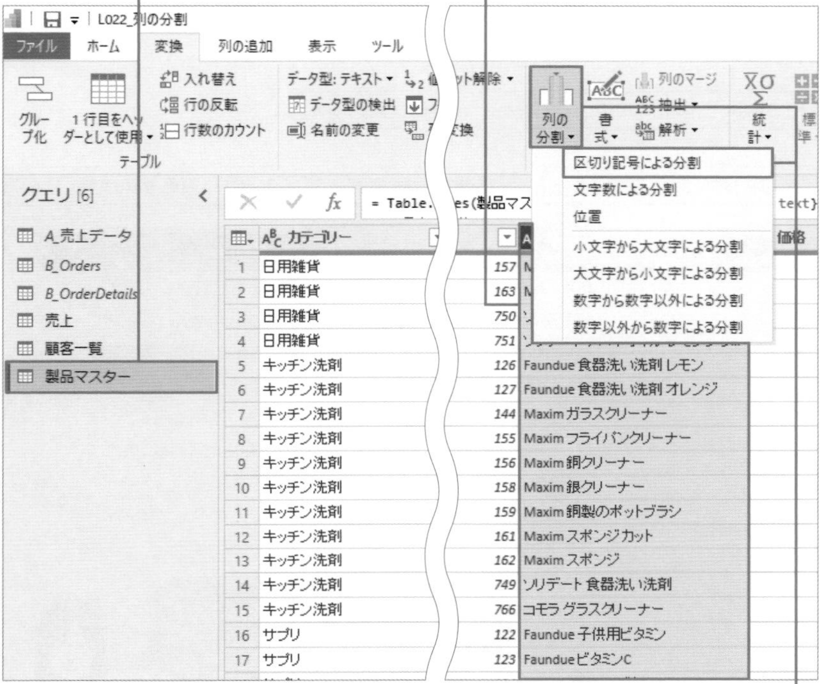

3 [変換]タブ -[列の分割]-[区切り記号による分割]をクリック

［区切り記号による列の分割］ダイアログが表示された

4 区切り記号として［スペース］を選択

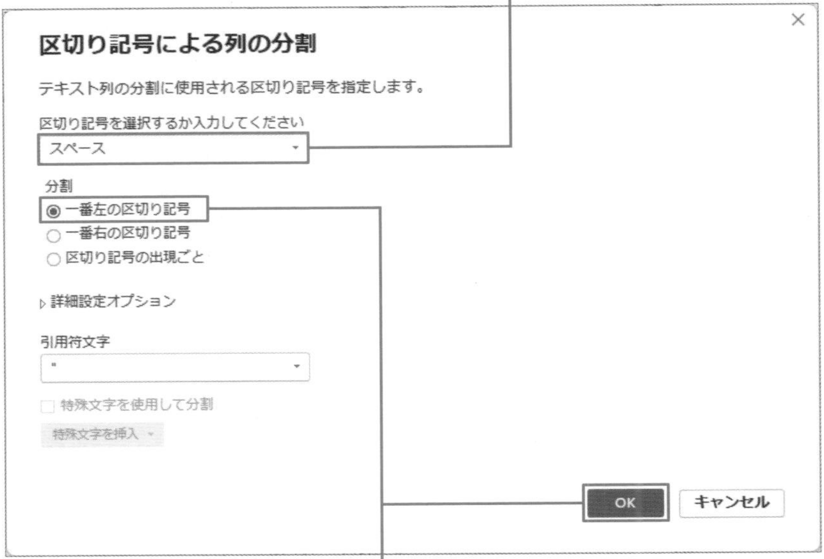

区切り記号による列の分割

テキスト列の分割に使用される区切り記号を指定します。

区切り記号を選択するか入力してください

スペース

分割

◉ 一番左の区切り記号

○ 一番右の区切り記号

○ 区切り記号の出現ごと

▷ 詳細設定オプション

引用符文字

"

□ 特殊文字を使用して分割

特殊文字を挿入

OK　キャンセル

5 ［分割］で［一番左の区切り記号］をオンにし、［OK］をクリック

［製品名］列が2つに分割された

分割された列の列名を「ブランド」と「製品名」に変更しておく

製品No	ブランド	製品名
157	Maxim	アロマキャンドル バニラ
163	Maxim	アロマキャンドル ムスク
750	ソリデート	アロマオイル ローズバニラ
751	ソリデート	アロマオイル レモングラス
126	Faundue	食器洗い洗剤 レモン
127	Faundue	食器洗い洗剤 オレンジ
144	Maxim	ガラスクリーナー
155	Maxim	フライパンクリーナー
156	Maxim	銅クリーナー
158	Maxim	
159	Maxi	
161	Maxi	
162	Maxi	
749	ソリデート	食器洗い洗剤

スペースは複数回登場するデータであるためスペースごとに区切らないよう［一番左の区切り記号］を選択！

数式を変更するとステップをよりシンプルにできる

手順と同様に列の分割を行い、列名を変更すると[製品マスター]のクエリには、列の分割とそれに伴うデータ型の設定、および列名変更の3ステップ追加されます。このままの内容でも問題はありませんが、ステップを少なくしたい場合やステップの内容をより分かりやすくしたい場合、[区切り記号による列の分割]ステップを選択して数式バーを確認します。[列の分割]で設定した内容は、Splitter.SplitTextByEachDelimiter関数およびTable.SplitColumn関数を利用したコードが自動生成されています。Table.SplitColumn関数の最後の引数を確認すると、分割後の列名が含まれています。これを数式バーで直接、分割後の列名に変更してもかまいません。数式を変更後、次のステップへ進むと列名が変更されたことによりエラーとなりますが、[変更された型1]および[名前が変更された列]ステップは不要となるため、ステップを削除します。

[区切り記号による列の分割]ステップを選択すると数式バーにこの処理のコードが表示される

列の分割作業で追加された3つのステップ

= Table.SplitColumn(変更された型, "製品名", Splitter.SplitTextByEachDelimiter({" "}, QuoteStyle.Csv, false), {"製品名.1", "製品名.2"})

自動で割り当てられた分割後の列名が引数に指定されている

[変更された型1]［名前が変更された列］を選択するとエラーが表示される。この2つのステップは不要のため削除しておく

```
= Table.SplitColumn(変更された型, "製品名", Splitter.SplitTextByEachDelimiter({" "}, QuoteStyle.Csv,
    false), {"ブランド", "製品名"})
```

	カテゴリー	製品No	ブランド	製品名	価格
1	日用雑貨	157	Maxim	アロマキャンドル バニラ	
2	日用雑貨	163	Maxim	アロマキャンドル ムスク	
3	日用雑貨	750	ソリデート	アロマオイル ローズバニラ	
4	日用雑貨	751	ソリデート	アロマオイル レモングラス	
5	キッチン洗剤	126	Faundue	食器洗い洗剤 レモン	
6	キッチン洗剤	127	Faundue	食器洗い洗剤 オレンジ	
7	キッチン洗剤	144	Maxim	ガラスクリーナー	
8	キッチン洗剤	155	Maxim	フライパンクリーナー	
9	キッチン洗剤	156	Maxim	鍋クリーナー	
10	キッチン洗剤	158	Maxim	鉄クリーナー	
11	キッチン洗剤	159	Maxim	銅製のポットブラシ	
12	キッチン洗剤	161	Maxim	スポンジカット	
13	キッチン洗剤	162	Maxim	スポンジ	
14	キッチン洗剤	749	ソリデート	食器洗い洗剤	
15	キッチン洗剤	766	コモラ	グラスクリーナー	
16	サプリ	122	Faundue	子供用ビタミン	
17	サプリ	123	Faundue	ビタミンC	
18	サプリ	124	Faundue	マルチビタミン	
19	サプリ	125	Faundue	HMBスーパー	
20	サプリ	744	ソリデート	ビタミンC	

クエリの設定
プロパティ
名前
製品マスター
すべてのプロパティ
適用したステップ
ソース
ナビゲーション
変更された型
区切り記号による列の分割
変更された型1
名前が変更された列

= Table.SplitColumn(変更された型, "製品名", Splitter.SplitTextByEachDelimiter({" "}, QuoteStyle.Csv, false), {"ブランド", "製品名"})

「"」で囲まれた部分をそれぞれ「ブランド」「製品名」に変更する

ステップ数が2つ減りすっきり分かりやすくなりました。さらにステップ名を変更しておくとより分かりやすくなります。M言語を利用した数式を一から記述することはハードルが高くても、ちょっとした変更方法を知っておくと、ステップ数を可能な限り減らしたより分かりやすいクエリ作成につなげられます。数式バーを表示しておき、メニュー操作により自動生成された数式に目を通しておくことでこういった作業につなげられ、気づきが得られると思います。

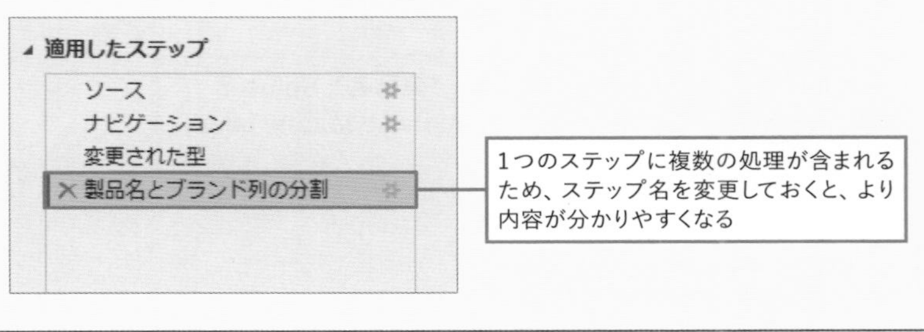

LESSON 23

テーブル形式の変換を行う

Webサイトから取得したデータやExcelで作成したデータを使う場合、横方向にデータが含まれたテーブルや行と列でクロス集計されたピボットテーブルであることがよくあります。データ分析に利用できるテーブル形式への変換もPower Queryで可能です。

練習用ファイル L023_テーブルへの変換.pbix

01 横方向のテーブルを縦方向に入れ替える

「テーブル」とは、行と列で構成された表でデータが整理されているものです。横方向にデータが並んでいるテーブルでは、各列に1つのデータが入ります。データ分析をするためには、1つのレコードが行として保管されている必要があります。横方向テーブルに対して［入れ替え］を実行することで、列と行を入れ替えられ、データ分析に適したテーブル形式に変換します。

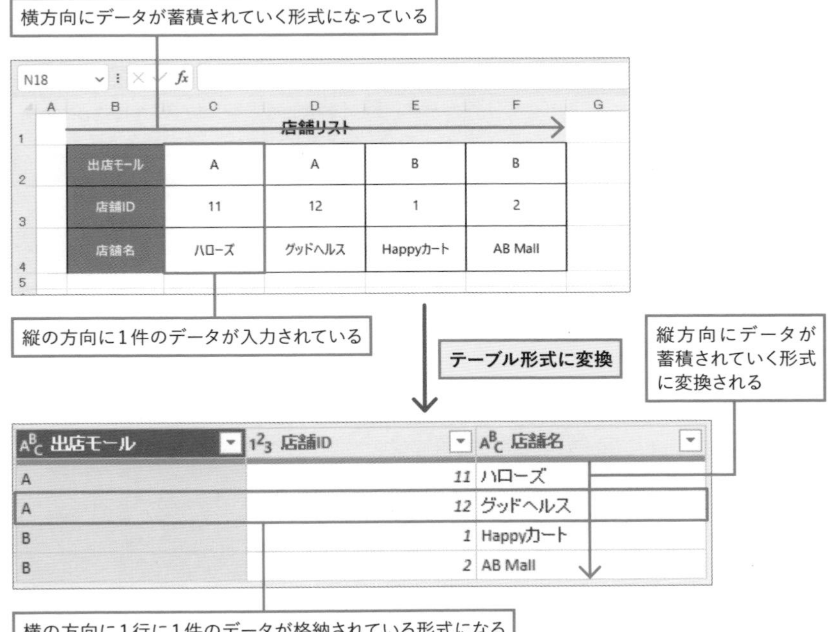

■行と列を入れ替える

[第4章]-[元データ]フォルダーの「店舗_顧客一覧.xlsx」の[店舗]シートに接続されている

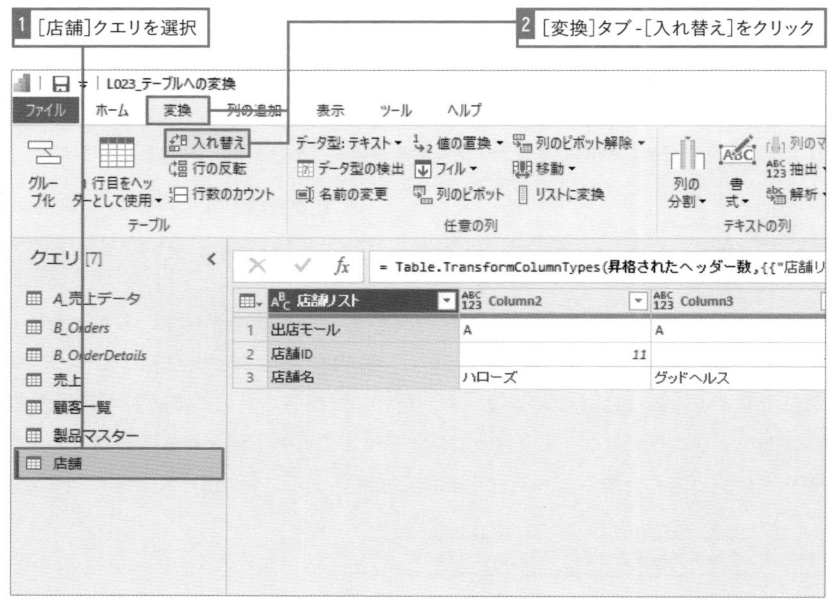

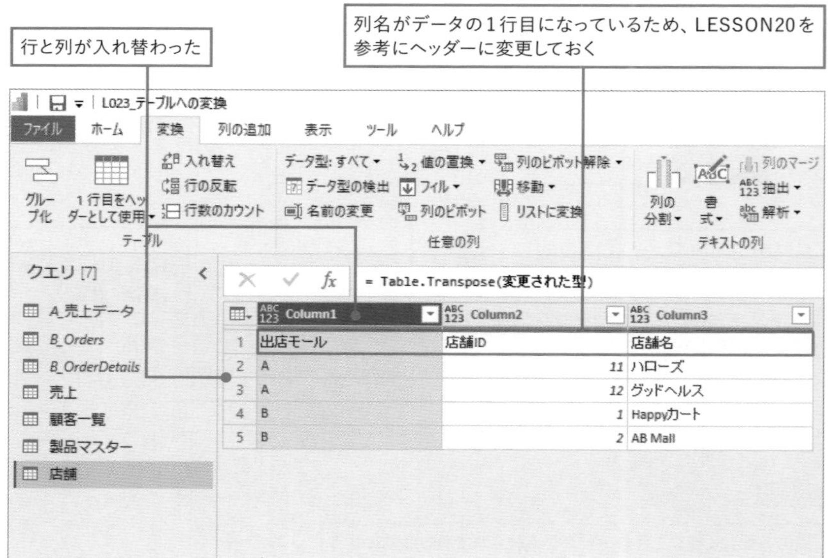

02 クロス集計表を「ピボット解除」でテーブル形式に変換

行と列によりクロス集計されたピボット形式のデータは、Excelでよく見る形式といえます。しかし、そのままでは分析に利用できません。テーブル形式に変換するためには、「ピボット解除」が必要です。**ピボット解除とは、ピボット形式のデータをテーブル形式のデータに戻すこと**です。データの構造が単純化され、分析に利用できるようになります。

ピボット形式のデータ。行と列に設定された項目でクロス集計されている

ここでは列に店舗、行に年と月があるため、店舗ごとの予算が年や月単位で確認できるようになっている

Year	Month	AB Mall	グッドヘルス	ハローズ	Happyカート	合計
2024	4	¥400,000	¥250,000	¥100,000	¥150,000	¥900,000
	5	¥400,000	¥250,000	¥100,000	¥150,000	¥900,000
	6	¥400,000	¥250,000	¥100,000	¥150,000	¥900,000
	7	¥400,000	¥250,000	¥100,000	¥150,000	¥900,000
	8	¥400,000	¥250,000	¥100,000	¥150,000	¥900,000
	9	¥400,000	¥250,000	¥100,000	¥150,000	¥900,000
	10	¥500,000	¥400,000	¥100,000	¥150,000	¥1,150,000
	11	¥500,000	¥400,000	¥100,000	¥150,000	¥1,150,000
	12	¥500,000	¥400,000	¥100,000	¥150,000	¥1,150,000
2025	1	¥500,000	¥400,000	¥100,000	¥150,000	¥1,150,000
	2	¥500,000	¥400,000	¥100,000	¥150,000	¥1,150,000
	3	¥500,000	¥400,000	¥100,000	¥150,000	¥1,150,000
	合計	¥5,400,000	¥3,900,000	¥1,200,000	¥1,800,000	¥12,300,000

「ピボット解除」でテーブル形式に変換

Year	Month	店舗	目標
2024	4	AB Mall	400000
2024	4	グッドヘルス	250000
2024	4	ハローズ	100000
2024	4	Happyカート	150000
2024	5	AB Mall	400000
2024	5	グッドヘルス	250000
2024	5	ハローズ	100000
2024	5	Happyカート	150000
2024	6	AB Mall	400000
2024	6	グッドヘルス	250000
2024	6	ハローズ	100000
2024	6	Happyカート	150000

横の方向に1行に1件のデータが格納されている形式になる

■不要な集計行や列の削除

ピボット形式のデータでは行列単位の集計が右端および最下部に表示されていることが一般的です。これらはデータとしては不要となるため事前に削除しておきます。不要な集計行や列の削除はExcelで事前に行っておいてもよいです。

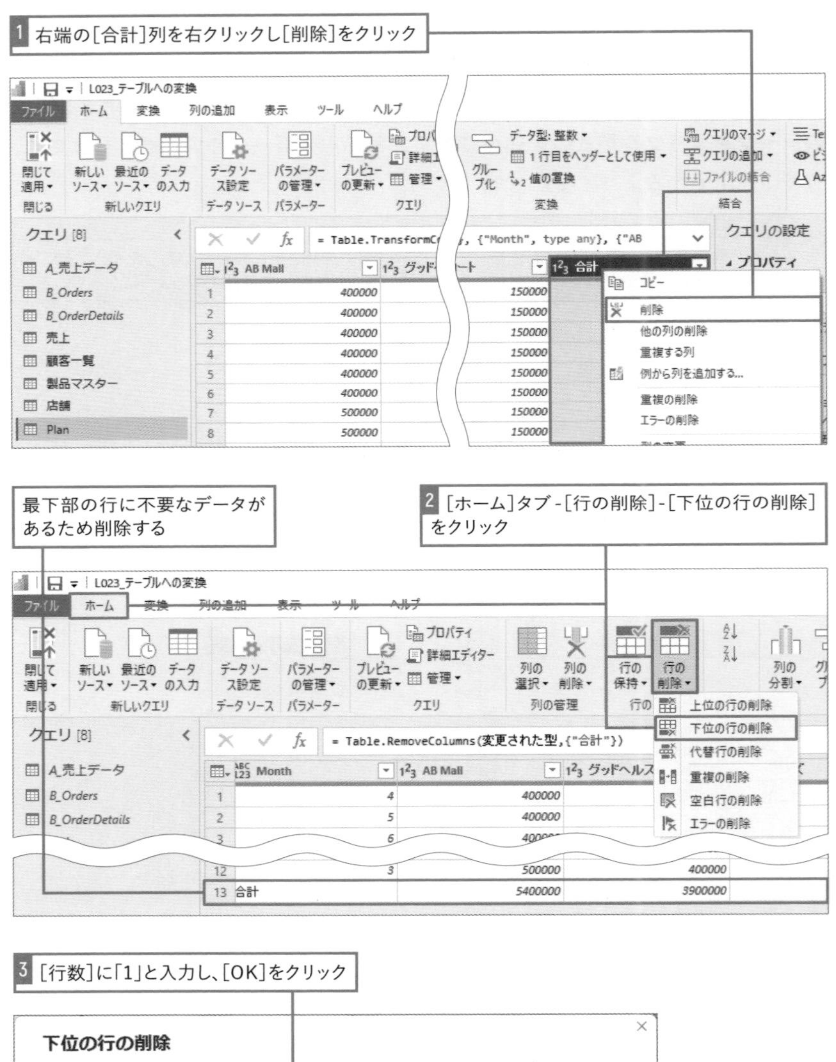
LESSON04を参考に、[第4章] - [元データ] フォルダーの「予算.xlsx」の[Plan]シートに接続しておく
1 右端の[合計]列を右クリックし[削除]をクリック
最下部の行に不要なデータがあるため削除する
2 [ホーム]タブ-[行の削除]-[下位の行の削除]をクリック
3 [行数]に「1」と入力し、[OK]をクリック
下位の行の削除
最後から削除する行の数を指定します。
行数
OK
キャンセル

■nullを解決する

［Year］列はExcel上では値が含まれておらず一部nullになっています。元のExcelファイルでは［Year］列の値は複数行まとめて入力されています。一覧表として確認する場合はこのほうが分かりやすいこともありますが、分析用のデータとしてはnullとなりふさわしくありません。ここでは［フィル］機能を利用して解決します。**［フィル］は、nullのセルに上行もしくは下行の値をコピーできる機能**です。

「null」が格納されているセルがあるため、上行の値をnullにコピーする

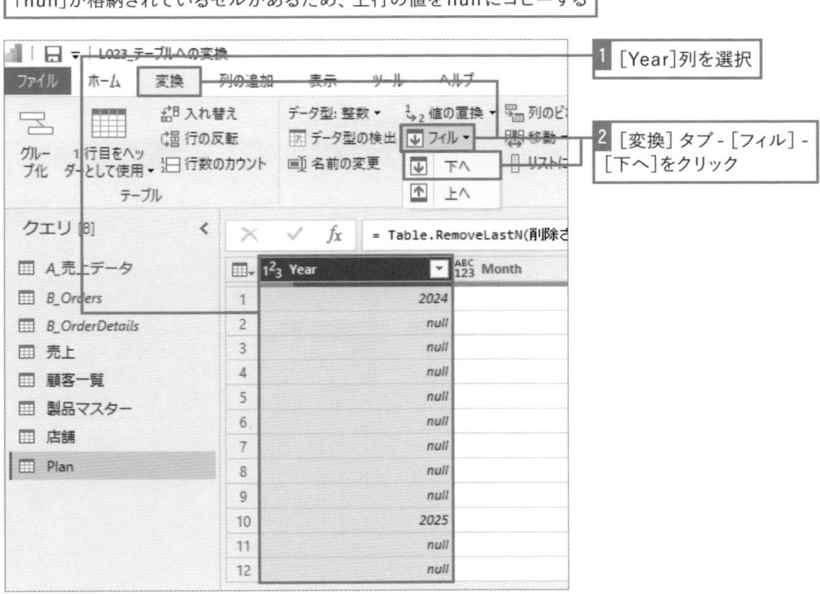

「null」と表示されたセルの上に入力されていた値が下方向にコピーされた

	Year	Month	AB Mall	グッドヘルス	ハローズ
1	2024	4	400000	250000	100000
2	2024	5	400000	250000	100000
3	2024	6	400000	250000	100000
4	2024	7	400000	250000	100000
5	2024	8	400000	250000	100000
6	2024	9	400000	250000	100000
7	2024	10	500000	400000	100000
8	2024	11	500000	400000	100000
9	2024	12	500000	400000	100000
10	2025	1	500000	400000	100000
11	2025	2	500000	400000	100000
12	2025	3	500000	400000	100000

■ピボット解除し、列名を整える

解除する列を指定し、ピボット解除を行います。ピボット解除を行うと［属性］列と［値］列が作成されるため、内容に合わせて列名を変更します。またクエリ名も必要に応じて整えておきましょう。

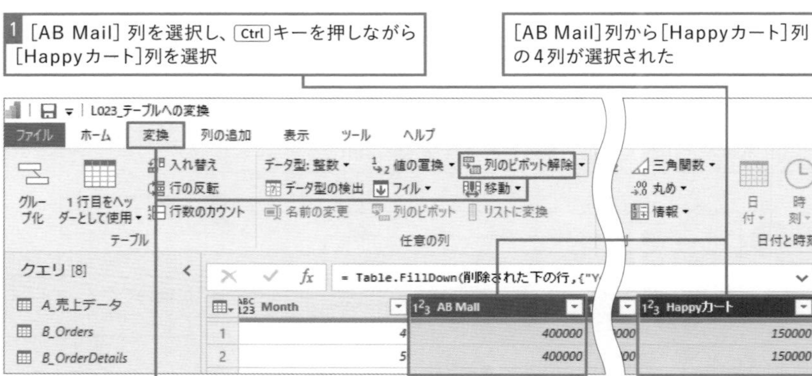

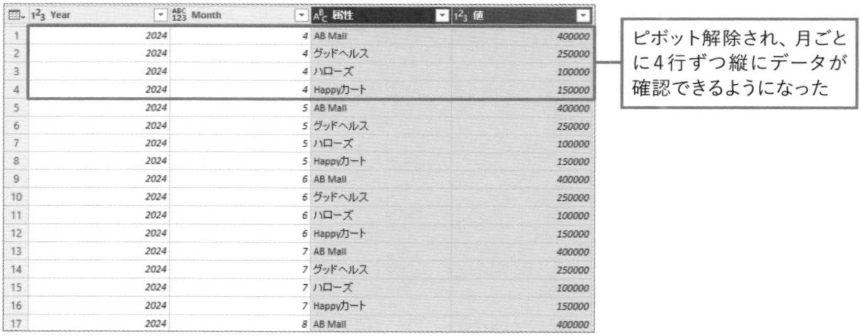

	Year	Month	属性	値
1	2024	4	AB Mall	400000
2	2024	4	グッドヘルス	250000
3	2024	4	ハローズ	100000
4	2024	4	Happyカート	150000
5	2024	5	AB Mall	400000
6	2024	5	グッドヘルス	250000
7	2024	5	ハローズ	100000
8	2024	5	Happyカート	150000
9	2024	6	AB Mall	400000
10	2024	6	グッドヘルス	250000
11	2024	6	ハローズ	100000
12	2024	6	Happyカート	150000
13	2024	7	AB Mall	400000
14	2024	7	グッドヘルス	250000
15	2024	7	ハローズ	100000
16	2024	7	Happyカート	150000
17	2024	8	AB Mall	400000

ピボット解除され、月ごとに4行ずつ縦にデータが確認できるようになった

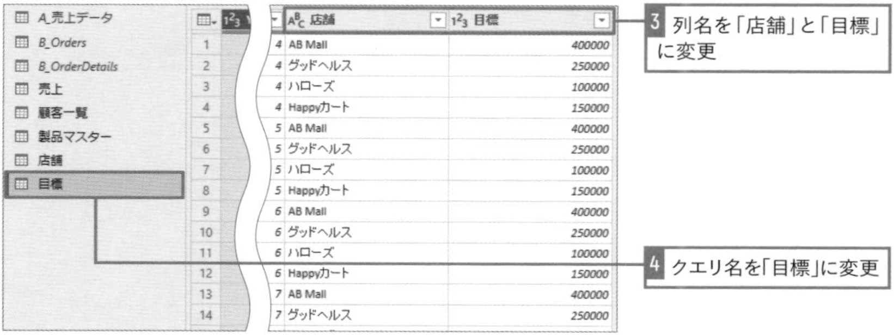

A_売上データ
B_Orders
B_OrderDetails
売上
顧客一覧
製品マスター
店舗
目標

	Month	店舗	目標
1	4	AB Mall	400000
2	4	グッドヘルス	250000
3	4	ハローズ	100000
4	4	Happyカート	150000
5	5	AB Mall	400000
6	5	グッドヘルス	250000
7	5	ハローズ	100000
8	5	Happyカート	150000
9	6	AB Mall	400000
10	6	グッドヘルス	250000
11	6	ハローズ	100000
12	6	Happyカート	150000
13	7	AB Mall	400000
14	7	グッドヘルス	250000

3 列名を「店舗」と「目標」に変更

4 クエリ名を「目標」に変更

LESSON 24 条件に応じた列を追加する

Power Queryではデータに対して条件や式を適用して新しい列を作成できます。これにより、データの分析に必要な計算や変換ができるだけでなく、元のデータに含まれていない情報を派生させたり、データの可視化に役立つ軸を追加したりできます。

01 さまざまな列の追加方法が用意されている

列を追加する方法は複数用意されています。既存の列から新しい列を作成する場合は、「例からの列」「カスタム列」「条件列」、連番を振って一意な値を含む列を作成する場合には「インデックス列」、列のコピーを作成したい場合は「重複する列」と追加したい列の内容に応じて使い分けられます。

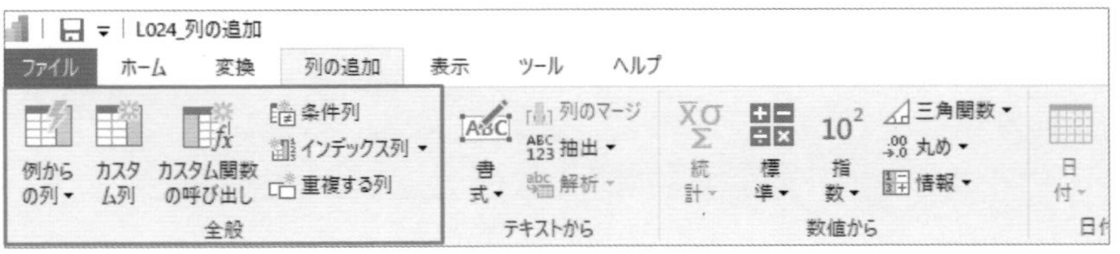

種類	説明
例からの列	既存の列の値を参照し、新しい列の値を自動的に作成する
カスタム列	関数を利用した式を記述して、新しい列とその値を作成する
カスタム関数の呼び出し	M言語を利用した関数を作成し、新しい列の値を定義する
条件列	条件に応じて値を定義した列を作成できる
インデックス列	連番を振った列を作成する
重複する列	指定した列のコピーを作成する

02 [例からの列]でデータの規則性から列を作成する

列を追加する方法は複数ありますが、[例からの列]はサンプル値を入力することで、自動的に推測された値を格納できる機能です。条件の設定や数式を記述することなく設定が行えます。[例からの列]を利用して、複数の列の値を結合した新しい列を2つ作成してみましょう。どの店舗がどのECモールに出店しているか、すぐに把握できるよう[店舗名]列と[出店モール]列の値を利用して、文字列を結合した列を作成します。また、日付型のデータを利用し、月末日を格納した列を作成します。

■文字列を結合した列を作成する

1 [店舗]クエリを選択

2 [列の追加]タブ-[例からの列]をクリック

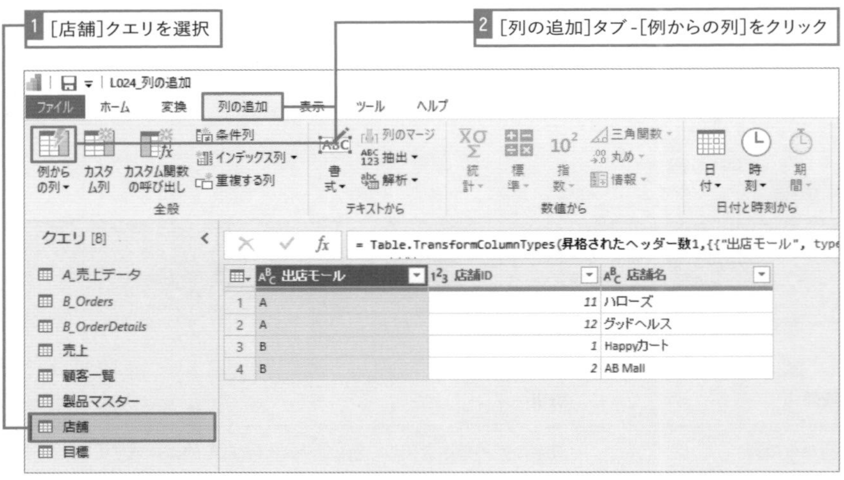

列を作成するためのサンプル値を入力する

3 1行目に「ハローズ(モールA)」と入力

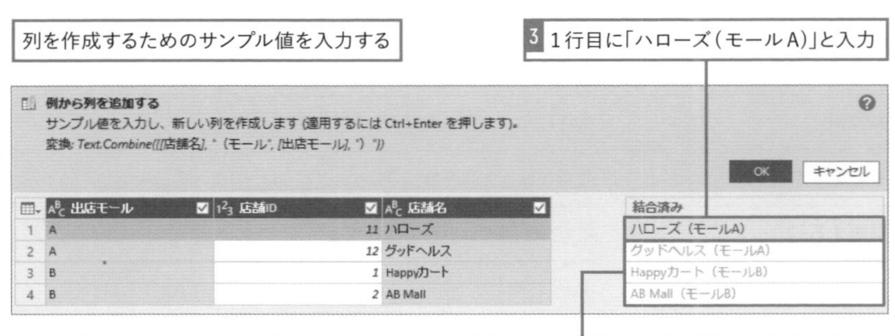

2行目に選択すると、1行目に入力された内容を基に推測された値が2行目以降に表示された

列名を変更する

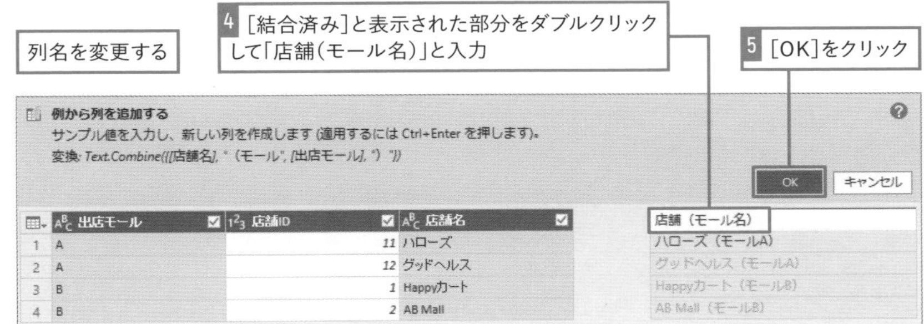

[店舗(モール名)]列が追加された

= Table.AddColumn(変更された型1, "店舗（モール名）", each Text.Combine({[店舗名], "（モ

	出店モール	店舗ID	店舗名	店舗(モール名)
1	A	11	ハローズ	ハローズ(モールA)
2	A	12	グッドヘルス	グッドヘルス(モールA)
3	B	1	Happyカート	Happyカート(モールB)
4	B	2	AB Mall	AB Mall(モールB)

ここもポイント!

関数で同様の列を追加する場合

式を記述して同様の列を作成する場合、[カスタム列] を使用します。数式例は以下です。[例からの列] により自分で式を記述することなく列の作成が行えるだけではなく、例からの列で作成したステップの内容を確認することでM言語による関数の理解にもつなげられます。

```
=Text.Combine({[店舗名], " (モール", [出店モール], ")"})
```

意味 [店舗名]列と[出店モール]列の値と固定の文字列を連結する

1 [列の追加]-[カスタム列]をクリックし[カスタム列]ダイアログを表示

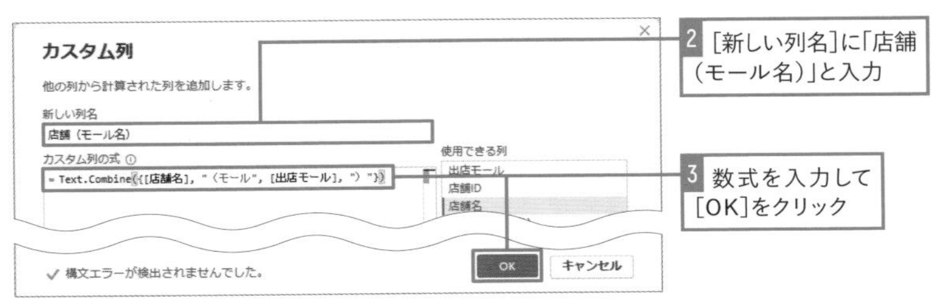

■月末日の列を作成する

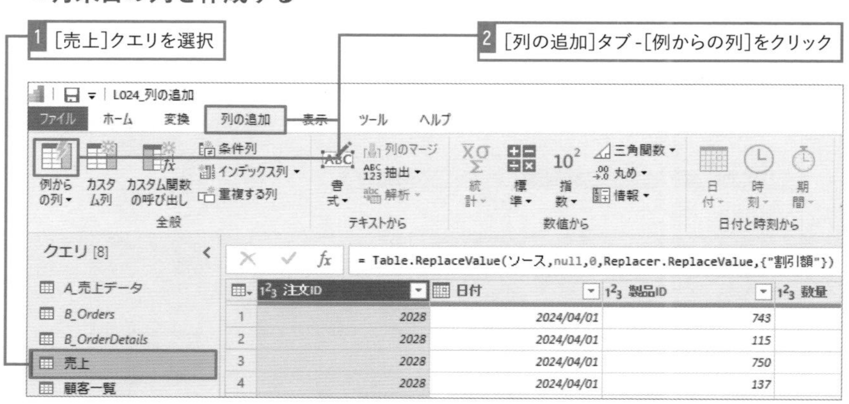

列を作成するためのサンプル値を入力する

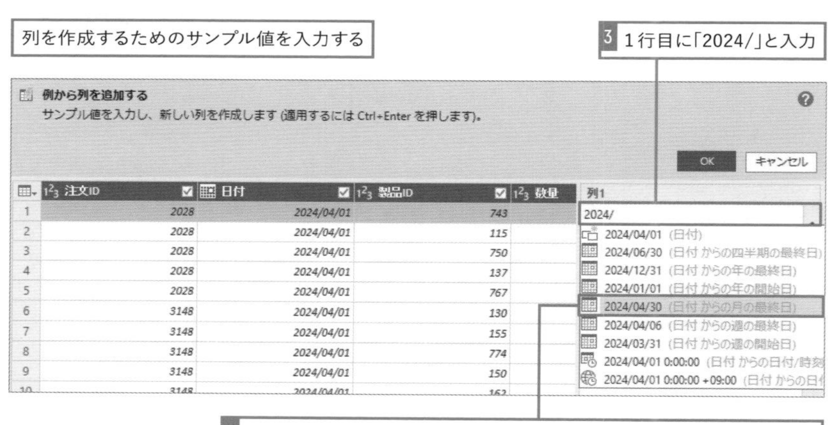

列名を変更する

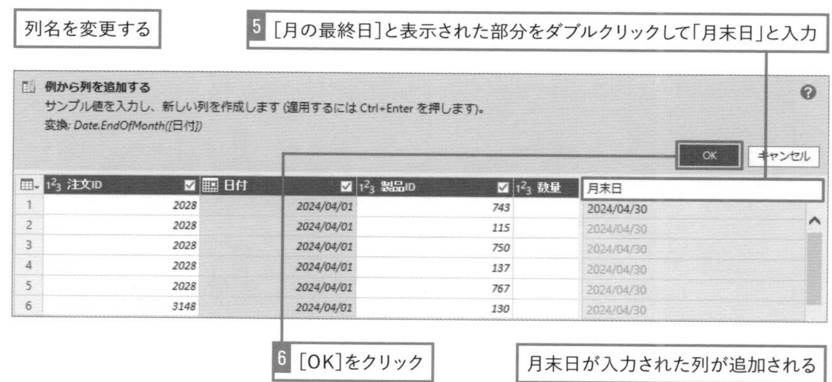

03 関数や計算機能を使い列を追加する

[カスタム列] は関数を利用した式を記述して列を追加する機能です。関数に対する理解が必要となりますが、使いこなすことでさまざまな計算結果を列に格納できます。また日付や時刻を含むデータは2つの日付間の期間を求めるなど、時間の計算を行いたい場合があります。このようなときには計算結果を列として格納する [列の追加] タブの [日付と時刻から] カテゴリーにある機能が役立ちます。ここではカスタム列や、数値の丸め、時間の計算など、列の値を計算する際に知っておきたい機能を組み合わせた使い方を確認してみましょう。[生年月日] 列を基に年齢の列を作成します。この列を作成するために次の処理を行います。

①現在の日付と [生年月日] 列の値の差分日数を求める
②日付の差を年数に変更する
③合計年数の端数を切り捨てて整数位にする

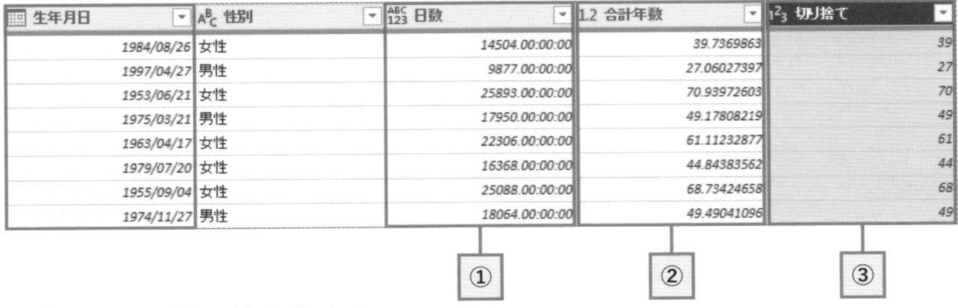

生年月日	性別	日数	合計年数	切り捨て
1984/08/26	女性	14504.00:00:00	39.7369863	39
1997/04/27	男性	9877.00:00:00	27.06027397	27
1953/06/21	女性	25893.00:00:00	70.93972603	70
1975/03/21	男性	17950.00:00:00	49.17808219	49
1963/04/17	女性	22306.00:00:00	61.11232877	61
1979/07/20	女性	16368.00:00:00	44.84383562	44
1955/09/04	女性	25088.00:00:00	68.73424658	68
1974/11/27	男性	18064.00:00:00	49.49041096	49

■今日との日付の差を求める

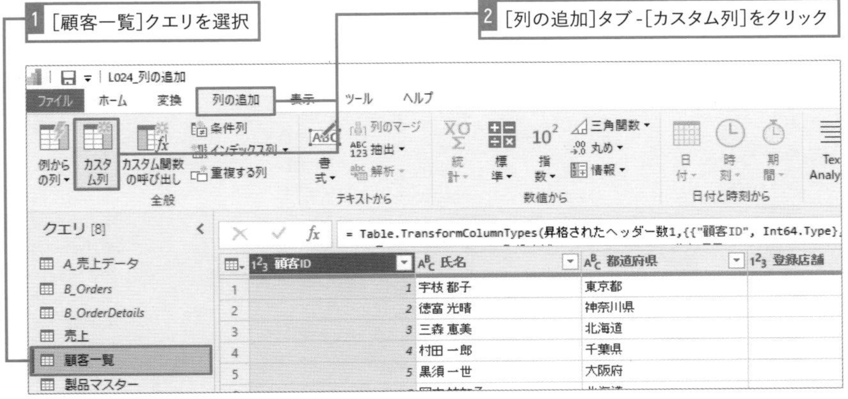

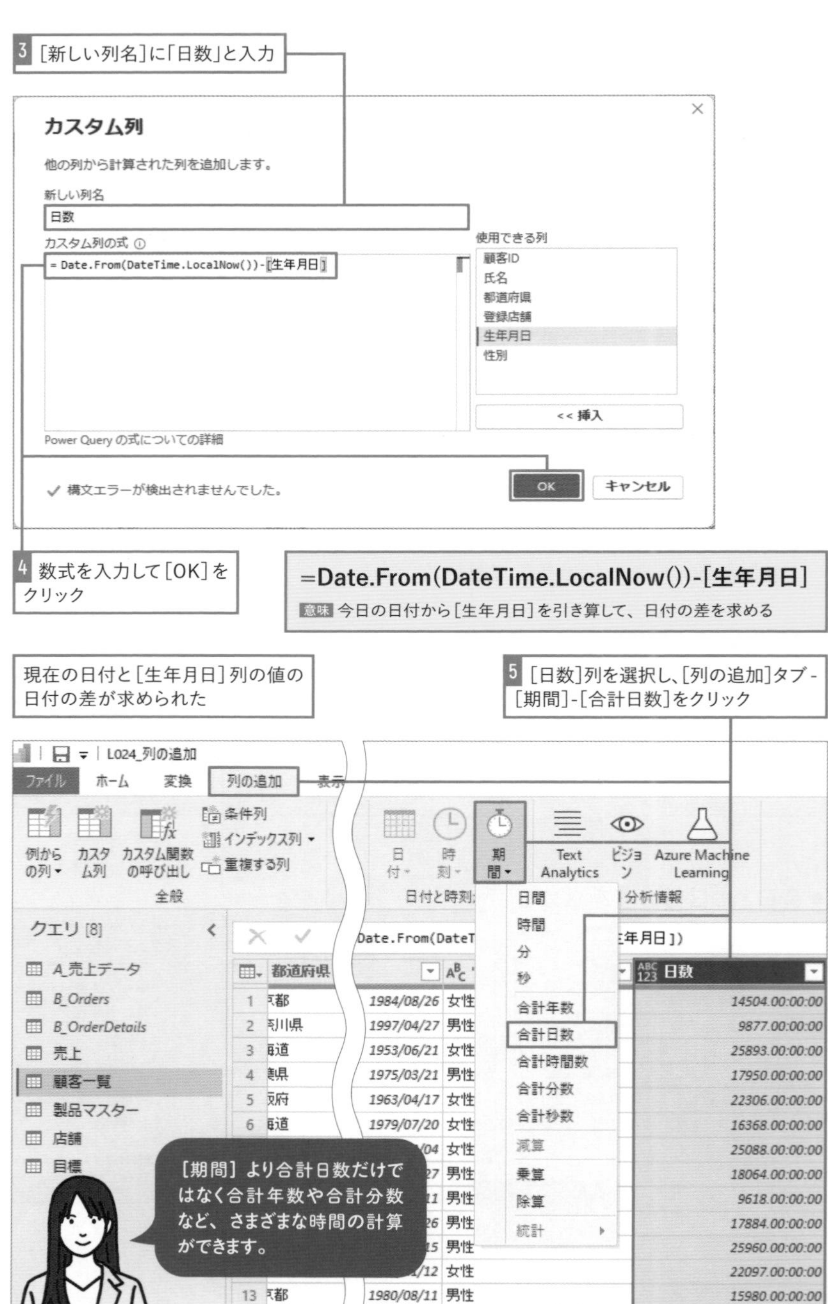
3 [新しい列名]に「日数」と入力
カスタム列
他の列から計算された列を追加します。
新しい列名
日数
カスタム列の式
= Date.From(DateTime.LocalNow())-[生年月日]
使用できる列
顧客ID
氏名
都道府県
登録店舗
生年月日
性別
<< 挿入
Power Query の式についての詳細
構文エラーが検出されませんでした。
OK
キャンセル
4 数式を入力して[OK]をクリック
=Date.From(DateTime.LocalNow())-[生年月日]
意味 今日の日付から[生年月日]を引き算して、日付の差を求める
現在の日付と[生年月日]列の値の日付の差が求められた
5 [日数]列を選択し、[列の追加]タブ-[期間]-[合計日数]をクリック
L024_列の追加
ファイル
ホーム
変換
列の追加
表示
例からの列
カスタム列
カスタム関数の呼び出し
条件列
インデックス列
重複する列
全般
日付
時刻
期間
Text Analytics
ビジョン
Azure Machine Learning
日付と時刻
分析情報
日間
時間
分
秒
合計年数
合計日数
合計時間数
合計分数
合計秒数
減算
乗算
除算
統計
クエリ [8]
A_売上データ
B_Orders
B_OrderDetails
売上
顧客一覧
製品マスター
店舗
目標
都道府県
日数
14504.00:00:00
9877.00:00:00
25893.00:00:00
17950.00:00:00
22306.00:00:00
16368.00:00:00
25088.00:00:00
18064.00:00:00
9618.00:00:00
17884.00:00:00
25960.00:00:00
22097.00:00:00
15980.00:00:00
[期間]より合計日数だけではなく合計年数や合計分数など、さまざまな時間の計算ができます。

[日数] 列の値が年数に変換した[合計年数]列が追加された

6 [列の追加]-[丸め]-[切り捨て]をクリック

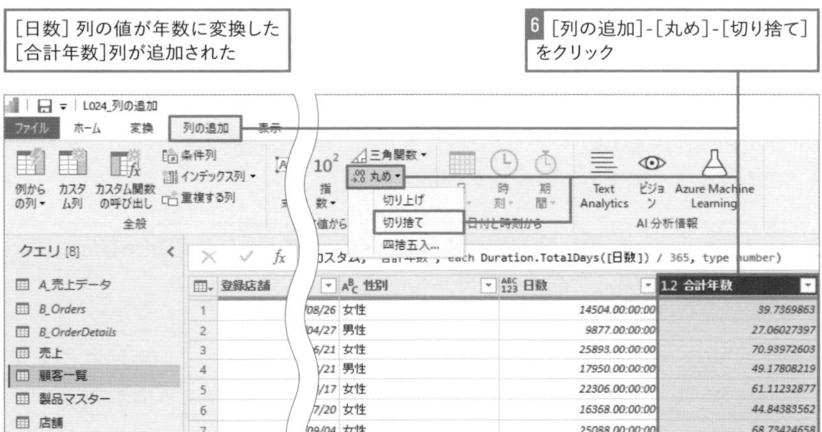

[合計年数]列の値の端数を切り捨てた[切り捨て]列が追加された

生年月日	性別	日数	1.2 合計年数	切り捨て
1984/08/26	女性	14504.00:00:00	39.7369863	39
1997/04/27	男性	9877.00:00:00	27.06027397	27
1953/06/21	女性	25893.00:00:00	70.93972603	70
1975/03/21	男性	17950.00:00:00	49.17808219	49
1963/04/17	女性	22306.00:00:00	61.11232877	61
1979/07/20	女性	16368.00:00:00	44.84383562	44
1955/09/04	女性	25088.00:00:00	68.73424658	68
1974/11/27	男性	18064.00:00:00	49.49041096	49
1998/01/11	男性	9618.00:00:00	26.35068493	26
1975/05/26	男性	17884.00:00:00	48.99726027	48
1953/04/15	男性	25960.00:00:00	71.12328767	71

列名を「年齢」に変更して、[日数] [合計年数]列は削除しておく

生年月日	性別	年齢
1984/08/26	女性	39
1997/04/27	男性	27
1953/06/21	女性	70
1975/03/21	男性	49
1963/04/17	女性	61
1979/07/20	女性	44
1955/09/04	女性	68
1974/11/27	男性	49
1998/01/11	男性	26

［年齢］列をカスタム列のみで作成するには

手順では数値の丸め機能や、期間を計算する機能を併せて紹介するため、年齢列の作成を複数ステップで行いました。以下は同様の列を、カスタム列で作成する場合の数式例です。

=Number.RoundDown(Duration.Days(DateTime.Date(DateTime.LocalNow())-[生年月日])/365)

意味 今日と生年月日の差分日数を365日で割って、小数点以下を切り捨てる

1 ［列の追加］-［カスタム列］をクリックし［カスタム列］ダイアログを表示

2 ［新しい列名］に「年齢」と入力

カスタム列

他の列から計算された列を追加します。

新しい列名

年齢

カスタム列の式

```
= Number.RoundDown(Duration.Days(DateTime.Date
  (DateTime.LocalNow())-[生年月日])/365)
```

使用できる列

顧客ID
氏名
都道府県
登録店舗
生年月日
性別
年齢

<< 挿入

Power Query の式についての詳細

✓ 構文エラーが検出されませんでした。

OK キャンセル

3 数式を入力して［OK］をクリック

04 条件に応じた複数の結果を表示する列を追加

「条件列」とは、基準となる列の値に対して条件に応じた値が格納される列を作成する機能です。例えばテストの点数が格納されている列があった場合で考えてみましょう。条件列を使えば、70点以上の場合は「合格」、それ以下の場合は「追試」と条件に応じた値を格納した列が作成できます。条件式は複数設定でき、上から順に判定されます。ここでは［年齢］列を基に［年代］列を作成してみましょう。20代～60代、および70代以上と年齢に応じて年代が格納されるよう設定します。

[年齢]列の値を基に条件に応じて年代を入力する

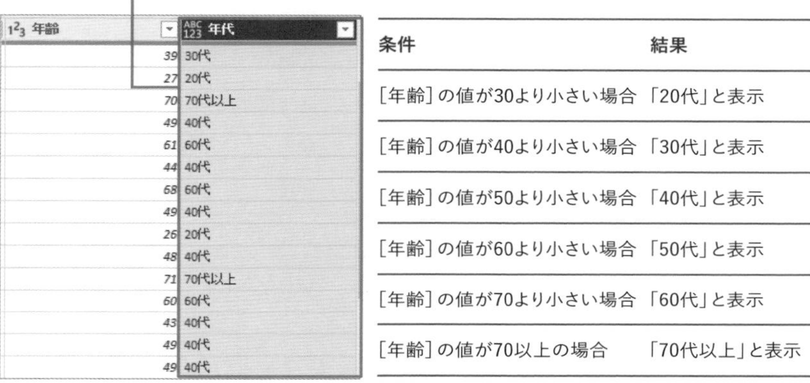

条件	結果
[年齢] の値が30より小さい場合	「20代」と表示
[年齢] の値が40より小さい場合	「30代」と表示
[年齢] の値が50より小さい場合	「40代」と表示
[年齢] の値が60より小さい場合	「50代」と表示
[年齢] の値が70より小さい場合	「60代」と表示
[年齢] の値が70以上の場合	「70代以上」と表示

■ [年代] 列を作成する

1 [顧客一覧]クエリを選択

2 [列の追加]タブ-[条件列]をクリック

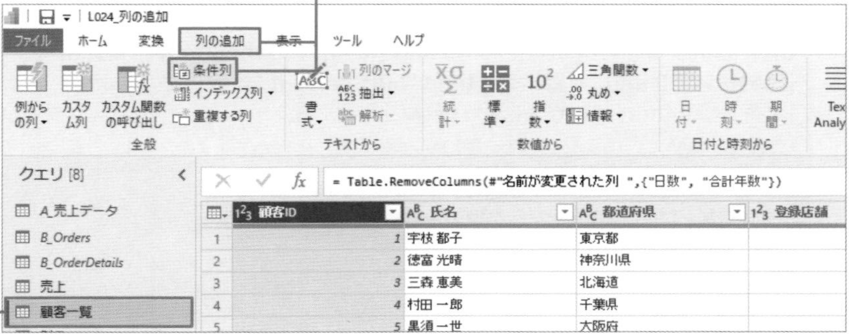

3 [新しい列名]に「年代」と入力

4 次の表の条件を指定して[OK]をクリック

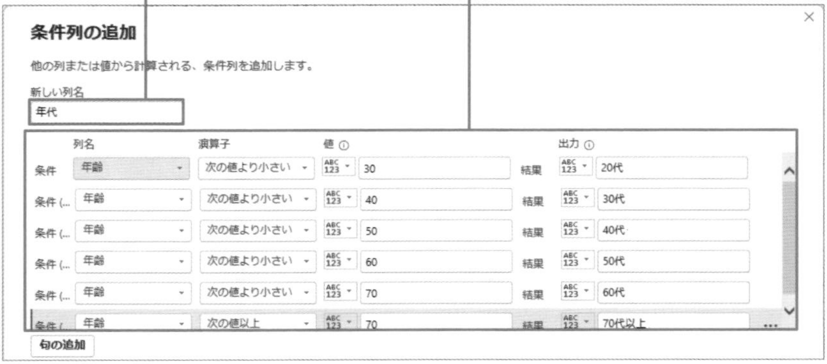

■指定する条件

順番	列名	演算子	値	出力
1行目	年齢	次の値より小さい	30	20代
2行目	年齢	次の値より小さい	40	30代
3行目	年齢	次の値より小さい	50	40代
4行目	年齢	次の値より小さい	60	50代
5行目	年齢	次の値より小さい	70	60代
6行目	年齢	次の値以上	70	70代以上

[年齢]列をカスタム列のみで作成するには

カスタム列で if や and を組み合わせて同様の列を作成することも可能です。同様の列を、カスタム列で作成する場合の数式例です。

```
= if [年齢] <30 then "20代" else if [年齢] >= 30 and [年齢] <40
then "30代" else if [年齢] >= 40 and [年齢] <50 then "40代" else if
[年齢] >= 50 and [年齢] <60 then "50代" else if [年齢] >= 60 and
[年齢] <70 then "60代" else "70代以上"
```

意味 if関数を利用して、[年齢]列の値の範囲を順に確認し、〇〇代と値を指定する

1 [列の追加]-[カスタム列]をクリックし[カスタム列]ダイアログを表示

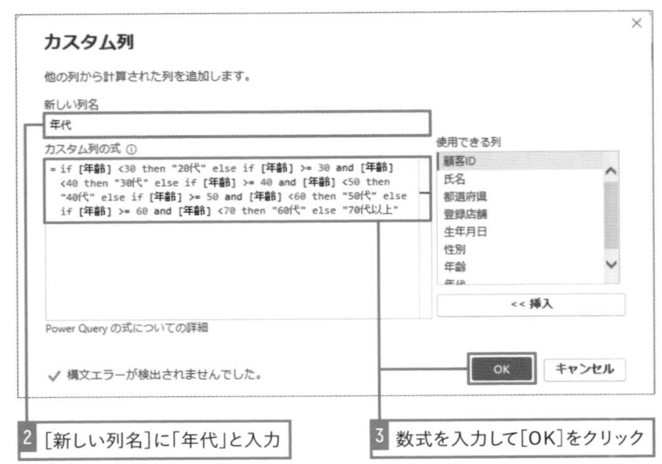

活用編

第 5 章

分析のために データモデリングを行う

レポート作成にはPower Queryでインポートしたデータを使用できます。インポートしたデータを分析に適したデータにするためには、データモデリングというデータを加工、整形する作業が必要です。第5章ではデータモデリングで何をするのかを紹介します。

LESSON

25 データモデリングについて

データをインポートしても、そのままではすぐに必要な分析ができるとは限りません。データモデリングとは、データを分析に適した形に加工、編集する作業のことです。Power Queryでできることもありますが、大半の作業はインポート後に行います。

01 「データモデリング」とは

データ分析の際にはデータの構造が重要です。しかし業務で使うデータは、データが複数の場所やファイルに散らばっている、計算をしないと集計結果がない、分析するときに必要な軸や階層がない、など分析に適した形に整っていないことがほとんどです。これらの問題を解決するためにはPower BIでデータ分析をする前に分析に適した形に加工や整形をする必要があります。これを「データモデリング」とよびます。

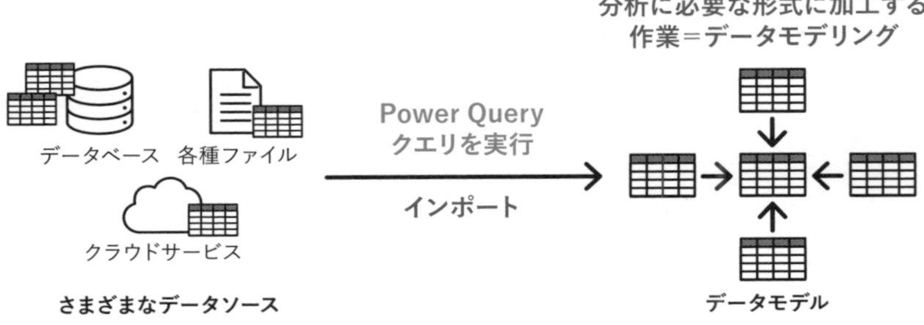

Power Queryを使ってデータをインポートするときに、フィルターの設定や列の選択や追加などの操作ができますが、それだけではデータを分析するのに十分な形にはならないこともあります。例えば**複数のデータを組み合わせて分析するためには、テーブル同士の関連性を設定する必要があります**。また、列のデータ型や集計方法を指定したり、データの階層を作ったりすることもあります。これらの作業はインポートした後にPower BI Desktopで行います。Power Queryとともにデータモデリングは分析のために不可欠な作業です。

02 データモデリングで行う作業

データモデリングは、Power BI Desktopのテーブルビューやモデルビュー、またDAXとよばれる言語を用いて実施できます。DAXは、データモデル内のデータを分析し、計算やビジュアル化を行うための言語です。Data Analysis Expression Languageの頭文字を取った名前であり、Power BIやExcel、SQL Server Analysis Servicesなどマイクロソフトのデータ分析製品で利用されています。DAX関数や演算子を使って式を作成し、計算列やメジャーを作成する際に利用します。データモデリングでは、以下のような作業を行います。

■リレーションシップの設定

リレーションシップとは、共通の列を用いて異なるテーブル間に関係性を付けることです。リレーションシップがあれば、複数テーブルに分かれて保存されたデータを関連付けて集計することができます。例えば[売上]テーブルには注文情報が、[顧客]テーブルには顧客情報が入っており、両方に顧客IDという列があるとします。このとき、これらをリレーションシップで関連付けることで、顧客ごとの売上分析が可能になります。LESSON26で詳しく説明します。

■計算列を利用して新しい列を作成

計算列とは、既存の列を使ってデータモデル内に新しい列を追加する方法です。例えば、単価と数量から売上金額の列を計算列で作成して合計金額を集計する際に用いたり、年と月と別々の列を計算列で結合して○○年○月という分析時の軸にしたりすることができます。計算列は、分析に必要な列が元のデータにない場合に便利です。LESSON27で詳しく説明します。

■フィールドを非表示、並べ替え方法を指定することでデータを最適化

インポートされたデータには、ビジュアルに表示しないフィールドが含まれていることがあります。そのようなフィールドを非表示にすると、[データ]ウィンドウに表示されるフィールドの数が少なくなり、選びやすくできます。またビジュアルに配置したデータは並び順を指定できますが、データを意図した順に並べ替えが行えるようフィールドに並び順を設定できます。フィールドの非表示や並べ替えはLESSON28で詳しく説明します。

■集計を行うための計算式をメジャーとして定義

メジャーとは、レポート作成時に実行されるデータの集計や計算方法を定義したものです。例えば、売上合計、平均顧客数、達成率などの指標をメジャーとして作成できます。メジャーはExcelの数式に似た書き方で利用できるDAX関数を用いて定義します。またフィルターの条件に合わせて結果が計算されるためさまざまな分析シナリオに対応できます。メジャーの詳細や作成方法は第6章で詳細を解説します。

■日付テーブルを用意し、日付軸での詳細な分析を行えるようにする

日付テーブルは、カレンダー上の日付と、その日付に関連する属性（年、月、四半期、週番号、曜日など）を持ったテーブルです。日付テーブルをデータモデル内に用意し、その他のテーブルと関連付けることで、日付に基づいたデータの集計やフィルターが行えるようになります。例えば、[売上データ] テーブルに日付テーブルを関連付けると、売上を年度や月次、四半期別、曜日別などさまざまな区分で集計できるようになります。日付テーブルの属性をビジュアルの軸やスライサーに設定することで、日付に基づいてビジュアルを表示したり、フィルター操作に活用できます。日付テーブルの作成や日付軸を利用した詳細な分析を行う方法は第7章で詳細を解説します。

データモデリングを行う作業例を解説しました。分析の目的やシナリオに応じて必要な作業を行いましょう。

LESSON

26 リレーションシップを設定する

データのインポートをした後、複数のデータをつなげて分析するにはリレーションシップの設定が必要になります。リレーションがあると、異なるテーブルのデータを組み合わせて分析できます。また関連するテーブルのフィルター条件を自動的に反映できます。

01 リレーションシップとは

リレーションシップとは**複数のテーブルに共通する列を利用してデータを結び付けること**です。リレーションシップによって、テーブル間の関連性を設定でき、複数のテーブルを利用した集計や分析が行えるようになります。Power BI Desktopではデータソースが異なる複数のテーブル間にリレーションシップが設定できます。これによりExcelからインポートしたデータと、データベースからインポートしたデータのように、異なる場所から取得した複数のデータを関連付けて集計が行えます。

複数のテーブルをインポートする場合、リレーションシップの設定を行い関連するデータを結び付けるように設計することが推奨されます。インポートしたテーブルは、含まれる内容により「ファクトテーブル」と「ディメンションテーブル」の2つに分類できます。**ファクトテーブルとは、集計や分析の対象となる数値データが含まれるテーブル**を指します。例えば、購入金額や数量、注文数や観測データなどがファクトテーブルのデータです。**ディメンションテーブルとは、ファクトテーブルのデータに関する属性が含まれるテーブル**を指します。ディメンションテーブルには、日付や地域、製品名やカテゴリー、顧客名や性別など、ファクトテーブルの数値データに関連する詳細情報となるマスターデータが含まれることが一般的です。データ分析の際に、ファクトテーブルのデータをさまざまな観点から見るために利用します。例えば月ごとや地域別、製品別や性別別などの集計やフィルター、スライサーなどを行う際に使います。

データソースが「担当者一覧」と「売上」という2つのテーブルを利用することを例に考えてみましょう。[売上] テーブルには集計できる売上金額や案件数、および担当者のIDが含まれている場合、これはファクトテーブルとなります。[担当者一覧] テーブルには売上データを担当者や所属部署ごとにフィルターを行うための担当者情報が含まれているとする場合、これはディメンションテーブルとなります。ディメンションテーブルにはマスター情報が含まれ、ファクトテーブルには時間の経過とともに増加する数値データが含まれると考えると分かりやすいでしょう。

	ファクトテーブル	ディメンションテーブル
含まれるデータ	イベントや状態、観測値を記録したデータ 売上、在庫、観測データなど	属性やカテゴリーを定義したデータ 商品マスター、社員一覧、部署一覧など
分析での利用目的	集計	集計時の軸（フィルターやグループ化）

ファクトテーブルは分析したい事象や業務のデータを格納するテーブルで、合計や平均などを集計したい列が含まれます。ディメンションテーブルはファクトテーブルのデータに関係する属性やカテゴリーを示すデータを持つものです。

■ リレーションシップの種類

リレーションシップの設定方法は3種類あり、これをカーディナリティといいます。カーディナリティは、リレーション関係にあるテーブルに含まれる値の関係を表し、例えば、テーブルの1つの行に対して、もう一方のテーブルも1つの行だけが関連付けられている場合は、1対1のカーディナリティになります。また1つの行に対して、もう一方のテーブルの複数行が関連付けられている場合は、1対多（もしくは多対1）のカーディナリティとなります。

<table>
<tr><th>種類</th><th>内容</th><th>例</th></tr>
<tr><td>多対1</td><td>テーブルのレコードが、もう一方のテーブルの複数のレコードと関連する</td><td>1つの得意先に対して複数の案件があるデータを格納した［案件］テーブルと［取引先］テーブル
リレーションシップのキーとなる列
<table>
<tr><th>案件No</th><th>案件名</th><th>顧客ID</th><th>案件担当</th></tr>
<tr><td>1</td><td>XXXXXXXXX</td><td>001</td><td>XXX XXX</td></tr>
<tr><td>2</td><td>XXXXXXX</td><td>002</td><td>XXX XXXX</td></tr>
<tr><td>3</td><td>XXXXXXXX</td><td>001</td><td>XXX XXX</td></tr>
<tr><td>4</td><td>XXXXXXXXX</td><td>003</td><td>XXX XXXX</td></tr>
</table>
<table>
<tr><th>顧客ID</th><th>会社名</th><th>顧客属性</th></tr>
<tr><td>001</td><td>A社</td><td>A</td></tr>
<tr><td>002</td><td>B社</td><td>A</td></tr>
<tr><td>003</td><td>C社</td><td>B</td></tr>
<tr><td>004</td><td>D社</td><td>C</td></tr>
</table></td></tr>
<tr><td>1対1</td><td>テーブルの1件のレコードが、もう一方のテーブルの1件のレコードとだけ関連する</td><td>1人の社員に対して1つの入館証を発行することを前提とした［社員］テーブルと［入館証明一覧］テーブル
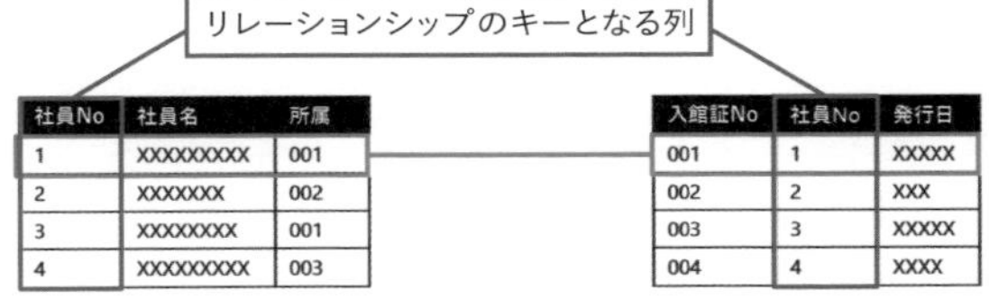
リレーションシップのキーとなる列
<table>
<tr><th>社員No</th><th>社員名</th><th>所属</th></tr>
<tr><td>1</td><td>XXXXXXXXX</td><td>001</td></tr>
<tr><td>2</td><td>XXXXXXX</td><td>002</td></tr>
<tr><td>3</td><td>XXXXXXXX</td><td>001</td></tr>
<tr><td>4</td><td>XXXXXXXXX</td><td>003</td></tr>
</table>
<table>
<tr><th>入館証No</th><th>社員No</th><th>発行日</th></tr>
<tr><td>001</td><td>1</td><td>XXXXX</td></tr>
<tr><td>002</td><td>2</td><td>XXX</td></tr>
<tr><td>003</td><td>3</td><td>XXXXX</td></tr>
<tr><td>004</td><td>4</td><td>XXXX</td></tr>
</table></td></tr>
<tr><td>多対多</td><td>テーブルのレコードが、もう一方のテーブルの複数のレコードと関連し、逆も同様である</td><td>店舗ごとの売上が含まれる［店舗売上］テーブルと市区町村ごとの人口が含まれる［地域人口］テーブルにおいて、［都道府県］列で関連付けた場合
リレーションシップのキーとなる列
<table>
<tr><th>都道府県</th><th>店舗</th><th>売上</th></tr>
<tr><td>東京都</td><td>品川店</td><td>3000000</td></tr>
<tr><td>東京都</td><td>恵比寿店</td><td>3500000</td></tr>
<tr><td>埼玉県</td><td>さいたま店</td><td>2800000</td></tr>
</table>
<table>
<tr><th>都道府県</th><th>市区町村</th><th>人口</th></tr>
<tr><td>東京都</td><td>品川区</td><td>430000</td></tr>
<tr><td>東京都</td><td>新宿区</td><td>353000</td></tr>
<tr><td>東京都</td><td>世田谷区</td><td>930000</td></tr>
<tr><td>埼玉県</td><td>さいたま市</td><td>1340000</td></tr>
</table></td></tr>
</table>

■スタースキーマを基本としよう

インポートしたテーブルの内容にもよりますが、1つのファクトテーブルと複数のディメンションテーブルがあるケースではファクトテーブルからディメンションテーブルに対して多対1となるリレーションを設定しましょう。これを「スタースキーマ」とよび、データ分析を行う際に広く採用されているモデリング手法です。Power BIではパフォーマンス面や利用のしやすさから、最適なデータ構造としてスタースキーマを推奨しています。ファクトテーブルの周りをディメンションテーブルが取り囲むような構造となり、データ構造がシンプルで理解しやすい点が特徴です。

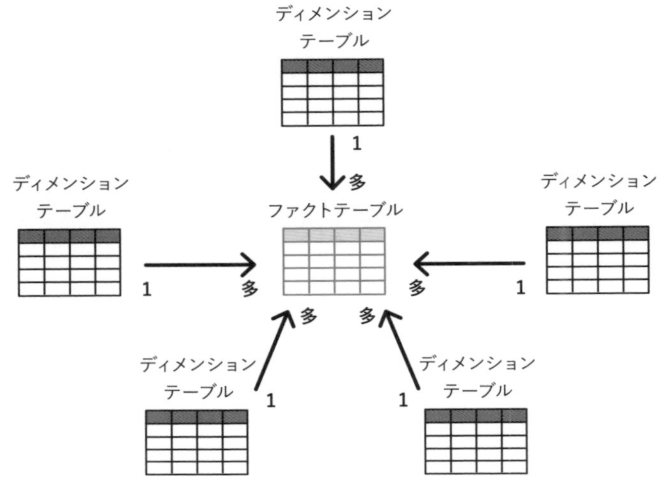

実際に利用するデータソースは、テーブルが1つしかない場合などデータの内容によってはスタースキーマに準ずることができないこともあるはずです。そのため、必ずこの構造にしなくては分析が行えないわけではありません。しかし最適なデータ構造のイメージを持っておき、できることならこれに近づくモデリングを行うよう意識することが大事です。

練習用ファイル L026_リレーション.pbix

02 リレーションシップの設定を確認する

複数のテーブルをインポートする場合、Power BI Desktopはリレーションシップを自動検出します。テーブルの列名やデータ型を検出し、同じ名前やデータ型を持つ複数のテーブルがある場合にはその列をキーにリレーションシップが自動的に設定されます。

次の4つのテーブルがインポートされた練習用ファイルを利用して、リレーションシップの設定を確認してみましょう。リレーションシップの設定はモデルビューもしくは［リレーションシップの管理］で確認できます。同じ名前の列が含まれることから自動検出により、多対1のリレーションシップが2点設定されていることが確認できます。

[顧客ID]列により[売上]テーブルと[顧客一覧]テーブルにリレーションシップが設定されている

売上テーブル

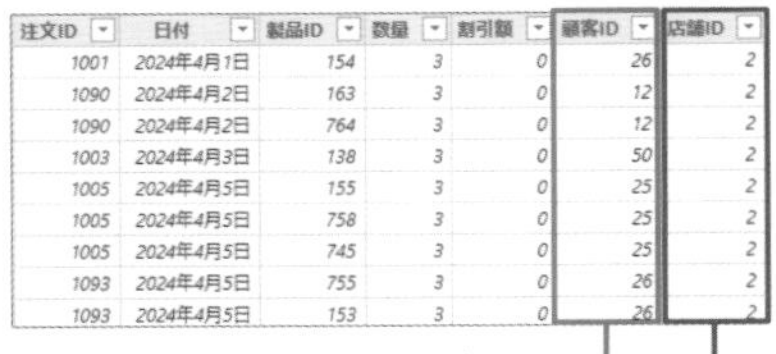

注文ID	日付	製品ID	数量	割引額	顧客ID	店舗ID
1001	2024年4月1日	154	3	0	26	2
1090	2024年4月2日	163	3	0	12	2
1090	2024年4月2日	764	3	0	12	2
1003	2024年4月3日	138	3	0	50	2
1005	2024年4月5日	155	3	0	25	2
1005	2024年4月5日	758	3	0	25	2
1005	2024年4月5日	745	3	0	25	2
1093	2024年4月5日	755	3	0	26	2
1093	2024年4月5日	153	3	0	26	2

製品マスターテーブル

カテゴリー	製品No	製品名	価格	ブランド
日用雑貨	157	アロマキャンドル バニラ	350	Maxim
日用雑貨	163	アロマキャンドル ムスク	290	Maxim
日用雑貨	750	アロマオイル ローズバニラ	230	ソリデート
日用雑貨	751	アロマオイル レモングラス	260	ソリデート
キッチン洗剤	126	食器洗い洗剤 レモン	190	Faundue
キッチン洗剤	127	食器洗い洗剤 オレンジ	210	Faundue
キッチン洗剤	144	ガラスクリーナー	60	Maxim
キッチン洗剤	155	フライパン	460	Maxim
キッチン洗剤	156	鍋クリーナー	70	Maxim

顧客一覧テーブル

顧客ID	氏名	都道府県	登録店舗	生年月日	性別	年齢	年代
2560	小栗 圭介	愛知県	2	1981年1月23日	男性	43	40代
2561	稲置 悦夫	愛知県	2	1981年3月20日	男性	43	40代
2562	岡原 利光	愛知県	2	1980年7月15日	男性	43	40代
2564	梅鉢 栄二	愛知県	2	1980年11月15日	男性	43	40代
2565	長谷 康正	愛知県	2	1981年1月4日	男性	43	40代
2569	成島 隆司	愛知県	2	1981年1月8日	男性	43	40代
2572	中埜 哲	愛知県	2	1980年12月25日	男性	43	40代
2574	内浦 恒夫	愛知県	2	1980年5月22日	男性	43	40代
2575	桑山 静雄	愛知県	2	1980年10月13日	男性	43	40代
2578	五条 徳宏	愛知県	2	1980年5月27日	男性	43	40代

店舗テーブル

出店モール	店舗ID	店舗名	店舗（モール名）
A	11	ハローズ	ハローズ（モールA）
A	12	グッドヘルス	グッドヘルス（モールA）
B	1	Happyカート	Happyカート（モールB）
B	2	AB Mall	AB Mall（モールB）

[店舗ID]列により[売上]テーブルと[店舗]テーブルにリレーションシップが設定されている

ファクトテーブルの[売上]テーブルとディメンションテーブルである[顧客一覧]や[店舗]テーブルはリレーションシップが設定されているため、ディメンションテーブルに含まれる値を軸にファクトテーブルのデータを集計できます。しかし、リレーションシップが設定されていない[製品マスター]テーブルの値を軸とすると、分類ごとの集計結果が正しくなりません。すべての製品カテゴリーに同じ値が表示されることになります。

Y軸で指定した列を利用した集計結果が可視化されている

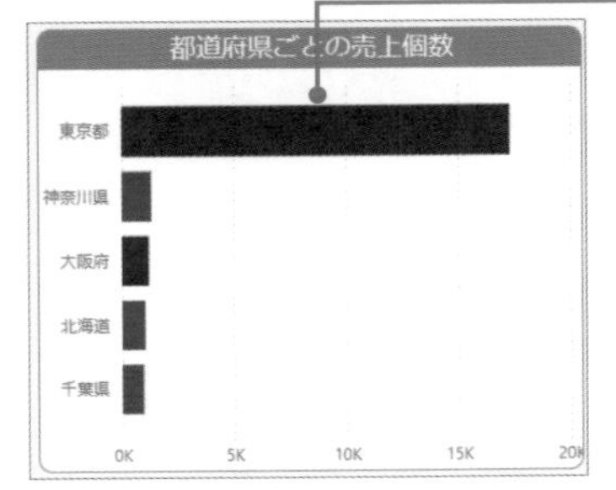

◆都道府県ごとの売上個数
Y軸：[顧客一覧]テーブルの[都道府県]列
X軸：[売上]テーブルの[数量]列

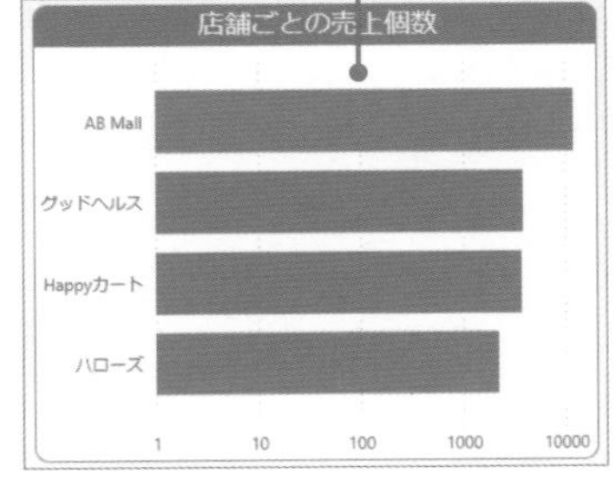

◆店舗ごとの売上個数
Y軸：[店舗]テーブルの[店舗名]列
X軸：[売上]テーブルの[数量]列

活用編 第5章 分析のためにデータモデリングを行う

リレーションシップがないため製品カテゴリーごとの集計はされない

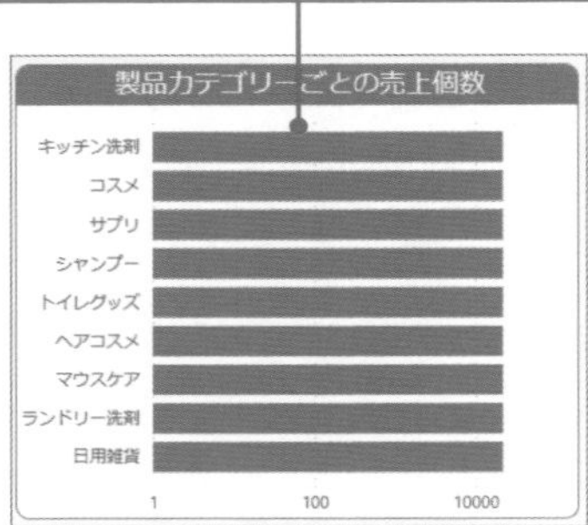

◆製品カテゴリーごとの売上個数
Y軸：[製品マスター]テーブルの[カテゴリー]列
X軸：[売上]テーブルの[数量]列

■リレーションシップを確認する

実際にリレーションシップを確認するため[モデルビュー]に切り替えましょう。[リレーションシップの管理]をクリックすると、リレーションシップが2点設定されていることが確認でき、[…]-[編集]をクリックすると詳細を確認できます。

1 [モデルビュー]をクリック

[顧客ID]列をキーに[売上]テーブルと[顧客一覧]テーブルにリレーションシップが設定されている

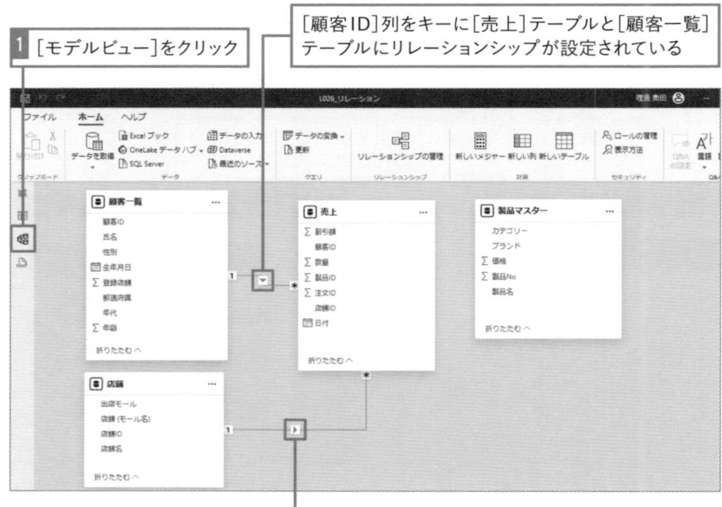

[店舗ID]列をキーに[売上]テーブルと[店舗]テーブルにもう1つの内容と合わせるためリレーションシップが設定されている

2 [ホーム]タブ -[リレーションシップの管理]をクリック

自動的に設定されたリレーションシップが表示された

3 2行目のリレーションシップを選択し、[編集]をクリック

[売上]テーブルと[顧客一覧]テーブルが[顧客ID]列でリレーションシップが設定されていることが確認できる

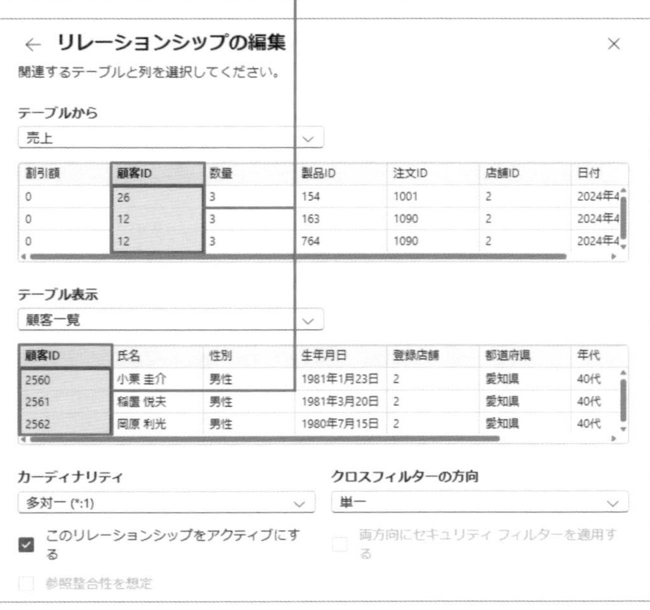

03 リレーションシップの設定を行う

リレーションシップは自動検出される内容に基づくだけでは、すべての設定が完了するわけではありません。自動検出されなかった場合は、手動でテーブル間にリレーションシップを設定します。また自動検出されたリレーションシップの内容が正しくない場合は編集します。練習用ファイルでは同じ名前の列が含まれていないことから［売上］テーブルと［製品マスター］テーブル間にはリレーションシップが自動検出されず、未設定です。［売上］テーブルの［製品ID］列と［製品マスター］テーブルの［製品No］列をキーとしてこれらのテーブルにリレーションシップを設定しましょう。リレーションシップを設定することで、製品カテゴリーごとの集計が行えるようになります。

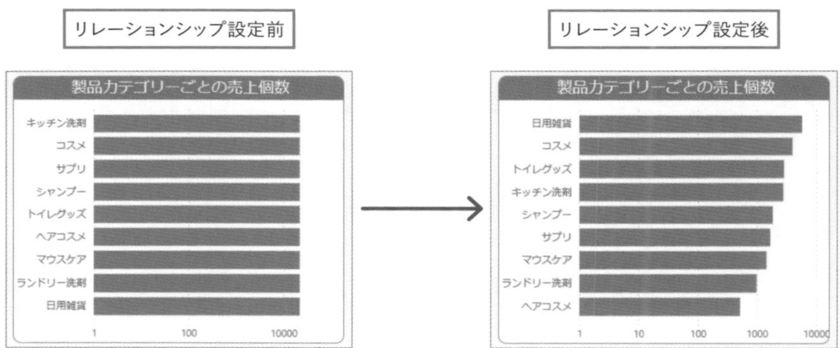

■ リレーションシップを設定する

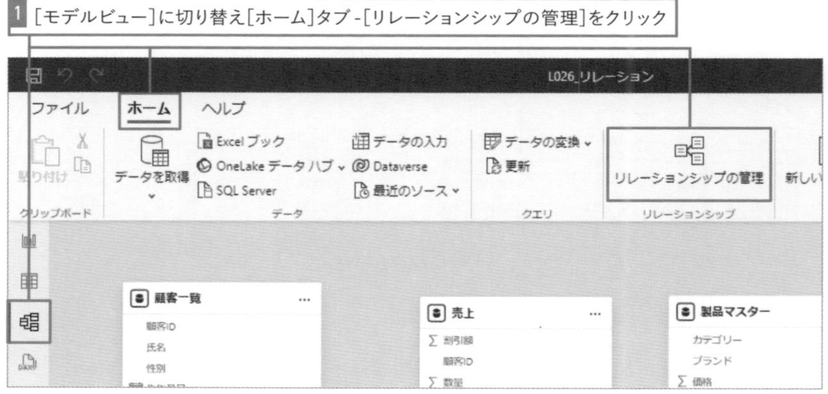

2 [新しいリレーションシップ]をクリック

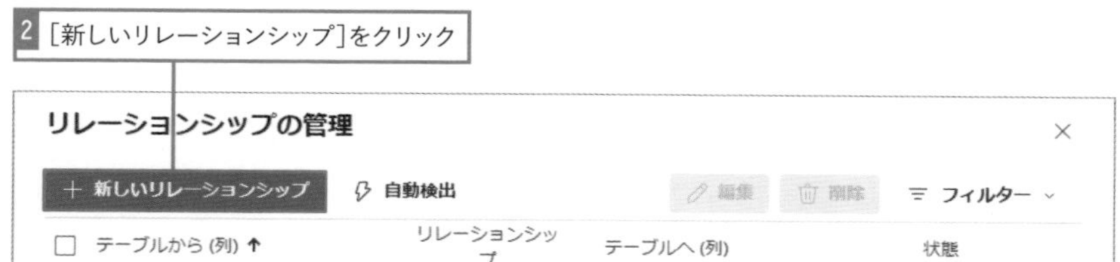

3 [売上]テーブルと[製品マスター]テーブルを選択

4 [製品ID]と[製品No]を選択し[保存]をクリック

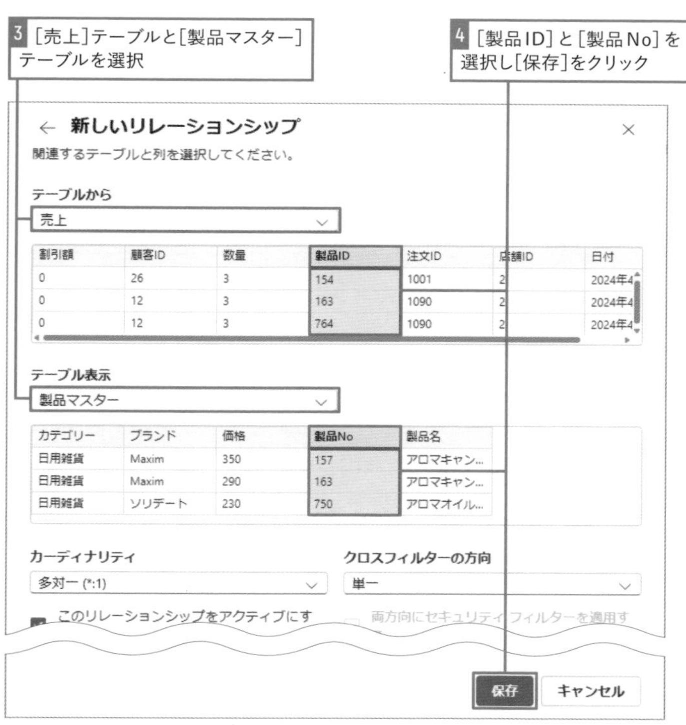

リレーションシップが設定された

モデルビューでもリレーションシップが設定されたことを確認できる

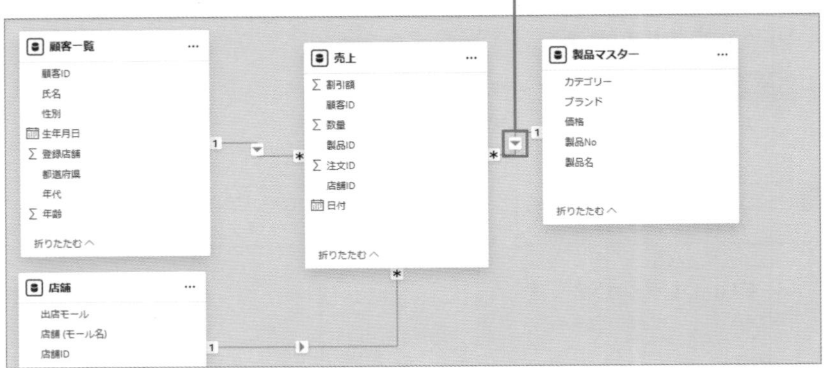

ドラッグ操作でもリレーションシップを設定できる

リレーションシップの設定は、[リレーションシップの管理] ダイアログを使わずに、モデルビューで直接行うことも可能です。モデルビューでリレーションシップを作成する際には、キーとなる列をドラッグして結び付けます。例えば、[売上] テーブルの [製品ID] 列と [製品マスター] テーブルの[製品No]列をドラッグして結び付けると、その間にリレーションシップが作成されます。

[製品No]を[製品ID]にドラッグする

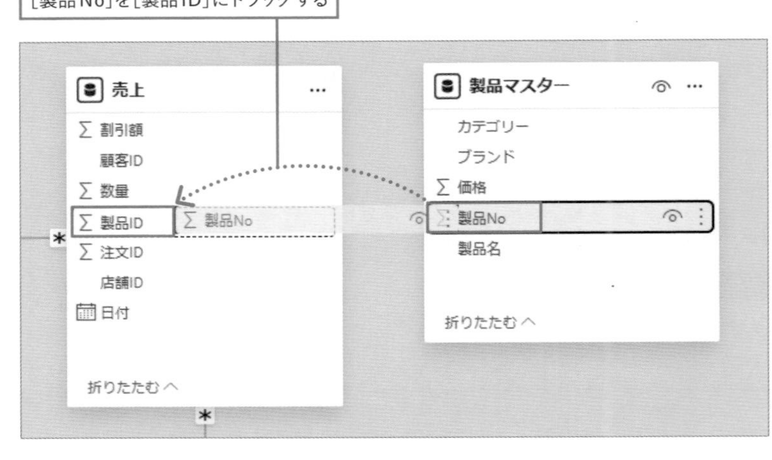

LESSON 27

DAXを利用して計算列を作成する

計算列は、データモデルのテーブルにDAXを使用して新しい列を作成できる機能です。計算列はリレーションシップを通じて、他のテーブルの列の値を参照することもできます。

01 「計算列」とは

目的とする分析結果を得るためには、インポートしたデータに含まれるフィールドだけでは足りないことがあります。計算列ではDAX式を利用してテーブルに新しい列を追加できます。DAX式では、四則演算や関数を使ってさまざまな計算を行え、文字列をつなげたり数値を計算したりするのに便利です。別のテーブルにある列の値を参照して計算することもできます。また、計算列ではExcelのように行単位で列と列を1行ずつ計算して新しい列を作成します。このような計算は、DAXでは「行コンテキスト」とよばれます。計算列はデータがインポートされたり、更新されたりするときに実行され、結果はデータモデル内に格納されます。さらに、フィルターやスライサー、リレーションシップに利用することも可能です。

計算列の作成はテーブルビューで結果を確認しながら行う方法がおすすめです。[新しい列]をクリックし、「列名＝計算式」の形でDAX式を記載して作成を行います。

[新しい列]をクリックすると、空の列が新たに作成される

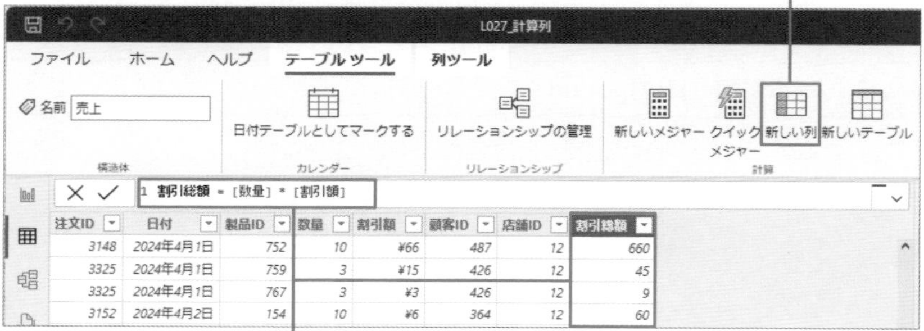

L027_計算列

ファイル　ホーム　ヘルプ　テーブル ツール　列ツール

名前 売上

日付テーブルとしてマークする　リレーションシップの管理　新しいメジャー　クイックメジャー　新しい列　新しいテーブル

構造体　カレンダー　リレーションシップ　計算

```
1 割引総額 = [数量] * [割引額]
```

注文ID	日付	製品ID	数量	割引額	顧客ID	店舗ID	割引総額
3148	2024年4月1日	752	10	¥66	487	12	660
3325	2024年4月1日	759	3	¥15	426	12	45
3325	2024年4月1日	767	3	¥3	426	12	9
3152	2024年4月2日	154	10	¥6	364	12	60

式は数式バーに「列名＝計算式」の形式で入力し、Enter キーを押すと、行ごとの計算結果が表示される

■列値の連結

「&」を利用して他の列と文字列を連結できます。例えば[都道府県]列と[市区町村]列を組み合わせて[住所]列を次のように作成できます。

```
住所=[都道府県]&[市区町村]
```

■列同士の演算

演算子を使って他の列と計算できます。例えば[売上]テーブルに[数量]列と[単価]列がある場合、[売上金額]列を次のように作成できます。

```
売上金額 = [数量]*[単価]
```

■定数の演算

演算子を使って数値や文字列と計算できます。例えば[売上]テーブルに[割引率]列がある場合、[割引後単価]列を次のように作成できます。

```
割引後単価 = [単価]*(1-[割引率])
```

■関数の利用

DAXには数百種類の関数が用意されており、それらを組み合わせて計算できます。例えば[日付]列がある場合、書式を変換することができるFORMAT関数を利用することで[曜日]列を次のように作成できます。FORMAT関数では日付型のデータに対して書式を「"dddd"」と指定することで日付の値から曜日を表示するよう変換できます。

```
曜日 = FORMAT([日付],"dddd")
```

作成した列は［データ］ウィンドウにも表示される

作成した計算列は［データ］ウィンドウでフィールドとして確認でき、ここからビジュアルに表示するよう設定が行えます。また、計算式であることを示すアイコンが表示されます。

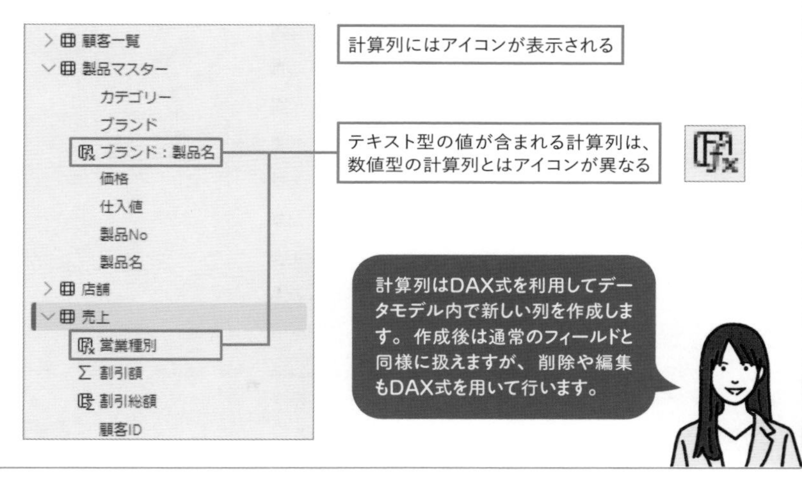

練習用ファイル L027_計算列.pbix

02 集計のための計算列を作成

ここからは4つのテーブルを含むデータモデルを持つ練習用ファイルを利用して、計算列を作成します。まずは[売上]テーブルにある[数量]と[割引額]列を使って［割引総額］列を計算列として作ります。［割引額］列は１つの数量に対する割引額のため、［数量］列と掛け算をします。

[数量]×[割引額]の計算を行い、割引の総額を求める

```
1 割引総額 = [数量] * [割引額]
```

注文ID	日付	製品ID	数量	割引額	顧客ID	店舗ID	割引総額
3148	2024年4月1日	752	10	¥66	487	12	660
3325	2024年4月1日	759	3	¥15	426	12	45
3325	2024年4月1日	767	3	¥3	426	12	9
3152	2024年4月2日	154	10	¥6	364	12	60
3240	2024年4月2日	745	10	¥75	362	12	750

1 テーブルビューで[売上]テーブルを開き、[新しい列]をクリック

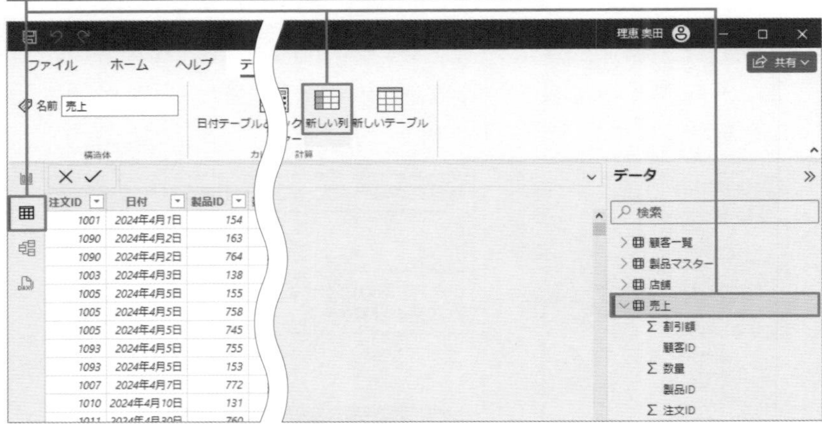

2 次の数式を数式バーに入力し、Enter キーを押す

割引総額 = [数量]*[割引額]

意味 [数量]列と[割引額]列の値を掛けて、割引総額を計算

[割引総額]列が作成された

[データ]ウィンドウでも列が追加されたことが確認できる

式の入力は入力候補を利用しよう

関数を利用する場合や、列名を指定する際は入力候補が便利です。同じテーブル内の列は「[列名]」の形式で記載します。

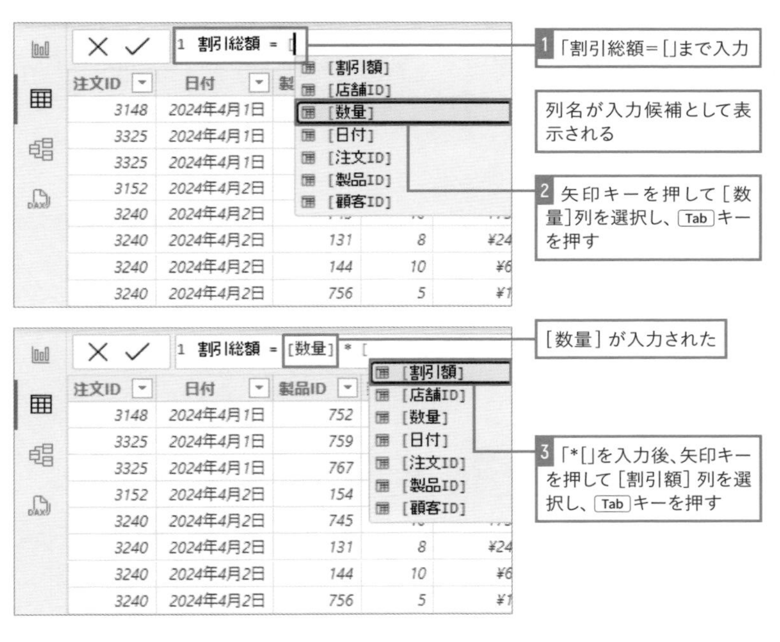

[割引額]が入力された

Enter キーを押して入力を完了させておく

1 割引総額 = [数量] * [割引額]

注文ID	日付	製品ID	数量	割引額	顧客ID	店舗ID	割引総額
3148	2024年4月1日	752	10	¥66	487	12	660
3325	2024年4月1日	759	3	¥15	426	12	45
3325	2024年4月1日	767	3	¥3	426	12	9
3152	2024年4月2日	154	10	¥6	364	12	60
3240	2024年4月2日	745	10	¥75	362	12	750

数式を記述するときは、候補や引数の説明が表示される機能をぜひ活用してください。入力候補を使うことで、入力の負担を軽減し、数式の記述ミスを防ぐことができます。

03 複数テーブルを横断した計算

計算列はリレーションシップが設定された複数のテーブルを横断して計算できます。関連テーブルにある列はRELATED関数を利用して参照します。RELATED関数はDAX関数の1つです。**データモデル内のリレーションシップに基づいて、関連テーブルの列の値を参照**します。**引数には参照したい列名を指定**します。ここでは[小計]と[利益]の2つの列を作成します。

■ [小計] 列

[売上] テーブルには [数量] 列と [商品名] 列がありますが、商品の単価は含まれていません。商品の単価は[売上] テーブルとリレーションシップがある[製品マスター]テーブルに含まれています。これらの値や[割引総額]列を利用して、[小計] 列を作成します。

◆[売上]テーブル

[数量]×[製品マスター]テーブルの[価格]-[割引総額]を計算する

注文ID	日付	製品ID	数量	割引額	顧客ID	店舗ID	割引総額	小計	利益
1001	2024年4月1日	154	3	¥0	26	2	0	2340	1620
1090	2024年4月2日	163	3	¥0	12	2	0	1950	1080
1090	2024年4月2日	764	3	¥0	12	2	0	2940	1560
1003	2024年4月3日	138	3	¥0	50	2	0	2700	2100
1005	2024年4月5日	155	3	¥0	25	2	0	1800	420
1005	2024年4月5日	758	3	¥0	25	2	0	1140	540
1005	2024年4月5日	745	3	¥0	25	2	0	2940	2640
1093	2024年4月5日	755	3	¥0	26	2	0	900	360

◆[製品マスター]テーブル

カテゴリー	製品No	製品名	価格	ブランド	仕入値
日用雑貨	157	アロマキャンドル バニラ	610	Maxim	350
日用雑貨	163	アロマキャンドル ムスク	650	Maxim	290
日用雑貨	750	アロマオイル ローズバニラ	600	ソリデート	230
日用雑貨	751	アロマオイル レモングラス	600	ソリデート	260
キッチン洗剤	126	食器洗い洗剤 レモン	350	Faundue	190
キッチン洗剤	127	食器洗い洗剤 オレンジ	350	Faundue	210

[製品マスター]テーブルの[価格]の値をRELATED関数で参照する

■［利益］列

［売上］テーブルに作成した［小計］から仕入れにかかった金額を引いて［利益］列を作成します。商品ごとの仕入れ価格は［製品マスター］テーブルに含まれています。

◆［売上］テーブル

［小計］×［製品マスター］テーブルの［仕入値］-［数量］を計算する

注文ID	日付	製品ID	数量	割引額	顧客ID	店舗ID	割引総額	小計	利益
1001	2024年4月1日	154	3	¥0	26	2	0	2340	1620
1090	2024年4月2日	163	3	¥0	12	2	0	1950	1080
1090	2024年4月2日	764	3	¥0	12	2	0	2940	1560
1003	2024年4月3日	138	3	¥0	50	2	0	2700	2100
1005	2024年4月5日	155	3	¥0	25	2	0	1800	420
1005	2024年4月5日	758	3	¥0	25	2	0	1140	540
1005	2024年4月5日	745	3	¥0	25	2	0	2940	2640
1093	2024年4月5日	755	3	¥0	26	2	0	900	360

◆［製品マスター］テーブル

カテゴリー	製品No	製品名	価格	ブランド	仕入値
日用雑貨	157	アロマキャンドル バニラ	610	Maxim	350
日用雑貨	163	アロマキャンドル ムスク	650	Maxim	290
日用雑貨	750	アロマオイル ローズバニラ	600	ソリデート	230
日用雑貨	751	アロマオイル レモングラス	600	ソリデート	260
キッチン洗剤	126	食器洗い洗剤 レモン	350	Faundue	190
キッチン洗剤	127	食器洗い洗剤 オレンジ	350	Faundue	210
キッチン洗剤	144	ガラスクリーナー	780	Maxim	400

［製品マスター］テーブルの［仕入値］の値をRELATED関数で参照する

1 テーブルビューで［売上］テーブルを開き、［新しい列］をクリック

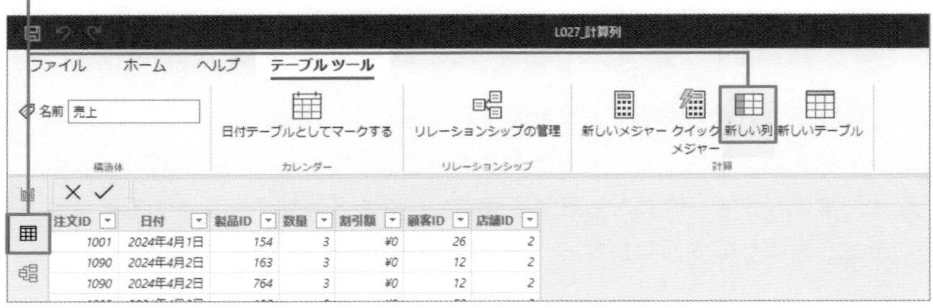

2 次の数式を数式バーに入力し、Enterキーを押す

行ごとの小計が求められた

```
1 小計 = [数量]*RELATED('製品マスター'[価格])-[割引総額]
```

注文ID	日付	製品ID	数量	割引額	顧客ID	店舗ID	割引総額	小計
1001	2024年4月1日	154	3	¥0	26	2	0	2340
1090	2024年4月2日	163	3	¥0	12	2	0	1950
1090	2024年4月2日	764	3	¥0	12	2	0	2940
1003	2024年4月3日	138	3	¥0	50	2	0	2700
1005	2024年4月5日	155	3	¥0	25	2	0	1800
1005	2024年4月5日	758	3	¥0	25	2	0	1140
1005	2024年4月5日	745	3	¥0	25	2	0	2940

小計 = [数量]*RELATED('製品マスター'[価格])-[割引総額]

意味 [数量]列に関連テーブルである[製品マスター]テーブルの[価格]列を掛け、[割引総額]を引き小計を計算

3 再度[新しい列]をクリック

4 次の数式を数式バーに入力し、Enterキーを押す

```
1 利益 = [小計]-(RELATED('製品マスター'[仕入値])*[数量])
```

注文ID	日付	製品ID	数量	割引額	顧客ID	店舗ID	割引総額	小計	利益
1001	2024年4月1日	154	3	¥0	26	2	0	2340	1620
1090	2024年4月2日	163	3	¥0	12	2	0	1950	1080
1090	2024年4月2日	764	3	¥0	12	2	0	2940	1560
1003	2024年4月3日	138	3	¥0	50	2	0	2700	2100
1005	2024年4月5日	155	3	¥0	25	2	0	1800	420
1005	2024年4月5日	758	3	¥0	25	2	0	1140	540
1005	2024年4月5日	745	3	¥0	25	2	0	2940	2640
1093	2024年4月5日	755	3	¥0	26	2	0	900	360

利益 = [小計]-(RELATED('製品マスター'[仕入値])*[数量])

意味 [小計]より仕入額を引いて利益を計算。仕入額は[製品マスター]テーブルの[仕入値]列に[数量]を掛けて算出

行ごとの利益が求められた

数式内でテーブル名や列を参照するには

DAX式では同じテーブルの列を参照するには[](角かっこ)で列名を囲み、テーブル名を指定して列名を参照する場合は「'テーブル名'[列名]」の形式で参照します。数式を記載する際にテーブル名や列名を指定する際には形式を意識して入力しましょう。

■ビジュアルに表示して確認する

練習用ファイル内に含まれるビジュアルの集計対象を[小計]に変更し、また[利益]が併せて表示されるように設定します。

X軸を[小計]に変更し、都道府県ごとの売上合計を表示

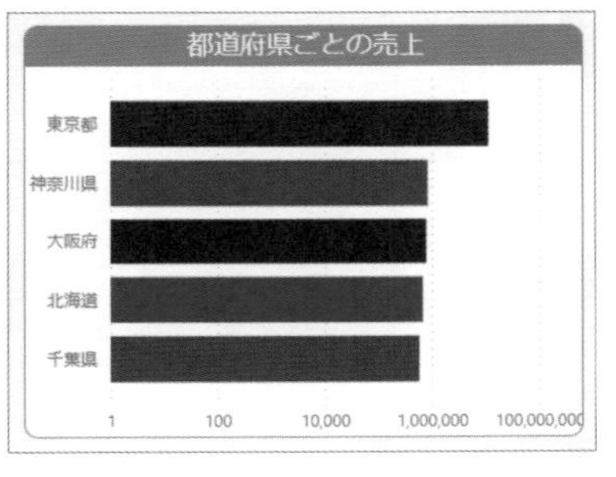

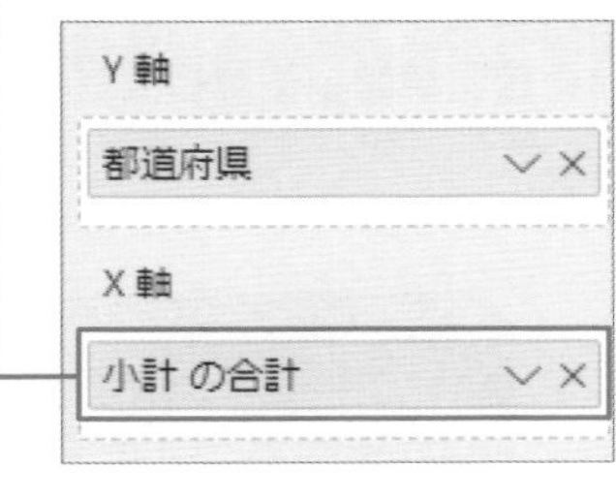

X軸を[小計]に変更し、店舗ごとの売上合計を表示

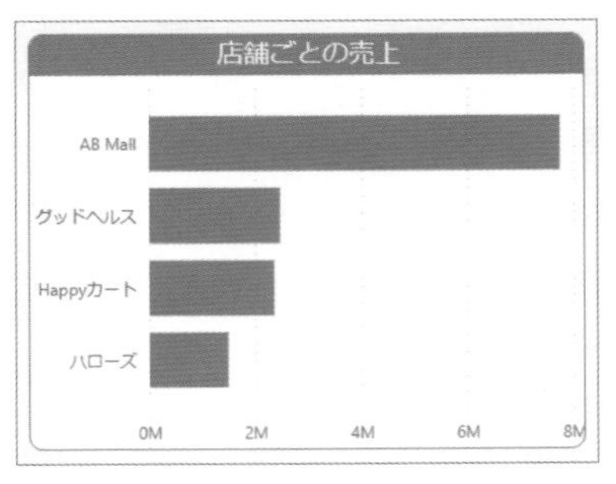

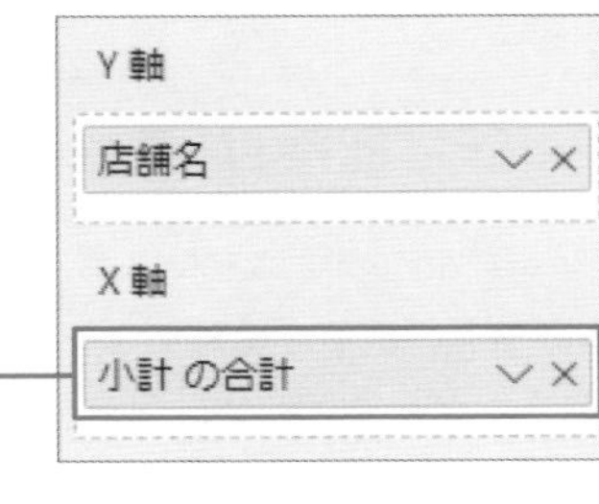

列のY軸を[小計]に変更し、線のY軸に[利益]を指定して、製品カテゴリーごとの売上合計および利益を表示

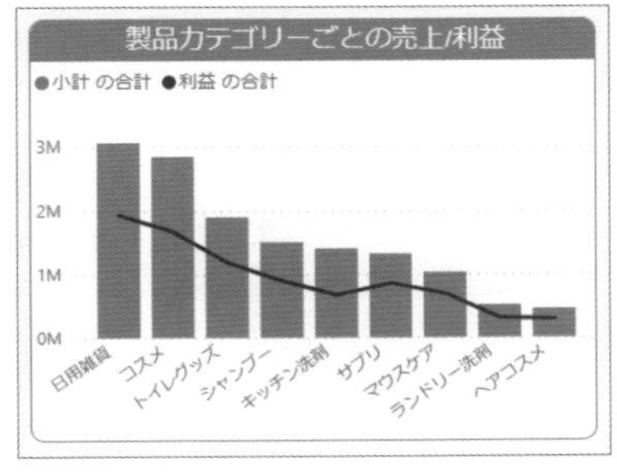

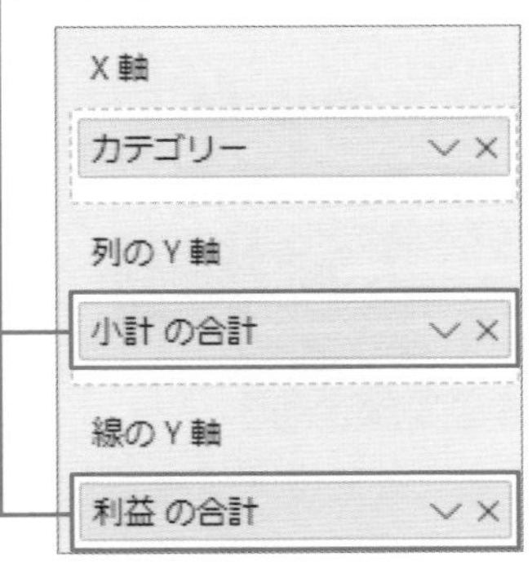

列のＹ軸を[小計]に変更し、線のＹ軸に[利益]を指定して日ごとの売上合計および利益を表示

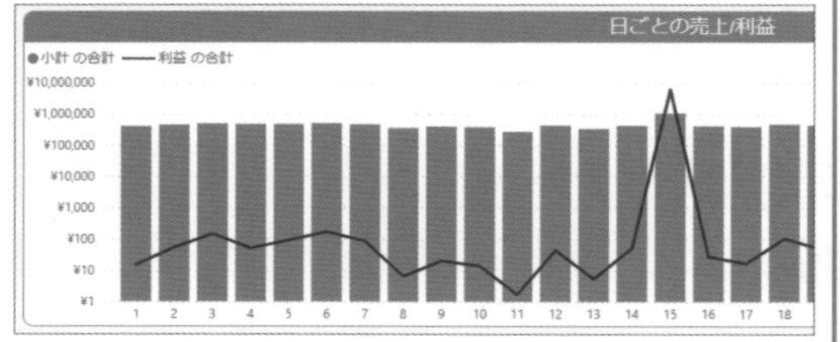

X 軸

日付
日

列の Y 軸

小計 の合計

線の Y 軸

利益 の合計

リレーションシップの設定を使って複数のテーブルにまたがる［小計］や［利益］を計算列として作成しました。これで売上の合計や利益合計を集計できます。

［小計］［利益］の書式を日本円表示に変更しよう

各ビジュアル内の値にマウスポインターを合わせた際に表示されるヒントで、集計結果の数値を確認できます。数値を読みやすくするためにビジュアルに表示している［小計］［利益］フィールドは書式を［通貨］に設定しておきましょう。［データ］ウィンドウで該当のフィールドを選択し、［列ツール］タブ内の［書式］を［通貨］に設定し、通貨表示を［¥日本語（日本）］にします。

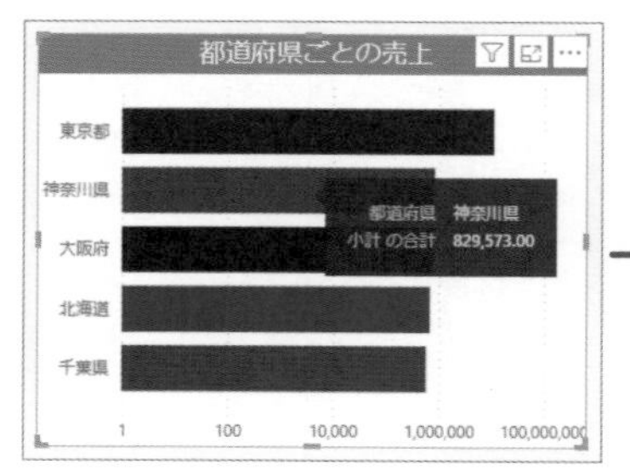

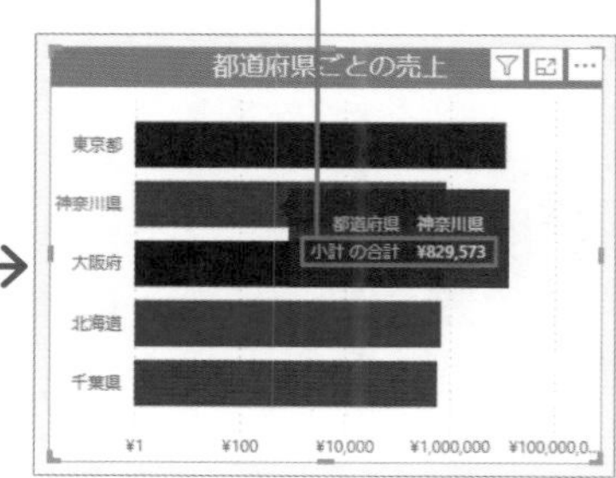

04 分析軸に利用する計算列を作成

計算列はフィルターやカテゴリーなど、分析の軸としても利用できます。分析の軸として利用するため次の2つの列を作成します。

■［ブランド：製品］列

［製品マスター］テーブルには［ブランド］列と［製品名］列があります。どのブランドのどの製品かをビジュアルに分かりやすく表示できるよう2つの列の値をつなげた［ブランド：製品名］列を作成します。

［ブランド］列と［製品名］列の値を「：」でつなげる

カテゴリー	製品No	製品名	価格	ブランド	仕入値	ブランド：製品名
日用雑貨	157	アロマキャンドル バニラ	610	Maxim	350	Maxim：アロマキャンドル バニラ
日用雑貨	163	アロマキャンドル ムスク	650	Maxim	290	Maxim：アロマキャンドル ムスク
日用雑貨	750	アロマオイル ローズバニラ	600	ソリデート	230	ソリデート：アロマオイル ローズバニラ
日用雑貨	751	アロマオイル レモングラス	600	ソリデート	260	ソリデート：アロマオイル レモングラス
キッチン洗剤	126	食器洗い洗剤 レモン	350	Faundue	190	Faundue：食器洗い洗剤 レモン
キッチン洗剤	127	食器洗い洗剤 オレンジ	350	Faundue	210	Faundue：食器洗い洗剤 オレンジ
キッチン洗剤	144	ガラスクリーナー	780	Maxim	400	Maxim：ガラスクリーナー
キッチン洗剤	155	フライパンクリーナー	600	Maxim	460	Maxim：フライパンクリーナー

■［営業種別］列

［売上］テーブルには商品が売れた日付が［日付］列に含まれています。毎月15日は割引が実施されるイベント日とし、［日付］列の値を利用して15日の場合は「イベント日」、それ以外の日は「通常日」と値を格納した［営業種別］列を作成します。ここではIF関数とDAY関数を組み合わせて計算列を作成します。

［日付］列の日付部分の値を以下の条件で判別し、値を格納する

注文ID	日付	製品ID	数量	割引額	顧客ID	店舗ID	割引総額	小計	利益	営業種別
2013	2024年5月14日	163	3	¥0	11	2	0	¥1,950	¥1,080	通常日
2013	2024年5月14日	758	3	¥0	11	2	0	¥1,140	¥540	通常日
2013	2024年5月14日	130	3	¥0	11	2	0	¥810	¥510	通常日
2013	2024年5月14日	157	3	¥0	11	2	0	¥1,830	¥780	通常日
2014	2024年5月15日	770	3	¥0	26	2	0	¥1,170	¥1,080	イベント日

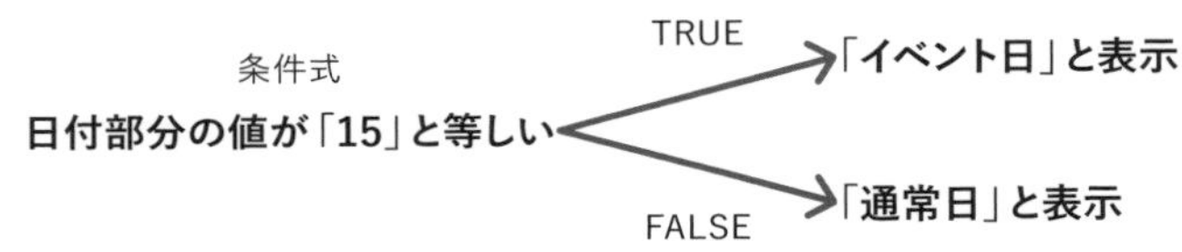

IF関数は、ある条件が真か偽かに応じて、異なる値を返す関数です。「IF(条件式, 真の場合の値, 偽の場合の値)という形式で記述します。条件式は、比較演算子（=、>、<、>=、<=、<>）や論理関数（AND、OR、NOT）を使って記述します。真の場合の値と偽の場合の値は、数値や文字列、数式などが指定できます。**Day関数は、日付からその日にちを数値として取り出す関数**です。「Day(日付)」という形式で記述します。日付は、日付データ型の値が指定できます。Day関数は、月や年を無視して、日にちだけを返します。例えば、2024/01/15と2022/02/15はどちらも15という値を返します。

1 テーブルビューで［製品マスター］テーブルを開き、［新しい列］をクリック

2 次の数式を数式バーに入力し、Enter キーを押す

```
1 ブランド:製品名 = [ブランド]&" : "&[製品名]
```

カテゴリー	製品No	製品名	価格	ブランド	仕入値	ブランド:製品名
日用雑貨	157	アロマキャンドル バニラ	610	Maxim	350	Maxim : アロマキャンドル バニラ
日用雑貨	163	アロマキャンドル ムスク	650	Maxim	290	Maxim : アロマキャンドル ムスク
日用雑貨	750	アロマオイル ローズバニラ	600	ソリデート	230	ソリデート : アロマオイル ローズバニラ
日用雑貨	751	アロマオイル レモングラス	600	ソリデート	260	ソリデート : アロマオイル レモングラス
キッチン洗剤	126	食器洗い洗剤 レモン	350	Faundue	190	Faundue : 食器洗い洗剤 レモン
キッチン洗剤	127	食器洗い洗剤 オレンジ	350	Faundue	210	Faundue : 食器洗い洗剤 オレンジ
キッチン洗剤	144	ガラスクリーナー	780	Maxim	400	Maxim : ガラスクリーナー
キッチン洗剤	155	フライパンクリーナー	600	Maxim	460	Maxim : フライパンクリーナー
キッチン洗剤	156	鍋クリーナー	450	Maxim	170	Maxim : 鍋クリーナー
キッチン洗剤	158	銀クリーナー	600	Maxim	190	Maxim : 銀クリーナー

ブランド：製品名 = [ブランド]&" : "&[製品名]

意味 ［ブランド］列の値と［製品名］列の値の間を「：」で区切って文字列をつなげる

3 テーブルビューで［売上］テーブルを開き、［新しい列］をクリック

4 次の数式を数式バーに入力し、Enter キーを押す

```
1 営業種別 = IF(DAY([日付])=15,"イベント日","通常日")
```

注文ID	日付	製品ID	数量	割引額	顧客ID	店舗ID	割引総額	小計	利益	営業種別
2013	2024年5月14日	163	3	¥0	11	2	0	¥1,950	¥1,080	通常日
2013	2024年5月14日	758	3	¥0	11	2	0	¥1,140	¥540	通常日
2013	2024年5月14日	130	3	¥0	11	2	0	¥810	¥510	通常日
2013	2024年5月14日	157	3	¥0	11	2	0	¥1,830	¥780	通常日
2014	2024年5月15日	770	3	¥0	26	2	0	¥1,170	¥1,080	イベント日
2014	2024年5月15日	162	3	¥0	26	2	0	¥1,500	¥480	イベント日
2014	2024年5月15日	764	3	¥0	26	2	0	¥2,940	¥1,560	イベント日
2014	2024年5月15日	741	3	¥0	26	2	0	¥3,300	¥600	イベント日
2014	2024年5月15日	121	3	¥0	26	2	0	¥2,250	¥1,170	イベント日

営業種別 = IF(DAY([日付])=15,"イベント日","通常日")

意味 ［日付］列の日にちが15に等しい場合は「イベント日」、そうではない場合は「通常日」という値を指定

■ビジュアルに表示して確認する

練習用ファイル内に含まれるビジュアルの分析軸や凡例を新しく作成した計算列に変更します。

製品別の売上一覧で、どのブランドの製品であるか分かるようになる

Y軸を[ブランド：製品名]、X軸を[小計]に変更

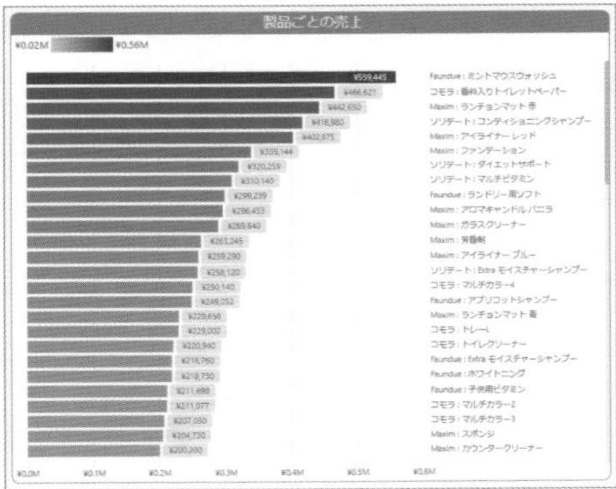

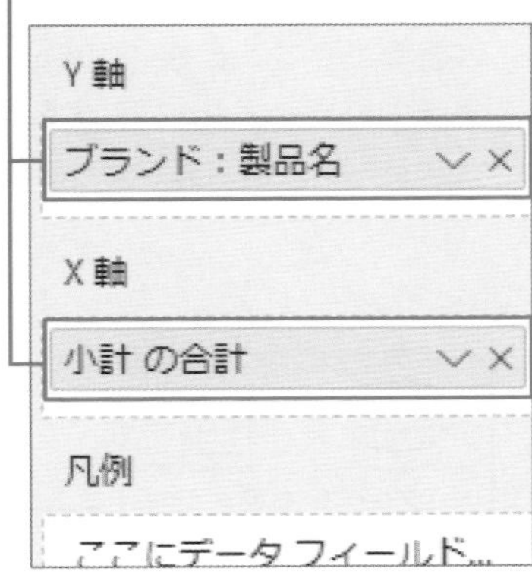

イベント日か通常日かをひと目で分かるようになる

列の凡例に[営業種別]を追加

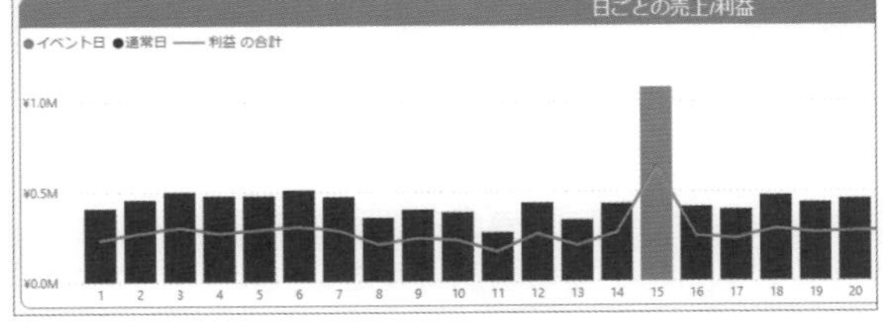

[ブランド：製品名][営業種別]列はPower Queryで作成することも可能です。

Power Queryと計算列。どちらで列を追加する?

この章では計算列という方法で、第4章ではPower Queryで列を追加する方法を紹介しました。Power Queryによる列の追加は、データソースからクエリを実行するときに行われますが、計算列は、データモデルにインポートした後に行われます。計算列の特徴は、異なるテーブル間の値を使って計算できることです。RELATED関数を使って、リレーションシップのある別のテーブルの列の値を計算に利用できます。一方Power Queryは、そのテーブル内にある列の値に基づいて処理されます。

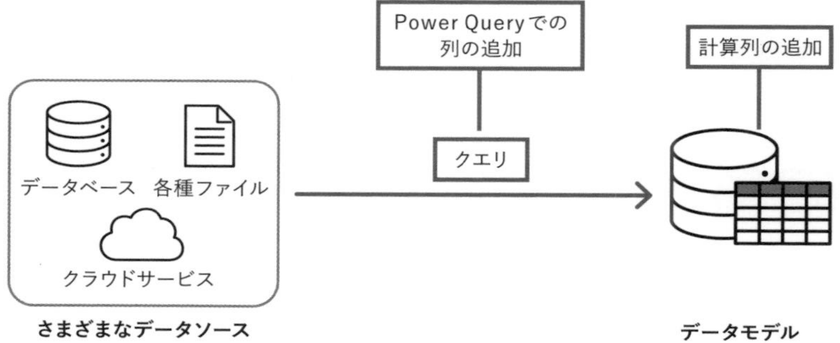

■Power Queryで列の追加

データソースに対するクエリの一部として実行され、対象のデータソースに含まれる列を利用して値を作成できる。

[例からの列]や[条件列]、[カスタム列]などのメニュー操作で列を作成するための設定が行えますが、内部ではM言語による数式が生成され、実行される。

■計算列の追加

Power Queryによるインポートを行った後に、データモデルに対して列を追加する。

同じテーブルに含まれる列の値だけではなく、リレーションシップが設定された別のテーブルに含まれる列値を利用した計算も可能。DAX関数を用いて列の作成を行う。

このLESSONで作成した計算列には、別のテーブルから参照された値を使用した計算が[小計]と[利益]列に含まれています。一方、[割引総額][ブランド:製品][営業種別]列は同じテーブル内の値を組み合わせた列であることからPower Query、計算列のどちらでも作成できる内容といえます。どちらで作成してもビジュアルで集計する値や分析軸として利用する際には同様に利用できます。

ではどちらで作成する方法がベストなのでしょうか？ 内容に応じて答えは変わりますが、目安としてデータ準備のための加工はPower Query、分析のための計算は計算列を利用する、と考えるとよいでしょう。操作の簡単さを考慮すると、多くの場合にメニュー操作で設定が行えるPower Queryでの列作成のほうが作成しやすいといえます。しかしインポートしたあと、レポートを作る途中で必要な列に気づくこともあります。その場合は計算列で作成した方が作業の流れに沿っていて効率よい作業といえるでしょう。

Power Query（M言語）とDAXのどちらを習得すべき？

Power Queryはデータを取得、変換、整理するためのツールです。さまざまなデータソースからデータをインポートし、必要に応じてデータの加工や結合、またクレンジング処理を行えます。またPower Queryは「M」と呼ばれるスクリプト言語を用いて、データ変換のロジックを記録します。Power Queryは、データ分析の前段階として、データ準備の作業を効率化できます。一方、DAXはデータ分析用の言語です。データモデルにインポートされたデータを利用して、計算列やメジャーを作成できます。DAXは関数型の言語であり、式の中に複数の関数を入れ子にすることができます。両者は異なる目的と構造を持っており、どちらかだけを習得すればよいものではなく、Power BIを活用するためには両方の理解が必要です。どちらがどの目的に最適かを理解して使い分けができることが理想的です。

LESSON 28

フィールドの非表示やデータの並び順を設定する

ビジュアルで使用するフィールドを簡単に選択できるように、[データ] ウィンドウで不要なフィールドを非表示にすることができます。またビジュアルで表示したフィールドは順番を変更できます。

練習用ファイル L028_非表示と並び順.pbix

01 フィールドを非表示に設定する

インポートする際に含めたデータには、ビジュアルで不要なフィールドがあるかもしれません。そのようなフィールドを非表示に設定すると、レポート作成時の[データ]ウィンドウに表示されません。レポート作成時にビジュアルにフィールドを割り当てる際、[データ] ウィンドウに表示されるフィールドの数が減り、選択しやすくなります。非表示とした列が見えなくなるのはレポートビューのみです。テーブルビューやモデルビューでは非表示マークとともに表示されます。また再度表示させることも可能です。

■フィールドを非表示にする

テーブルビューで、非表示にしたいフィールドを右クリックし、[レポートビューの非表示]をクリックする

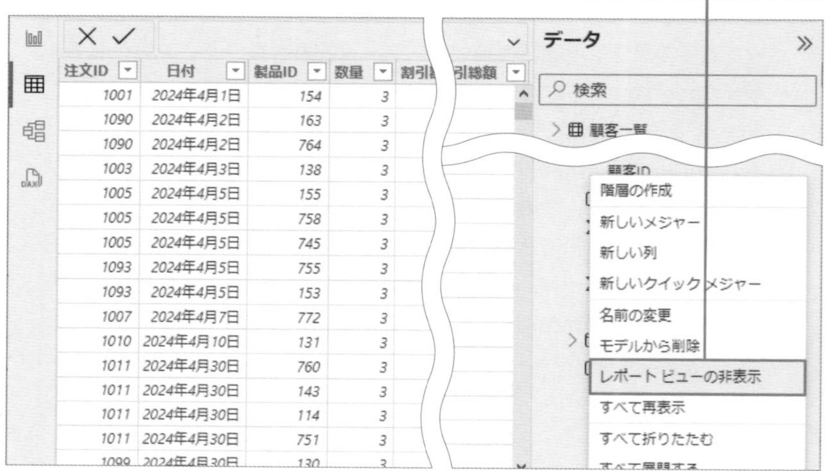

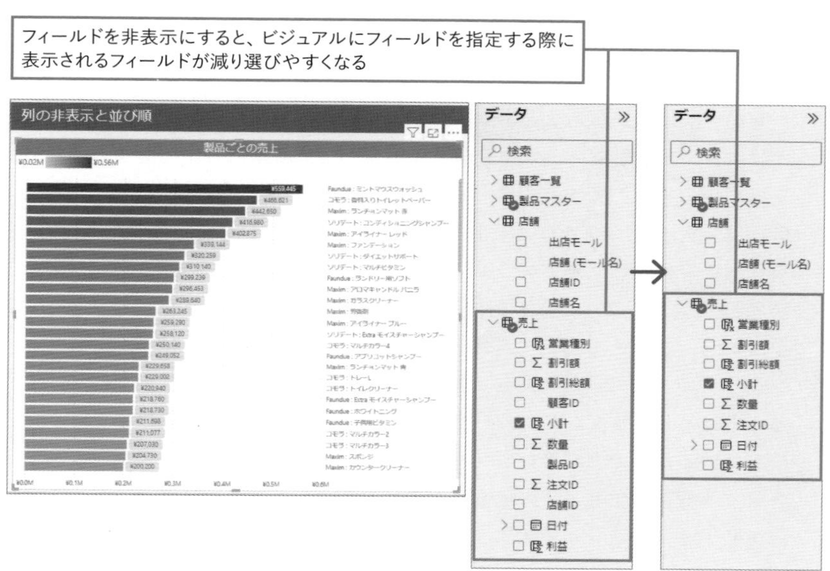

■再表示する

テーブルビューでは非表示マークが表示される。非表示マークをクリックすると、再表示できる

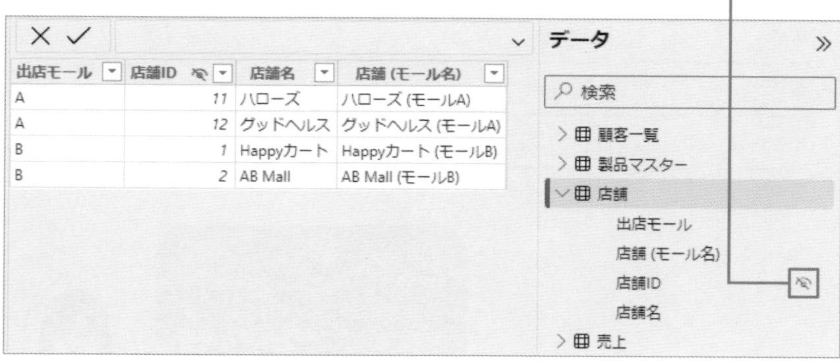

モデルビューでも非表示マークが表示される。非表示マークをクリックすると、再表示できる

非表示にしたいのはどんな列?

レポートに不要な列を選ぶのは、自分がどのようなレポートを作りたいかによります。レポートに不要な列の典型的な例は、他のテーブルと結合するためのキー列です。これらは通常、ビジュアルに直接表示しません。例えば[売上]テーブルにある[小計]や[数量]を集計して、店舗別に結果を見たい場合、ビジュアルの軸に設定するのは[店舗]テーブルにある[店舗名]列です。ここで必要なのは[売上]テーブルと[店舗]テーブルにリレーションシップがあることで、各テーブルにある[店舗ID]列はリレーションシップのキー列として必要ですが、ビジュアルに[店舗ID]列を表示することはありません。また、レポートに表示する列の値を計算するために使っているだけで、直接レポートに表示しない列も非表示にすることができます。練習用ファイルの場合は次の列をレポートビューで非表示にしてみましょう。

テーブル名	非表示にする列名
売上	[製品ID][顧客ID][店舗ID][注文ID]
店舗	[店舗ID]
製品マスター	[製品No]
顧客一覧	[生年月日][年齢]

不要なフィールドを非表示にすることで、ビジュアルにフィールドを指定する際に選びやすくなります。非表示にしたフィールドは再度表示することも可能です。

02 ビジュアルでの並び順を指定

第2章LESSON10で解説したとおり、ビジュアルに配置したデータはデータを確認する際に見やすいように軸の並び順を指定できます。ビジュアルでデータの並び順を指定することは、データのパターンや傾向を見つけるのに役立ちます。例えば、売上が高い製品やカテゴリーを一目で把握したり、時間の経過に伴う変化を追跡したりできます。またデータを意図した順に並べ替えが行えるよう、並び順の基準となるフィールドを設定することもできます。

例えば、練習用ファイルには製品ごとの売上が棒グラフを用いて表示されています。ビジュアルのメニューから［軸の並べ替え］を利用し、［小計の合計］もしくは［ブランド:製品名］で昇順や降順で並び順が設定できます。既定では［小計の合計］フィールドの降順で並び順が設定されているため、合計金額が大きい順に上から棒グラフが表示されています。

並べ替え設定を変更してみましょう。［ブランド:製品名］が昇順になるよう変更すると、［ブランド:製品名］フィールドの値でアルファベット順に並ぶように変更できます。

［小計の合計］列の降順で並べ替えた場合、合計金額の大きい順となる

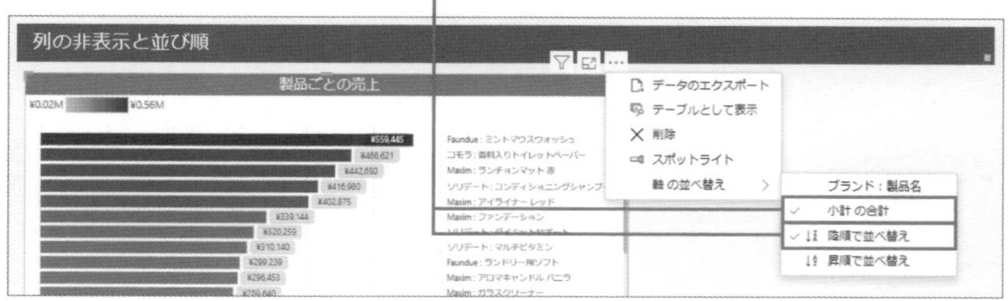

［ブランド：製品名］列の昇順で並べ替えた場合、アルファベット順となる

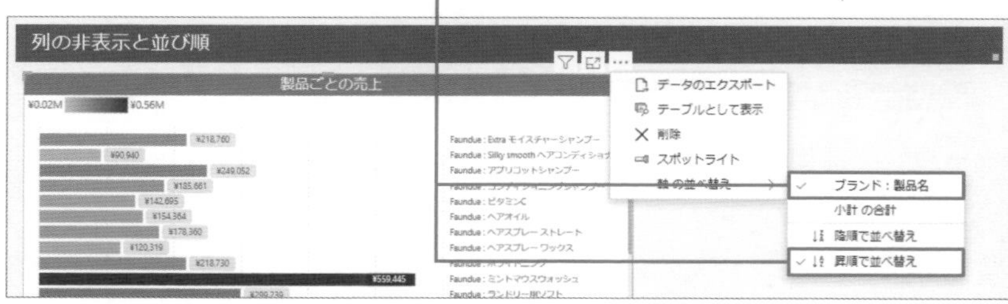

これをアルファベット順ではなく、製品IDの順に並べ替えたいとしましょう。データモデルではフィールドに対して、並び順の基準となる列を指定することができます。

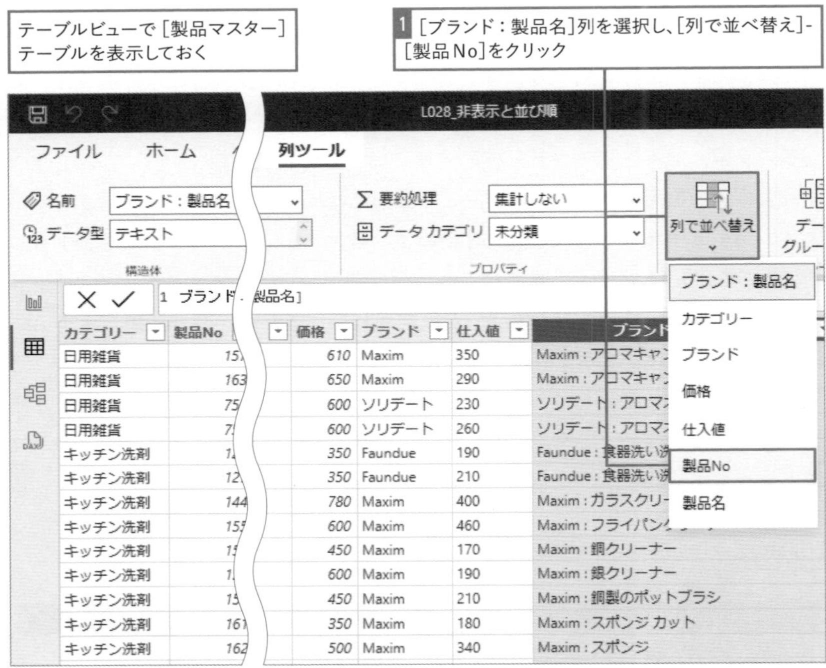

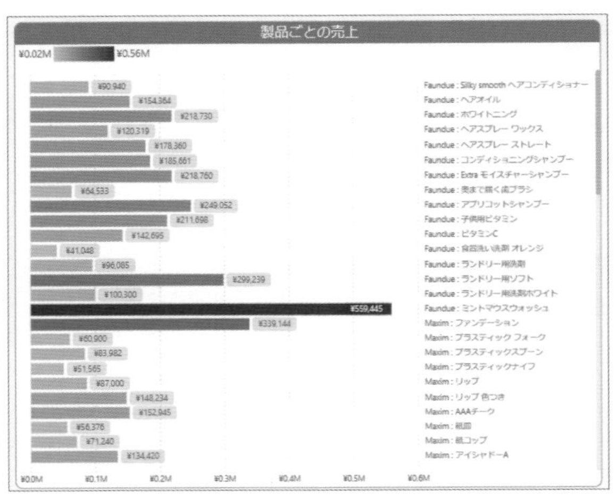

［ブランド：製品名］フィールドの昇順で表示している場合、アルファベット順ではなく、製品No順になっていることが確認できる

活用編

第6章

DAXを使ってメジャーを作成する

メジャーとはデータを集計するときの計算方法を定義したものです。計算列と同様にDAXを利用して作成します。第6章ではメジャーの概念を理解し、メジャーを作成する方法を確認します。

LESSON 29

メジャーとは何か知ろう

メジャーはデータの集計を行う際に利用します。ビジュアル上で動的に計算が行われ、レポート内のフィルター設定やスライサー操作に応じて値が自動計算されます。さまざまな視点でデータを集計するためにはメジャーの作成が必要です。

01 メジャーの基本を理解しよう

「メジャー」とは、**レポート作成時に実行されるデータの集計方法を定義したもの**です。売上合計や平均売上、注文数や案件の総数、平均顧客数、達成率、前年比較などさまざまな集計方法をメジャーとして作成できます。メジャーは計算列の作成と同様にDAX式を用いて作成しますが、計算列とは異なりデータモデルの列に値を格納しません。ビジュアルが表示される際に、ビジュアルの種類やフィルター条件に合わせて動的に計算され、さまざまな分析に利用できます。

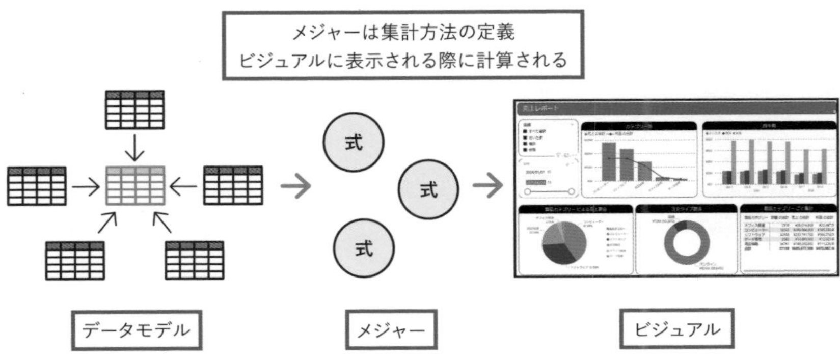

メジャーは［新しいメジャー］をクリックしてDAX式を記載して作成します。レポートビュー、テーブルビューと、どのビューでも作成が可能です。

■レポートビューの場合

[ホーム]タブ -[新しいメジャー]をクリックする

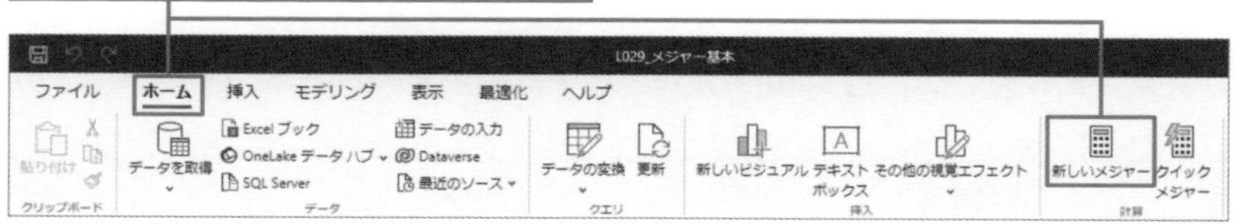

■テーブルビューの場合

[テーブルツール]タブ -[新しいメジャー]をクリックする

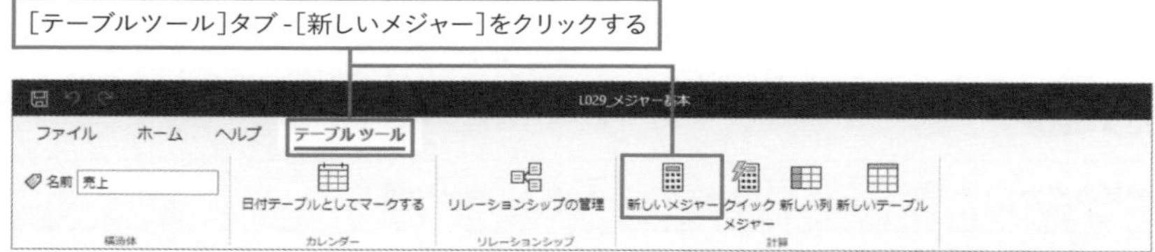

また作成したメジャーは［データ］ウィンドウでフィールドと同様に表示されますが、メジャーであることを示すアイコンが表示されます。また前述のとおり、データモデル内に列値として格納されないため、テーブルビューで結果が見えるわけではありません。

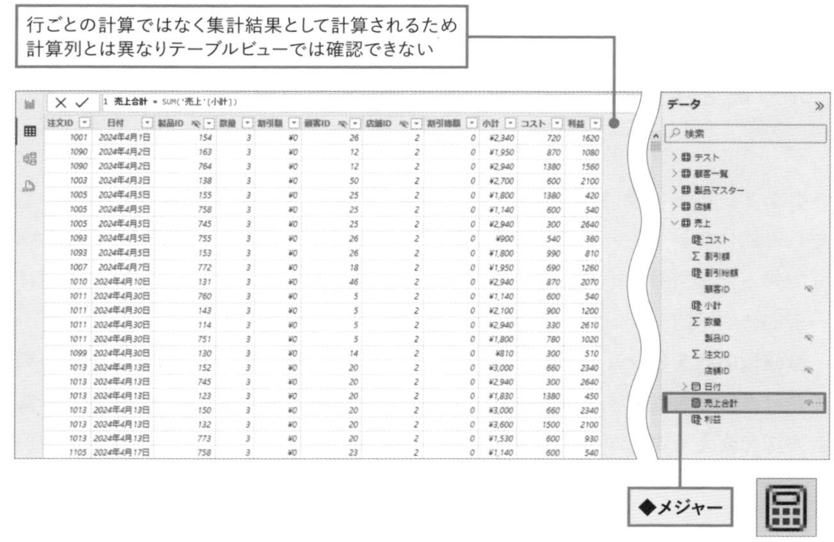

■計算列とメジャーの違い

メジャーは計算列と同様にDAXを用いて作成します。計算列もメジャーもデータソース自体に加工を行うものではない点は共通ですが、計算列とメジャーは値が計算されるタイミングや利用用途が異なります。違いを整理しておきましょう。

	計算列	メジャー
動作	インポートや更新時に計算される	ビジュアル表示時に計算される
値	行単位で計算され、計算結果はデータモデルのテーブル内に格納される	データモデル内に式として保存される
テーブルビューで値の確認	行単位で値を確認できる	できない
結果の出力	列	単一の値
利用	●フィルター、スライサー、リレーションシップに利用 ●集計に利用	集計に利用
主な用途	●列値を利用して別の列を作成 ●列の値を元に文字列操作などでカテゴリー列を作成するなど、分析の軸となる項目を作成する	●合計や平均など集計のための式を指定 ●比率など都度計算が必要な値の計算 ●レポート内のフィルター操作などで結果値が変わる

練習用ファイル L029_メジャー基本.pbix

02 暗黙的なメジャーと明示的なメジャー

データモデルに含まれる列はビジュアルに表示すると、その列の集計値が表示されます。内部で集計機能が働いているからであり、このDAX式を使わなくても自動的に集計が行われるものを「暗黙的なメジャー」とよびます。一方、DAX式で作った集計式を「明示的なメジャー」とよびます。「メジャー」という言葉は一般的に明示的なメジャーを指します。

数値型の列をビジュアルの［フィールド］や［値］、［X軸］に設定すると、その列の合計が表示されます。合計以外にも平均、最小値、最大値、カウントなど、集計方法を変えることができます。これらはすべて暗黙的なメジャーです。数値型でない列でもデータの個数などを集計するときに使えます。

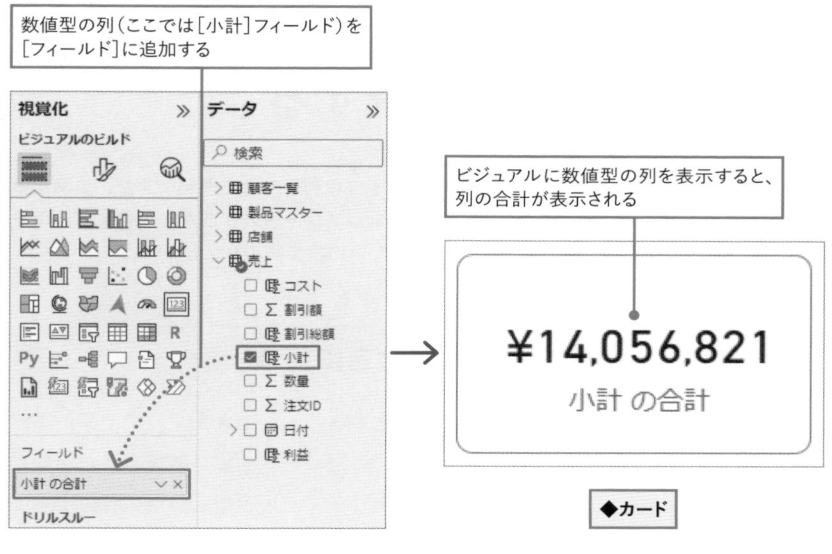

◆カード

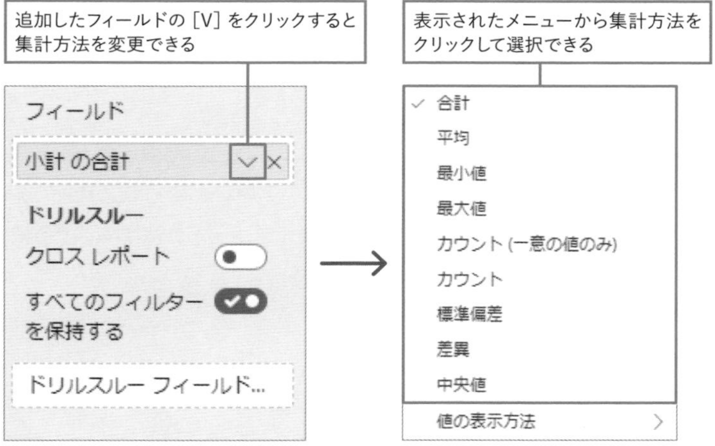

テキスト型列の場合、アルファベット順の最初や最後の値、データの個数を暗黙的なメジャーとして選択できます。日付型列では最初や最後の日付、データ個数が選択できます。

LESSON 30

集計のためのメジャーを作成する

暗黙的なメジャーはDAX式を記述することなくすぐに利用できて便利ですが、単純な集計のみとなるためそれ以外の集計を行いたい場合はメジャーの作成が必要です。DAXを利用してメジャーを作成する方法や知っておきたい内容を確認しましょう。

01 メジャーの作成はどんなときに行う?

暗黙的なメジャーを使えば、簡単に可視化することができます。ですが、達成率や年間売上比など、実際のレポート作成時に求められる集計結果を得たい際には暗黙的なメジャーだけでは難しいことがあります。可視化したい内容によっては、メジャーを作成する必要があります。また暗黙的なメジャーで集計できるとしても、メジャーを明示的に作ったほうがいいケースもあります。メジャーは次のような場合に作成します。

■暗黙的なメジャーでは集計できないとき

単一の列に対して簡単な集計をする場合には便利ですが、暗黙のメジャーは基本的な集計関数（SUM、COUNT、MIN、MAXなど）を用いた限られた種類の計算しかできません。そのため、集計内容によってはメジャーを作成する必要があります。

■集計結果に書式を設定したいとき

集計をする列が数値型でない場合、値の個数や一意な値をカウントできます。集計結果の桁数が多いときには、書式設定をよく行いますが、利用している列のデータ型が数値でない場合は、桁区切りなど数値型で行える書式設定はできません。メジャーを作成した場合は、メジャーに対して書式設定が行えます。

■他のメジャーから参照したいとき

メジャーは他のメジャーを使って計算できます。例えば[合計金額]メジャーと、[コスト]メジャーがある場合、[合計金額]メジャーから[コスト]メジャーを引くことで[利益]メジャーを作成できます。メジャーを作成するときに、すでにあるメジャーを参照することで計算の再利用性が高まります。また数式の可読性をよくする効果もあります。

■すべてをメジャーとして作成してレポート運用を分かりやすくする

暗黙のメジャーは、表やグラフなどのビジュアルに数値を表示するときに自動的に計算されるメジャーです。例えば、売上列をビジュアルにドラッグすると、売上合計が計算されます。メジャーはDAX式を記述して作成します。また分かりやすい名前を付けられます。そのため他の人が設定を見たときに、メジャーの名前や式から計算の内容や目的を把握しやすいといえます。暗黙的なメジャーを使わずに、すべての集計についてメジャーを作成することで、レポートの運用を分かりやすくすることにつなげられます。

メジャーを定義することで、ビジネス上の問題や課題に対応した値を計算し、データの分析に利用できます。データの分析において重要な役割を果たす要素の1つです。

練習用ファイル L030_メジャー作成.pbix

02 売上合計を集計する

4つのテーブルを含むデータモデルを持つ練習用ファイルを利用して、メジャーの作成方法を確認します。まずは[売上]テーブルにある[小計]の合計を集計するメジャーを作成しましょう。**合計を計算する際に利用する関数はSUM関数で、集計時に必ず利用する基本となる関数**です。**SUM関数は引数に列を指定**します。指定した列の合計は暗黙的なメジャーを利用して集計することもできますが、SUM関数を利用してメジャーを作成します。

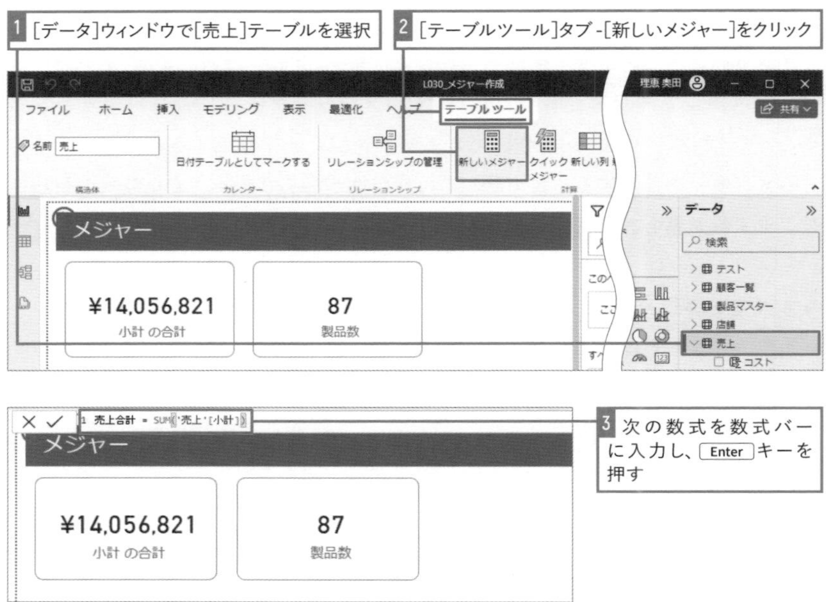

売上合計 = SUM('売上'[小計])

意味 [売上]テーブルの[小計]列を合計

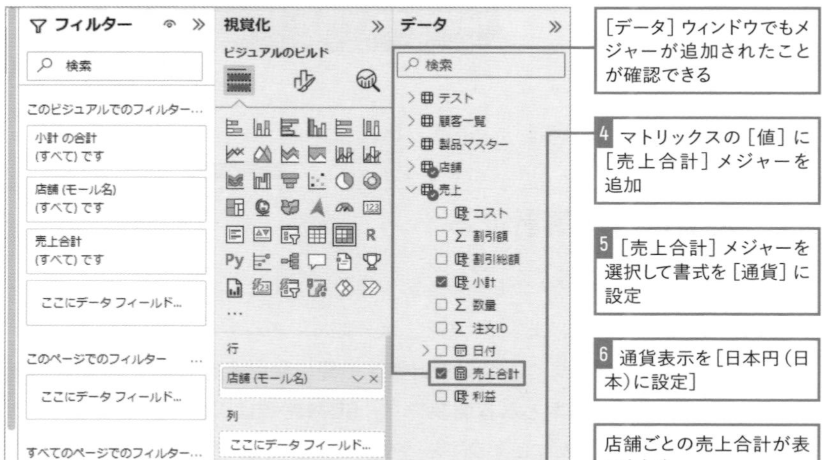

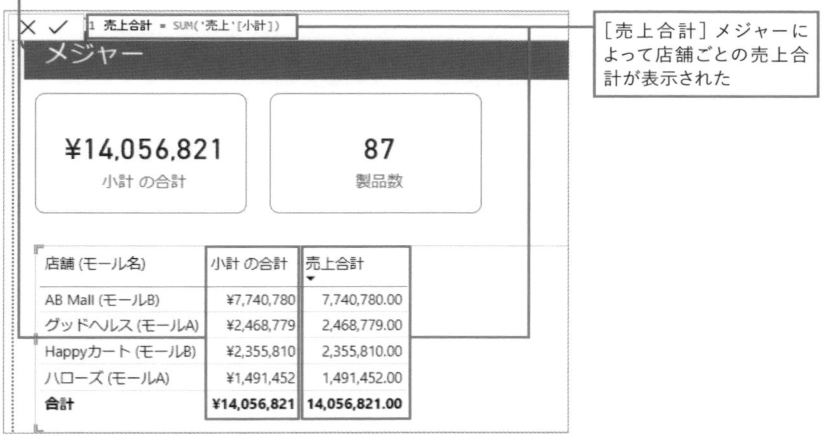

店舗 (モール名)	小計 の合計	売上合計
AB Mall (モールB)	¥7,740,780	7,740,780.00
グッドヘルス (モールA)	¥2,468,779	2,468,779.00
Happyカート (モールB)	¥2,355,810	2,355,810.00
ハローズ (モールA)	¥1,491,452	1,491,452.00
合計	**¥14,056,821**	**14,056,821.00**

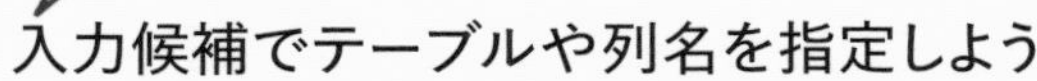

入力候補でテーブルや列名を指定しよう

メジャーは「メジャー名＝数式」、計算列は「列名＝数式」の形式で入力します。関数を利用する場合や、列名を指定する場合は計算列を作成するときと同様に入力候補が便利です。テーブル名は「'テーブル名'」で指定します。

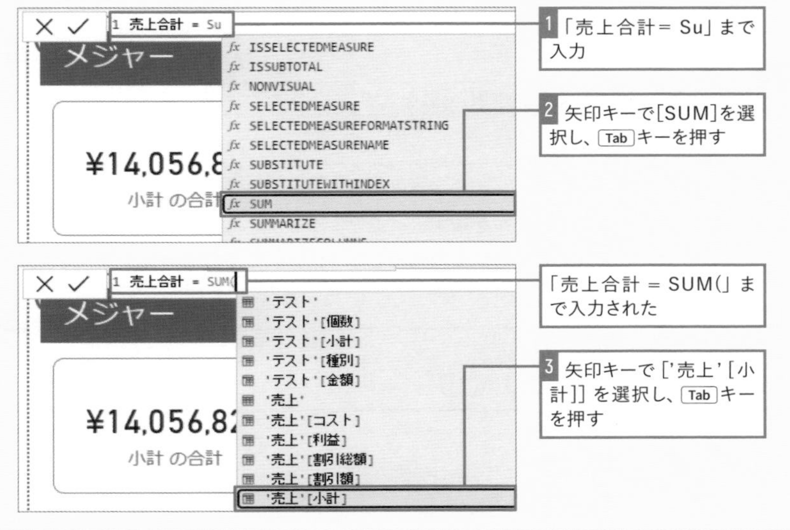

03 SUMとSUMXの違いを確認する

DAX関数には関数名に「X」の付くものと付かないものがあります。「X」が付いていない関数は単一の列を引数に指定し、その集計結果を返します。同じ目的で利用する関数でも「X」が付くものはテーブルと式を引数に指定し、テーブルに対して式を実行し、その集計結果を返します。例えば[売上]テーブルの[小計]列を合計する場合、SUM関数とSUMX関数では次のように記述方法が異なります。以下の2つの式は同じ結果を得られます。

■SUM関数の場合

構文

列の合計を求める

SUM(<列>)

引数

列……………… 合計したい列を指定

使用例

[売上]テーブルの[小計]列を合計

```
売上合計 = SUM('売上'[小計])
```

■SUMX関数の場合

構文

テーブルに対して行ごとに式を実行し合計を返す

SUMX(<テーブル>,<式>)

引数

テーブル……計算対象のテーブルを指定

式……………… 合計値を計算する数値型の列、もしくは合計する値を計算する式を指定

使用例

[売上]テーブルの[小計]列を合計

```
売上合計x = SUMX('売上',[小計])
```

前述の例でSUMX関数の第2引数に指定している［小計］列は、データソースに含まれていた列やPower Queryで作成した列ではなく、計算列です。計算列である［小計］列がある場合は、SUM関数でそれを集計できますが、［小計］の計算列がない場合、SUMX関数は計算式を引数に指定できます。SUMX関数は、指定されたテーブルのすべての行に対して式を実行するイテレーター関数であり、1つ目の引数にテーブル名、2つ目の引数に式を指定します。対象のテーブルの各行に対して式を実行し、その結果の合計を返します。そのため次のような記述で同様の結果を得ることも可能です。SUMX関数は集計する値が元のテーブルに存在しない場合に、式を指定した集計に利用できます。

［数量］*［価格］-［割引総額］を計算した計算列

```
1 小計 = [数量]*RELATED('製品マスター'[価格])-[割引総額]
```

注文ID	日付	製品ID	数量	割引額	顧客ID	店舗ID	割引総額	小計	コスト	利益
1001	2024年4月1日	154	3	¥0	26	2	0	¥2,340	720	1620
1090	2024年4月2日	163	3	¥0	12	2	0	¥1,950	870	1080
1090	2024年4月2日	764	3	¥0	12	2	0	¥2,940	1380	1560
1003	2024年4月3日	138	3	¥0	50	2	0	¥2,700	600	2100
1005	2024年4月5日	155	3	¥0	25	2	0	¥1,800	1380	420
1005	2024年4月5日	758	3	¥0	25	2	0	¥1,140	600	540
1005	2024年4月5日	745	3	¥0	25	2	0	¥2,940	300	2640
1093	2024年4月5日	755	3	¥0	26	2	0	¥900	540	360
1093	2024年4月5日	153	3	¥0	26	2	0	¥1,800	990	810
1007	2024年4月7日	772	3	¥0	18	2	0	¥1,950	690	1260

使用例

［売上］テーブルの［数量］に［製品マスター］テーブルの［価格］-［割引総額］の結果を掛けて合計

売上合計x2 = SUMX('売上',[数量]*RELATED('製品マスター'[価格])-[割引総額])

DAX関数リファレンスを参考にしよう

本書ではよく利用する関数や、動作を理解しておきたい関数に絞って解説しますが、他のDAX関数を知りたい場合は、リファレンスを見るとよいでしょう。DAXで提供される250を超える関数のそれぞれの構文や利用例を確認できます。

DAX関数リファレンス

https://learn.microsoft.com/ja-jp/dax/dax-function-reference

04 行コンテキストとフィルターコンテキスト

第5章LESSON27で触れましたが、計算列ではExcelのように列と列を1行ずつ計算して新しい列を作成します。これをDAXでは「行コンテキスト」といいます。これに対してメジャーでは基本的に行ごとの計算を行わないため、テーブル内の1行ずつ計算されるわけではなく列全体で実行されます。これを「フィルターコンテキスト」といいます。

次の例を見てみましょう。SUM関数はフィルターコンテキストに基づいて指定した値を集計します。この式ではテーブル内の行単位での計算は行いません。カテゴリーごとに細分化された結果が計算されています。つまり、上から順に計算されて、最終的に集計行が合計として表示されているわけではなく、合計が計算され、その後フィルターにより細分化された合計値が評価され表示されます。

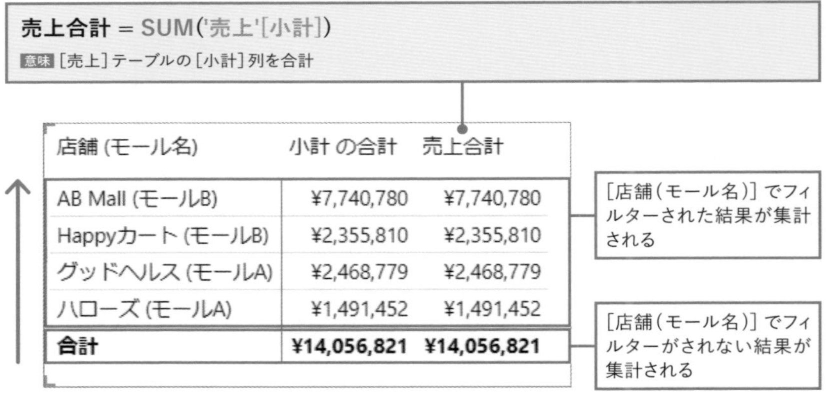

店舗 (モール名)	小計 の合計	売上合計
AB Mall (モールB)	¥7,740,780	¥7,740,780
Happyカート (モールB)	¥2,355,810	¥2,355,810
グッドヘルス (モールA)	¥2,468,779	¥2,468,779
ハローズ (モールA)	¥1,491,452	¥1,491,452
合計	**¥14,056,821**	**¥14,056,821**

それに対してイテレーター関数であるSUMX関数はテーブル内の1行ずつに指定した式を繰り返し計算し、その合計を集計します。フィルターコンテキストだけではなく、行コンテキストも考慮する動作となります。AVERAGEX、RANKX、COUNTX、MINX、MAXXなど他のイテレーター関数も、テーブルの各行に対して1行ずつ繰り返し集計を行い、結果を集計する動作は同様です。

売上合計x2 = SUMX('売上',[数量]*RELATED('製品マスター'[価格])-[割引総額])

意味 [T_売上]テーブルの[数量]に[製品マスター]テーブルの[価格]-[割引総額]の結果を掛けて合計

店舗(モール名)	小計 の合計	売上合計x2
AB Mall (モールB)	¥7,740,780	¥7,740,780
Happyカート (モールB)	¥2,355,810	¥2,355,810
グッドヘルス (モールA)	¥2,468,779	¥2,468,779
ハローズ (モールA)	¥1,491,452	¥1,491,452
合計	**¥14,056,821**	**¥14,056,821**

テーブル内の[店舗(モール名)]でフィルターされた複数の行に対して式を実行した結果を集計する

テーブルのすべての行で式を実行した結果を集計する

05 メジャーを保存するテーブルを作成

メジャーは計算列とは異なり、テーブルに紐付くものではありません。**メジャーを格納するテーブルを「ホームテーブル」**といい、メジャー作成時に選択したテーブルがホームテーブルとなります。ホームテーブルは変更しても動作に影響はありません。どのテーブルでメジャーを管理するか、レポート作成者が分かりやすいようにメジャーの内容や用途に応じて分類しましょう。既存のテーブルにメジャーを格納することもできますが、メジャーだけをまとめたテーブルを別途作成することもできます。DAX関数を利用してテーブルを作成することもできますが、メジャーの整理のために作成するテーブルには列は不要です。[データの入力]をクリックし、直接テーブルをデータモデル内に作成しましょう。

1 テーブルビューに切り替え[ホーム]タブ-[データの入力]をクリック

L030_メジャー作成_完成
ファイル ホーム ヘルプ テーブルツール
貼り付け データを取得 Excelブック OneLake データ ハブ SQL Server データの入力 Dataverse 最近のソース データの変換 更新 リレーションシップの管理 新しいメジ
クリップボード データ クエリ リレーションシップ

カテゴリー	製品No	製品名	価格	ブランド	仕入値	ブランド：製品
日用雑貨	157	アロマキャンドル バニラ	610	Maxim	350	Maxim：アロマキャンドル
日用雑貨	163	アロマキャンドル ムスク	650	Maxim	290	Maxim：アロマキャンドル
日用雑貨	750	アロマオイル ローズバニラ	600	ソリデート	230	ソリデート：アロマオイル

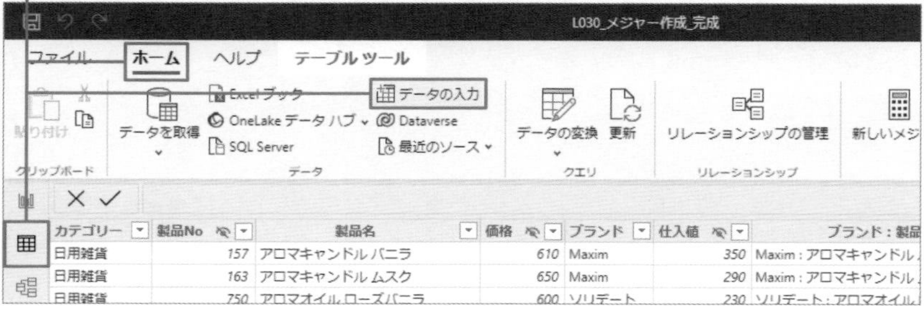

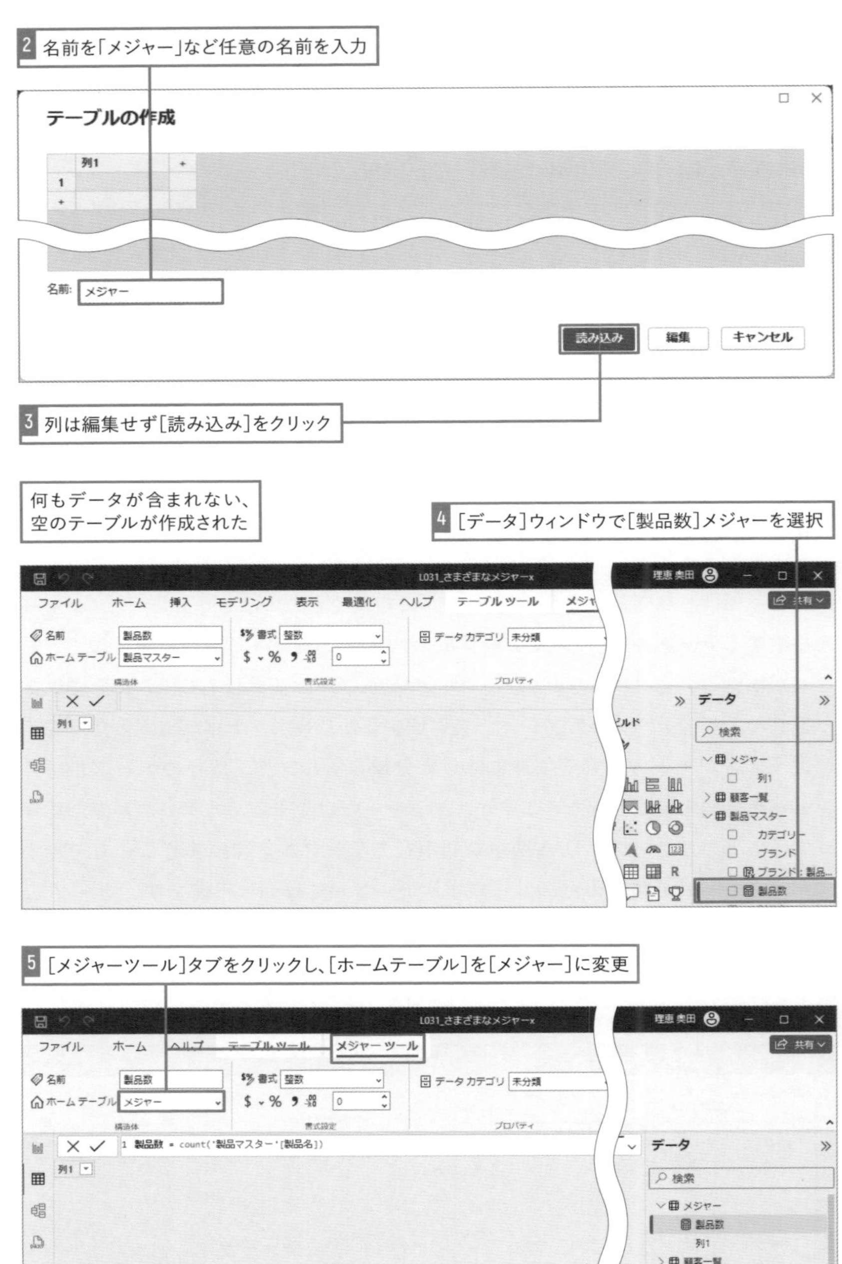

2 名前を「メジャー」など任意の名前を入力
テーブルの作成
列1
名前:
メジャー
読み込み
編集
キャンセル
3 列は編集せず[読み込み]をクリック
何もデータが含まれない、
空のテーブルが作成された
4 [データ]ウィンドウで[製品数]メジャーを選択
L031_さまざまなメジャーx
ファイル
ホーム
挿入
モデリング
表示
最適化
ヘルプ
テーブル ツール
名前
製品数
ホーム テーブル
製品マスター
書式
整数
データ カテゴリ
未分類
データ
検索
メジャー
列1
顧客一覧
製品マスター
カテゴリー
ブランド
製品数
5 [メジャーツール]タブをクリックし、[ホームテーブル]を[メジャー]に変更
メジャー ツール
メジャー
1 製品数 = count('製品マスター'[製品名])
顧客一覧
製品マスター
店舗

6 ［データ］ウィンドウで［列1］を右クリックし［モデルから削除］をクリック

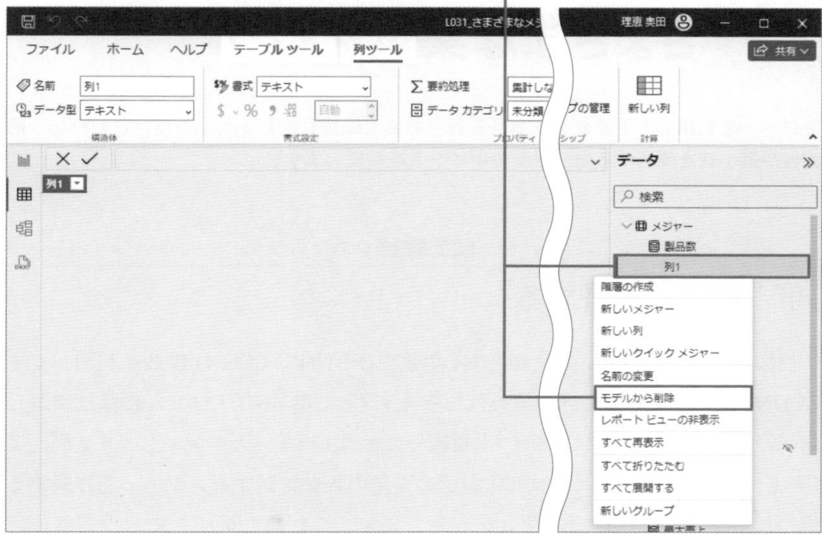

メジャーのみを管理するテーブルを作成した例

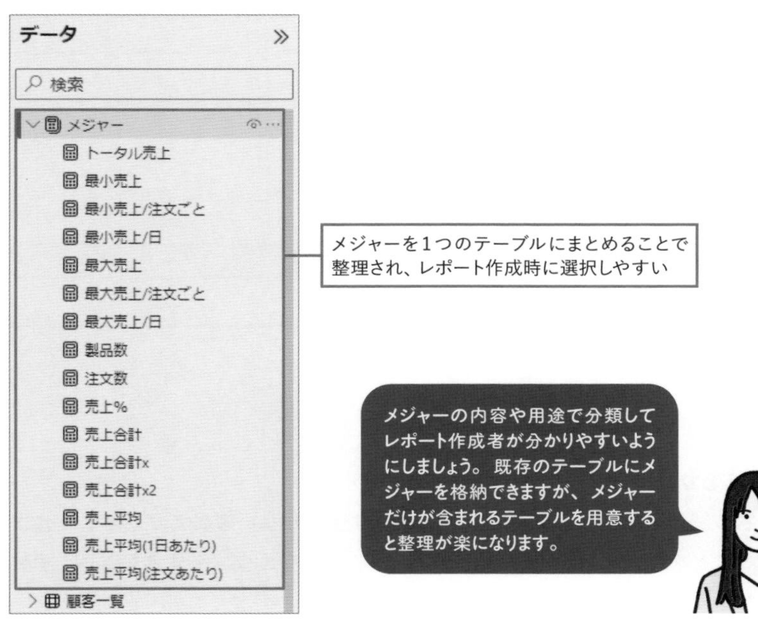

LESSON 31

メジャーを利用してさまざまな集計を行う

メジャーを利用してさまざまな集計を行う方法を確認しましょう。カウントや平均、最大値や最小値を集計する方法やそのポイントを解説します。

練習用ファイル L031_さまざまなメジャー.pbixの［カウント］ページ

01 個数を集計する

個数を集計する場合には、COUNT関数やDISTINCTCOUNT関数を利用します。COUNT関数は指定した列の値の数を数えます。DISTINCTCOUNT関数は指定した列の値の種類の数を数えますが、重複した値は1回だけカウントします。例えば、［売上］テーブルにある［注文ID］の値の種類の数を集計するメジャーを作成する場合は、DISTINCTCOUNT関数を利用します。これは、同じ注文IDが複数の行に存在する可能性があるためです。

構文

空白以外の値を含む行数をカウント

COUNT(<列>)

引数

列……………………カウントする値を含む列を指定

構文

重複する値は1回のみとし、行数をカウント

DISTINCTCOUNT(<列>)

引数

列……………………カウントする値を含む列を指定

■製品数をカウント

製品名の個数を計算します。［製品名］列には重複しない製品名が値として含まれていることを前提とし、空白以外のすべての行数をカウントするCOUNT関数を利用します。

使用例

[製品マスター] テーブルの [製品名] 列の行数をカウント

製品数 = COUNT('製品マスター'[製品名])

[製品マスター] テーブルの [製品名] 列の行数をカウントした結果をカードに表示する

■注文数をカウント

注文数を計算します。1回の注文で複数の製品を購入した場合、[売上] テーブルに同じ [注文ID] を持つ行が複数存在するため、重複する注文IDは1回のみカウントするようDISTINCTCOUNT関数を利用します。

使用例

[売上] テーブルの [注文ID] の一意な値をカウント

注文数 = DISTINCTCOUNT('売上'[注文ID])

[売上]テーブルの[注文ID]列の行数を一意な値でカウントした結果をカードに表示する

同様の結果は、暗黙的なメジャーを利用し [製品名] 列のカウントや [注文ID] のカウント(一意の値のみ) を利用した集計でも表示可能です。

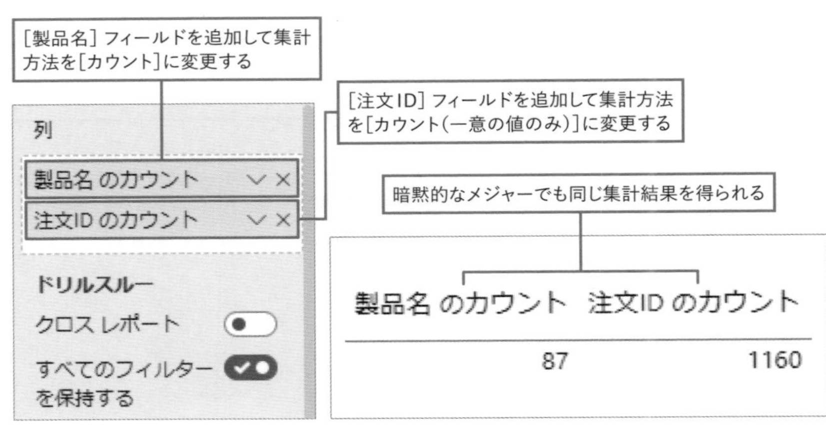

練習用ファイル L031_さまざまなメジャー.pbixの[平均]ページ

02 売上平均を集計する

個数や金額のような数値型の列の平均値を集計する場合にはAVERAGE関数やAVERAGEX関数を利用します。AVERAGE関数は指定した列の値の平均を計算します。AVERAGEX関数は指定したテーブルの各行に対して式を計算し、その結果の平均を計算します。例えば、[売上]テーブルにある[個数]と[金額]の列から、注文ごとの単価の平均を集計するメジャーを作成する場合や、テーブル内の一部のデータを利用して平均を集計したい場合はAVERAGEX関数を利用します。

構文

列の平均を求める

AVERAGE(<列>)

引数

列……平均を求める列を指定

構文

テーブルに対して、行ごとに式を実行し平均を返す

AVERAGEX(<テーブル>,<式>)

引数

テーブル……計算対象のテーブルを指定
列……平均を求める値を計算する式を指定

■売上平均

AVERAGE関数を利用して、[売上] テーブルの行ごとの平均金額を計算します。同様の結果は、暗黙的なメジャーを利用し [小計] 列を [平均] で集計しても表示可能です。

使用例

[売上] テーブルの [小計] 列の平均を計算

```
売上平均=AVERAGE('売上'[小計])
```

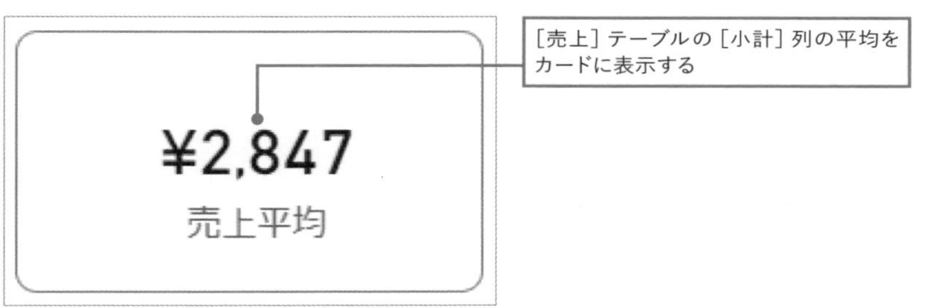

[小計]フィールドを追加して集計方法を[平均]に変更する

店舗 (モール名)	小計 の平均	売上平均
AB Mall (モールB)	¥2,790	¥2,790
Happyカート (モールB)	¥2,759	¥2,759
グッドヘルス (モールA)	¥3,063	¥3,063
ハローズ (モールA)	¥2,965	¥2,965
合計	**¥2,847**	**¥2,847**

AVERAGE関数を使って作成した [売上平均] メジャー

■注文あたりの売上平均

注文ごとの売上平均を計算します。同じ注文IDが複数の行に存在するため、注文IDごとに平均を計算できるよう式を指定できるAVERAGEX関数を利用します。またAVERAGEX関数の1つ目の引数に [注文ID] の一意なテーブルをVALUES関数を利用して指定します。[売上] テーブルの [小計] 列の合計を計算する [売上合計] メジャーが作成されていることを前提とし、それを式の2つ目の引数として利用します。

構文

指定したテーブルもしくは列に対して、重複する値を削除して一意な値のみ含むテーブルを返す

VALUES(<テーブルまたは列名>)

引数

テーブルまたは列名 ...... 一意な値を含むテーブルまたは列名を指定

使用例

売上合計を注文IDごとで平均を計算

売上平均(注文あたり) = AVERAGEX(VALUES('売上'[注文ID]),[売上合計])

[売上]テーブルの注文IDごとの売上合計の平均をカードに表示する

[売上合計]メジャーがない場合

メジャーは他のメジャーを使って計算できます。例では[売上合計]メジャーがあることを前提に[売上平均(注文あたり)]メジャーを作成しました。[売上合計]も集計結果として利用できる点、また他のメジャーで参照することで数式を分かりやすくするため[売上合計]メジャーは作成しておいたほうがいいといえます。[売上合計]メジャーがない場合は、以下のような式で同じ結果が得られます。CALCULATE関数は行ごとに計算を実行するために追加しています。CALCULATE関数の詳細な使い方はLESSON32で解説します。

売上平均(注文あたり)2 = AVERAGEX(VALUES('売上'[注文ID]),
CALCULATE(SUM('売上'[小計])))

03 最大値や最小値を集計する

数値型の列から最大値や最小値を集計するには、MAX関数やMIN関数を使用します。MAX関数は指定した列から一番大きな値を返します。MIN関数は指定した列から一番小さな値を返します。例えば、［売上］テーブルの［小計］列の中で、最高の売上金額と最低の売上金額を集計するメジャーを作成するには、MAX関数とMIN関数を使用します。また、最大値や最小値を求めるときに、式を指定したい場合は、264ページで解説しているMAXX関数やMINX関数が使用できます。

構文

列の最大値を返す

MAX(<列>)

引数

列……………………最大値を求める列を指定

構文

列の最小値を返す

MIN(<列>)

引数

列……………………最小値を求める列を指定

■売上の最大値や最小値

MAX関数、MIN関数を利用して、［売上］テーブルの行ごとの最大値および最小値を計算します。同様の結果は、暗黙的なメジャーを利用し［小計］列を［平均］で集計しても表示可能です。

使用例

［売上］テーブルの［小計］の最大値

```
最大売上=MAX('売上'[小計])
```

使用例

［売上］テーブルの［小計］の最小値

```
最小売上=MIN('売上'[小計])
```

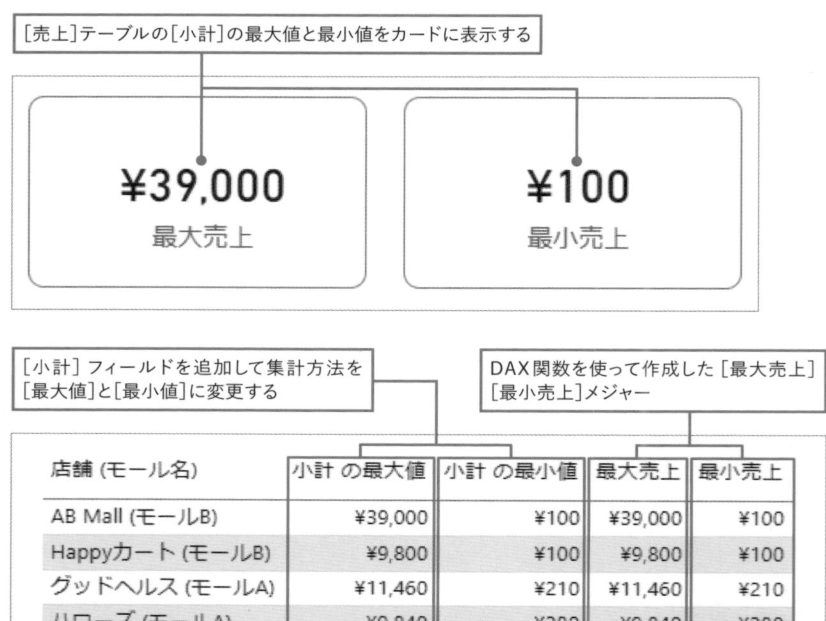

店舗 (モール名)	小計 の最大値	小計 の最小値	最大売上	最小売上
AB Mall (モールB)	¥39,000	¥100	¥39,000	¥100
Happyカート (モールB)	¥9,800	¥100	¥9,800	¥100
グッドヘルス (モールA)	¥11,460	¥210	¥11,460	¥210
ハローズ (モールA)	¥9,840	¥280	¥9,840	¥280
合計	**¥39,000**	**¥100**	**¥39,000**	**¥100**

■注文ごとの最大売上、最小売上

注文ごとの最大売上および最小売上を計算します。同じ注文IDが複数の行に存在するため、注文IDごとに最大値や最小値を計算できるよう、式を指定できるMAXX関数およびMINX関数を利用します。また関数の1つ目の引数に［注文ID］の一意なテーブルをVALUES関数を利用して指定します。[売上] テーブルの[小計] 列の合計を計算する [売上合計] メジャーが作成されていることを前提とし、それを式の2つ目の引数として利用します。

構文

テーブルに対して、行ごとに式を実行し最大値を返す

```
MAXX(<テーブル>,<式>)
```

引数

テーブル............計算対象のテーブルを指定

式........................最大値を返す値を計算する式を指定

構文

テーブルに対して、行ごとに式を実行し最小値を返す

MINX(<テーブル>,<式>)

引数

テーブル............... 計算対象のテーブルを指定

式............................ 最小値を返す値を計算する式を指定

使用例

売上合計を注文IDごとに集計し、最大値を計算

最大売上/注文ごと = MAXX(VALUES('売上'[注文ID]),[売上合計])

使用例

売上合計を注文IDごとに集計し、最小値を計算

最小売上/注文ごと = MINX(VALUES('売上'[注文ID]),[売上合計])

[売上]テーブルの注文IDごとに売上合計の最大値と最小値をカードに表示する

■日ごとの最大売上、最小売上

日ごとの最大売上、最小売上を計算します。MAXX関数、MINX関数を利用し、1つ目の引数に［日付］の一意なテーブルをVALUES関数を利用して指定、2つ目の引数には［売上合計］メジャーを指定します。

使用例

売上合計を日付ごとに集計し、最大値を計算

最大売上/日 = MAXX(VALUES('売上'[日付]),[売上合計])

使用例

売上合計を日付ごとに集計し、最小値を計算

最小売上/日 = MINX(VALUES('売上'[日付]),[売上合計])

練習用ファイル L031_さまざまなメジャー.pbixの［ALL］ページ

04 トータルの売上や割合を計算する

ALL関数はフィルター条件を無視してテーブルまたは列のすべてのデータを出力します。出力はテーブル形式なので、単独でメジャーとして使うことはできません。メジャーは一つの値を返す必要があるため、テーブル全体を返す関数は、メジャーを作るときに一部分として使えます。

構文

指定したテーブルもしくは列のすべてのフィルターを取り除く

ALL(<テーブルもしくはテーブルおよび列名>)

引数

テーブルもしくはテーブルおよび列名....フィルターを適用しないテーブルや列を指定

■トータル売上

フィルターを適用させないように［小計］列の合計を計算します。**ALL関数はスライサーや相互作用などで設定したフィルター条件を無効に**して、テーブル全体を出力するので、常にトータルの売上を表示したい場合などに使えます。

使用例

フィルターが適用されないように［小計］列を合計

トータル売上 = SUMX(ALL('売上'), [小計])

フィルターは適用されないように[売上]テーブルすべての行を対象に[小計]列が合計される

カテゴリー

- □ キッチン洗剤
- □ コスメ
- □ サプリ
- □ シャンプー
- □ トイレグッズ
- □ ヘアコスメ
- □ マウスケア
- □ ランドリー洗剤
- □ 日用雑貨

¥14,056,821
売上合計x

¥14,056,821
トータル売上

店舗 (モール名)	小計 の合計	売上合計x	トータル売上
AB Mall (モールB)	¥7,740,780	¥7,740,780	¥14,056,821
Happyカート (モールB)	¥2,355,810	¥2,355,810	¥14,056,821
グッドヘルス (モールA)	¥2,468,779	¥2,468,779	¥14,056,821
ハローズ (モールA)	¥1,491,452	¥1,491,452	¥14,056,821
合計	**¥14,056,821**	**¥14,056,821**	**¥14,056,821**

1 スライサーにあるいずれかの項目をクリック

スライサーの利用や、相互作用を実行してもフィルターは適用されず、常にトータルの売上が表示される

カテゴリー

- ■ キッチン洗剤
- □ コスメ
- □ サプリ
- □ シャンプー
- □ トイレグッズ
- □ ヘアコスメ
- □ マウスケア
- □ ランドリー洗剤
- □ 日用雑貨

¥1,409,131
売上合計x

¥14,056,821
トータル売上

店舗 (モール名)	小計 の合計	売上合計x	トータル売上
AB Mall (モールB)	¥828,700	¥828,700	¥14,056,821
Happyカート (モールB)	¥231,680	¥231,680	¥14,056,821
グッドヘルス (モールA)	¥258,011	¥258,011	¥14,056,821
ハローズ (モールA)	¥90,740	¥90,740	¥14,056,821
合計	**¥1,409,131**	**¥1,409,131**	**¥14,056,821**

スライサーでフィルターに利用する値を選択しても、相互作用を実行してもALL関数を利用した集計結果はフィルターが適用されない値となります。

■売上の割合

特定のカテゴリーの数字が全体に占める割合を計算したい場合にDIVIDE関数にALL関数を組み合わせて計算することができます。

売上が全体に占める割合を計算するメジャーを作成します。ALL関数はビジュアルの軸やスライサー、相互作用などで設定したフィルター条件を無効にして、テーブル全体の集計が行えます。[トータル売上] メジャーはALL関数を利用して[売上]テーブルのすべての行の[小計]列の合計を計算するものです。また[売上合計]メジャーは[売上]テーブルの[小計]列をSUM関数で合計するため、ビジュアルの軸やスライサーから指定されたフィルターを実施した結果が集計結果となります。[売上合計] メジャーを [トータル売上] メジャーで割ることで軸ごとの割合を計算しています。

構文

除算を実行し結果を返す

DIVIDE(<割られる数>,<割る数>,<0による除算がエラーになったときに返される値>)

引数

割られる数..........列や式、メジャーを指定

割る数...................列や式、メジャーを指定

0による除算がエラーになったときに返される値....定数を指定。省略可能。省略した場合既定値はBLANK()であり空白となる

使用例

[売上合計]を[トータル売上]で除算し、割合を計算

売上% = DIVIDE([売上合計],[トータル売上])

マトリックスの行にある[店舗(モール名)]ごとに、全体に対する売上の割合が表示される

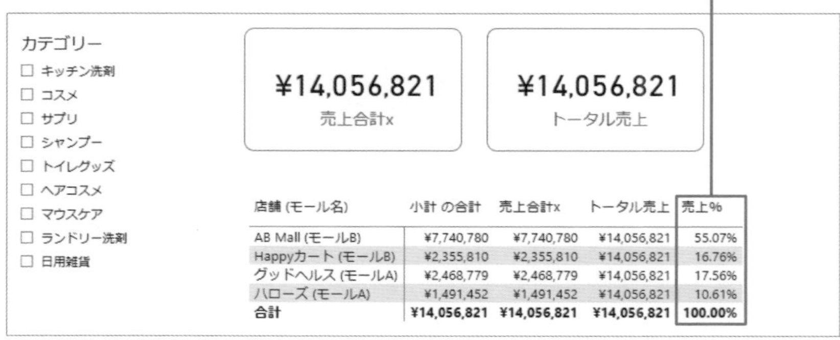

店舗 (モール名)	小計 の合計	売上合計x	トータル売上	売上%
AB Mall (モールB)	¥7,740,780	¥7,740,780	¥14,056,821	55.07%
Happyカート (モールB)	¥2,355,810	¥2,355,810	¥14,056,821	16.76%
グッドヘルス (モールA)	¥2,468,779	¥2,468,779	¥14,056,821	17.56%
ハローズ (モールA)	¥1,491,452	¥1,491,452	¥14,056,821	10.61%
合計	**¥14,056,821**	**¥14,056,821**	**¥14,056,821**	**100.00%**

LESSON 32

フィルター条件に応じた集計を行う

指定したフィルター条件に応じた集計を行いたい場合、CALCULATE関数が利用できます。CALCULATE関数を利用してさまざまなフィルター条件で集計を行う方法を確認しましょう。

練習用ファイル L032_CALCULATE.pbix

01 カテゴリーごとの集計

CALCULATE関数は条件を指定しながら集計が行えるDAX関数です。フィルター条件に応じた集計を行うことができます。また、複数のフィルター条件を組み合わせることも可能です。基本構文は次のとおりです。第1引数にSUMやAVERAGEなどの集計関数、第2引数以降にフィルター条件を指定します。

構文

指定したフィルター条件で式を実行

```
CALCULATE(<式>,<フィルター条件1>,<フィルター条件2>…)
```

引数

式……………………………計算を実行する式を指定

フィルター条件……フィルター条件を指定

■特定のカテゴリーで合計

出店モールが特定の条件に合う売上を計算してみましょう。メジャーを作成して[カテゴリー]を行に指定したマトリックスの[値]として表示します。[モールA売上]メジャー、[モールB売上]メジャーは、それぞれ[店舗]テーブルの[出店モール]がAまたはBである売上データをフィルターして合計しています。これらのメジャーを使えば、カテゴリー別にモールAとモールBの売上を比較することができます。また、スライサーや相互作用で追加されたフィルターも動作することが確認できます。

使用例

[店舗]テーブルの[出店モール]が「A」に等しい条件で、[小計]列を合計

モールA売上 = CALCULATE(SUM('売上'[小計]),'店舗'[出店モール]="A")

使用例

[店舗]テーブルの[出店モール]が「B」に等しい条件で、[小計]列を合計

モールB売上 = CALCULATE(SUM('売上'[小計]),'店舗'[出店モール]="B")

作成した[モールA売上][モールB売上]メジャーをマトリックスの[値]に追加する

モールA、Bの製品カテゴリーごとの売上が表示される

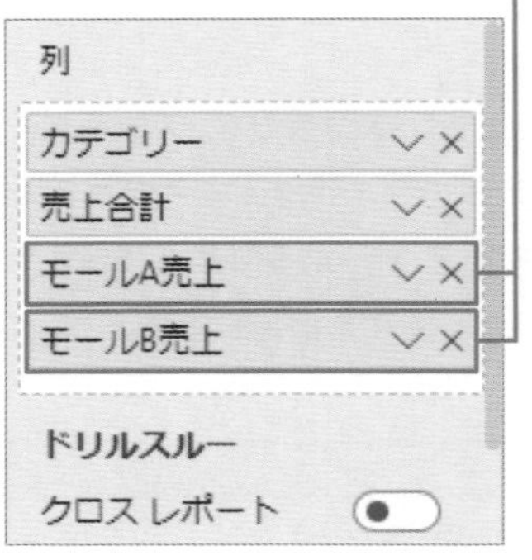

カテゴリー ▲	売上合計	モールA売上	モールB売上
キッチン洗剤	¥1,409,131	¥348,751	¥1,060,380
コスメ	¥2,847,659	¥892,839	¥1,954,820
サプリ	¥1,326,143	¥356,533	¥969,610
シャンプー	¥1,509,873	¥443,223	¥1,066,650
トイレグッズ	¥1,903,305	¥440,645	¥1,462,660
ヘアコスメ	¥453,043	¥147,963	¥305,080
マウスケア	¥1,031,991	¥237,621	¥794,370
ランドリー洗剤	¥514,035	¥157,925	¥356,110
日用雑貨	¥3,061,641	¥934,731	¥2,126,910
合計	**¥14,056,821**	**¥3,960,231**	**¥10,096,590**

売上合計 = SUM('売上'[小計])

意味 売上合計メジャーで[小計]の合計を計算

1 スライサーにあるいずれかの項目をクリック

メジャー内で指定しているフィルターに加えて、スライサーによるフィルターが適用される

ブランド
- ■ Faundue
- □ Maxim
- □ コモラ
- □ ソリデート

店舗(モール名)
- □ AB Mall (モールB)
- □ Happyカート (モールB)
- □ グッドヘルス (モールA)
- □ ハローズ (モールA)

カテゴリー ▲	売上合計	モールA売上	モールB売上
キッチン洗剤	¥41,048	¥16,548	¥24,500
サプリ	¥354,393	¥79,883	¥274,510
シャンプー	¥744,413	¥237,603	¥506,810
ヘアコスメ	¥453,043	¥147,963	¥305,080
マウスケア	¥842,708	¥200,048	¥642,660
ランドリー洗剤	¥495,624	¥153,014	¥342,610
合計	**¥2,931,229**	**¥835,059**	**¥2,096,170**

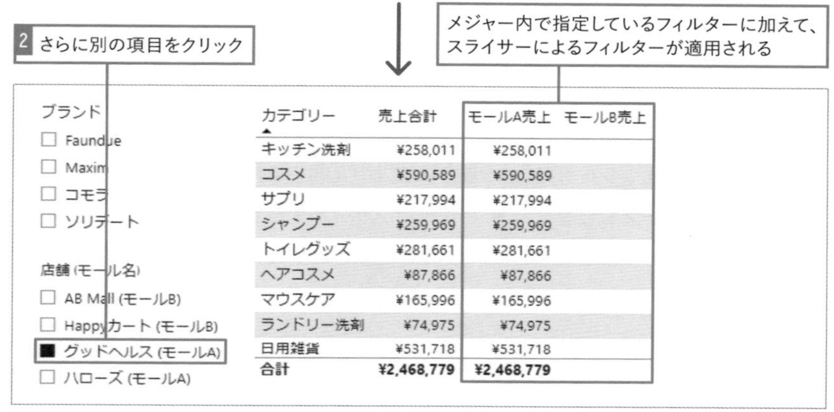

カテゴリー	売上合計	モールA売上	モールB売上
キッチン洗剤	¥258,011	¥258,011	
コスメ	¥590,589	¥590,589	
サプリ	¥217,994	¥217,994	
シャンプー	¥259,969	¥259,969	
トイレグッズ	¥281,661	¥281,661	
ヘアコスメ	¥87,866	¥87,866	
マウスケア	¥165,996	¥165,996	
ランドリー洗剤	¥74,975	¥74,975	
日用雑貨	¥531,718	¥531,718	
合計	¥2,468,779	¥2,468,779	

■複数条件の場合

複数条件を指定してみましょう。CALCULATE関数に引数としてフィルター条件を追加します。

使用例

［店舗］テーブルの［出店モール］が「A」に等しい、かつ［製品］マスターの［ブランド］が「コモラ」に等しい条件で［小計］列を合計

```
モールAコモラ売上 = CALCULATE(SUM('売上'[小計]),'店舗'[出店モール]="A",
'製品マスター'[ブランド]="コモラ")
```

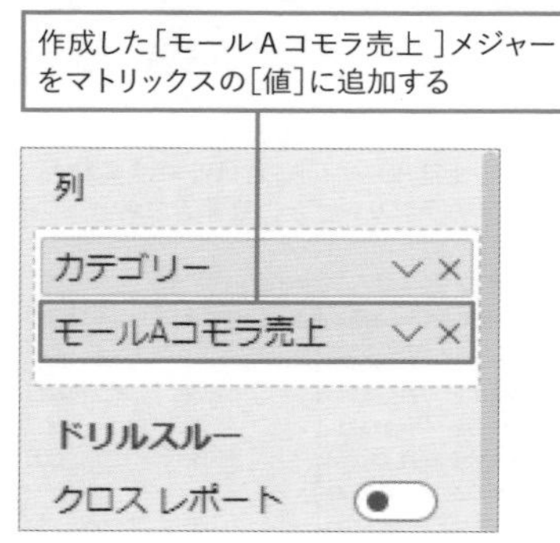

モールＡでブランドが［コモラ］の売上が
製品カテゴリーごとに表示される

カテゴリー	モールAコモラ売上
キッチン洗剤	¥23,800
コスメ	¥414,749
トイレグッズ	¥190,841
日用雑貨	¥327,380
合計	**¥956,770**

■特定のカテゴリーでカウント

続いては個数を集計します。先ほどの例と同じく特定の出店モールに合うことを条件とし、注文数を計算します。1回の注文で複数の製品を購入した場合、[売上]テーブルに同じ[注文ID]を持つ行が複数存在します。このため、重複する注文IDは1回のみカウントするようDISTINCTCOUNT関数を使い、出店モールごとの注文数をカウントします。マトリックスの[値]として表示し結果を確認すると、フィルターされた結果が集計されているとともに、スライサーなどから追加されたフィルターも適用されることが確認できます。

使用例

[店舗]テーブルの[出店モール]が「A」に等しい条件で、[注文ID]の一意な値をカウント

モールA注文数 = CALCULATE(DISTINCTCOUNT('売上'[注文ID]),'店舗'[出店モール]="A")

使用例

[店舗]テーブルの[出店モール]が「B」に等しい条件で、[注文ID]の一意な値をカウント

モールB注文数 = CALCULATE(DISTINCTCOUNT('売上'[注文ID]),'店舗'[出店モール]="B")

CALCULATE関数に引数としてフィルター条件を追加すると複数条件を指定することも可能です。

作成した[モールA注文数][モールB注文数]メジャーをマトリックスの[値]に追加する

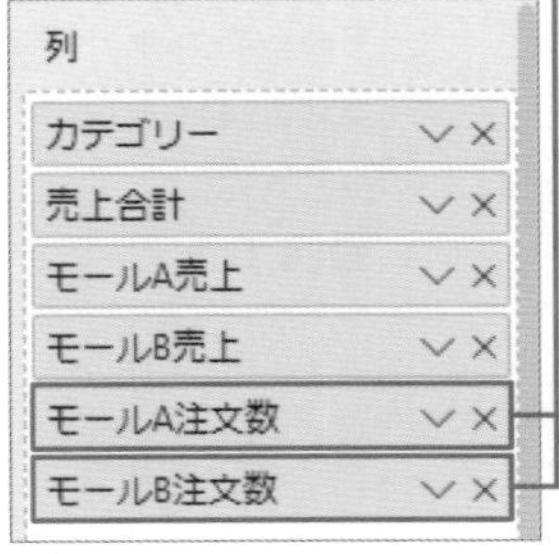

出店モール「A」と「B」の注文数がカテゴリーごとに表示される

カテゴリー	売上合計	モールA売上	モールB売上	モールA注文数	モールB注文数
キッチン洗剤	¥1,409,131	¥348,751	¥1,060,380	119	343
コスメ	¥2,847,659	¥892,839	¥1,954,820	200	420
サプリ	¥1,326,143	¥356,533	¥969,610	80	227
シャンプー	¥1,509,873	¥443,223	¥1,066,650	110	233
トイレグッズ	¥1,903,305	¥440,645	¥1,462,660	112	377
ヘアコスメ	¥453,043	¥147,963	¥305,080	36	77
マウスケア	¥1,031,991	¥237,621	¥794,370	72	207
ランドリー洗剤	¥514,035	¥157,925	¥356,110	60	152
日用雑貨	¥3,061,641	¥934,731	¥2,126,910	248	518
合計	**¥14,056,821**	**¥3,960,231**	**¥10,096,590**	**573**	**632**

02 割合を計算するときのフィルター操作

比率を計算する際にCALCULATE関数を利用する方法を見てみましょう。使用例は、両方とも[売上]テーブルの[小計]の比率を計算していますが、第2引数で指定しているフィルター条件が異なります。ALL関数やALLSELECTED関数はテーブルに掛かるフィルターを調整するための関数です。

構文

指定したテーブルの列名からのみフィルターを取り除く

ALLSELECTED(<テーブル名と列名>)

引数

テーブル名と列名…フィルターを取り除くテーブルと列名を指定

[売上比率AllSelected]メジャーではALLSELECTED関数を使っており、この場合スライサーやビジュアルレベルのフィルターなど、ユーザーが選択したフィルターをすべて反映します。例えばスライサーでカテゴリーをAとBに絞り込んだ場合、売上比率はAとBの全合計で割った値になります。そのため売上比率の合計は1（100%）となります。[売上比率All]メジャーではALL関数を使っています。この関数は、フィルターコンテキストを無視して指定したすべてのデータを集計します。例えば、スライサーでカテゴリーAに絞り込んだ場合でも、[売上比率All]はAの売上合計を全カテゴリーの売上合計で割った値となります。そのためフィルター設定によっては[売上比率All]の合計は1にならないことがあります。

ALLSELECTED関数を利用した[売上比率AllSelected]はフィルター設定に応じて動的に変化させたい場合、ALL関数を利用した[売上比率All]は常に全体との比較を表示したい場合に利用します。

使用例

[小計]の合計を、指定したフィルターが適用された[売上]テーブルの[小計]の合計で割る

売上比率AllSelected = DIVIDE(SUM('売上'[小計]), CALCULATE(SUM('売上'[小計]),ALLSELECTED('売上')))

使用例

[小計]の合計を、フィルターをすべて除外した[売上]テーブルの[小計]の合計で割る

売上比率All = DIVIDE(SUM('売上'[小計]) , CALCULATE(SUM('売上'[小計]),ALL('売上')))

作成した[モールA注文数] [モールB注文数]メジャーをマトリックスの[値]に追加して表示する

カテゴリー
- □ キッチン洗剤
- □ コスメ
- □ サプリ
- □ シャンプー
- □ トイレグッズ
- □ ヘアコスメ
- □ マウスケア
- □ ランドリー洗剤
- □ 日用雑貨

カテゴリー	売上合計	売上比率AllSelected	売上比率All
キッチン洗剤	¥1,409,131	10.02%	10.02%
コスメ	¥2,847,659	20.26%	20.26%
サプリ	¥1,326,143	9.43%	9.43%
シャンプー	¥1,509,873	10.74%	10.74%
トイレグッズ	¥1,903,305	13.54%	13.54%
ヘアコスメ	¥453,043	3.22%	3.22%
マウスケア	¥1,031,991	7.34%	7.34%
ランドリー洗剤	¥514,035	3.66%	3.66%
日用雑貨	¥3,061,641	21.78%	21.78%
合計	**¥14,056,821**	**100.00%**	**100.00%**

1 スライサーにある項目をクリック

スライサーでフィルターを行った際に、動作が異なる点が確認できる

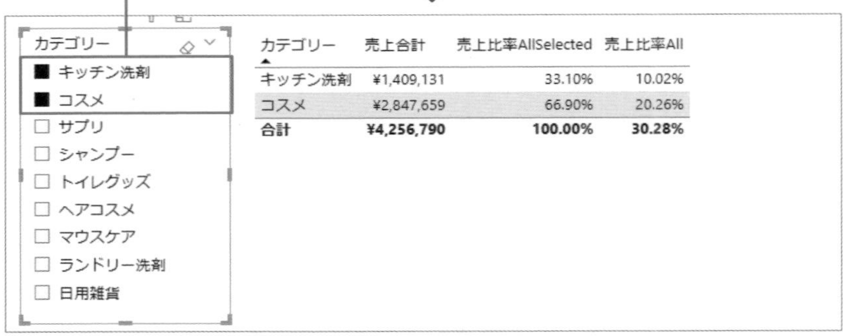

ここもポイント!

クイックメジャーの利用

クイックメジャーとはメジャーの作成を支援する機能です。ダイアログボックス内で計算方法とそれに利用する列を指定することで一からDAX式を記述せずにメジャーを作成できます。メジャーの作成を簡単な作業として行え、また生成されたDAX式を見ることで、DAXの学習にも利用できます。

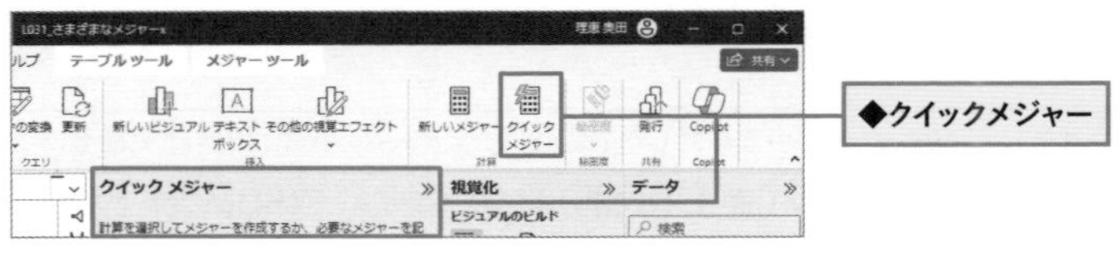

活用編

第 7 章

DAXや日付テーブルで時系列の分析を行う

業績指標の動向や変化、季節やイベントなどの要因の効果を把握したり、過去のデータから未来の予測や目標を立てたりするときには、時系列を利用した分析が役立ちます。第7章では時系列での分析の方法について説明します。

LESSON

33 日付テーブルを作成する

時系列でデータを分析する場合は、年度や四半期、月、前月や前年といった時間要素でデータをまとめる必要があります。そのためにはデータモデル内に日付テーブルが必要です。このLESSONでは日付テーブルの作成方法を見てみましょう。

01 日付テーブルとは

「日付テーブル」とは、日付データと、日付に関するさまざまな属性（年、月、四半期、週番号、曜日など）を含むテーブルです。日付テーブルは、時系列での分析には欠かせません。

Power BIは、データモデルに日付型の列があるときには、内部で日付テーブルを作成する機能を持っています。[データ] ウィンドウで日付型の列を見ると、[年] [四半期] [月] [日] という日付の階層があります。これが内部で生成される日付テーブルです。これはデータモデルのすべての日付型の列に既定で適用されます。[年] [四半期] [月] [日] という階層があるので、これらを基準にして集計が行え、ドリルダウン、ドリルアップなどができます。

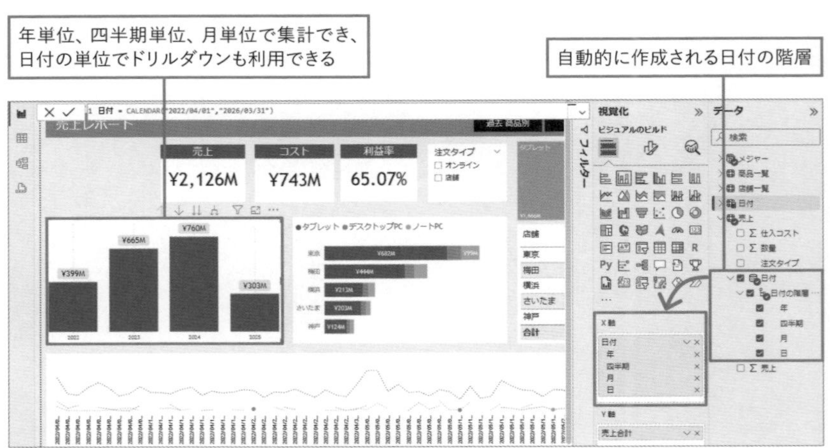

またより詳細な時系列での分析を行いたい場合、自動作成される日付の階層を利用せずにデータモデル内に日付テーブルを作成することも可能です。ディメンションテーブルとして利用し、ファクトテーブルとリレーションシップにより関連付けることで、日付に基づいたより詳細な分析ができるようになります。日付テーブルを作成する場合、集計対象期間のすべての日付が一意に含まれる日付列を持つテーブルを用意します。また年や四半期など分析軸として利用したい日付の属性を列として用意します。

02 自動作成される[日付の階層]をオフにするには

既定で日付列に、日付の階層が作成されるかどうかはレポートの設定に依存します。[ファイル] メニュー - [オプションと設定] - [オプション] より開ける [オプション] ダイアログの [タイムインテリジェンス] - [自動の日付/時刻] 設定がオンになっている場合に、日付列に自動的に日付の階層が作成されます。また設定単位が2つあります。[現在のファイル]カテゴリーの場合はレポート(ファイル)に対する設定ですが、[グローバル] カテゴリーはアプリケーション単位の設定となります。作業中のレポートなのか、今後作成するすべてのレポートに対する設定としたいかにより、設定箇所を選択しましょう。

[現在のファイル]-[データの読み込み]は現在のファイルに対する設定項目。既定ではオンになっている

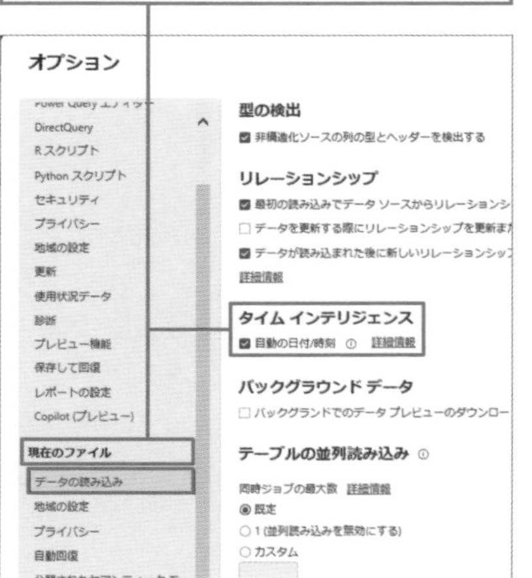

[グローバル]-[データの読み込み]はアプリケーションに対する設定項目

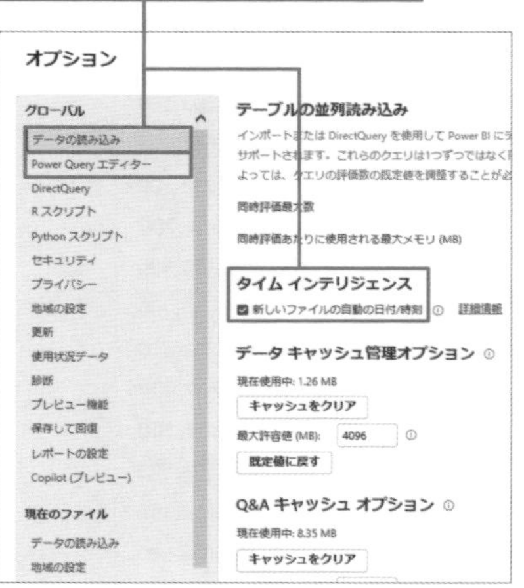

03 カスタムで日付テーブルを作成する理由

自動的に作成される［日付の階層］は、設定の手間なく利用できる点は便利ですが、すべてのケースに適合するわけではありません。カスタムの日付範囲や表示形式で集計をしたい場合や、複数のデータを同一の時間軸で集計をしたい場合など、より高度な分析を行いたいときは、日付の階層では対応が難しくなります。次のようなケースでは日付テーブルをデータモデル内に別途作成して分析を行うことがおすすめです。

■年、四半期の範囲を指定したい

既定で用意される日付の階層では、カレンダーどおりの範囲で「年」や「四半期」を扱います。１年のはじまりや四半期の扱いを会計年度に合わせたい場合には日付テーブルを作成して設定できます。

◆日付の階層を利用した場合
1～12月を1年とし、第1四半期は1～3月になっている

年	売上
2022	¥399,050,600
Qtr 2	¥133,701,000
April	¥43,911,600
May	¥47,417,000
June	¥42,372,400
Qtr 3	¥129,780,400
July	¥44,005,100
August	¥43,667,000
September	¥42,108,300
Qtr 4	¥135,569,200
October	¥45,124,900
November	¥45,110,100
December	¥45,334,200
2023	¥664,769,900
Qtr 1	¥161,869,100
January	¥57,378,500
February	¥48,404,100
March	¥56,086,500

◆日付テーブルを用意した場合
4～3月を年度とするなど、会計年度に合わせた範囲指定ができる

会計年度	売上
2022	
Q1	
4月	¥43,911,600
5月	¥47,417,000
6月	¥42,372,400
Q2	
7月	¥44,005,100
8月	¥43,667,000
9月	¥42,108,300
Q3	
10月	¥45,124,900
11月	¥45,110,100
12月	¥45,334,200
Q4	
1月	¥57,378,500
2月	¥48,404,100
3月	¥56,086,500
2023	

■表示形式を変更したい

年は4桁の数字で「2023」「2024」、四半期は「Qtr1」「Qtr2」、月は英語で「January」「February」と表記されます。グラフなどのビジュアルでの表示形式を変えたい場合は、日付テーブルを作成することでアレンジできます。

◆日付の階層を利用した場合
ビジュアルでの表示形式は設定変更ができない

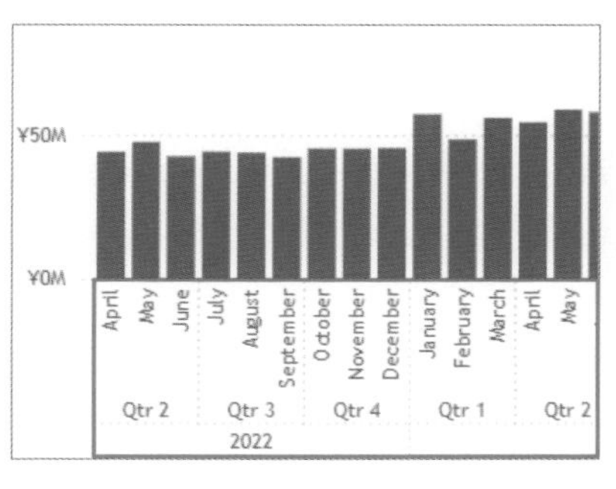

◆日付テーブルを用意した場合
表示形式は日付テーブル側で変更が可能

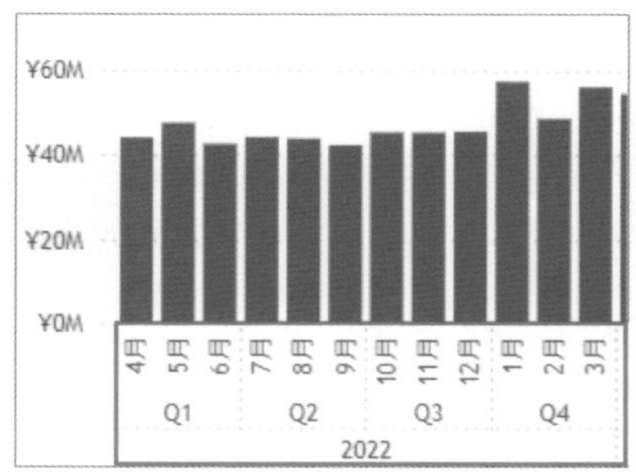

■複数のデータを併せて集計したい

日付テーブルは、異なるデータを同じ時間軸に沿って集計する場合にも必要です。

◆日付の階層を利用した場合
異なるテーブルのデータを同じ時間軸で集計できない

年	売上合計	予算
2022	¥399,050,600	¥594,000,000
2023	¥664,769,900	¥594,000,000
2024	¥760,006,300	¥594,000,000
2025	¥302,573,300	¥594,000,000
合計	¥2,126,400,100	¥594,000,000

◆日付テーブルを用意した場合
予算も売上と同じ時間軸で集計可能となる

会計年度	売上合計	予算
FY2022	¥560,919,700	
FY2023	¥693,611,400	
FY2024	¥719,932,900	
FY2025	¥151,936,100	¥594,000,000
合計	¥2,126,400,100	¥594,000,000

日付テーブルを作成すると、データの年度や四半期、月などの時間単位を自由に変更したり、複数のデータを同じ時間軸で比較したりできます。日付テーブルを作成することで時間に関するより詳細な分析が可能となります。

04 日付テーブルの作成に役立つDAX関数

日付テーブルを作る方法はいくつかあり、「Excelで作ってインポートする方法」、「Power QueryでM言語を使って作る方法」、「DAXを使って作る方法」が挙げられます。ここでは、DAXを使う方法について説明します。DAXには日付を扱う関数があり、CALENDER関数やCALENDARAUTO関数を使うと、連続した日付の値が入った列を自動的に作れます。レポート内で集計する期間が増えても日付テーブルを自動的に拡張できる点はDAXを利用する場合に便利な点といえるでしょう。

CALENDAR関数は、開始日と終了日を指定して日付列を作成できる関数です。特定の日付を直接指定することもできますが、ファクトテーブルに含まれる日付の範囲となるようにDAX式で指定することもできます。

構文

指定した開始日と終了日間で連続する日付が含まれる[Date]列があるテーブルを返す

CALENDAR(<開始日>,<終了日>)

引数

開始日………………日付を指定。FIRSTDATE関数やLASTDATE関数を使ってモデル内の日付型の列を参照することも可能

終了日………………日付を指定。FIRSTDATE関数やLASTDATE関数を使ってモデル内の日付型の列を参照することも可能

構文

指定した日付列の最初の日付を返す

FIRSTDATE(<日付列>)

構文

指定した日付列の最後の日付を返す

LASTDATE(<日付列>)

引数

日付列………………日付を含む列を指定

使用例

[売上]テーブルの[日付]列の最初と最後の日付を範囲とした日付列を含むテーブルを作成

日付 = CALENDAR(FIRSTDATE('売上'[日付]),LASTDATE('売上'[日付]))

CALENDARAUTO関数はモデルに含まれるデータの日付から開始日と終了日を自動的に判断して日付列を作成する関数です。完全な年間の日付を返します。ファクトテーブルが更新されレコード数が増加した場合、例えば新たに半年分のデータが追加された場合にも、その日付範囲に応じて日付テーブルが自動的に拡張されます。例えばモデル内に2022年4月から2025年6月のデータが含まれる場合、引数を省略もしくは12と指定すると、2022年1月1日から2025年12月31日の範囲で日付列が用意されます。引数を3と指定した場合は2022年4月1日から2026年3月31日の範囲で日付列が用意されます。

構文

モデル内のデータに基づいた日付範囲で連続する日付が含まれる[Date]列があるテーブルを返す

CALENDARAUTO(<1年の最終月>)

引数

1年の最終月........1～12の整数を指定。省略すると12となる

使用例

1月から12月を1年とし、データモデルに含まれる日付範囲を持つテーブルを作成

```
日付 = CALENDARAUTO()
```

使用例

4月から3月を1年とし、データモデルに含まれる日付範囲を持つテーブルを作成

```
日付 = CALENDARAUTO(3)
```

練習用ファイル L033_日付テーブル.pbix

05 日付テーブルを作成するには

日付テーブルを作成するステップは次のとおりです。このLESSONでは3つのテーブルを含むデータモデルを持つ練習用ファイルを利用して、日付テーブルの作成方法や日付テーブルを利用した時系列での集計方法を確認します。事前にレポートファイルに対して[日付の階層]を自動的に作成する機能をオフにしましょう。

Step 1 ：日付テーブルを作成する
Step 2 ：日付テーブルとしてマークする
Step 3 ：リレーションシップの設定を行う

練習用ファイル内の[売上]テーブルには2022年4月から2025年6月の売上データが含まれています。4月はじまりの会計年度で2022年度から2025年度の4年を期間として集計できるように日付テーブルを作成します。日付列には2022年4月1日から2026年3月31日までの日付を含めます。

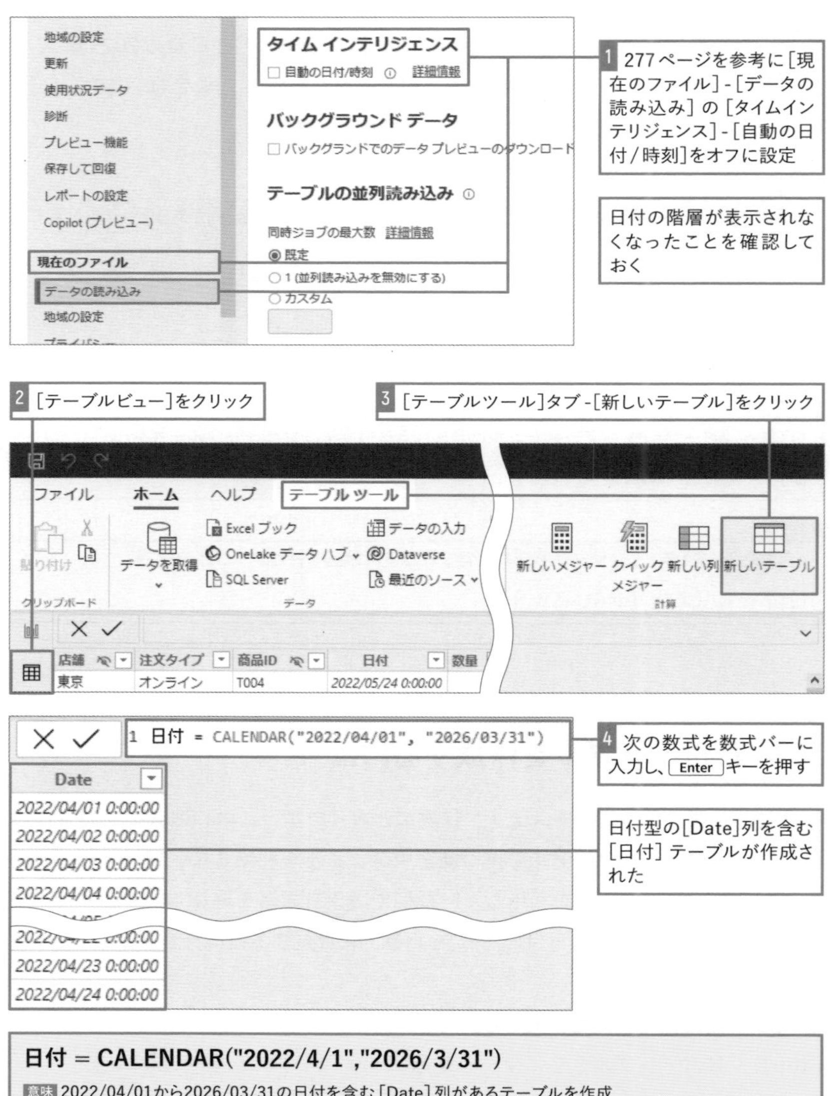

日付 = CALENDAR("2022/4/1","2026/3/31")

意味 2022/04/01から2026/03/31の日付を含む[Date]列があるテーブルを作成

日付の階層をオフにすると?

練習用ファイルには日付の階層を利用して表示されたビジュアルが複数含まれています。日付の階層をオフにしたことで、これらのビジュアルは[日付]フィールドを利用した集計結果に変更されたことが確認できます。

[日付の階層]をオフにすると、ビジュアルの表示が変わる

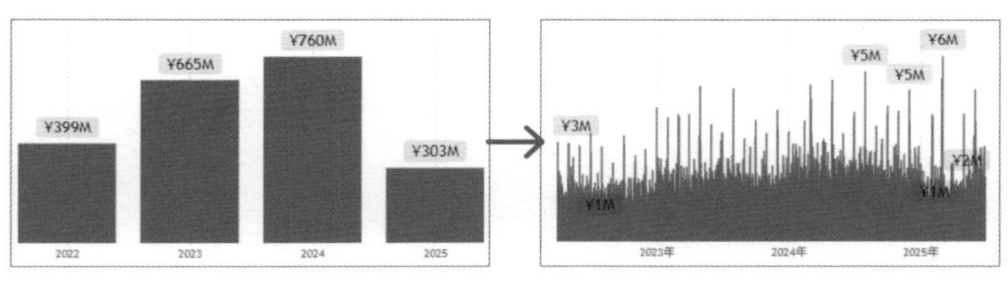

■列の作成

[Date]列の日付値を基に、年や月、四半期など集計時の軸としたい値を計算列として用意します。よく利用する次の列を作成します。[テーブルツール]-[新しい列]をクリックし計算列を作成します。

Date	年	月番号	週	曜日No	会計年度	四半期	年月	月	期間	曜日	日付	月末日かどうか
2022/04/01 0:00:00	2022	4	14	5	2022	Q1	2022年04月	4月	2022年Q1	金	22/04/01 金	0
2022/04/02 0:00:00	2022	4	14	6	2022	Q1	2022年04月	4月	2022年Q1	土	22/04/02 土	0
2022/04/03 0:00:00	2022	4	14	7	2022	Q1	2022年04月	4月	2022年Q1	日	22/04/03 日	0
2022/04/04 0:00:00	2022	4	15	1	2022	Q1	2022年04月	4月	2022年Q1	月	22/04/04 月	0
2022/04/05 0:00:00	2022	4	15	2	2022	Q1	2022年04月	4月	2022年Q1	火	22/04/05 火	0
2022/04/06 0:00:00	2022	4	15	3	2022	Q1	2022年04月	4月	2022年Q1	水	22/04/06 水	0

■[年]列

構文

指定した日付の年を4桁の整数で返す

YEAR(<日付列>)

引数

日付列……………年の値を取得したい日付列を指定

使用例

[Date]列の年の部分を取得

年 = YEAR([Date])

■［月番号］列

構文

指定した日付の月を1から12までの整数で返す

MONTH(<日付列>)

引数

日付列..................月の値を取得したい日付列を指定

使用例

［Date］列の月の部分を取得

月番号 = MONTH([Date])

■［週］列

構文

指定した日付の週番号（1年間の週の位置）を整数で返す

WEEKNUM(<日付列>,<週の最初の曜日>)

引数

日付列..................週の値を取得したい日付列を指定

週の最初の曜日..週の最初の曜日を決定する数値を指定。「2」は月曜はじまり、「1」は日曜はじまりとなる。省略すると「1」となる

使用例

［Date］列の週番号を月曜はじまりで取得

週 = WEEKNUM([Date],2)

■［曜日No］列

構文

指定した日付の曜日を示す1から7までの整数を返す

WEEKDAY(<日付列>,<週の最初の曜日>)

引数

日付列..................曜日の値を取得したい日付列を指定

週の最初の曜日..戻り値を決定する数値を指定。「2」は月曜はじまり、「1」は日曜はじまりとなる。省略すると「1」となる

使用例

［Date］列の曜日番号を月曜はじまりで取得

曜日No = WEEKDAY([Date],2)

■［会計年度］列

使用例

［月番号］列の値が4未満の場合は［年］列から1引き、そうではない場合は［年］列の値を返す

```
会計年度 = IF([月番号]<4,[年]-1,[年])
```

■［四半期］列

使用例

［月番号］列の値が4未満の場合はQ4、7未満はQ1、10未満はQ2、それ以外はQ3を返す

```
四半期 = IF([月番号]<4,"Q4",IF([月番号]<7,"Q1",IF([月番号]<10,"Q2","Q3")))
```

■［年月］［月］［期間］［曜日］［日付］列

構文

書式設定された文字列を返す

```
FORMAT(<値>,<書式>)
```

引数

値……………………文字列に変換する値を指定

書式…………………変換後の形式を書式指定文字列で指定

使用例

［Date］列の日付を書式設定。例えば2024/04/01の場合2024年04月と返す

```
年月 = FORMAT([Date],"YYYY年MM月")
```

使用例

［Date］列の日付を書式設定する、2024/04/01 の場合4月と返す

```
月 = FORMAT([Date],"M月")
```

使用例

［会計年度］列と［四半期］列の文字列を連結する

```
期間 = [会計年度]&"年"&[四半期]
```

使用例

［Date］列の日付を書式設定して曜日を取得、2024/04/01の場合月と返す

```
曜日 = FORMAT([Date],"aaa")
```

使用例

使用例：［Date］列の日付を書式設定する、2024/04/01の場合24/04/01 月と返す

```
日付 = FORMAT([Date],"yy/MM/dd aaa")
```

■［月末日かどうか］列

構文

指定した日付に対して指定した月数を追加し、最終日を返す

EOMONTH(<日付>,<月>)

引数

日付 .... その月の最終日を返す日付を指定

月 .... 足す月数を指定

使用例

[Date] がその月の最終日の場合は1、最終日ではない場合は0を返す

月末日かどうか = IF[Date]=EOMONTH([Date],0),1,0)

■並べ替えを指定

ビジュアルでデータの並び順を指定する際に日付順となるように、並び順を設定します。ここまで作成した日付テーブル内の2つの列について、並び替えを指定します。[日付] 列は [Date] 列、[曜日] 列は [曜日 No] 列を利用して並べ替えを行うように指定します。

1 [日付]列を選択

2 [列ツール]タブ-[列で並べ替え]-[Date]をクリック

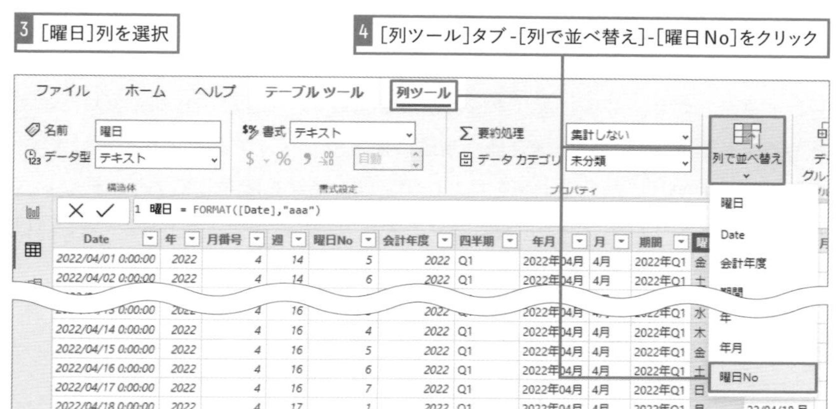

■レポートビューでの非表示設定

レポートでビジュアルに直接利用しない列はレポートビューで非表示にします。ここでは[Date][年][月番号][曜日No]列をレポートビューで非表示となるよう設定します。

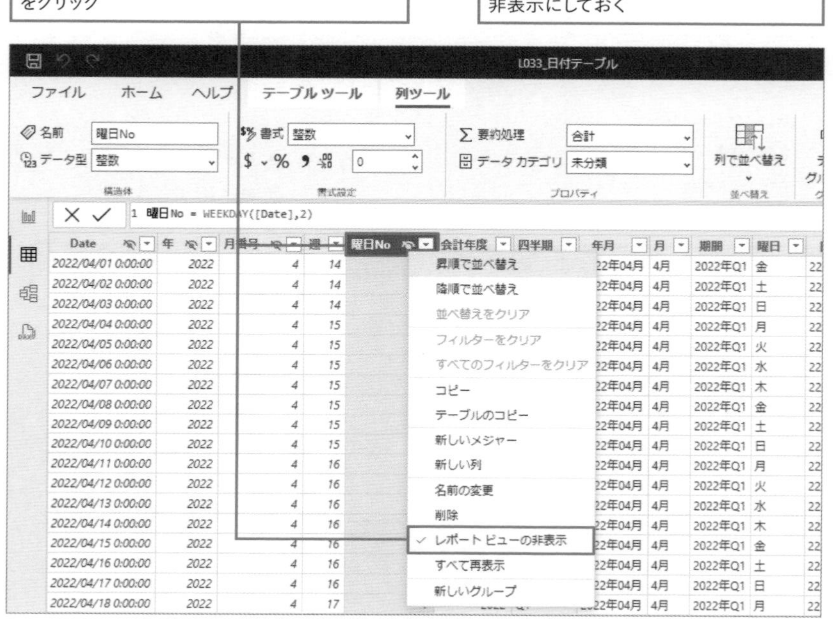

■日付を利用した階層作成

日付データの階層を作成することで、データを年、四半期、月などのレベルに分けて表示したり、分析したりすることができます。例えば、ビジュアルに年ごとの売上合計を表示したい場合は、階層の最上位レベルである年を選択します。また、四半期や月ごとの売上高を見たい場合は、階層を展開してより詳細なレベルに移動するドリルダウンが可能となります。ここでは[会計年度]-[四半期]-[月]の順でデータを表示できるように階層を作成します。

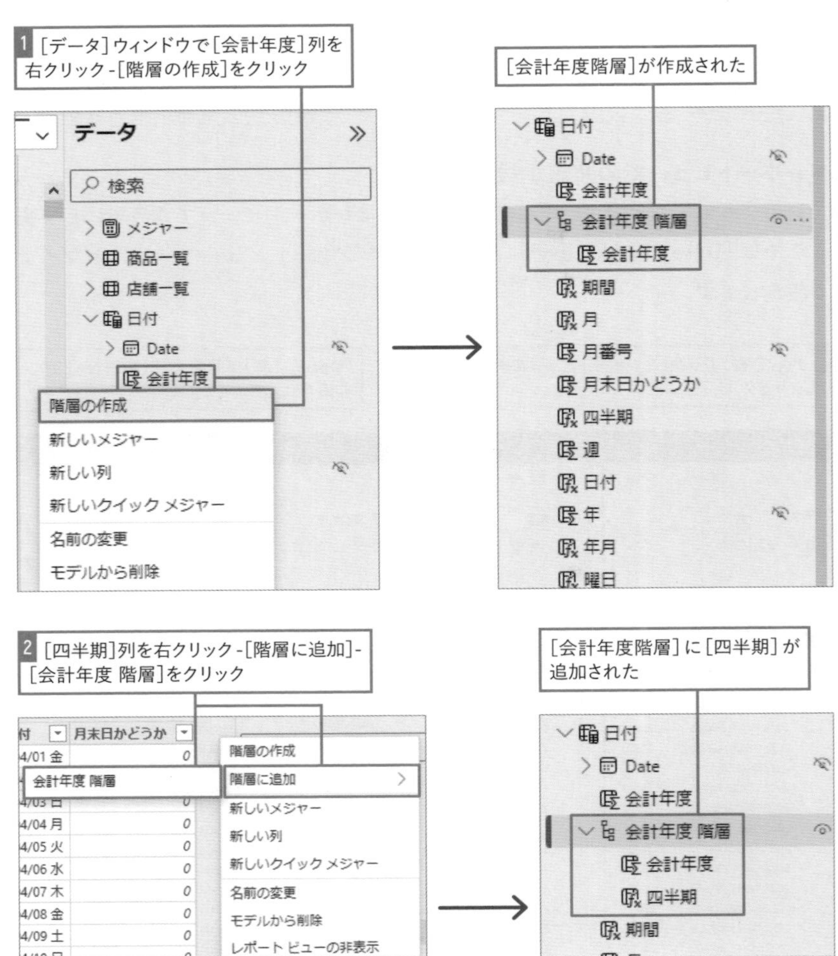

日付テーブルを作成する別の方法

日付テーブルを必要とする場合、レポートごとに同じような操作を何度も繰り返すことになります。レポート作成時に毎回手間を掛けたくない場合は、DAX式を使っておくと便利です。日付型の列を持つテーブルを作り、他の属性の列も一緒に追加するDAX式を用意しておくとよいでしょう。このLESSONではテーブルの作成や計算列を追加する方法を順番に説明しましたが、この関数を新しいテーブルを作成するときに使えば、同じ結果が得られます。

```
日付 =
var _startOfMonth =4  // 年度がはじまる月を指定
return
ADDCOLUMNS(
   CALENDAR(
            DATE(2022,4,1),  // 開始日を指定
            DATE(2026,3,31)  // 終了日を指定
),
"年",YEAR([Date]),
"月番号",MONTH([Date]),
"週",WEEKNUM([Date],2),
"曜日No",WEEKDAY([Date],2),
"会計年度",If(MONTH([Date])<4,Year([Date])-1,Year([Date])),
"四半期","Q"&QUARTER( DATE( YEAR([Date]),MOD( MONTH([Date])+
(13-_startOfMonth) -1 ,12) +1,1) ),
"年月",FORMAT([Date],"YYYY年MM月"),
"月",FORMAT([Date],"M月"),
"期間",If(MONTH([Date])<4,Year([Date])-1,Year([Date]))&"年
"&"Q"&QUARTER( DATE( YEAR([Date]),MOD( MONTH([Date])+ (13-_
startOfMonth) -1 ,12) +1,1) ),
"曜日",FORMAT([Date],"aaa"),
"日付",FORMAT([Date],"yy/MM/dd aaa"),
"月末日かどうか",If([Date]=EOMONTH([Date],0),1,0)
```

日付テーブルは、レポートで日毎や月別などの集計を行う際に必要なものです。レポート作成のたびに作成するのは面倒に感じることもあるでしょう。日付テーブルの作成に使える数式をあらかじめ用意しておくと、再利用ができます。

06 日付テーブルとしてマークする

データモデル内に作成したテーブルを日付テーブルとして動作させるためには、テーブルの作成だけではなく、日付テーブルとしてマークする設定が必要です。ダイアログで［日付テーブルとしてマーク］をオンにし、日付列を選択すると、検証が実行されます。ここで選択する日付列は、データ型が日付型であることはもちろん、列に含まれる日付の値が連続しており、一意である必要があります。

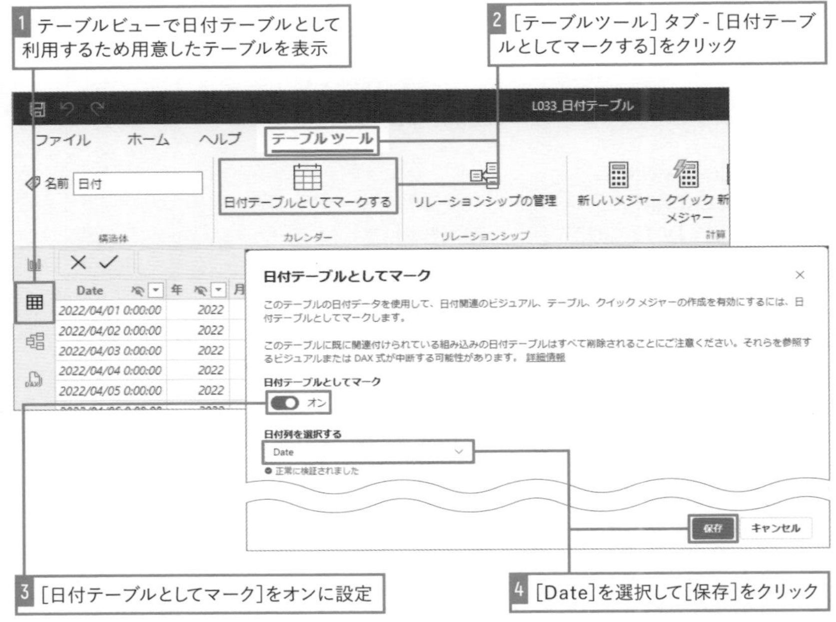

07 リレーションシップを設定する

日付テーブルと分析するデータが含まれるファクトテーブル間でリレーションシップの設定を行います。設定を行わないまま、ビジュアルで日付テーブルを利用しても値は正しく表示されません。例えば、積み上げ縦棒グラフのX軸に［会計年度 階層］を指定しても、すべての年度に同じ値が表示される結果になります。練習用ファイルの［売上］テーブルの［日付］列と［日付］テーブルの［Date］列にリレーションシップの設定を行いましょう。

X軸に［会計年度 階層］を追加しても
ビジュアルに正しく表示されない

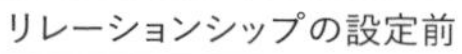

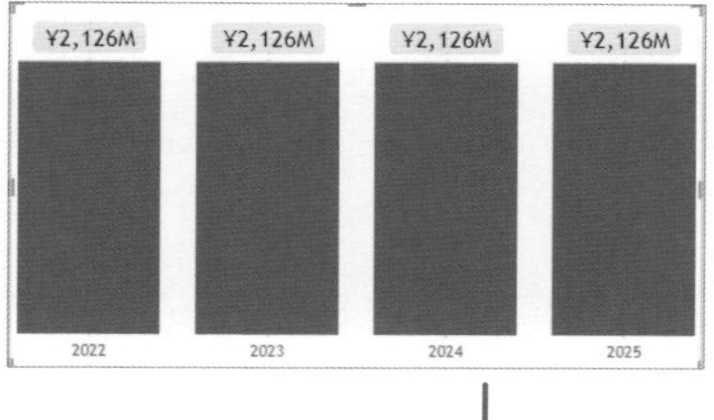

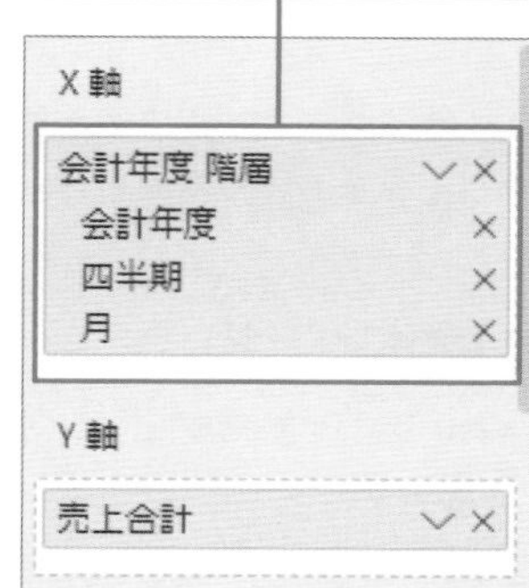

リレーションシップの設定後

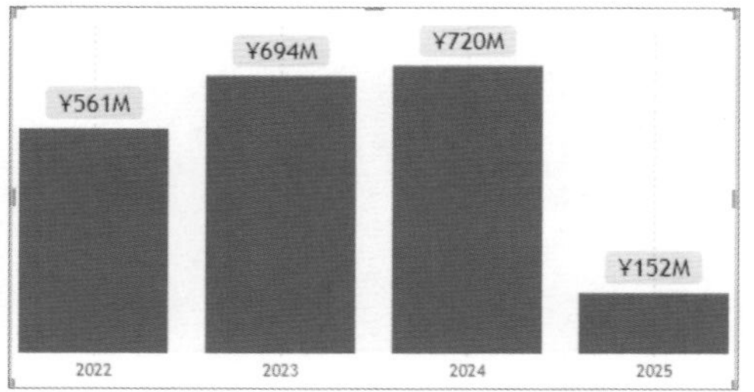

1 LESSON26を参考に［売上］テーブルと［日付］テーブルを、［日付］列と［Date］列をキーにリレーションシップを設定

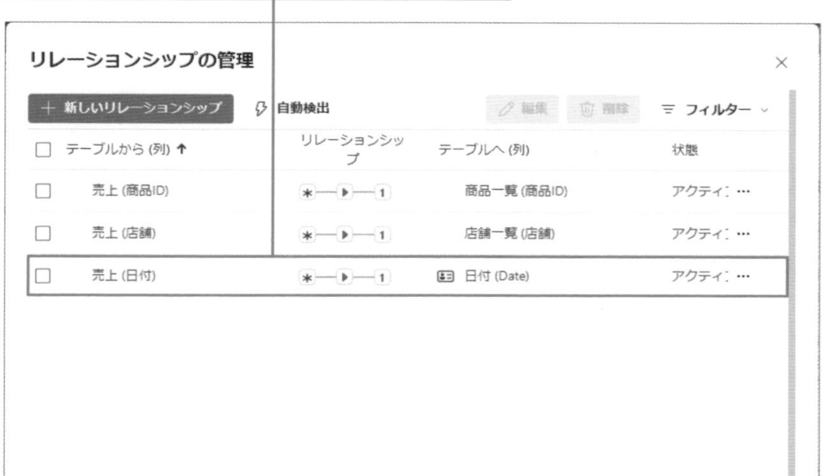

08 日付テーブルの動作を確認する

日付テーブルを活用してビジュアルの設定を変更し、動作を確認してみましょう。練習用ファイルにあるビジュアルについて、日付軸を使って集計するようにビジュアルの設定を調整します。

■ [全体] ページ

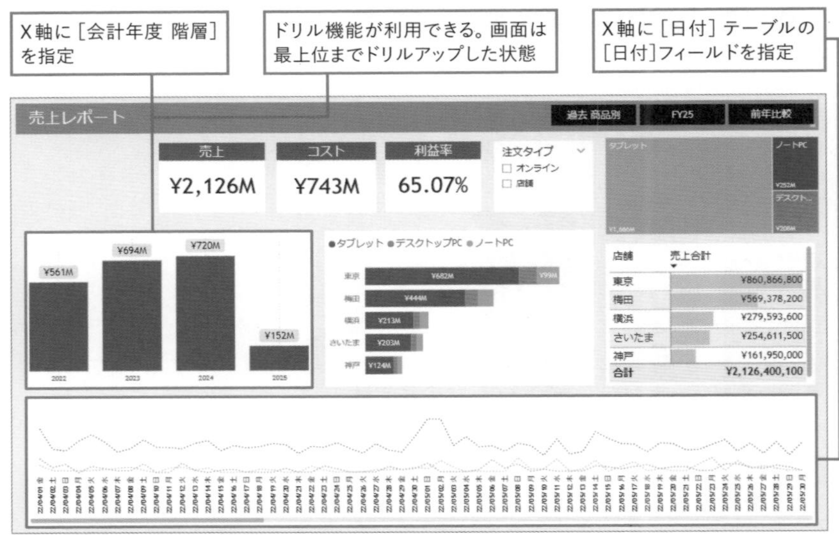

■ [過去 商品別] ページ

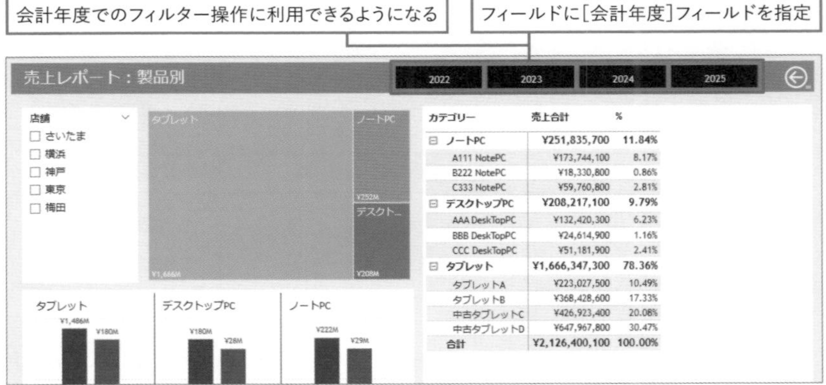

■［FY25］ページ

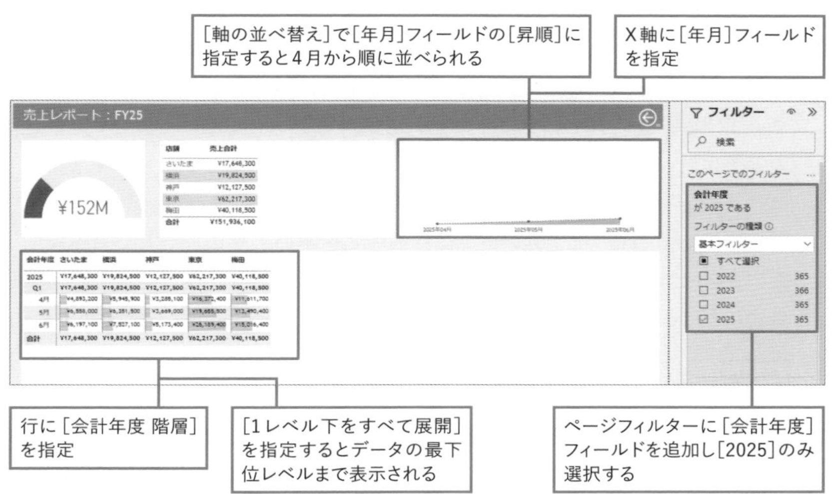

■［前年比較］ページ

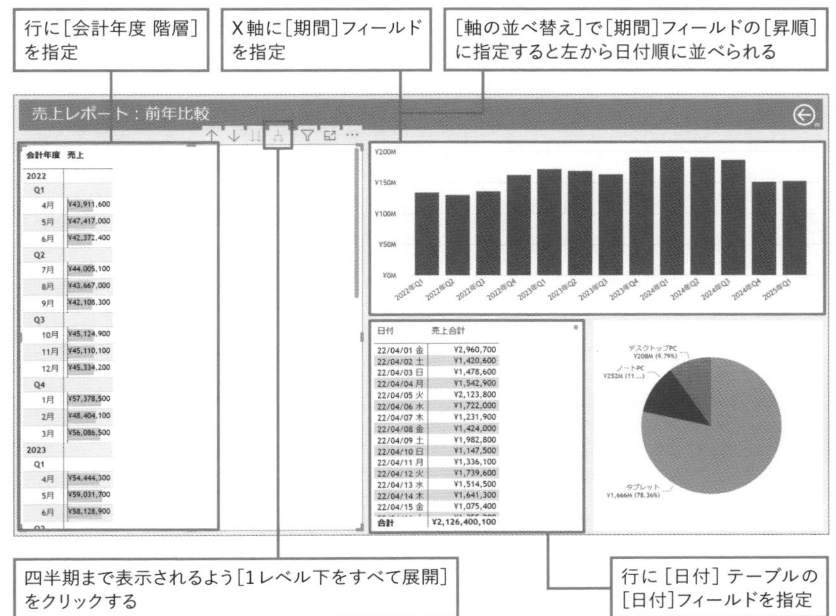

ここもポイント！

折れ線グラフが途切れる？

練習用ファイルの折れ線グラフを確認すると、何か所か折れ線グラフが途切れている箇所が確認できます。この折れ線グラフは日付ごとに表示していますが、途切れているように見える日付にデータがないためです。このように値が存在しない場合にも折れ線グラフを途切れないようにするには、メジャーを工夫しましょう。練習用ファイルでは、折れ線グラフのY軸に指定している［売上合計］メジャーの式を次のように変更して計算結果に0を加算します。これによって、データが存在しない集計結果となる場合に「0」として扱えます。

「2024/05/04」の場合、凡例に指定している［カテゴリー］が「デスクトップPC」の売上データが存在しない

売上合計 = SUM('売上'[売上])+0

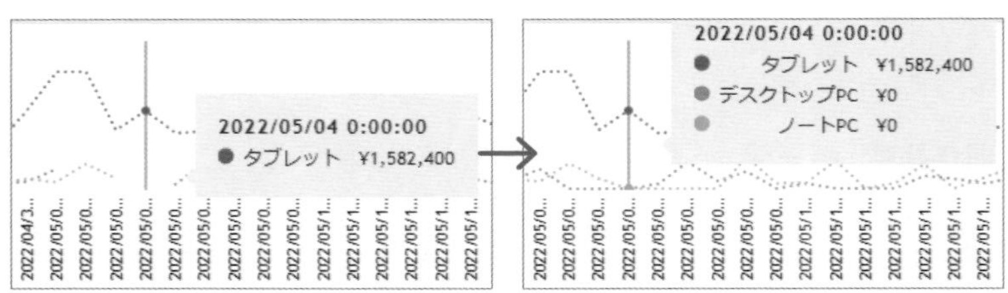

また［売上合計］メジャーの式を変更したことで売上データが存在しない場合に0が入るため、レポート内の他のビジュアルにも影響します。［会計年度階層］で［売上合計］メジャーを表示しているマトリックスでは、まだデータが存在しない2025年度の7月以降の表記が0となります。同じメジャーを利用している別のビジュアル動作への影響を理解した上で設定を行いましょう。

会計年度	さいたま	横浜	神戸	東京	梅田
2025	¥17,648,300	¥19,824,500	¥12,127,500	¥62,217,300	¥40,118,500
Q1	¥17,648,300	¥19,824,500	¥12,127,500	¥62,217,300	¥40,118,500
4月	¥4,893,200	¥5,945,900	¥3,285,100	¥16,372,400	¥11,611,700
5月	¥6,558,000	¥6,351,500	¥3,669,000	¥19,655,500	¥13,490,400
6月	¥6,197,100	¥7,527,100	¥5,173,400	¥26,189,400	¥15,016,400
Q2	¥0	¥0	¥0	¥0	¥0
7月	¥0	¥0	¥0	¥0	¥0
8月	¥0	¥0	¥0	¥0	¥0
9月	¥0	¥0	¥0	¥0	¥0

メジャーを変更すると2025年度の7月以降のデータが0となる

LESSON 34

複数データを時系列で集計する

日付テーブルは複数のデータを同じ時間軸で集計したいときにも必要です。売上と在庫の変動を比較、営業実績と予算から達成率を算出するなど、異なるデータを時系列で分析する場合には日付テーブルを用意し、各テーブルとのリレーションシップを設定します。

練習用ファイル L034_複数データ追加.pbix

01 複数データを日付テーブルで関連付ける

データモデルにはファクトテーブルが1つだけの場合もあれば、複数含まれる場合もあります。ファクトテーブルが複数ある場合、それぞれのテーブルで共通する列の値を利用してディメンションテーブルとリレーションシップを定義することでそれらのテーブルを組み合わせた集計が可能となります。例えば売上テーブルと支払テーブルを組み合わせて売上の回収率を分析する、仕入テーブルと売上テーブルを利用してコスト管理や利益率を分析する、売上テーブルと目標テーブルを利用して達成率分析するなどが例として挙げられます。時間の流れに沿ってこれらの分析を行いたい場合には、日付テーブルを利用して複数のファクトテーブルを関連付けます。

テーブル	内容	設定済みのリレーションシップ
売上	分析対象の売上データが含まれるファクトテーブル。2022年4月から2025年6月の売上実績が含まれる	商品一覧、店舗一覧、日付テーブルと多対1で設定済み
予算	分析対象の予算目標データが含まれるファクトテーブル。 2025年度（2025年4月から2026年3月）の売上目標が含まれる	店舗一覧テーブルと多対1で設定済み
日付	日付テーブル（ディメンションテーブル）。 2022年4月1日から2026年3月31日の範囲で日付列が用意されている	
商品一覧	商品一覧データが含まれるディメンションテーブル	
店舗一覧	店舗一覧データが含まれるディメンションテーブル	

このLESSONでは5つのテーブルを含むデータモデルを持つ練習用ファイルを利用して、複数のデータを組み合わせた分析を行うためのリレーションシップ設定方法を確認します。集計対象のデータが含まれるファクトテーブルは、[売上]テーブルと[予算]テーブルです。日付テーブルはすでに作成されています。また[売上]テーブルと[日付]テーブルにはリレーションシップの設定が行われていますが、[予算]テーブルと[日付]テーブルにはリレーションシップがまだ設定されていません。

■［達成率］メジャーの確認

達成率とは目標に対してどの程度達成できたかを比率で表すものです。「達成率 =（売上実績 / 予算）× 100」という式で求めることができます。また通常「%」で表されることが多く、100%以上なら予算超過、未満なら予算未達とみなされます。例えば練習用ファイルには、[売上]列と[予算]列を利用して[達成率]メジャーが作成されています。

2025年度でページレベルのフィルター設定がされている[FY25]ページを確認すると、店舗ごとの売上合計、予算の合計、達成率がテーブルに表示されています。軸として利用している店舗情報が含まれる[店舗一覧]テーブルは[売上]テーブル、[予算]テーブルの両方とリレーションシップが設定されているため、店舗ごとの各データが集計されていることが確認できます。

達成率 = DIVIDE(sum('売上'[売上]),sum('予算'[予算]))

意味 売上テーブルの[売上]列の合計を、予算テーブルの[予算]列の合計で割って達成率を求める

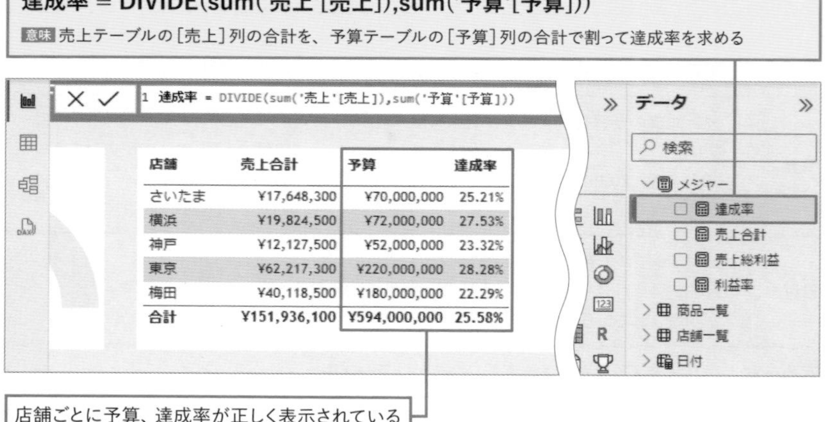

店舗	売上合計	予算	達成率
さいたま	¥17,648,300	¥70,000,000	25.21%
横浜	¥19,824,500	¥72,000,000	27.53%
神戸	¥12,127,500	¥52,000,000	23.32%
東京	¥62,217,300	¥220,000,000	28.28%
梅田	¥40,118,500	¥180,000,000	22.29%
合計	¥151,936,100	¥594,000,000	25.58%

店舗ごとに予算、達成率が正しく表示されている

同じページ内にある別のビジュアルを見てみましょう。次のマトリックスには、店舗だけではなく、日付軸を利用して、売上合計、予算の合計、達成率が表示されています。[日付]テーブルと[売上]テーブルはリレーションシップが設定されているため、[年度] - [四半期] - [月] と階層構造を掘り下げてもそれぞれの期間での集計結果が表示されますが、予算や達成率は正しい値が表示されていません。これは日付テーブルと予算テーブルにリレーションシップ設定がないためです。

[日付]テーブルとのリレーションシップがないため、[年度]-[四半期]-[月]のすべてで予算が同じ値となっている

店舗	さいたま			横浜	
会計年度	売上	予算	達成率	売上	予算
2025	¥17,648,300	¥70,000,000	25.21%	¥19,824,500	¥72,000,000
Q1	¥17,648,300	¥70,000,000	25.21%	¥19,824,500	¥72,000,000
4月	¥4,893,200	¥70,000,000	↓ 6.99%	¥5,945,900	¥72,000,000
5月	¥6,558,000	¥70,000,000	↓ 9.37%	¥6,351,500	¥72,000,000
6月	¥6,197,100	¥70,000,000	↓ 8.85%	¥7,527,100	¥72,000,000
Q2	¥0	¥70,000,000		¥0	¥72,000,000
7月	¥0	¥70,000,000		¥0	¥72,000,000
8月	¥0	¥70,000,000		¥0	¥72,000,000
9月	¥0	¥70,000,000		¥0	¥72,000,000
Q3	¥0	¥70,000,000		¥0	¥72,000,000
10月	¥0	¥70,000,000		¥0	¥72,000,000
11月	¥0	¥70,000,000		¥0	¥72,000,000
12月	¥0	¥70,000,000		¥0	¥72,000,000
合計	¥17,648,300	¥70,000,000	25.21%	¥19,824,500	¥72,000,000

■列の作成とリレーションシップの設定

[日付] テーブルと [予算] テーブルにリレーションシップを設定します。しかし [予算] テーブルには [年] や [月] 列は含まれていますが、日付型の列がありません。このままでは [日付] テーブルとリレーションシップを設定できないため、まずは日付列を用意しましょう。ここでは [年] と [月] 列の値を利用し、月初日を格納する計算列を作成します。リレーションシップを設定するための列が作成できたら、日付テーブルとのリレーションシップを追加します。

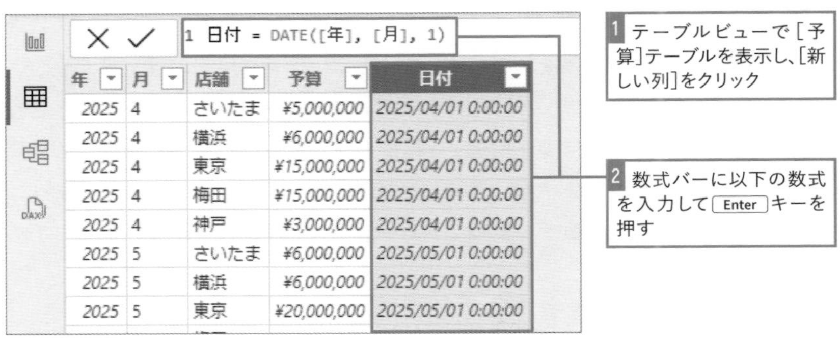

日付 = DATE([年],[月],1)

意味 ［年］列と［月］列の値から1日の日付を作成する

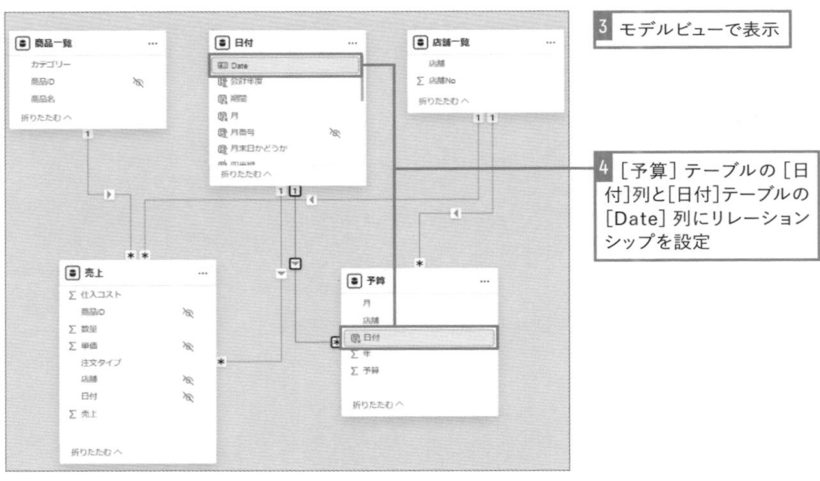

リレーションシップの設定により日付軸で予算が表示できるようになったことが確認できる

店舗	さいたま			横浜		
会計年度	売上	予算	達成率	売上	予算	達成率
2025	¥17,648,300	¥70,000,000	25.21%	¥19,824,500	¥72,000,000	27.53%
Q1	¥17,648,300	¥17,500,000	100.85%	¥19,824,500	¥18,000,000	110.14%
4月	¥4,893,200	¥5,000,000	↑ 97.86%	¥5,945,900	¥6,000,000	↑ 99.10%
5月	¥6,558,000	¥6,000,000	↑ 109.30%	¥6,351,500	¥6,000,000	↑ 105.86%
6月	¥6,197,100	¥6,500,000	↑ 95.34%	¥7,527,100	¥6,000,000	↑ 125.45%
Q2	¥0	¥17,500,000		¥0	¥18,000,000	

02 日付軸を利用した［達成率］メジャーを作成

［達成率］メジャーは［売上］テーブルの［売上］列の合計を、［予算］テーブルの［予算］列の合計で割って計算しています。練習用ファイルでは［予算］テーブルには2025年度のデータのみ含まれています。そのため［達成率］メジャーは、ページやビジュアルに対して「会計年度が2025である」フィルター設定がされていることを前提に利用しなくてはいけません。例えばページフィルターが設定済みの［FY25］ページでは、2025年度の売上合計と2025年度の予算合計で割り算されるため、正しい値が確認できますが、ページやビジュアルにフィルター設定がされていない状態で［達成率］メジャーをビジュアルに表示すると、異なる値となっていることが確認できます。

ページで2025年度のデータのみにフィルターが設定されているため、達成率は右のような計算がされる

フィルターが設定されていない場合、達成率は次のような計算となる

2022年度から2025年度すべての売上合計 / 予算合計

店舗	売上合計	予算	達成率
さいたま	¥17,648,300	¥70,000,000	25.21%
横浜	¥19,824,500	¥72,000,000	27.53%
神戸	¥12,127,500	¥52,000,000	23.32%
東京	¥62,217,300	¥220,000,000	28.28%
梅田	¥40,118,500	¥180,000,000	22.29%
合計	¥151,936,100	¥594,000,000	25.58%

FY25 達成率

357.98%

2025年度の売上合計 / 予算合計

ページに対してフィルターを設定したくない場合は、ビジュアルレベルでのフィルターを追加することで正しい結果を得られますが、2025年度の売上データを利用して計算するようメジャーを作成することも可能です。

```
達成率FY25 = DIVIDE(CALCULATE(SUM('売上'[売上]),'日付'[会計年度]=
2025),SUM('予算'[予算]))
```

意味 「会計年度=2025」でフィルターした［売上］テーブルの［売上］列の合計を［予算］テーブルの［予算］列の合計で割る

LESSON 35

時系列で分析を行うメジャーを作成する

DAXには時系列を用いたデータ集計に利用できるタイムインテリジェンス関数が用意されています。タイムインテリジェンス関数を用いることで前年金額や前年比、累積金額など期間を用いたさまざまなメジャーが作成できます。

練習用ファイル L035_時系列メジャー.pbix

01 時系列の分析に役立つ「タイムインテリジェンス関数」

タイムインテリジェンス関数とは期間や日付に基づいてデータを集計できるDAX関数です。指定した日付から日付を加算もしくは減算が行えるDATEADD関数や指定した日付の翌日や翌月、翌年のデータ一覧を取得できるNEXTDAY関数、NEXTMONTH関数、NEXTYEAR関数、指定した日付列の最初や最後の日付を取得できるFIRSTDATE関数、LASTDATE関数など、さまざまな関数があります。時系列での分析に必要となる前年比や累積合計などのメジャーを作成する際にも利用できますが、タイムインテリジェンス関数を利用するためには日付テーブルが必要です。例えば前年売上を求めるメジャーはDATEADD関数を使って作成できます。DATEADD関数は、指定した日付から任意の値を加算もしくは減算して新しい日付を返す関数です。「DATEADD([日付], -1, YEAR)」とした場合は、指定した日付列から1年減算した日付を返します。この関数を使って、前年の同じ期間を参照するフィルターコンテキストを作成し、集計に利用できます。

構文

指定した間隔数だけ時間を前後にシフトした日付列を含むテーブルを返す

DATEADD(<日付列>,<加算減算する数字>,<間隔>)

引数

日付列……日付を含む列を指定

加算減算する数字……シフトする期間を整数で指定

間隔……シフトする単位を指定。YEAR、QUARTER、MONTH、DAYのいずれかを使うまた同じように前年売上メジャーを作成する場合、他にもPREVIOUSYEAR関数やSAMEPERIODLASTYEAR関数も利用できます。PREVIOUSYEAR関数は、指定した日付列の前年の同じ期間が参照できます。例えば「PREVIOUSYEAR(日付テーブル[日付])」とすると、日付テーブルの日付列から前年の同じ期間を返します。この関数はDATEADD関数と似ていますが、DATEADD関数は任意の期間を加算または減算できるのに対し、PREVIOUSYEAR関数は前年のみを参照できます。SAMEPERIODLASTYEAR関数は、指定した日付列の前年の同じ日を参照します。例えば、「SAMEPERIODLASTYEAR(日付テーブル[日付])」とすると、日付テーブルの日付列から前年の同じ日を返します。この関数は指定した日付列が月や四半期などの場合にも同じ期間の1年前を返せます。

構文

指定した日付の前年のすべての日付列を含むテーブルを返す

PREVIOUSYEAR(<日付列>,<年度末とする日付>)

構文

指定した日付から1年前にシフトした日付列を含むテーブルを返す

SAMEPERIODLASTYEAR(<日付列>)

引数

日付............................ 日付を含む列を指定

年度末とする日付.... 年度末の日付を指定。省略した場合は12 月 31 日となる

02 ［前年売上］メジャーを作成する

タイムインテリジェンス関数を利用して［前年売上］メジャーを作成し、動作の違いを確認してみましょう。DATEADD関数やSAMEPRIODLASTYEAR関数を使うと、日付範囲がどう変わっても1年前の同じ期間に基づいて集計でき、年だけでなく、四半期や月といった単位で1年前の同じ期間の売上額を求めることができます。またDATEADD関数では加算減算する日付範囲を指定できるため前年だけではなく、2年前の売上メジャーなど任意の期間の計算に利用しやすいです。一方、PREVIOUSYEAR関数を使うと、期間として年を一つ前に設定して集計されます。そのため年単位でのみ利用するメジャーの場合にのみ利用します。

使用例

第2引数にDATEADD関数を利用し1年前の同じ期間の日付を取得し、1年前の売上合計を計算

```
前年売上 = CALCULATE(SUM('売上'[売上]), DATEADD('日付'[Date], -1, YEAR))
```

使用例

第2引数にPREVIOUSYEAR関数を利用し1年前の日付を取得(4月はじまりの会計年度で計算している例)

```
前年売上2 = CALCULATE(SUM('売上'[売上]),PREVIOUSYEAR('日付'[Date],
"3/31"))
```

使用例

第2引数にSAMEPERIODLASTYEAR関数を利用し1年前の同じ期間の日付を取得

```
前年売上3 = CALCULATE(SUM('売上'[売上]),SAMEPERIODLASTYEAR
('日付'[Date]))
```

[前年売上]メジャーと[前年売上3]メジャーは日付範囲が変更されても1年前の同じ期間でフィルターした結果を集計できる

会計年度	売上合計	前年売上	前年売上2	前年売上3
2022	¥560,919,700			
Q1	¥133,701,000			
Q2	¥129,780,400			
Q3	¥135,569,200			
Q4	¥161,869,100			
2023	¥693,611,400	¥560,919,700	¥560,919,700	¥560,919,700
Q1	¥171,604,900	¥133,701,000	¥560,919,700	¥133,701,000
2025	¥151,936,100	¥719,932,900	¥719,932,900	¥719,932,900
Q1	¥151,936,100	¥191,894,100	¥719,932,900	¥191,894,100
Q2	¥0	¥190,895,600	¥719,932,900	¥190,895,600
Q3	¥0	¥186,506,000	¥719,932,900	¥186,506,000
Q4	¥0	¥150,637,200	¥719,932,900	¥150,637,200
合計	¥2,126,400,100	¥1,974,464,000		¥1,974,464,000

PREVIOUSYEAR関数を利用した[前年売上2]メジャーは年を期間として1年前でのみ集計できる

03 [前年比]メジャーを作成する

前年比とは、現在の年度の実績や予算などと前年度の同じ値を比較することで、増減率を求めることができます。「前年度比 = (現在の年度の売上 - 前年度の売上) / 前年度の売上 」で計算できます。例えば、現在の年度の売上が1000万円で、前年度の売上が800万円だったとします。この場合「 (1000 - 800) / 800」で前年度比が25%、つまり売上が前年度に比べて25%増加したことになります。

302ページでは1年前の売上を求める方法について説明しました。[前年売上]メジャーを作成している場合は、それを基にして[前年比]メジャーも作れます。[前年売上] メジャーがない場合は、DATEADD関数で前年の売上合計を計算し、変数として保存してから前年比を算出することで数式を分かりやすくできます。[前年売上] メジャーが含まれている場合とそうでない場合の両方で、[前年比] メジャーを作成してみましょう。ビジュアルに表示する際は、作成したメジャーの書式は[パーセンテージ] に設定してください。

```
前年比 = DIVIDE(SUM('売上'[売上])-[前年売上],[前年売上])
```

意味 [売上] テーブルの [売上] 列の合計から [前年売上] を引いた差額を、[前年売上] で割り、前年比を計算

```
前年比2 = VAR _PREV_YEAR = CALCULATE(SUM('売上'[売上]),
DATEADD('日付'[Date], -1, YEAR))RETURN DIVIDE(SUM('売上'[売上])
- _PREV_YEAR, _PREV_YEAR)
```

意味 CALCULATE関数を使って1年前の売上合計を計算し変数「__PREV_YEAR」に格納して、前年比を求めるための割り算を行う

[前年売上]メジャーを参照した場合もそうではない場合も同様の結果が確認できる

会計年度	売上合計	前年売上	前年比	前年比2
2022	¥560,919,700			
Q1	¥133,701,000			
[illegible]	[illegible]	[illegible]	[illegible]	[illegible]
Q2	¥190,895,600	¥168,376,500	13.37%	13.37%
Q3	¥186,506,000	¥162,919,400	14.48%	14.48%
Q4	¥150,637,200	¥190,710,600	-21.01%	-21.01%
2025	¥151,936,100	¥719,932,900	-78.90%	-78.90%
Q1	¥151,936,100	¥191,894,100	-20.82%	-20.82%
Q2	¥0	¥190,895,600	-100.00%	-100.00%
Q3	¥0	¥186,506,000	-100.00%	-100.00%
Q4	¥0	¥150,637,200	-100.00%	-100.00%
合計	¥2,126,400,100	¥1,974,464,000	7.70%	7.70%

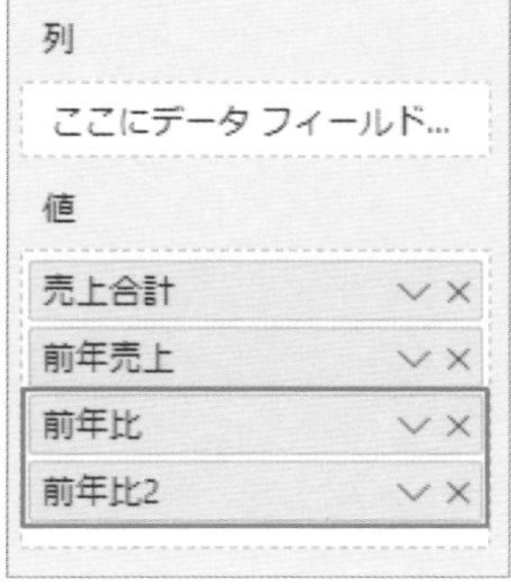

DAXでの変数の扱い方

DAX式で変数を扱う場合には、次の形式で記述します。

```
VAR 変数名=式
RETURN 戻り値
```

例えば次のような式の場合、変数「_value1」の値である1と「_value2」の値である2を足した結果が戻り値となるため、[Test] メジャーの値は3となります。

```
Test=
 VAR _value1 = 1
 VAR _value2 = 2
RETURN _value1+_value2
```

変数を使えば、数式の中で繰り返し計算される式を効率的に処理したり、数式を分かりやすくまとめたりできます。[前年比2] メジャーは変数を使わないと、次のようになり同じ内容が繰り返し出現するため処理効率が悪く、また変数を利用した数式と比較し、数式自体が読みにくくなってしまいます。

```
前年比3 = DIVIDE(SUM('売上'[売上]) - CALCULATE(SUM('売上'[売上]), DATEADD('日付'[Date], -1, YEAR)), CALCULATE(SUM('売上'[売上]), DATEADD('日付'[Date], -1, YEAR)))
```

[前年比2] メジャーのDATEADD関数の第3引数を、QUARTERやMONTHに変更することで、前四半期比、[前月比] メジャーも作成できます。

04 累計の計算に役立つDAX関数

累計とは、ある期間の初めから終わりまでのデータを積み上げた値のことです。データの変動や傾向を把握するためによく使われます。例えば、年間の売上目標を設定した場合、累計売上と目標値を併せて視覚化することで、現時点での実績や進捗を確認しやすくなります。DAXには累積を求めるタイムインテリジェンス関数も用意されています。年初から現在までの累計を計算するTOTALYTD関数、四半期の初めから現在までの累計を計算するTOTALQTD関数、そして月の初めから現在までの累計を計算するTOTALMTD関数があります。

構文

年度の累計を計算

TOTALYTD(<計算式>,<日付列>,<年度最終日>)

引数

計算式……………… 集計する式を指定
日付列……………… 日付を含む列を指定
年度最終日 ………… 年度末の日付を指定。省略した場合は12月31日となる

構文

四半期の累計を計算

TOTALQTD(<計算式>,<日付列>)

構文

月の累計を計算

TOTALMTD(<計算式>,<日付列>)

引数

計算式……………… 集計する式を指定
日付列……………… 日付を含む列を指定

05 ［累計］メジャーを作成する

これらを利用して累計を求めるメジャーを作成してみましょう。「YTD」は「Year To Date」の略で、年初来という意味です。その年における今日までのデータです。例えば4月はじまりの会計年度で今日が 2/1 だとすると、4/1 から 2/1 までの累計値となります。また「QTD 」は「Quarter To Date」の略で、四半期初来という意味となり、MTD は「Month To Date」の略で、月初来という意味です。

使用例

［売上］テーブルの［売上］列の合計について、3/31を最終日として年間累計を計算

売上YTD = TOTALYTD(SUM('売上'[売上]),'日付'[Date],"3/31")

使用例

［予算］テーブルの［予算］列の合計について、3/31を最終日として年間累計を計算

予算YTD = TOTALYTD(SUM('予算'[予算]), '日付'[Date] ,"3/31")

予算の年間累計と、売上の年間累計を同じビジュアルにプロットすることで比較しやすくしている

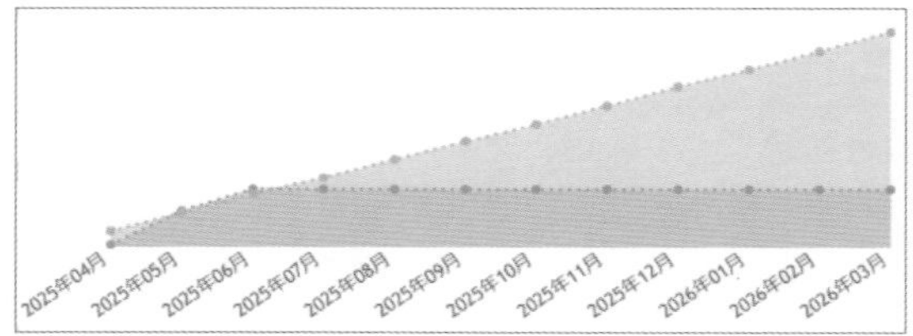

使用例

［売上］テーブルの［売上］列の合計について四半期累計を計算

売上QTD = TOTALQTD(SUM('売上'[売上]),'日付'[Date])

使用例

［予算］テーブルの［予算］列の合計を3/31を最終日として年間累計を計算

予算YTD = TOTALYTD(SUM('予算'[予算]), '日付'[Date] ,"3/31")

応用編

第 8 章

Power BIサービスへの発行とレポートの公開

Power BI Desktopで作成したレポートをPower BIサービスに発行することで、Webブラウザーやスマートフォンからレポートを利用でき、より便利な機能が使えるようになります。この章ではPower BIサービスへレポートを発行する方法やPower BIサービスで利用できる機能を確認します。

LESSON

36 Power BIサービスに発行する

LESSON02で解説したとおり、Power BI Desktopで作成したレポートをPower BIサービスに発行することで、Webブラウザーやスマートフォンでレポートを利用できます。また、ダッシュボードなどさまざまな機能が使えるようになります。

練習用ファイル L036_レポート発行.pbix

01 Power BIサービスでできること

Power BIサービス(https://app.powerbi.com)はクラウドサービスとして提供されているPower BIの機能の1つで、Webブラウザーを利用してアクセスします。また利用にはアカウントが必要です。Power BIサービスでレポートを作成することも可能ですが、Power QueryやDAXを利用したモデリング機能は使えません。そのためデータのインポートやモデリングを含むレポート作成はPower BI Desktopで行い、その後レポートをPower BIサービスへ発行し、Power BIサービスで利用できる機能も併せて利用することが一般的です。Power BIサービスにレポートを発行することで、レポートをクラウド上に保存し、いつでもどこでもアクセスできるようになります。また、ダッシュボードの作成や、スケジュール設定によるデータの自動更新、組織内でのレポートの共有や共同管理などさまざまな機能が利用できるようになります。ただし、組織内で他のメンバーとレポートを共有するなど、一部の機能はPower BI ProやPower BI Premiumプランが必要です。

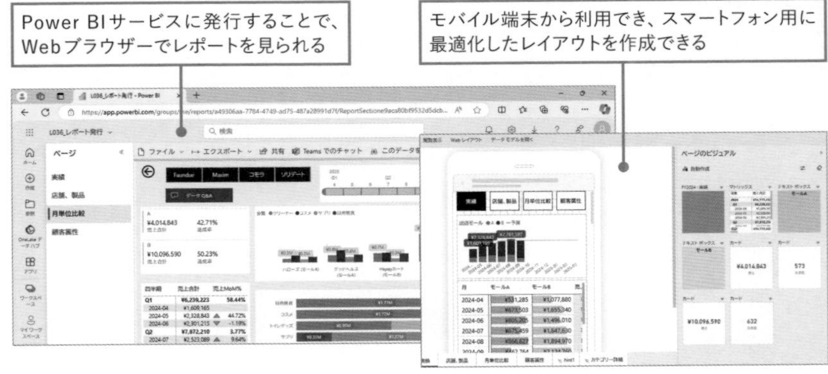

02 Power BI Desktopからレポートを発行する

レポートを発行する前に、Power BIサービスにアクセスできるアカウントで事前にサインインしておきましょう。Power BI Desktopには、閲覧専用の画面としてレポートを開く機能はないため、データモデル内にインポートしたデータ、メジャーや計算列を作成した際の数式などの設定がすべて見える状態でレポートが開きます。一方Power BIサービスはレポートの表示に特化したビューアー機能があり、レポート利用者にデータモデルの内容やメジャーの数式は見えない状態で提供できます。ページ内に配置したボタンもPower BI Desktopでは Ctrl キーを押しながらクリックが必要ですが、Power BIサービスではクリックのみで操作できます。

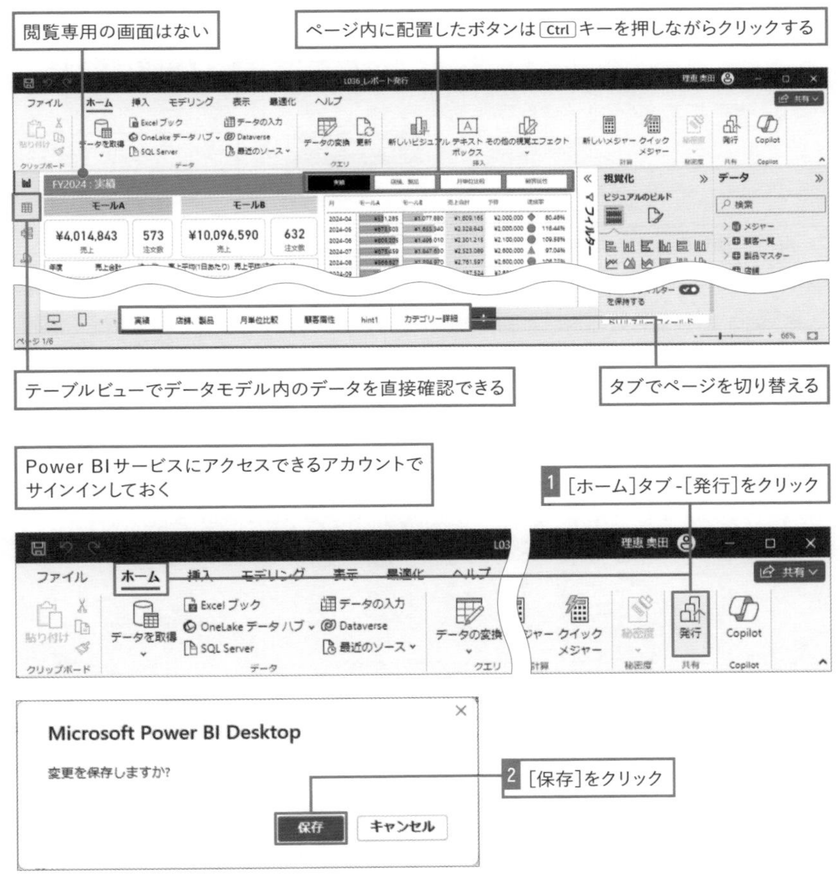

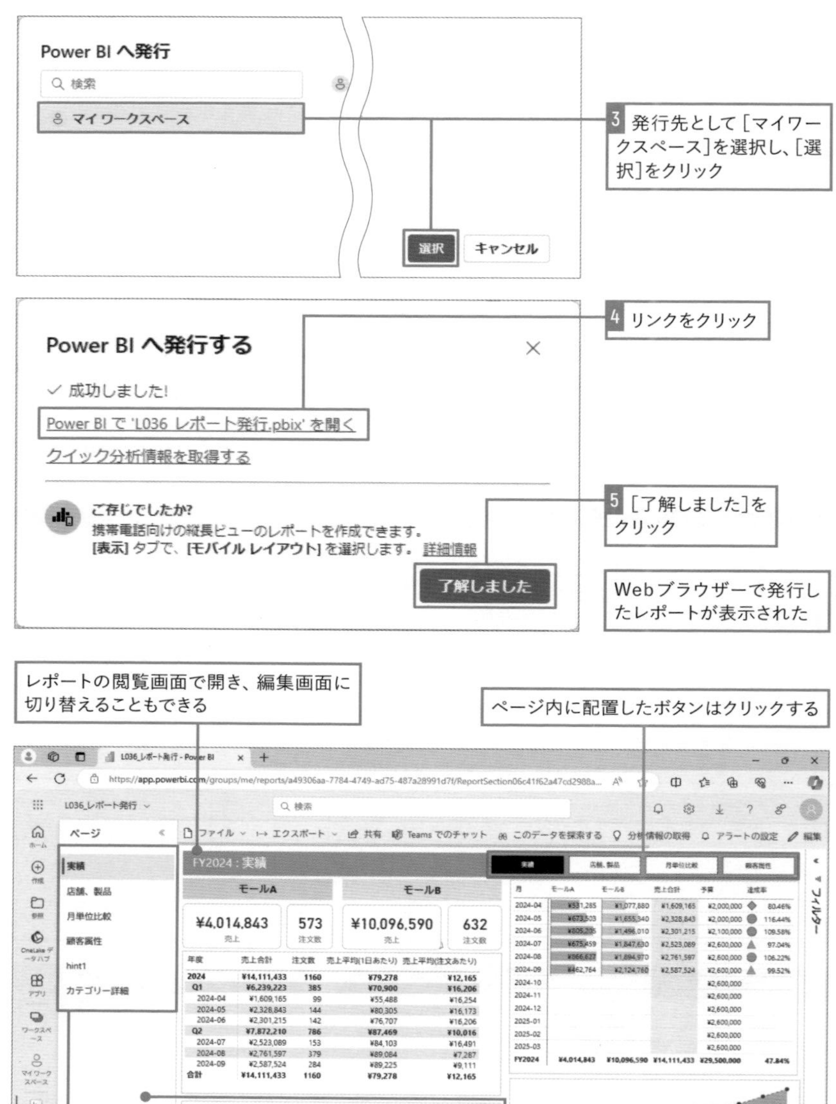

ページを切り替えられる

データモデル内のデータや計算列、メジャーの数式はレポートから確認できない

03 発行したレポートを確認しよう

Power BIサービスに発行する際にはワークスペースを選択します。**ワークスペースとはPower BIの各種コンテンツを取りまとめる領域**であり、Power BIサービスにサインインすると、必ず「マイワークスペース」が確認できます。マイワークスペースは自分が作成したコンテンツを格納する場所であり、発行したレポートは共有設定を行わない限り、自分以外のユーザーには見えません。

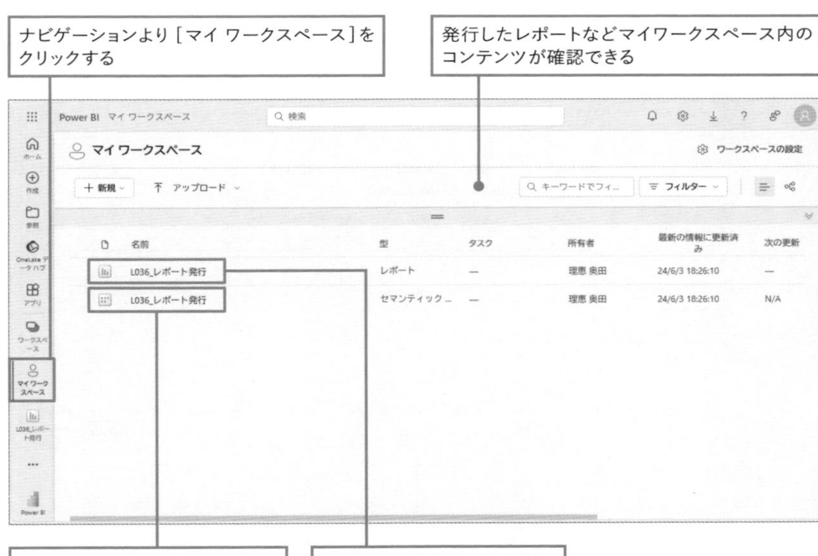

Power BI Desktopから発行したレポートはpbixファイルのファイル名がレポート名となります。そのためPower BIサービスでのレポート名としたい名前がある場合は、事前にpbixファイルの名前を変更しておくとよいでしょう。またレポートだけではなく、レポートと同名のセマンティックモデルが発行されていることが確認できます。Power BI Desktopではpbixファイル内にレポートだけではなくデータモデルも含まれますが、Power BIサービスに**発行するとデータモデルとレポートが分離して管理され、データモデルは「セマンティックモデル」とよばれます。**

セマンティックモデルはPower BI Desktopで新しいレポートを作成する際にデータソースとして参照することができます。同じデータソースにアクセスする場合、すでにデータモデリングが行われた分析元のデータとして再利用できます。この場合、Power BI Desktopでテーブルビューは表示されません。

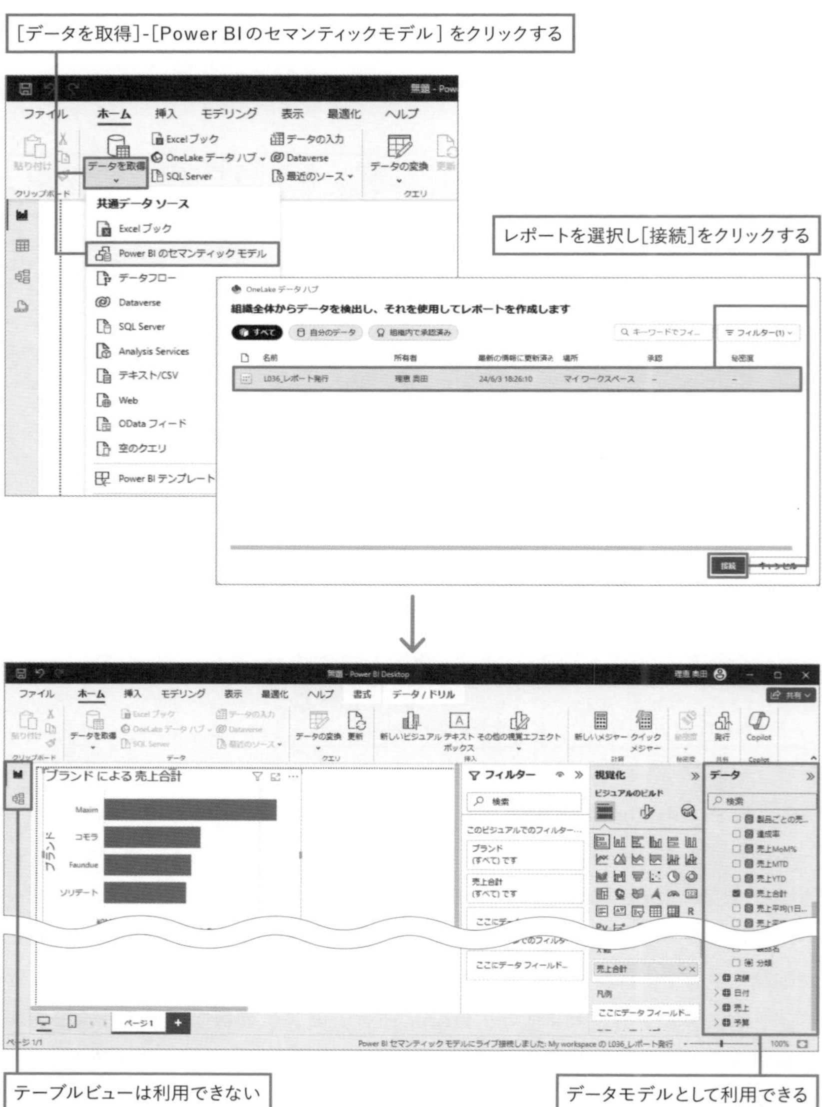

部門やチーム単位で共有できるワークスペース

組織によっては部署やグループなど、レポートを共有する単位でワークスペースを作成して、発行したレポートやデータを管理しているケースがあります。この場合Power BIの有償プラン（Power BI ProやPower BI Premium）が必要です。マイワークスペースは個人に紐付く場所となり、ここに発行したレポートは共有しない限りは他のユーザーはアクセスできません。それに対してワークスペースは、事前に権限設定を行っておいたユーザーやグループに発行したレポートが共有されます。発行したレポートの共有やワークスペースの利用については第9章LESSON40で解説します。

04 レポート内のページを非表示にする

Power BIサービスに発行するレポートは、内容やレポート利用者に提供したい機能に応じて、ページや各ビジュアルに表示されるメニューを非表示にできます。設定はPower BI Desktopからレポートを発行する前に行えます。

レポートに含まれるページの中には、ツールヒントやドリルスルー用のページ、編集用のメモなど、直接見られることを意図していないものがあるかもしれません。レポートにはページ間を移動するボタンを設置することができますが、別のページに関連情報がある場合に、ページ内のボタンからのみ開けるようにしたいこともあります。これらのページを非表示にすることで、Power BIサービスに発行して利用する際にページの切り替えメニューに表示されないようにできます。

ページごとに非表示にでき、この設定はPower BIサービスからレポートを利用する際に適用されます。Power BI Desktopでは非表示ページであることは確認できますが、非表示になるわけではありません。またPower BIサービスで左側に表示されるページの切り替えメニューを使いたくない場合、1つを残してすべてのページを非表示にしてから発行すると、ページの切り替えメニューが表示されなくなります。

■ツールヒントやドリルスルーのターゲットページを非表示にした例

1 Power BI Desktopでページ名を右クリックし、[非表示]をクリック

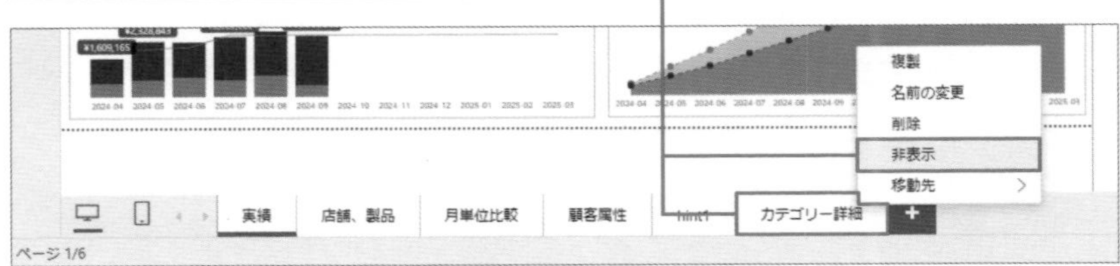

ページ名の左に非表示であることを示すアイコンが表示された

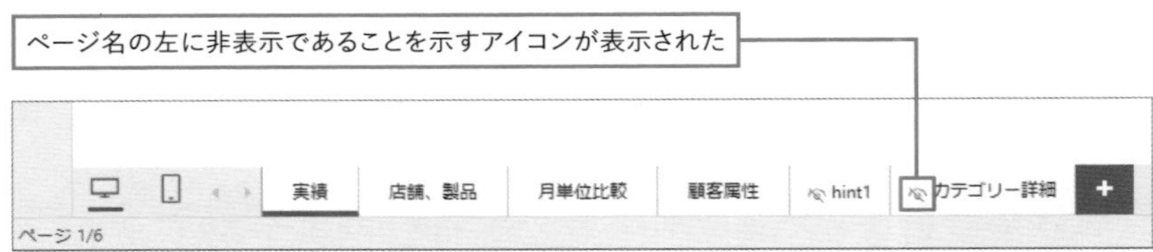

■Power BIサービスでのレポート閲覧時

非表示に設定したページは、切り替えメニュー内に表示されない

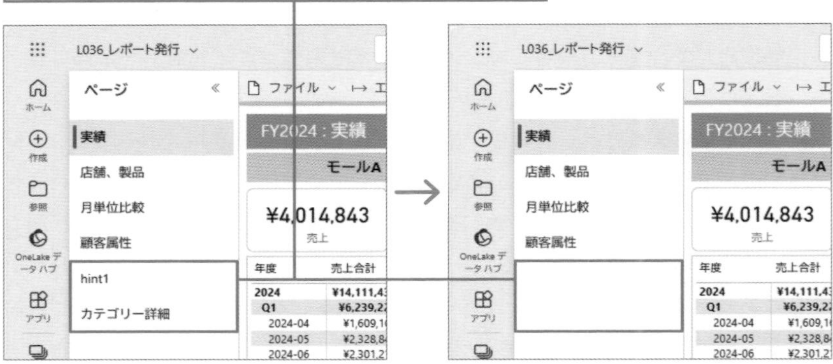

■すべてのページを非表示にした場合

1 最初に開かせたいページ以外をすべて非表示に設定

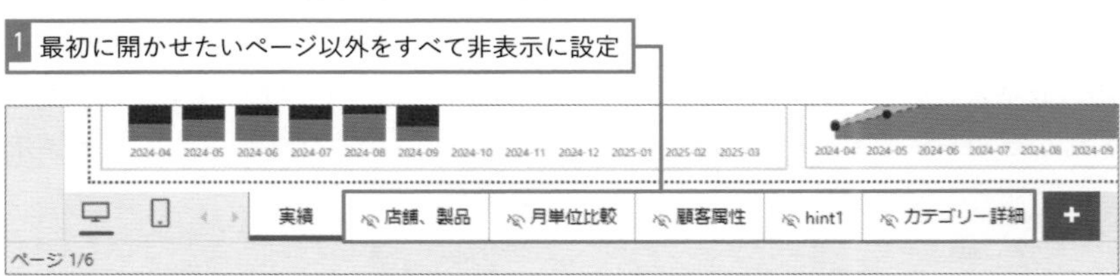

05 フィルターウィンドウを非表示にする

Power BI Desktopではフィルターウィンドウを利用するとレポート単位やページ単位、ビジュアル単位でフィルターが設定できます。またビジュアル単位でフィルターを設定する際にはビジュアルに表示していないフィールドを[データ]ウィンドウから選択してフィルターに利用することもできます。Power BIサービスでレポートを利用する際にもフィルターウィンドウを表示することができますが、この場合ビジュアル単位のフィルターメニューとして利用でき、レポート単位やページ単位のフィルターを設定することはできません。またビジュアル単位でフィルター設定を行う際にも、該当のビジュアルに表示しているフィールドのみがフィルター設定の対象です。フィルターウィンドウは、レポート内に配置されているスライサーで用意されていないフィールドを用いてフィルターを行いたい場合に利用できますが、データモデル内の列構造に対する理解がないと使いこなすことが難しいといえます。このため、どちらかというとレポートを作成する際に利用することが多く、レポート利用者にはフィルターウィンドウを表示させたくないことも多いです。この場合、Power BI Desktopでフィルターウィンドウを非表示に設定してから発行します。この設定もPower BI サービスに発行したレポートをWebブラウザーで利用する際に適用される設定であり、Power BI Desktopでレポートを利用する際には表示されます。

フィルターウィンドウを表示した状態で発行した場合、選択したビジュアルで利用しているフィールドがフィルター操作の対象として利用できる

フィルターウィンドウを非表示とした状態で発行した場合は表示されない

06 ビジュアルヘッダーを非表示にする

各ビジュアルにマウスポインターを合わせると、右上もしくは右下に「ビジュアルヘッダー」という操作メニューが表示されます。レポート利用者はビジュアルヘッダーより、フォーカスモードやテーブルとして表示、スポットライト、ドリル機能などの操作メニューを利用できます。これらの機能をレポート利用者に提供したい場合はそのままにしておいてもよいですが、非表示に設定することもできます。非表示にすることで、レポート利用者にとっては表示されるメニューが減ってレポートが利用しやすくなります。また、レポート作成者にとってはビジュアルヘッダーが表示されるための領域を確保することを考えずに、ページ内にビジュアルを配置できるようになります。

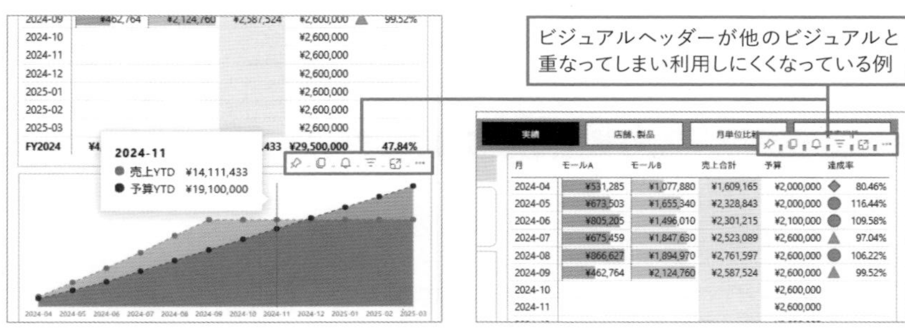

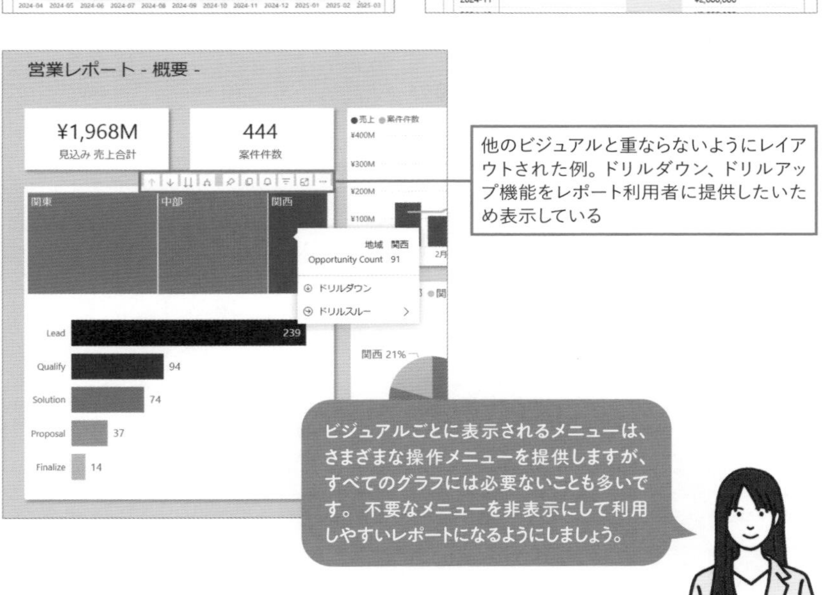

設定はビジュアルごとに行えます。またこの設定もPower BI サービスに発行したレポートをブラウザーで利用する際に適用され、Power BI Desktopでは非表示になりません。またビジュアルごとに表示、非表示を選択したい場合はビジュアルごとに書式として設定を行います。すべてのビジュアルで非表示にしたい場合は［オプション］ダイアログでまとめて設定することも可能です。レポートに提供したい機能を検討し、すべてのビジュアルで表示しておくのか、特定のビジュアルでは非表示になるようにするのか、すべてのビジュアルで非表示としたいのか検討するとよいでしょう。

■ビジュアルごとに設定する場合

非表示に設定したい[ビジュアルの書式設定]で、[全般]の[ヘッダーアイコン]をオフにする

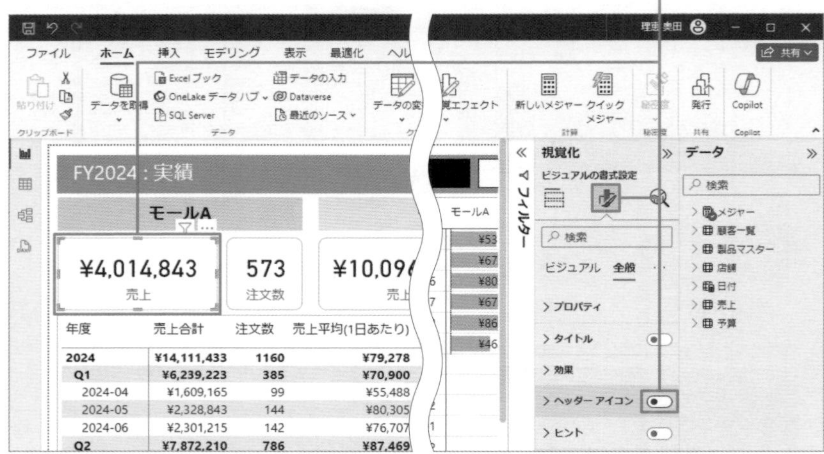

■まとめて非表示に設定する場合

1 [ファイル]メニューから[オプションと設定]-[オプション]をクリックして、[オプション]ダイアログを表示

[現在のファイル]-[レポートの設定]内にある[閲覧表示で視覚化ヘッダーを非表示にする]をオンにする

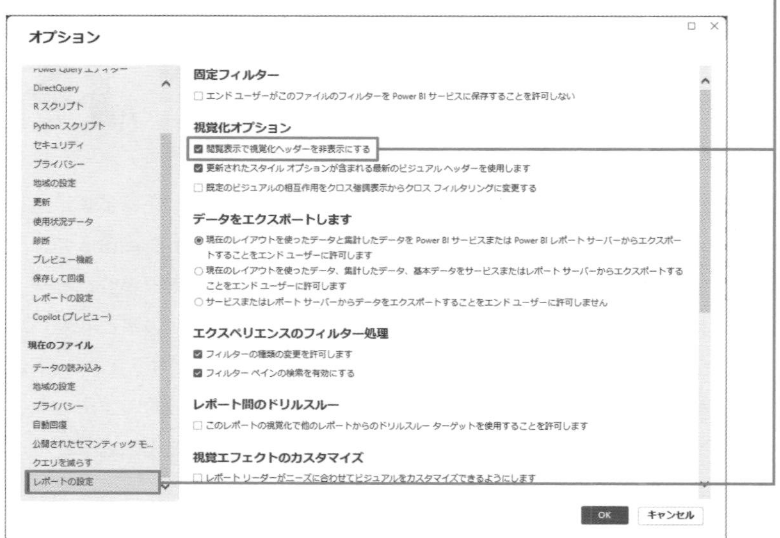

LESSON 37

モバイルアプリでアクセスしてみよう

Power BIではモバイルアプリが提供されています。Power BIサービスに発行したレポートはスマートフォンなどのモバイル端末を利用していつでもどこでも確認することができ、ビジネスの状況を素早く把握し、効果的な意思決定につなげられます。

01 スマートフォンなどで手軽に確認できる

Power BIモバイルアプリは無償でインストールできますが、利用するためにはPower BIサービスのアカウントでのサインインが必要です。サインインを行うと、次回よりサインインされた状態でアプリが起動します。iOS用はAppStore、Android端末用はGoogle Playストアでインストールしましょう。パソコン画面に合わせて作成されたレポートは、スマートフォンで開いた場合は横幅に合わせて表示されるため、小さめに表示されます。スマートフォンを横向きにするとよりレポートが大きく表示され見やすくなります。ただしスマートフォンの設定で縦向きにロックしている場合は、縦横の切り替えができないため注意してください。

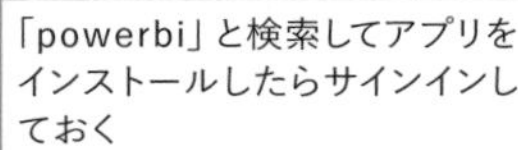

スマートフォンを横向きにしてレポートを表示した状態

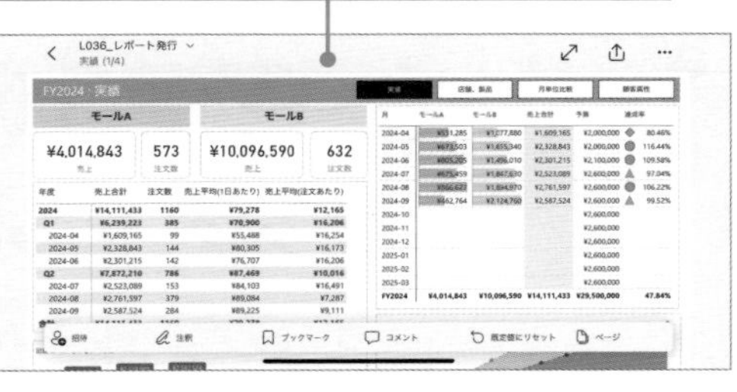

02 モバイルアプリの使い方を確認しよう

アプリをサインインした状態で起動するとホーム画面が表示され、よく利用するレポートや最近利用したものが表示されます。また［ワークスペース］をタップすると、マイワークスペースなど自分がアクセスできるワークスペースが表示され、さらにワークスペース内のレポートを参照できます。レポートを開くと、スライサーや相互作用、ボタンなどの操作が可能です。

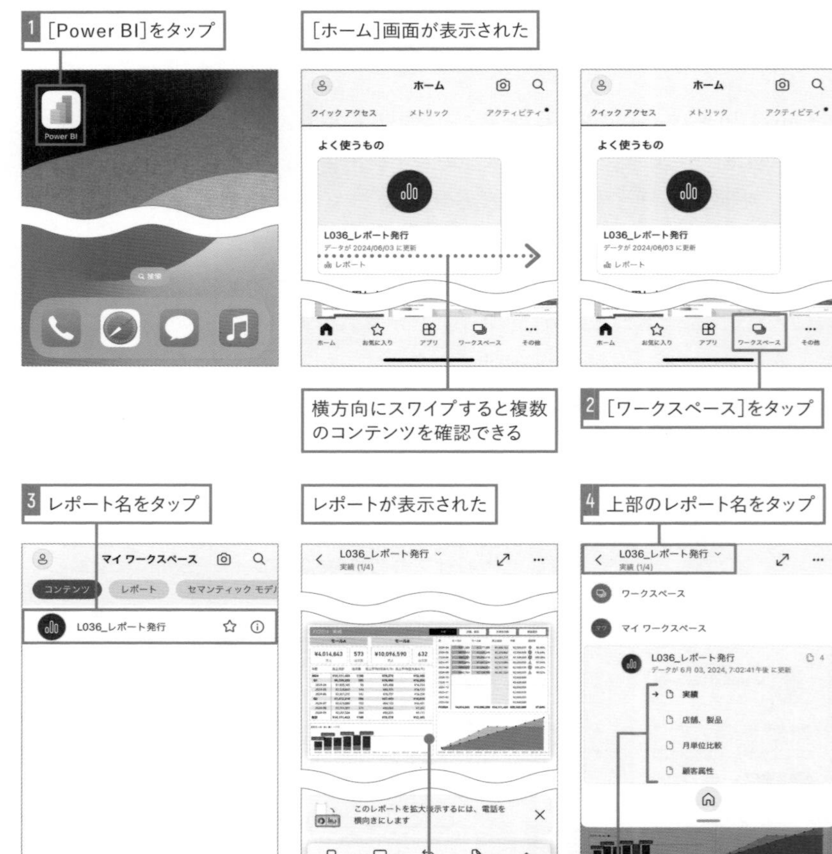

03 スマートフォン用にレイアウトを再配置できる

スマートフォンでレポートを見るときは、パソコンで見るときとは画面サイズだけでなく、横向きか縦向きかということも異なります。Power BIではモバイルレイアウトを作成でき、スマートフォンを縦向きで利用することを前提とし、最適化したデザインにできます。モバイルレイアウトはPower BI Desktopで作成して発行することも、Power BIサービスに発行後にPower BIサービス上で作成することも可能です。モバイルレイアウトは、ページ内に配置済みのビジュアルを縦長レイアウトに合わせて再配置することで作成します。ページ内に配置されていないビジュアルをモバイルレイアウトのみに表示することはできません。

パソコンでWebブラウザーを利用して表示した場合

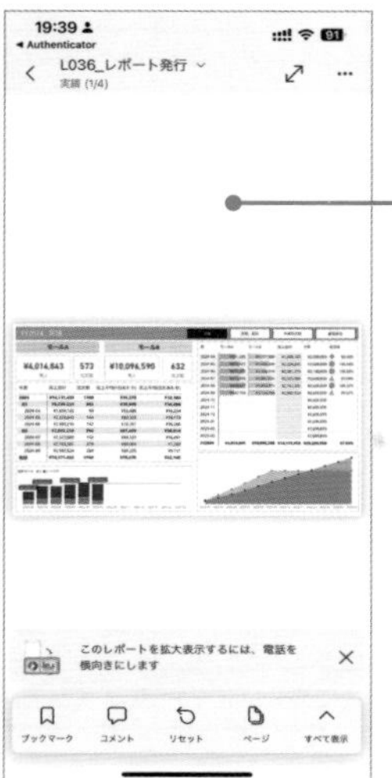

モバイルレイアウトを用意していないページをスマートフォンで表示した場合は上下に余白がでて見づらくなる。
スマートフォンを横向きにして横向き表示にすることは可能

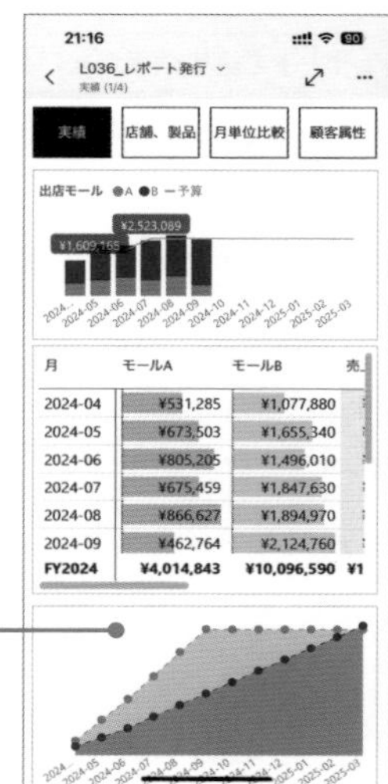

モバイルレイアウトを用意したページをスマートフォンで表示した場合は、縦向きのまま最適化されたレイアウトで表示できる

04 モバイルレイアウトを作成する

Power BI Desktopで作成する場合［表示］タブから［モバイルレイアウト］をクリックし、編集画面を開きます。レポート内に配置済みのビジュアルをドラッグして配置しますが、すべてのビジュアルを配置する必要はありません。モバイルレイアウトの編集後は再度［モバイルレイアウト］をクリックすると元の編集画面に戻れます。発行後にPower BIサービスでモバイルレイアウトを作成する場合、レポートは既定で読み取りビューで開くため、［編集］をクリックして編集モードに切り替えてから［モバイルレイアウト］の編集画面を開きます。

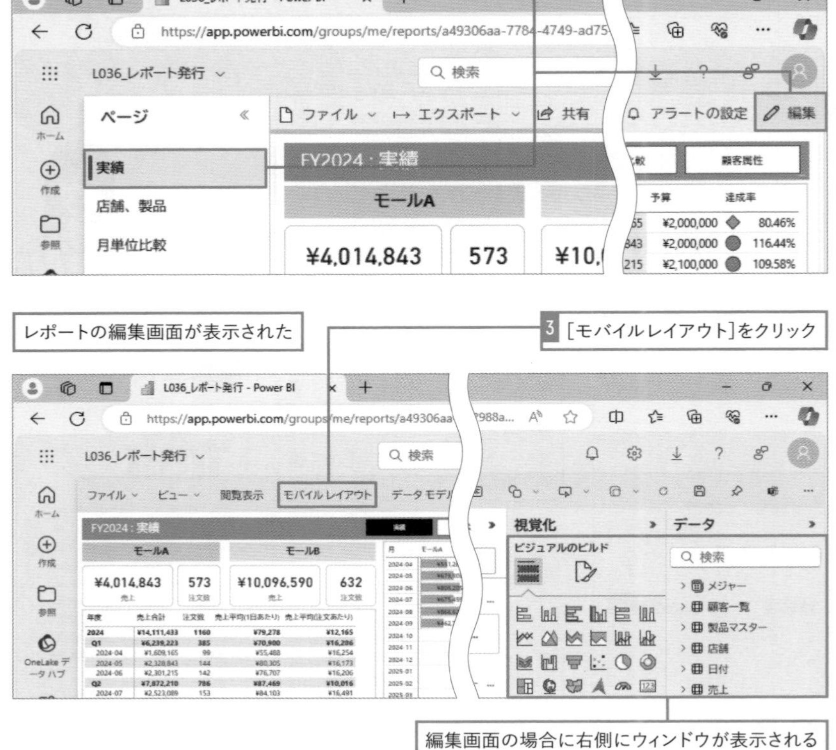

モバイルレイアウトの編集画面が表示された

ページ内に配置済みのビジュアルが表示される

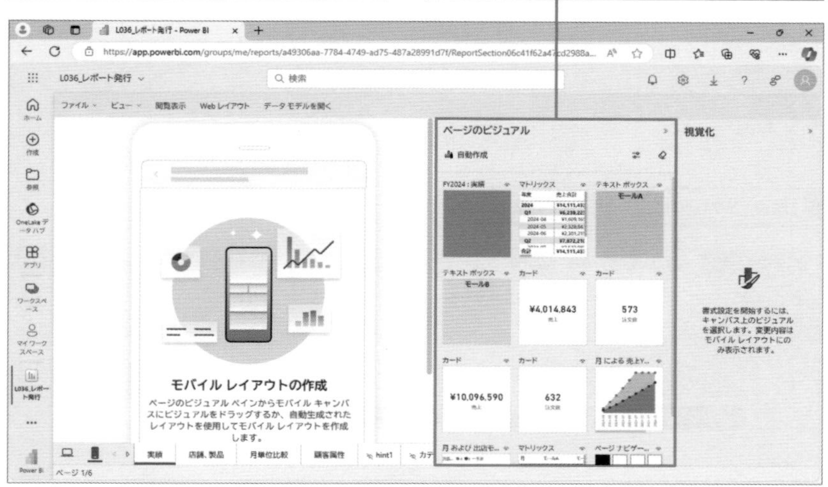

4 ［ページのビジュアル］からモバイルレイアウトに追加したい内容をドラッグして配置

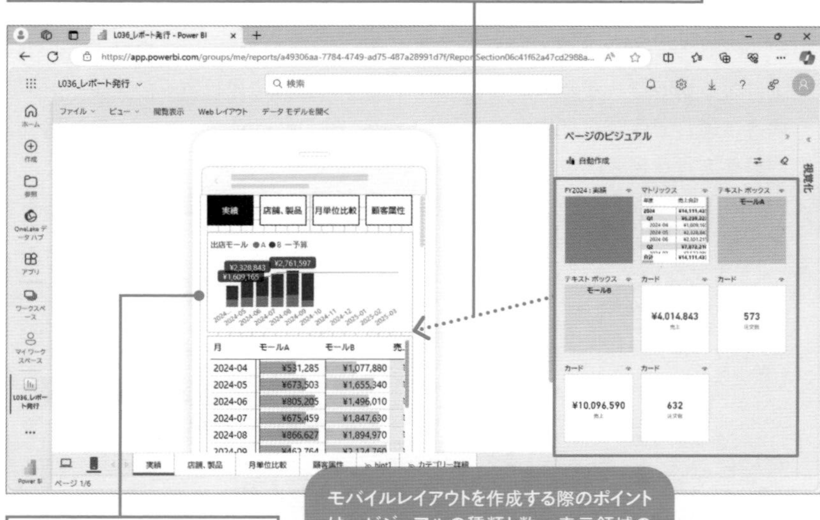

サイズや位置を任意に変更する

モバイルレイアウトを作成する際のポイントは、ビジュアルの種類と数、表示領域の大きさ、タップやスワイプなどの操作性に注意することです。画面サイズが限られたモバイルデバイスでは、必要な情報を簡潔に伝えるように、ビジュアルを選択して配置しましょう。

5 [Webレイアウト]をクリック

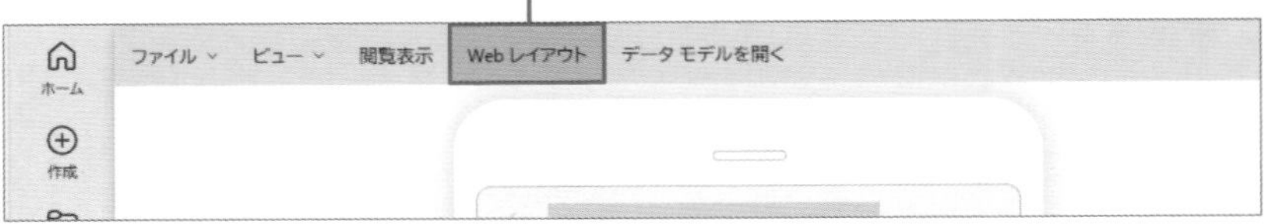

6 [保存]をクリックしてレポートを上書き保存

ここもポイント!

Power BIサービスでレポート編集を行った場合

Power BI Desktopで作成したレポートをPower BIサービスに発行後、Power BIサービス上でレポート編集を行った場合、パソコンのローカル上にあるpbixファイルの内容とPower BIサービスに発行済みのレポート内容は同じではなくなります。再度Power BI Desktopでレポートの利用や編集を行う場合は最新のファイルであるかどうか、注意してください。Power BIサービスと同じ内容のpbixファイルが必要な場合、[ファイル]メニューからダウンロードできます。

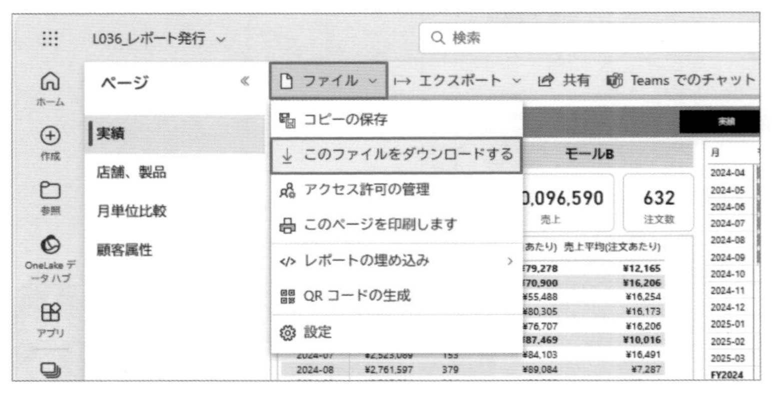

LESSON 38

ダッシュボードを作成する

日々確認したい重要なデータを集約して表示する画面のことを「ダッシュボード」といいます。常に確認したいデータや重要なデータを、カテゴリーや目的に応じて表示し、一目で確認できるようにするためにダッシュボードを利用します。

01 「ダッシュボード」とは

ダッシュボードは、異なるレポートのビジュアルをまとめて表示することができる機能です。一つのテーマに関するデータを複数のレポートやページに渡って見る必要がある場合などに、重要な指標や傾向を素早く把握するのに便利です。例えば売上レポートと販促レポートがあるとします。販促効果と売上の関係性を分析したい場合は、両方のレポートにアクセスしたくなるでしょう。そんなときに、売上レポートと販促レポートから重要なデータが見えるビジュアルを選んで配置するダッシュボードがあれば、迅速にデータを確認し、意思決定に活用できます。作成したダッシュボードはWebブラウザーやモバイルアプリから利用できます。

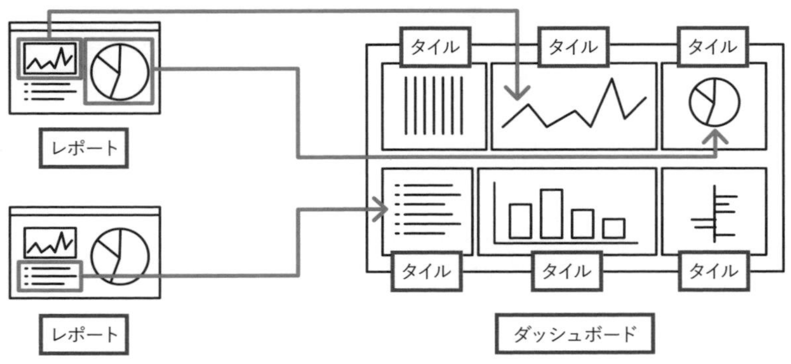

02 ダッシュボードにビジュアルをピン留めする

ダッシュボードはPower BI Desktopでの作成や利用ができません。そのためダッシュボードに表示させたいデータを含むレポートは事前にPower BIサービスに発行しておきましょう。レポートをPower BIサービスで開き、ダッシュボードに表示させたいビジュアルをピン留めします。ピン留めされたビジュアルは「タイル」とよばれ、位置や大きさを自在に調整できます。ピン留めを行うメニューは、各ビジュアルのビジュアルヘッダー内に表示されます。ただしビジュアルヘッダーを非表示にしてPower BIサービスにレポートを発行した場合、レポートの閲覧画面でビジュアルをピン留めすることはできません。ピン留めをする際には新規でダッシュボードを作成してピン留めするか、既存のダッシュボードにピン留めを追加するかを選択できます。

■ 新しいダッシュボードにピン留めする

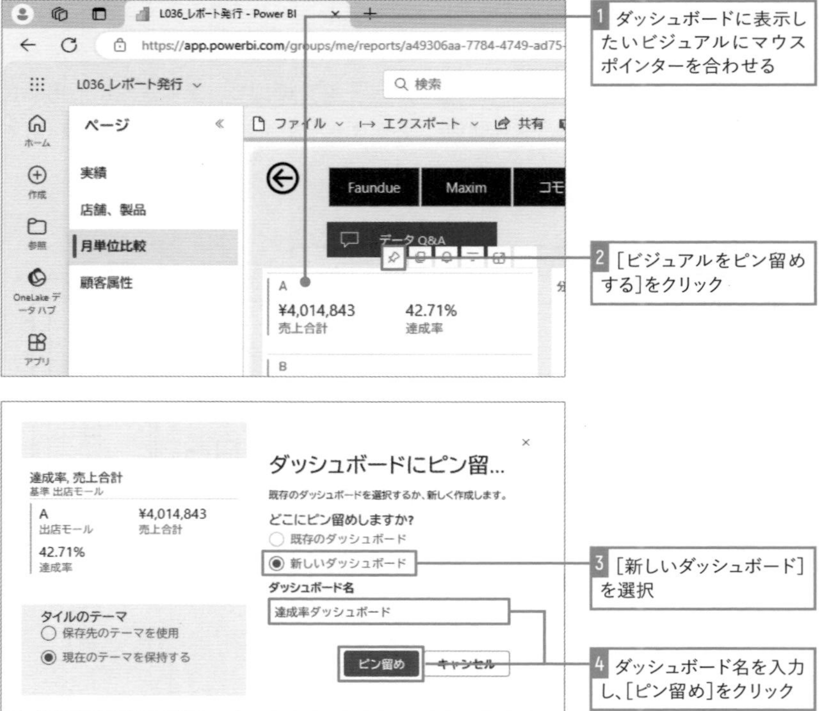

ピン留めされたことを示すメッセージが表示された

[ダッシュボードへ移動] をクリックするとダッシュボードが表示される

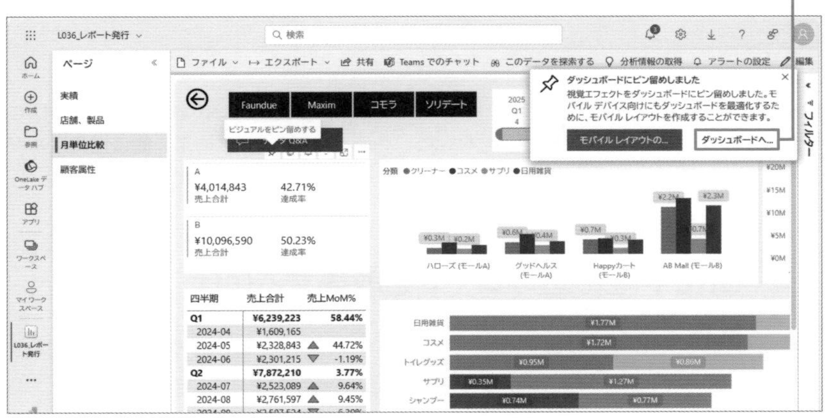

ダッシュボードをさらに編集する

ここもポイント!

レポートからビジュアルをピン留めしてダッシュボードを作成した後、タイルのサイズや位置を調整してより見やすい内容に編集することも可能です。このとき各タイルのサイズは好きなサイズに変更ができるわけではなく、マウスのドラッグ操作で設定できるサイズに変更が可能です。また複数のレポートからビジュアルをピン留めしているような場合には、どのレポートに含まれる内容かを分かりやすくするため、タイルの右上のメニューから[詳細の編集]をクリックし、タイルに関する説明を記載することもできます。

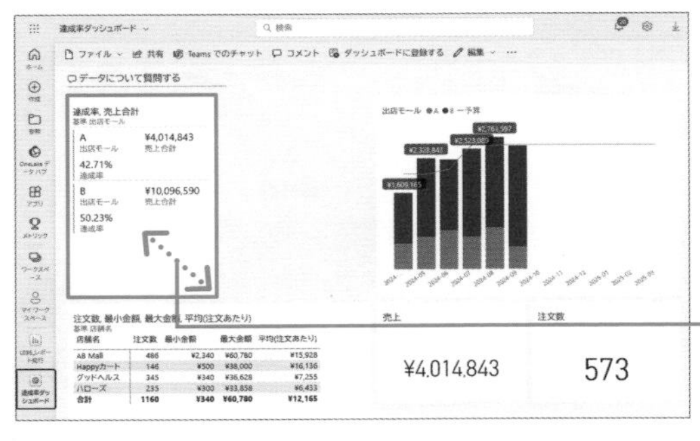

ピン留めした順にビジュアルがタイルとしてダッシュボードに並んでいる

サイズはマウス操作で変更できる。またドラッグ操作で位置の変更も可能

LESSON 39

レポートをWebで公開する

Power BIサービスで発行したレポートはWebに公開することができます。公開用のURLを生成したり、既存のWebサイトやブログ、ソーシャルメディアに部分的に埋め込んだりできます。埋め込まれたレポートはフィルターや相互作用などの操作も可能です。

01 URLや埋め込みコードを取得するには

Power BIサービスに作成したレポートをインターネット上の誰でも閲覧できるようにWebで公開することができます。誰でも開けるURLもしくはブログなどに配置するための埋め込みコードを取得できます。レポートの内容を広く共有することができ、公開されたレポートはレポートのフィルターや相互作用など、Power BIサービスでの操作と同じように使えます。またレポートが更新された場合にはWeb上に公開したレポートも最新の状態に反映されます。レポートはインターネット経由で誰でもサインインの必要なくアクセスできるため、公開してもよいデータやレポート内容に限り利用するようにしてください。

公開用URLを共有したり、Webサイト内にリンクを設定したりすることで、レポートにアクセスできる

埋め込みコードを使うと、Webサイトやブログでレポートを表示できる

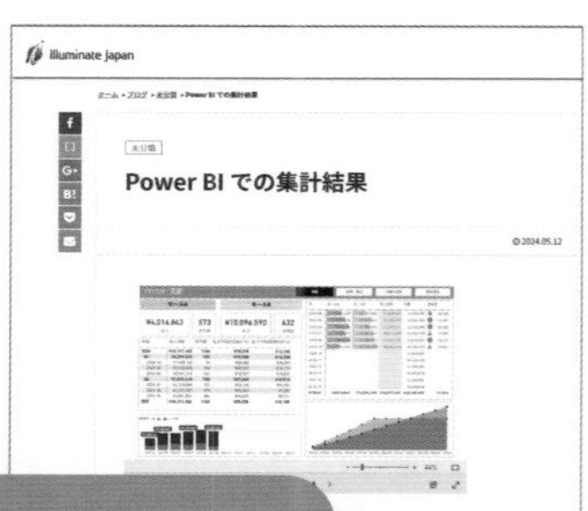

組織のポリシーによりWebでの一般公開が可能となる埋め込みコードの作成は禁止されている場合があります。この場合、[Webに公開（パブリック）] をクリックすると、利用できないことを示すメッセージが表示されます。

■URLもしくは埋め込みコードを取得する

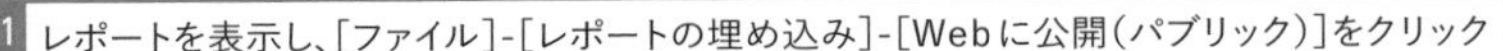

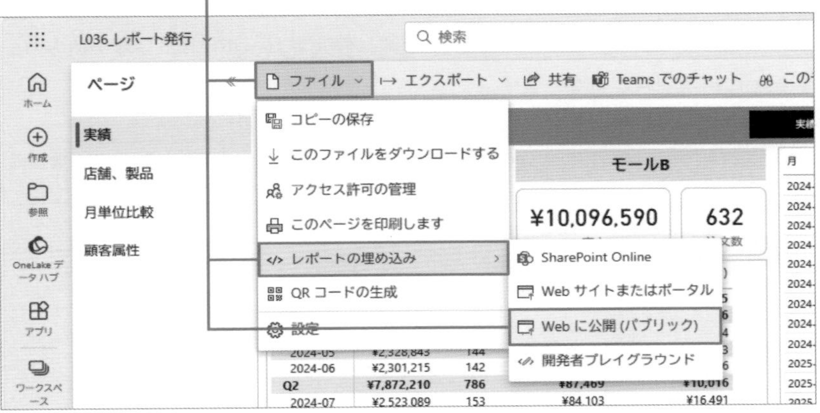

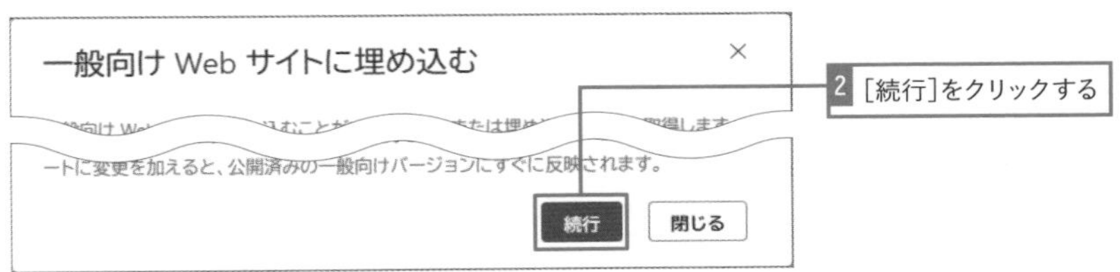

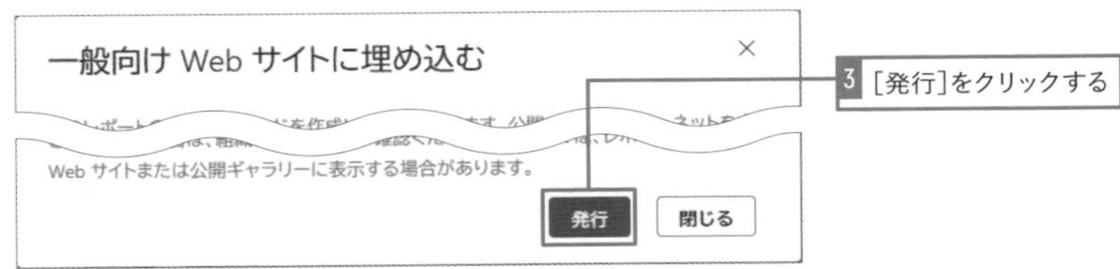

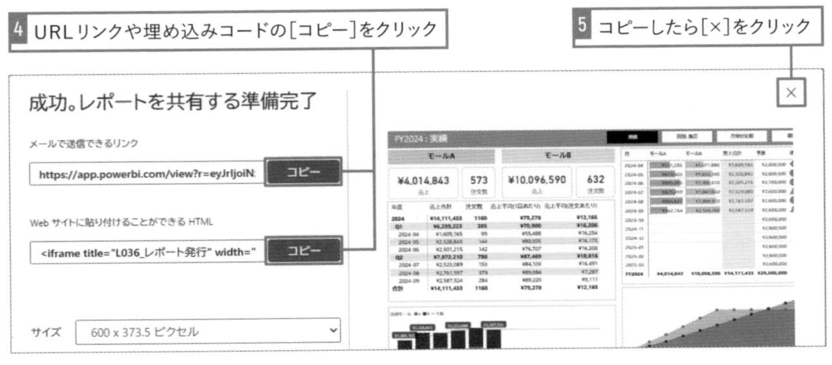

02 Webでの一般公開を解除する

Webで一般公開するために作成したURLや埋め込みコードは、不要になった際には削除できます。削除するとWeb公開は停止され、URLおよび埋め込みコードともに利用できなくなります。

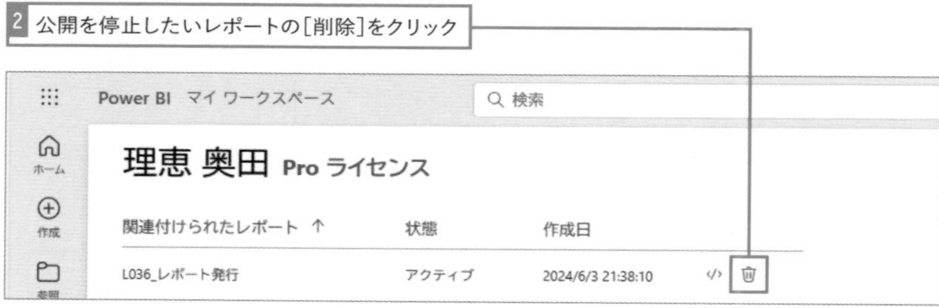

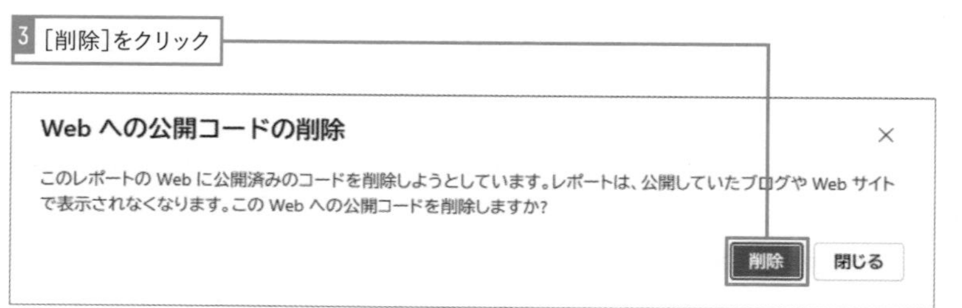

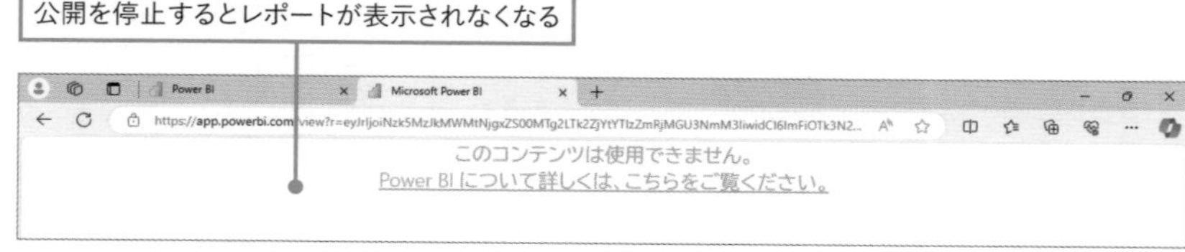

応用編

第9章

組織内でのレポートの共有やデータの更新

Power BIサービスはレポート閲覧に特化した画面でレポートを利用でき、適切なアクセス権を設定した上で共有することができます。第9章ではPower BIサービスに発行したレポートを組織内で共有する方法を解説します。またスケジュールによるデータ更新を設定する方法も合わせて確認しましょう。

LESSON 40

レポートを共有する

Power BIサービスに発行したレポートは他のユーザーと共有することができます。他のユーザーから共有されたPower BIコンテンツを利用するためには有償プランであるPower BI ProやPower BI Premiumが必要です。

01 特定のユーザーに共有する

マイワークスペースに発行したレポートは特定のユーザーやグループを指定して共有できます。共有相手にメールを自動送信するように設定した場合、共有相手にメールが届くため、メール内のリンクから共有されたレポートが開けます。また共有された内容はPower BIサービスで［参照］画面内の［自分と共有］に一覧で表示されます。共有された相手はレポートの編集は行えません。

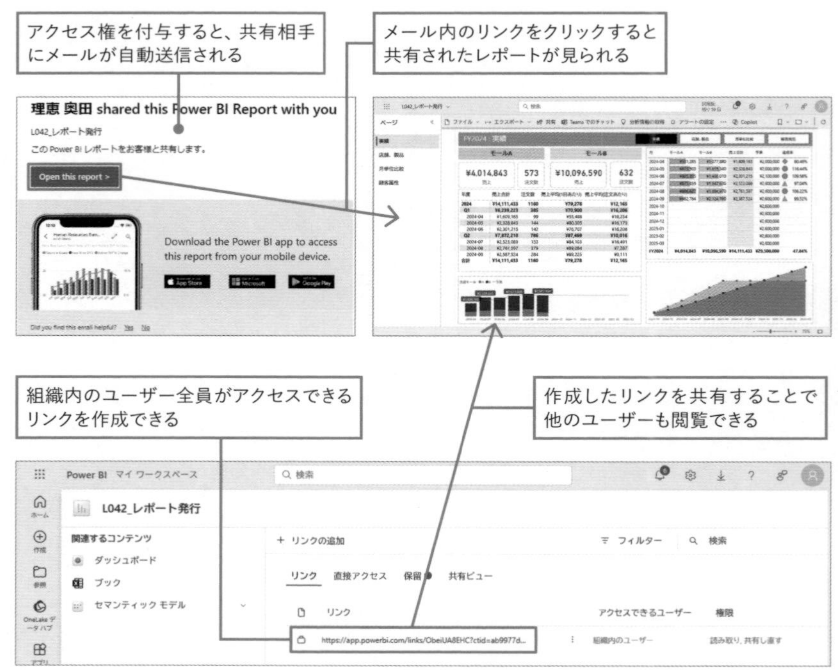

レポートを組織内のユーザーに共有する

1 Power BIサービスの[マイワークスペース]をクリック

2 共有したいレポートの[その他のオプション]-[アクセス許可の管理]をクリック

アクセス権を設定する

3 [直接アクセス]-[ユーザーの追加]をクリック

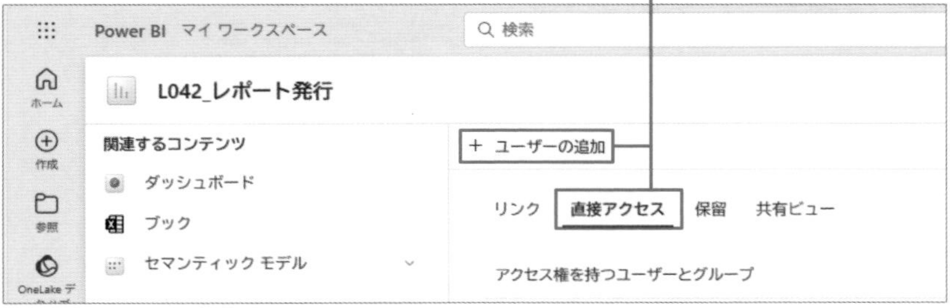

共有したいユーザーやグループを指定する

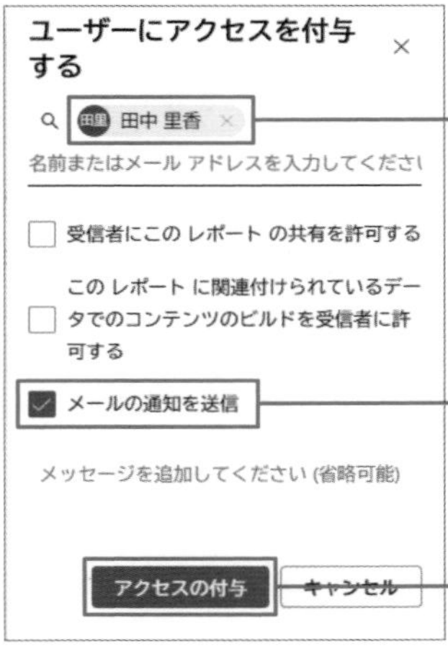

4 共有したいユーザーを指定

5 ここでは[メールの通知を送信]のみをオンに設定

6 [アクセスの付与]をクリック

共有相手にメールが送信される

アクセス権が設定された

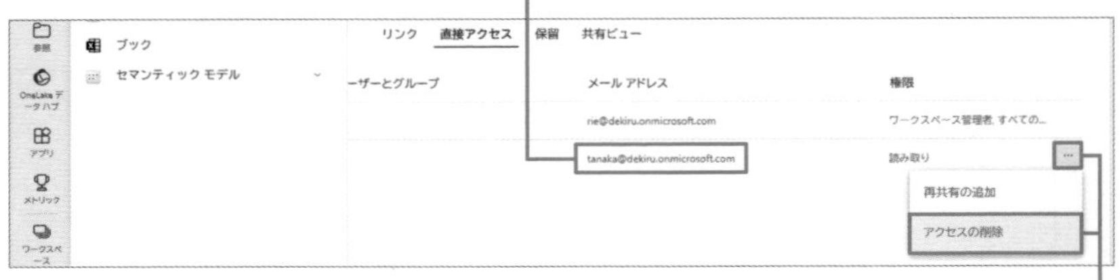

アクセス権を削除するには[その他のオプション]-[アクセスの削除]をクリックする

アクセス権が付与されたユーザーは、[自分と共有]や[マイワークスペース]に共有されたレポートが表示されるようになる

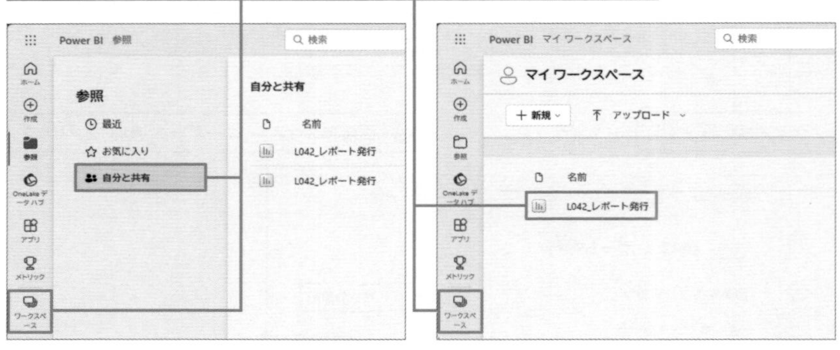

共有相手に許可する操作を指定できる

レポートを共有するときに、共有相手に許可する操作を選択できます。[受信者にこのレポートの共有を許可する]をオンにすると、レポートを共有できるようになります。また[このレポートに関連付けられているデータでのコンテンツのビルドを受信者に許可する]をオンにすると、レポートのデータを利用して他のレポートを作成することを許可します。

設定項目	説明
受信者にこのレポートの共有を許可する	共有相手がレポートの共有ができるようになる
このレポートに関連付けられているデータでのコンテンツのビルドを受信者に許可する	レポートのデータを利用して他のレポート作成ができる

02 組織内のすべてのユーザーがアクセスできるURLを生成する

マイワークスペースに発行したレポートを共有するもう1つの方法として、組織内のすべてのユーザーがアクセスできるURLを生成して共有することも可能です。共有したいレポートのメニューから[アクセス許可の管理]を開き、[リンク]タブで[リンクの追加]を行います。名前やメールアドレスを指定した相手にURLを知らせるメールを自動送信することもできますが、メール送信が不要な場合は[リンクのコピー]をクリックし、URLを生成します。作成したリンクはメニューから削除することも可能です。組織内の全員がアクセスできるURLを生成する方法は組織で禁止されていることもあり、その場合にはリンクを生成することはできません。

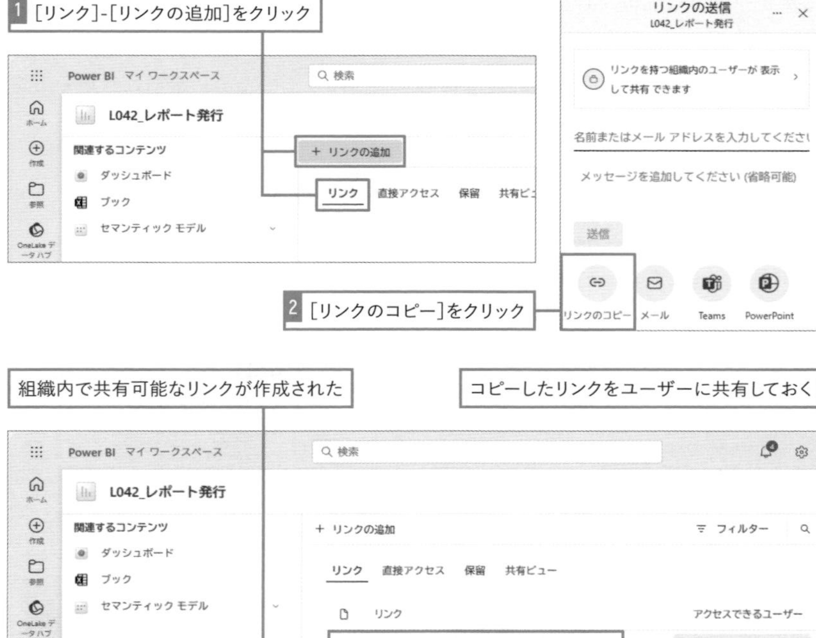

ダッシュボードも同様に共有できる

ダッシュボードの共有も、レポートを特定のユーザーに共有する方法と同じ操作で行えます。ダッシュボードを共有した場合、ダッシュボードのタイルをクリックした際に開くレポートも併せて共有されます。例えば2つのレポートからビジュアルをピン留めしたダッシュボードがあった場合、そのダッシュボードの共有相手はダッシュボード内のタイルをクリックすることで、2つのレポートを開けます。

03 Teams 内でのレポートを共有する

レポートをTeamsチームのタブに表示することで、チームメンバーとコミュニケーションや情報共有を行っているチャネル内でアクセスできるようになります。ただし、Teamsのチャネルタブにレポートを設定するだけでは、レポートへのアクセス権が付与されるわけではありません。そのため、事前にレポートをチームメンバーと共有する必要があります。

Teams内にタブとしてレポートを表示すると、チームメンバーと共有するコンテンツと併せて確認できるようになる

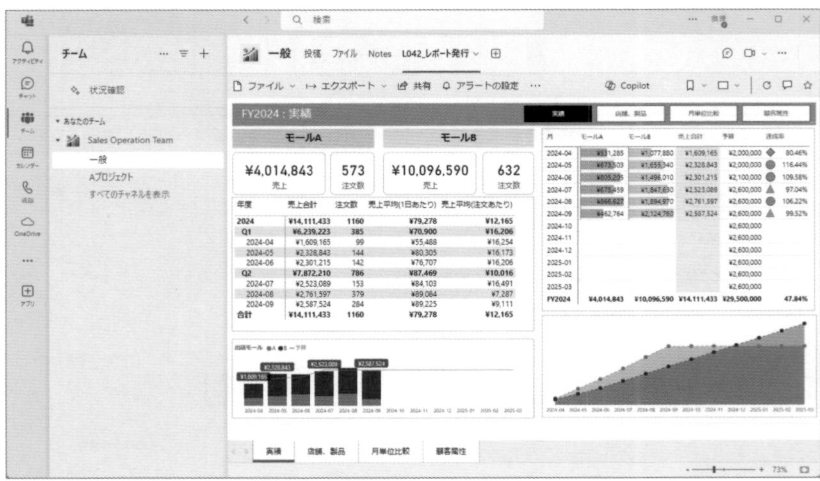

■Teamsでチャネル内にPower BIのタブを追加する

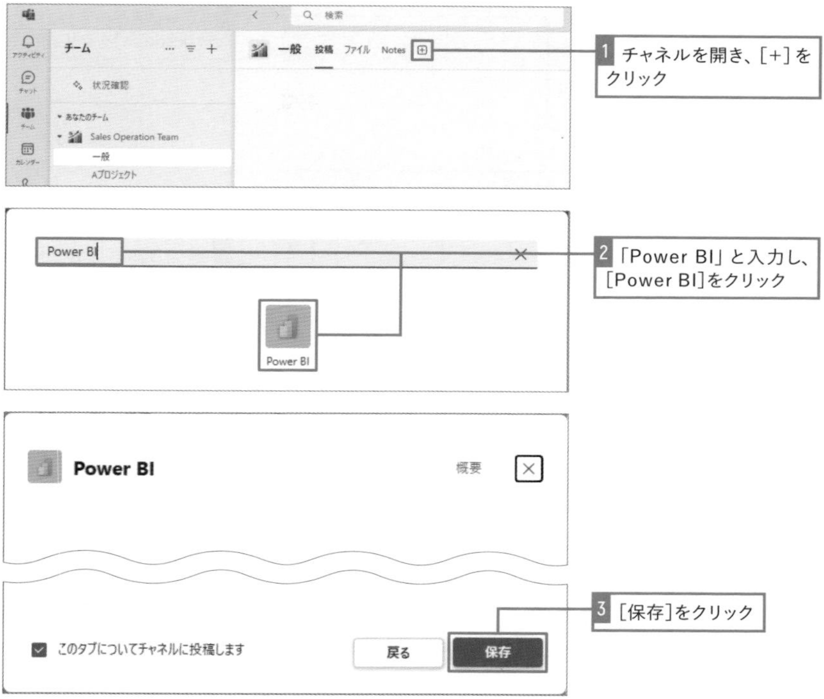

1 チャネルを開き、[+]をクリック

2 「Power BI」と入力し、[Power BI]をクリック

3 [保存]をクリック

■タブに表示したいレポートを選択する

1 [ワークスペースの参照]をクリック

レポートのリンクを指定することもできる

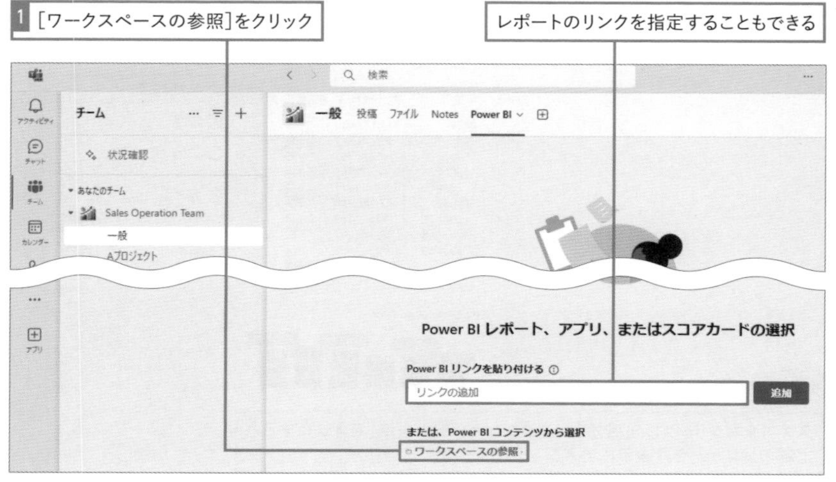

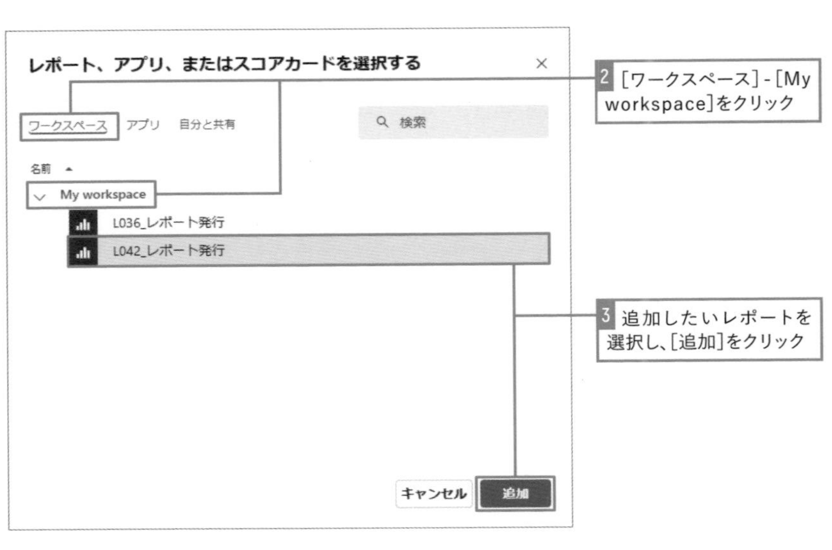

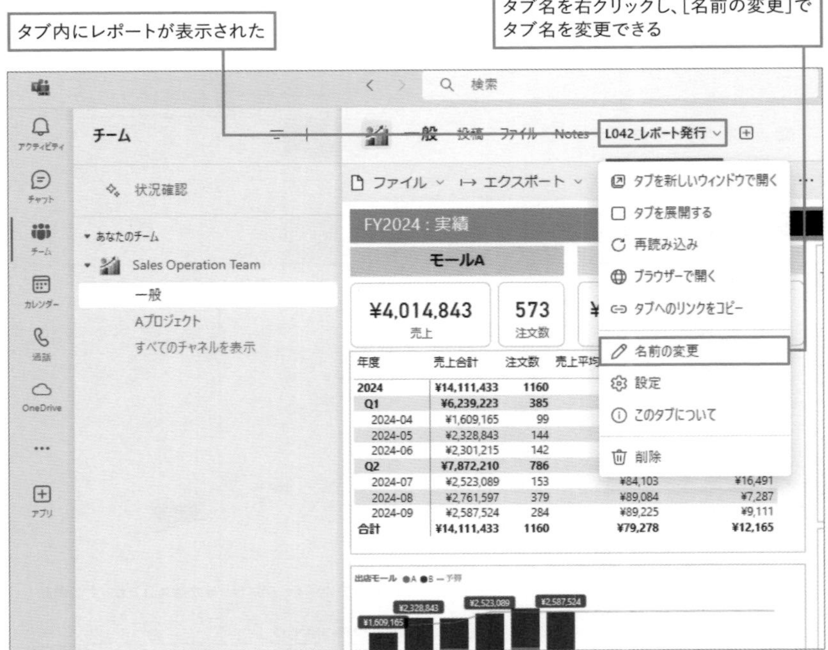

タブ名を右クリックし、[設定]-[アクションバーの表示]をオフにすると上部のメニューを非表示にできる

ワークスペースを利用しよう

マイワークスペースは個人の領域であり、発行したレポートは必要に応じて共有できます。この場合、レポートの所有者は自分となり、共有相手はレポートの利用や再共有することも可能ですが、レポートの編集はできません。チーム単位で共同作業を行いたい場合、アクセス権を設定したワークスペースを別途作成することが可能です。

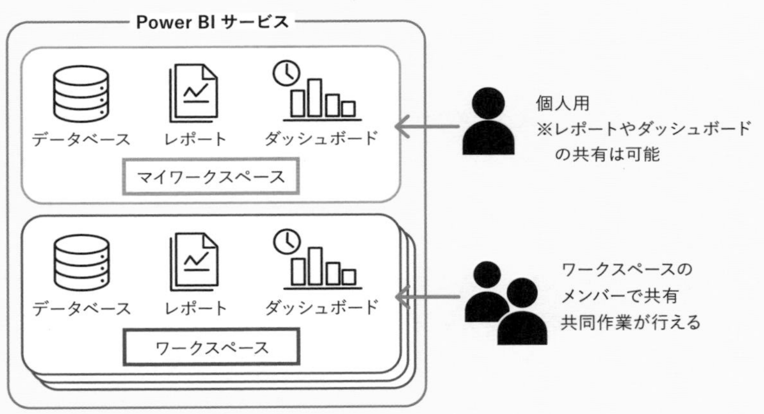

ワークスペースでは、管理者、メンバー、共同作成者、ビューアーの4つのアクセス許可を指定し、レポートの共有や共同編集が行えます。

操作内容	管理者	メンバー	共同作成者	ビューアー
ワークスペースの更新、削除	○			
メンバー編集	○			
メンバー以下のアクセス許可を指定したユーザー追加	○	○		
コンテンツの共有	○	○		
コンテンツの作成、編集、削除	○	○	○	
レポート発行	○	○	○	
コンテンツの閲覧	○	○	○	○

データを自動的に更新する

Power BIサービスに発行したレポートはスケジュールを設定してデータの更新ができます。日時や間隔を設定してデータを更新し、レポートに最新のデータを反映できます。

01 データ更新のスケジュールを設定する

レポートのデータソースは日々変化します。データソースとDirectQueryで接続されているときは常に最新のデータが反映されますが、インポートされたデータを利用する場合、変更をレポートに適用するにはデータの更新が必要です。データは、手動またはスケジュールを設定して更新できます。データ更新をスケジュールする場合、Power BIサービスにレポートが発行されていることが前提です。Power BIサービスではセマンティックモデルに対して更新スケジュールが設定できます。プランによって1日あたりの最大回数は異なりますが、Power BI Proの場合は1日8回まで指定が可能で、スケジュールに沿ってデータを最新の状態に更新できます。設定を行う際にはセマンティックモデルのメニューから[設定]を開き、[最新の情報に更新]をオンにして更新頻度やタイムゾーン、更新する日時を指定します。

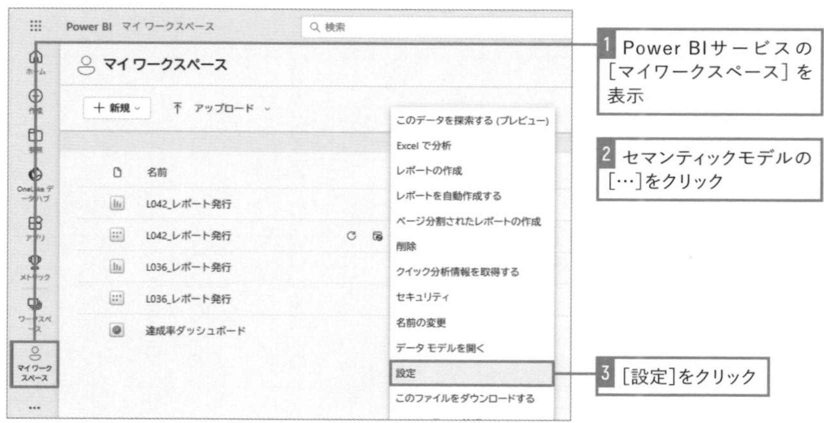

⊿最新の情報に更新
情報更新スケジュールの構成
データ ソースからのデータをセマンティック モデルにインポートする情報更新スケジュール
オン
更新の頻度
毎日
タイム ゾーン
(UTC+09:00) 大阪、札幌、東京
時刻
4 00 PM ×
別の時刻を追加

4 [最新の情報に更新] をクリック

5 [情報更新スケジュールの構成]をオンに設定

6 [更新の頻度][タイムゾーン]を確認

7 [別の時刻を追加] をクリックして、更新したい日時を指定

8 [適用]をクリック

データソースの場所に応じて設定を行おう

SharePointやOneDriveに保存したExcelファイルやCSVファイル、SharePointリストやAzure SQLなどデータソースがクラウド上にある場合は、スケジュール更新の設定を行う前に、セマンティックモデルの設定画面で[データソースの資格情報]を設定しておきましょう。[資格情報の編集]をクリックして認証が必要です。認証方法として [OAuth2] を選択し [サインイン] をクリックし、認証に利用するアカウントを用いてサインインを行いましょう。またサービスプリンシパルを利用した認証も可能です。

Excelファイルや CSVファイルをデータソースとしている際に、スケジュール更新を利用したい場合はデータソースとして利用するファイルをSharePointライブラリなどクラウド上に保存することがおすすめです。

1 [OAuth2]を選択して[サインイン]をクリック

test の構成
sharePointSiteUrl
https://dekiru.sharepoint.com
認証方法
OAuth2
このデータ ソースのプライバシー レベルの設定
Organizational
サインイン キャンセル

アカウントを選択してサインインする

Microsoft
アカウントを選択する
奥田 理恵
rie@dekiru.onmicrosoft.com
Windows に接続済み
別のアカウントを使用する

02 Power Automateを使いデータを更新する

Power Automateは業務の自動化や効率化を実現できる製品です。Power Automateを使うと、メールの添付ファイルをOneDriveに保存したり、Excelのデータをデータベースやその他の業務システムに書き込んだり、定期的に通知を送信したりするなどさまざまな操作や作業を自動化することができます。またPower AutomateはPower BIと連携でき、Power BIサービスに対して操作を行うアクションが用意されています。Power BIのアクションにはセマンティックモデルの更新を行えるものもあり、Power BIサービスのデータをPower Automateにより更新することも可能です。Power BIサービスでは、日時指定でスケジュール更新を設定しますが、Power Automateと連携すれば、「特定の場所にファイルが保存されたとき」「データソースとなるファイルが更新されたとき」「メールが受信されたとき」などをトリガーにしてフローを起動し、データの更新を自動化できます。その他の処理もフローに入れることができるので、データを更新した後にレポートが最新になったことを関係者にメールでお知らせするなどの処理も組み合わせることができます。

■作成するフロー

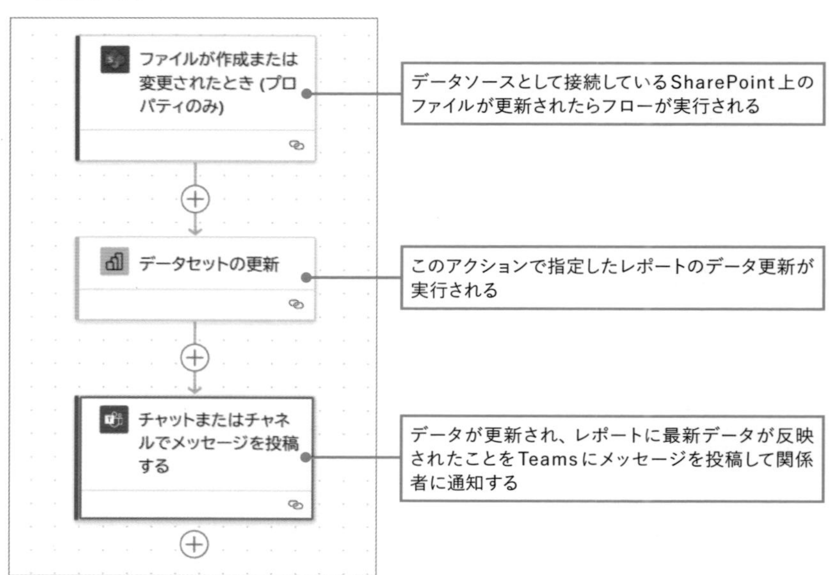

03 SharePointライブラリにファイルが保存されたらデータを更新

Power Automate を開いた際に、サインインが必要な場合はPower BIサービスと同じアカウントでサインインします。作成しているフローは、指定した場所にファイルが保存されたとき、および更新されたときに動作します。このため、ライブラリにデータソース以外のファイルも保存する場合は、データソース以外のファイルが保存、更新されたときにはフローが動作しないよう、データソースとして利用するファイルはフォルダーに入れておき、指定したフォルダー内にファイルが作成、更新されたときにフローが動作するよう設定を行いましょう。

■新規フローを作成する

◆**Power Automate**
https://www.microsoft365.com/

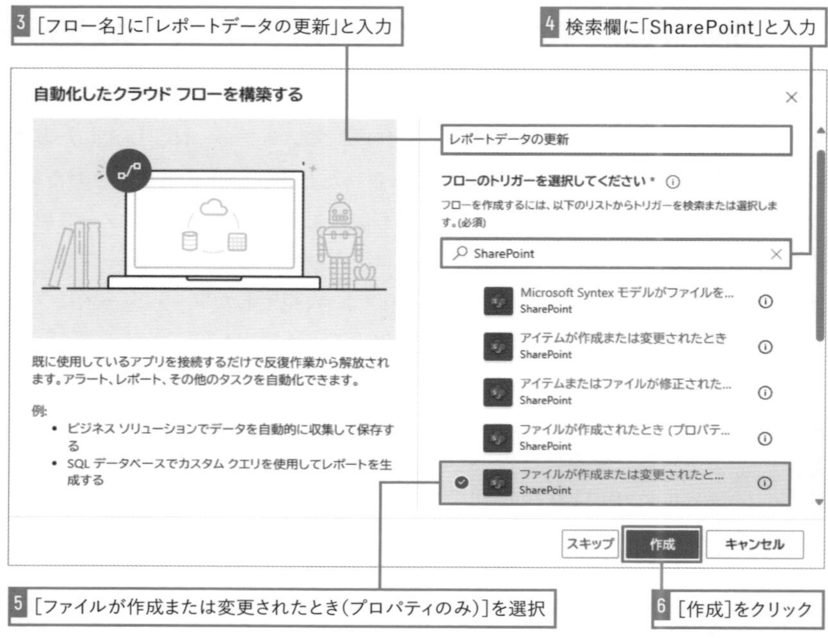
3 [フロー名]に「レポートデータの更新」と入力
4 検索欄に「SharePoint」と入力
自動化したクラウド フローを構築する
レポートデータの更新
フローのトリガーを選択してください *
フローを作成するには、以下のリストからトリガーを検索または選択します。(必須)
SharePoint
Microsoft Syntex モデルがファイルを...
SharePoint
アイテムが作成または変更されたとき
SharePoint
アイテムまたはファイルが修正された...
SharePoint
ファイルが作成されたとき (プロパテ...
SharePoint
ファイルが作成または変更されたと...
SharePoint
既に使用しているアプリを接続するだけで反復作業から解放されます。アラート、レポート、その他のタスクを自動化できます。
例:
• ビジネス ソリューションでデータを自動的に収集して保存する
• SQL データベースでカスタム クエリを使用してレポートを生成する
スキップ
作成
キャンセル
5 [ファイルが作成または変更されたとき(プロパティのみ)]を選択
6 [作成]をクリック

■トリガーの設定を行う

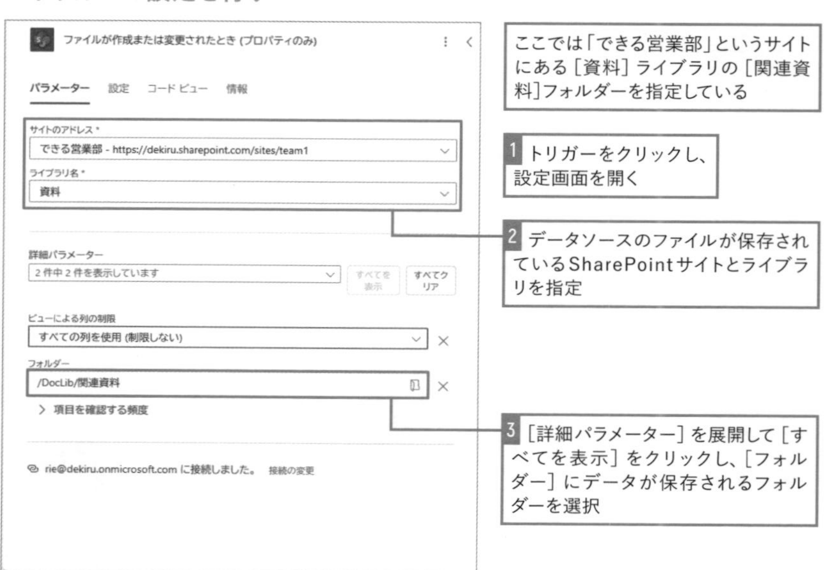
ファイルが作成または変更されたとき (プロパティのみ)
パラメーター
設定
コード ビュー
情報
サイトのアドレス *
できる営業部 - https://dekiru.sharepoint.com/sites/team1
ライブラリ名 *
資料
詳細パラメーター
2 件中 2 件を表示しています
すべてを表示
すべてクリア
ビューによる列の制限
すべての列を使用 (制限しない)
フォルダー
/DocLib/関連資料
項目を確認する頻度
rie@dekiru.onmicrosoft.com に接続しました。 接続の変更
ここでは「できる営業部」というサイトにある［資料］ライブラリの［関連資料］フォルダーを指定している
1 トリガーをクリックし、設定画面を開く
2 データソースのファイルが保存されているSharePointサイトとライブラリを指定
3 ［詳細パラメーター］を展開して［すべてを表示］をクリックし、［フォルダー］にデータが保存されるフォルダーを選択

接続の更新・作成を促す画面が表示された場合は

Power AutomateではSharePointやPower BIにコネクタを利用して接続を行います。サインインを行い接続を作成する必要があるため、サインインを求められた場合や「接続されていません」と表示された際は、接続を作成しましょう。

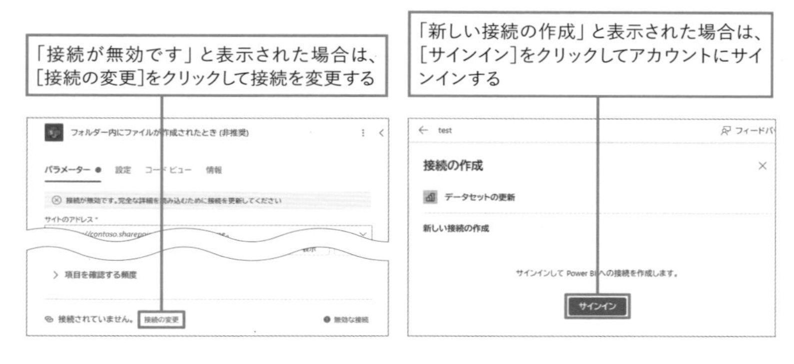

■データ更新を行うためのアクションを追加する

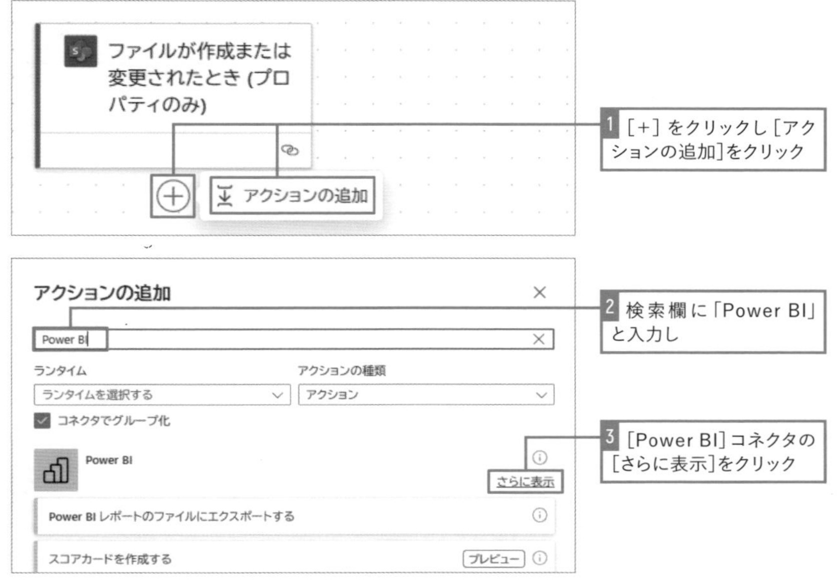

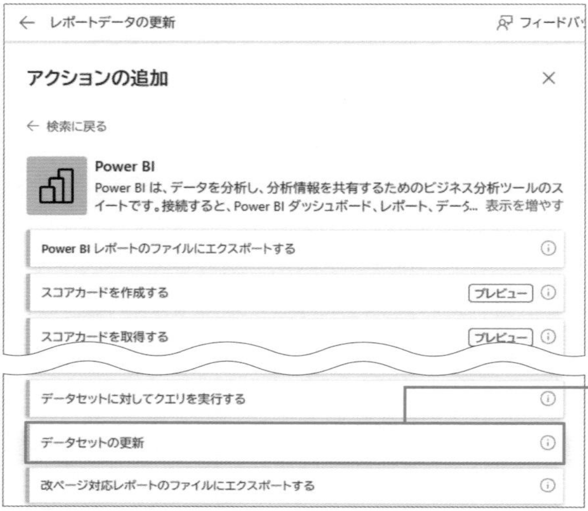

← レポートデータの更新　　フィードバ

アクションの追加　×

← 検索に戻る

Power BI
Power BI は、データを分析し、分析情報を共有するためのビジネス分析ツールのスイートです。接続すると、Power BI ダッシュボード、レポート、デー\<... 表示を増やす

- Power BI レポートのファイルにエクスポートする
- スコアカードを作成する　プレビュー
- スコアカードを取得する　プレビュー
- データセットに対してクエリを実行する
- データセットの更新
- 改ページ対応レポートのファイルにエクスポートする

4 [データセットの更新]をクリック

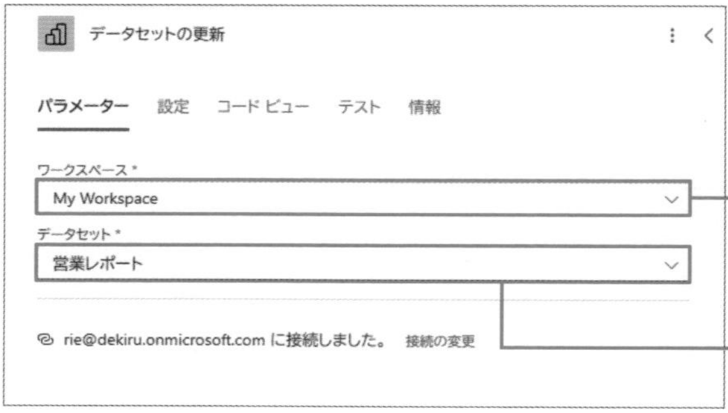

データセットの更新

パラメーター　設定　コード ビュー　テスト　情報

ワークスペース *
My Workspace

データセット *
営業レポート

rie@dekiru.onmicrosoft.com に接続しました。　接続の変更

更新するレポートのセマンティックモデルを指定する

5 更新を行うセマンティックモデルが保存されたワークスペースを選択

6 セマンティックモデル名を選択

■Teamsにメッセージ投稿を行うアクションを追加する

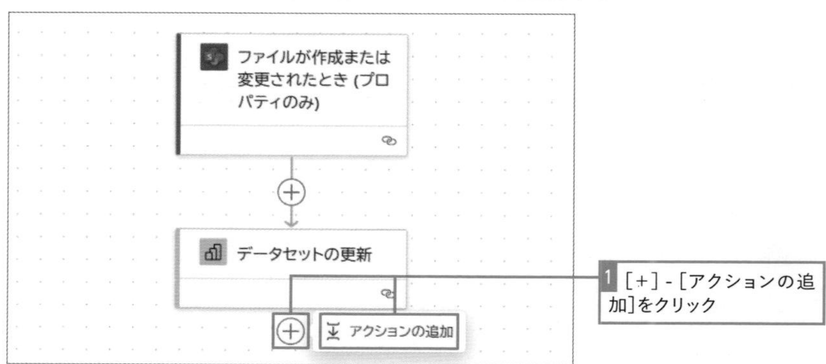

1 [+] - [アクションの追加]をクリック

レポートデータの更新
フィードバ
アクションの追加
Teams
ランタイム
ランタイムを選択する
アクションの種類
アクション
コネクタでグループ化
Microsoft Teams
さらに表示
Microsoft Graph HTTP 要求を送信する
Teams 会議の作成
アダプティブ カードを使用してチャネルで返信する
Microsoft Teams
さらに表示
Teams のタスク モジュールで応答
アクションの追加
検索に戻る
チームの作成
チャットの作成
チャットまたはチャネルでメッセージを投稿する
チャットやチャネルにカードを投稿する
チャットやチャネルのアダプティブ カードを更新する
チャネル内のメッセージで応答します
メッセージを取得します
メッセージ詳細を取得する
メンバー リストを作成
2 検索欄に「Teams」と入力
3 Microsoft Teamsコネクタの［さらに表示］をクリック
4 ［チャットまたはチャネルでメッセージを投稿する］アクションをクリック

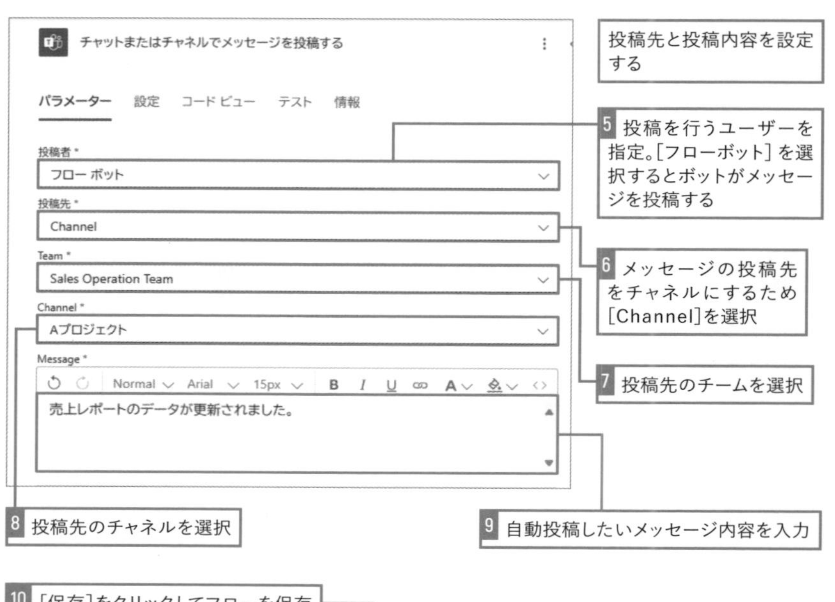

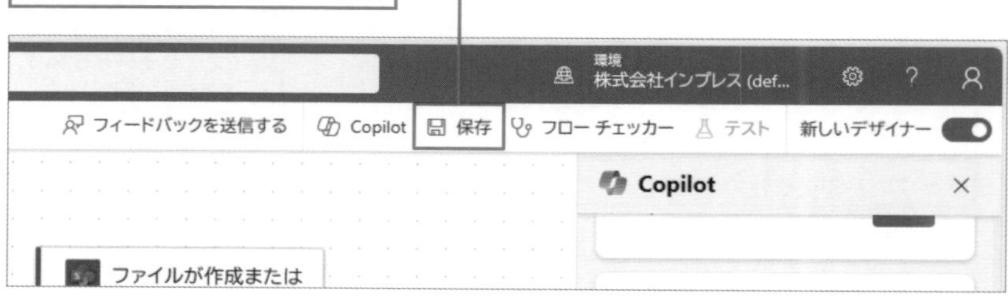

ここもポイント!

ローカルPC上のデータは自動更新できる?

ローカルPCや共有フォルダー内のファイル、Accessデータベース、社内のネットワーク内のデータベースなどデータソースがクラウド上ではなく、ローカルネットワーク内にある場合、クラウドサービスであるPower BIサービスと直接接続ができないため、スケジュール更新を実行するためにはオンプレミスデータゲートウェイが必要です。オンプレミスデータゲートウェイは、Power BIサービスとローカルネットワーク内のデータソースとの間に安全な接続を提供し、Power BIサービスでのデータ更新を行えるようにするものです。

INDEX

数字・アルファベット

ア

カ

サ

タ

ナ

ハ

マ

ラ

ワ

■著者

奥田理恵（おくだ りえ）

株式会社イルミネート・ジャパンにて、マイクロソフトのクラウドサービスを中心とした技術者向けトレーニング、サンプル開発／技術支援／活用コンサルティングサービスの提供を行っている。また同社の公式ブログ「イルミネート・ジャパン ブログ」にて、Microsoft 365関連の技術情報を発信中。各種カンファレンス、イベント、セミナーでの講演多数。マイクロソフト製品やテクノロジーに関する豊富な知識と経験を持っていることについて、Microsoft MVPの受賞歴あり。

株式会社イルミネート・ジャパン
https://www.illuminate-j.jp/

STAFF

カバー・本文デザイン	吉村朋子
カバー・本文イラスト	北構まゆ
編集協力・DTP制作	合同会社浦辺制作所
校正	株式会社トップスタジオ
デザイン制作室	今津幸弘
制作担当デスク	柏倉真理子
編集	高橋優海
編集長	藤原泰之

■商品に関する問い合わせ先

このたびは弊社商品をご購入いただきありがとうございます。本書の内容などに関するお問い合わせは、下記のURLまたは二次元バーコードにある問い合わせフォームからお送りください。

https://book.impress.co.jp/info/

上記フォームがご利用いただけない場合のメールでの問い合わせ先
info@impress.co.jp

※お問い合わせの際は、書名、ISBN、お名前、お電話番号、メールアドレス に加えて、「該当するページ」と「具体的なご質問内容」「お使いの動作環境」を必ずご明記ください。なお、本書の範囲を超えるご質問にはお答えできないのでご了承ください。

- 電話やFAXでのご質問には対応しておりません。また、封書でのお問い合わせは回答までに日数をいただく場合があります。あらかじめご了承ください。
- インプレスブックスの本書情報ページ　https://book.impress.co.jp/books/1123101116 では、本書のサポート情報や正誤表・訂正情報などを提供しています。あわせてご確認ください。
- 本書の奥付に記載されている初版発行日から3年が経過した場合、もしくは本書で紹介している製品やサービスについて提供会社によるサポートが終了した場合はご質問にお答えできない場合があります。

■落丁・乱丁本などの問い合わせ先

FAX　03-6837-5023
service@impress.co.jp
※古書店で購入された商品はお取り替えできません。

Power BI（パワービーアイ）ではじめるデータ分析（ぶんせき）の効率化（こうりつか）
（できるエキスパート）

2024年7月21日　初版発行

著者　奥田理恵（おくだりえ）
発行人　高橋隆志
編集人　藤井貴志
発行所　株式会社インプレス
〒101-0051　東京都千代田区神田神保町一丁目105番地
ホームページ　https://book.impress.co.jp

印刷所　株式会社暁印刷

ISBN978-4-295-01873-5　C3055

Printed in Japan